DER SOLNHOFER STEIN

GESCHICHTE, BAU UND KUNST

Victor Henle

DER SOLNHOFER STEIN

GESCHICHTE, BAU UND KUNST

Das ist ein schönes, aber teyres Pflaster!

Abt Rupert Ness
Benediktinerabtei Ottobeuren
Tagebucheintrag vom 10. Juni 1728

Kunstverlag Josef Fink

Umschlag Vorderseite:
Fußboden des Kaisersaals in der Benediktinerabtei Ottobeuren.

Umschlag Rückseite:
Zunftzeichen der Steinbrecher auf der Rückseite der Platte zur Erinnerung an die Eröffnung des Mörnsheimer Hartbruchs am 20. September 1855.

Bibliografische Information der Deutschen Nationalbibliothek:
Die Deutsche Nationalbibliothek verzeichnet diese Publikation in der Deutschen Nationalbibliografie; detaillierte bibliografische Daten sind im Internet über http://dnb.d-nb.de abrufbar.

1. Auflage 2025
ISBN 978-3-95976-552-7

Kunstverlag Josef Fink
Hauptstraße 102 b, D-88161 Lindenberg i. Allgäu
www.kunstverlag-fink.de
info@kunstverlag-fink.de

Layout: Xaver Roßkopf, Typographie und Layout, D-85132 Schönfeld

Gedruckt in der EU.

Inhaltsverzeichnis

Solnhofer Steine in der Kunst

Ausklang

Vorwort

Für das Vorhaben mich in die Geschichte des Solnhofer Steins zu begeben, die bisher nur punktuell oder kursorisch beschrieben wurde, war meine familiäre Verbundenheit nicht der Anlass. Sie hat aber doch ein gewisses Näheverhältnis bewirkt. Ein erstes etwas tieferes Eintauchen in die Solnhofer Steingeschichte begann mit der Erarbeitung der 2018 erschienen Chronik »1100 Jahre Mörnsheim – 918–2018«. Das war der Anstoß für eine noch weitergehendere Befassung. Die Quellen- und Literaturrecherche zeitigte eine überraschende Fülle an neuen Erkenntnissen, vor allem im Hinblick auf die Bedeutung des Solnhofer Steins für die Kleinplastiken und Ätzwerke des 16. Jahrhunderts sowie zu seiner beeindruckenden Rolle als repräsentativer Fußboden in herausragenden Bauten des Barocks und Rokokos im 17. und 18. Jahrhundert. So konnte der Bogen der Solnhofer Steingeschichte über 18 Jahrhunderte von den römischen Anfängen bis in die Gegenwart gespannt werden.

Vielen schulde ich Dank, die mitgeholfen haben, dass dieses Buch zustande gekommen ist. Dazu gehören die freundlichen Hilfeleistenden bei den Quellen- und Literaturrecherchen in den Museen, Bibliotheken und Archiven. Einigen Personen gilt mein besonderer Dank. Frau Dr. Gabriele Dischinger (München) hat meine Arbeit von Anfang an mit ihren aus kunsthistorischer und publizistischer Kompetenz kommenden Anregungen und Hinweisen begleitet. Bei petrografischen Fragen war Dr. Martin Röper (†), Geologe, Paläontologe und Leiter des Geo-Zentrums im Solnhofer Bürgermeister-Müller-Museum, intimer Kenner des Solnhofer Steins, ein fachkundiger Auskunftsgeber. Keiner verfügt über eine so reichhaltige Sammlung an Fotografien wie Emil Meier (Mörnsheim), die so ziemlich alle Aspekte abdecken, die mit dem Solnhofer Stein zusammenhängen. Bereitwillig hat er viele beigesteuert. In mühevoller Detailarbeit unterzog meine Frau die Texte einer kritischen Korrektur, durch Änderungen mehrmals, ein Umstand, der auch dem Layouter Xaver Roßkopf viel Geduld abverlangte.

Mein Bestreben war, in der Geschichte des Solnhofer Steins, der nicht nur Werkstein, sondern ebenso ein Stein ist, mit dem Kunst gemacht wurde und Kunst noch heute gedruckt wird (Lithografie), auch wirtschaftliche, soziale und weitere Aspekte herauszustellen, den Wandel darzustellen und den zeitgeschichtlichen Hintergrund einzubeziehen. Es wäre erfreulich, wenn diese Erkundung dazu beitrüge, der beeindruckenden Geschichte des Solnhofer Steins und seiner Rolle in Bau und Kunst die gebührende Aufmerksamkeit zu verschaffen.

München, Mai 2025

Victor Henle

Einführung

Kaum ein Stein in Deutschland kann wie der Solnhofer Stein auf eine so lange, sich bis in die Gegenwart erstreckende Geschichte des Abbaus und der Verwendung zurückblicken. Vom römischen Beginn im 3. Jahrhundert bis heute sind es 1800 Jahre.

Neuere Forschungen zeigen, dass er bereits in römischer Zeit weit über seine Umgebung verbreitet war. Schon im Mittelalter wurde er als Kirchenpflaster verlegt. Danach verlieren sich die Spuren etwas, jedenfalls nach bisheriger Forschungslage. Die spurenlose Zeit kann nicht als inaktive Bruchtätigkeit gedeutet werden. Für den Bedarf des Nahbereichs und sehr wahrscheinlich auch darüber hinaus wurden immer Steine für Fußböden in Kirchen, Amtsgebäuden und Häusern gebrochen, vor allem Platten für die Dachdeckung. Es wird nur ein diskontinuierlicher Abbau im Nebengewerbe gewesen sein.

Ab dem frühen 16. Jahrhundert erscheint der Solnhofer Stein in den Quellen, zuerst vereinzelt, dann häufiger. Darin liegt der Hinweis, dass sich ein gewisser systematischer Abbau und Vertrieb entwickelt hat. In diesem Jahrhundert wird er nicht nur verstärkt als Fußboden in Kirchen und Residenzen und für Epitaphe nachgefragt, er avanciert zu einem hochgeschätzten Stein, auf dem Reliefkünstler und Ätzkünstler ihre subtilen Werke vollbringen. Verbunden ist damit eine Ausweitung des Absatzgebietes über die Reichsstädte Augsburg, Nürnberg und Regensburg hinaus bis nach Österreich, wo ebenfalls kleinplastische Reliefs und Ätzwerke auf Solnhofer Stein entstehen. Die Verwendung für künstlerische Zwecke verleiht dem Solnhofer Stein neben seiner Rolle als Werkstein eine zweite Dimension.

Der breite Aufschwung begann in der ersten Hälfte des 17. Jahrhunderts, zwar noch etwas beeinträchtigt durch den 30jährigen Krieg, entwickelte sich danach aber kräftig durch die aufkommende Bauleidenschaft des Barocks. Die Nachfrage stieg und auch das Absatzgebiet, das sich auf ganz Süddeutschland und Österreich beiderseits der Donau bis über Wien hinaus ausdehnte. Flöße erleichterten und verbilligten den Transport. Diese Entwicklung hatte zur Folge, dass sich in und um Solnhofen ein geregelter Abbau und damit ein organisiertes Steingewerbe entwickelte, das zu unternehmerisch tätigen Steinfamilien führte, um den gestiegenen Anforderungen in der Abwicklung der ausgeweiteten Geschäfte zu genügen.

Die große Zeit des Solnhofer Steins als Fußbodenbelag war das 18. Jahrhundert, in dem die Wertschätzung eine große Nachfrage auslöste. Der Stein gelangte in so viele und bedeutenden Kirchen, Klöster und Residenzen, dass man noch heute den Eindruck gewinnen kann, in Süddeutschland und Teilen Österreichs seien damit die meisten ausgestattet worden. In den Presbyterien und Vierungen der Kirchen, in den Bibliotheken und Festsälen wurde der Solnhofer Stein in einer farbwechselnden, formenreichen und kunstvollen Art und Weise verlegt, die einen nicht wieder erreichten Höhepunkt des Solnhofer Pflasters markiert.

Als Lithografiestein erlangte der Solnhofer Stein im 19. Jahrhundert einen erneuten, diesmal weltweit sich erstreckenden Höhepunkt, der sich bis in die erste Hälfte des 20. Jahrhunderts auswirkte. Ohne diesen Stein wäre der Lithografie wahrscheinlich der Erfolg als erstes Flachdruckverfahren versagt geblieben. Der Lithografiestein ist die dritte Dimension des Solnhofer Steins nach Werkstein und Relief- und Ätzstein. Er wandelte die bisherige Struktur des Steingewerbes zur Steinindustrie. Auswärtige Investoren gründeten Firmen, die Steinbrüche und Reserveland erwarben. Für die Bearbeitung und den Vertrieb der Steine errichteten sie Fabrikanlagen mit moderner maschineller Ausstattung. Die ansässigen Steinfirmen holten auf. Lithografiesteine aus den Brüchen in Solnhofen, Mörnsheim (mit dem heutigen Ortsteil Mühlheim) und Langenaltheim sind weltweit konkurrenzlos. In der Funktion als Druckstein leisteten sie einen Beitrag für eine neue Kunstform: die Künstlerlithografie.

Als Fossilienträger hat der Solnhofer Stein eine vierte Dimension, eine von eminenter und weltweiter Bedeutung, die im Rahmen dieser Untersuchung nur erwähnt werden kann. Seit den mit dem intensiven Abbau von Lithografiesteinen einhergehenden Funden von mehreren Exemplaren des Urvogels *Archaeopteryx lithographica*, gehören die Fossilienlagerstätten in den Bruchgebieten von Solnhofen bis in den Kelheimer Raum zu den bedeutendsten der Welt. Neben den spektakulären Archeopteryxfunden kamen und kommen aus diesen Stätten Fossilien von hoher wissenschaftlicher Relevanz in einzigartiger Vielzahl und Vielfalt.

Wegen seiner unvergleichlichen Besonderheit wird der Solnhofer Stein weiterhin Liebhaber und Nachfrager haben. Seine große Zeit ist jedoch vorbei.

GESCHICHTE DES SOLNHOFER STEINS

I Der Solnhofer Stein

Der Solnhofer Stein weist spezifische Eigenschaften auf, die ihn als Kalkstein von anderen unterscheiden und ihm ein Alleinstellungsmerkmal verleihen. In den historischen Quellen wird der Stein aus erklärbaren Gründen überwiegend als Eichstätter Stein bezeichnet. Kaum erklärbar ist, warum die Solnhofer Platten auch Kelheimer Platten genannt wurden.

1 Charakteristika

Geologisch gehören die Solnhofer Plattenkalke zu den lithografischen Plattenkalken und geozeitlich zum Unteren Thithonium des Oberen Jura (Malm Zeta 2 b). In dieser ungefähr 150 Millionen Jahre zurückliegenden Zeit entstanden sie als Ablagerung von Kalksedimenten am Meeresboden in abgetrennten lagunenartigen Flachmeeren (Solnhofen, Eichstätt, Pfalzpaint, Zandt, Painten). Entwicklungsgeschichtlich verläuft die Zeitschiene von Osten (Kelheimer Raum) nach Westen (Solnhofer Raum). Die Solnhofer Platten sind also jünger als die der Kelheimer Gegend.[1] Der Abbau in den Plattenbrüchen dieser Region und in Pfalzpaint ist schon seit geraumer

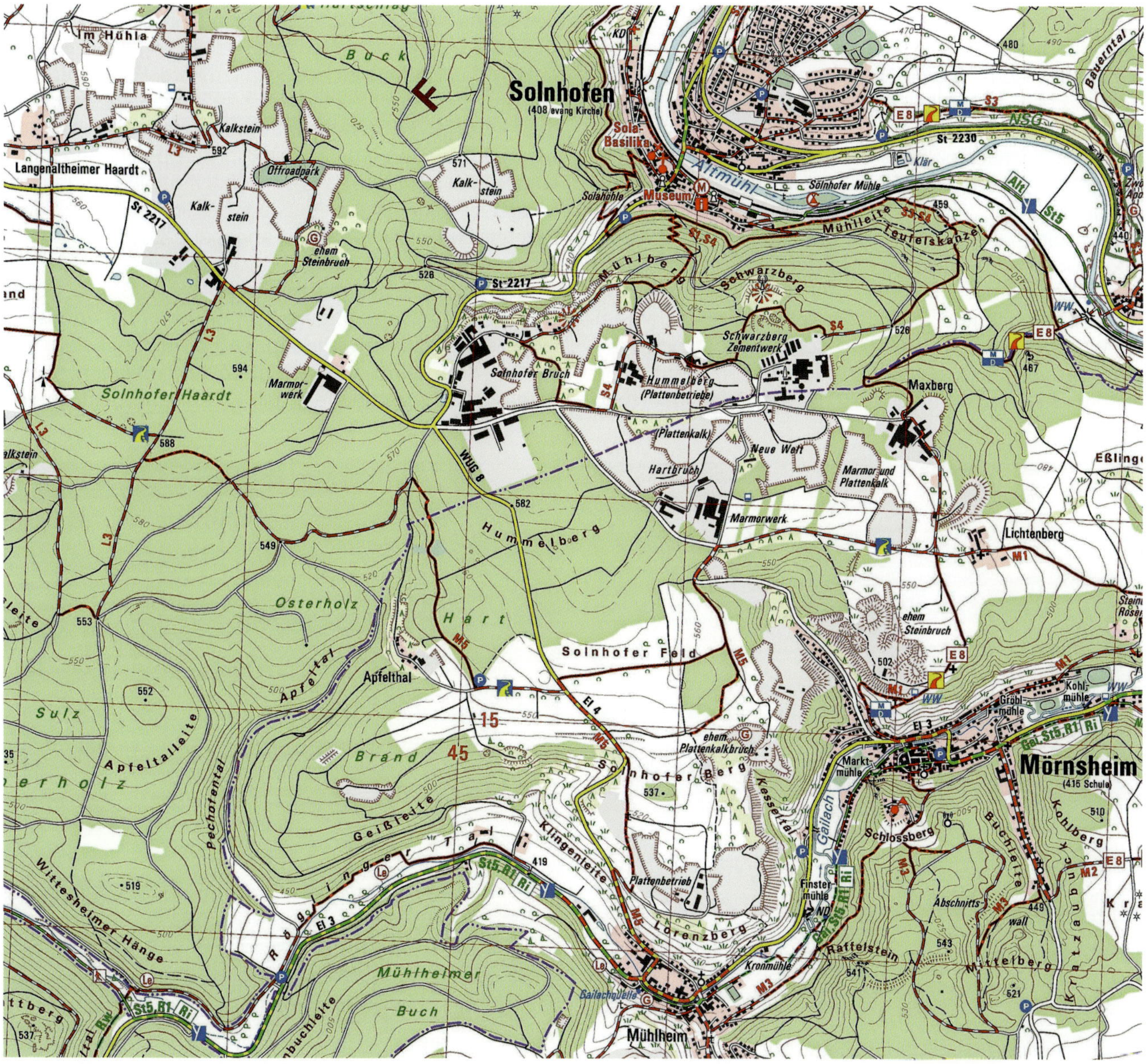

Kerngebiet der Solnhofer Bruchregion.

Ausgebaute Bodenplatten (um die 4 cm stark) aus der Kirche des ehemaligen Benediktinerklosters Heidenheim.

Zeit eingestellt.[2] Abgebaut wird noch, wenn auch reduziert in Zandt, um Eichstätt und im Solnhofer Raum, dessen Kerngebiet sich auf die Gemeinden Solnhofen, Mörnsheim und Langenaltheim erstreckt.

Lithografischer Plattenkalk

Die neuere Terminologie bedient sich für den Solnhofer Stein des Begriffs »Lithografische Plattenkalke«, mit dem sich folgende Eigenschaften verbinden:

- reiner Kalk (97–99 Prozent Calciumkarbonat),
- extreme Dichte und Feinkörnigkeit, geschliffen ist mit bloßem Auge keine Körnung erkennbar,
- extreme Homogenität durch Mikrostruktur,
- keine gröberen Partikel, keine mit Pyrit oder Calcit gefüllten Hohlräume von Lebewesen, keine Gänge und Risse, keine Quarzadern und Schalen von Tieren,
- große Porosität, so dass der Stein Wasser wie ein Schwamm aufnehmen kann (ohne diese Eigenschaft wäre er nicht für den Lithografiedruck geeignet),
- ebene Schichtfläche.

Unabhängig von diesen wesentlichen Merkmalen bestehen unterschiedliche Ausprägungen in Korn, Härte und Stärke (Dicke). Plattenkalke aus Zandt sind glashart, haben keine schöne Oberfläche und sind deshalb nur poliert brauchbar.[3] Die Platten um Kelheim haben ein sehr raues Korn.[4] Durch Unterbrechung der Sedimentation und schwankende Ablagerungsmengen entstanden unterschiedlich starke Plattenkalke (Flinze). Im Solnhofer Gebiet schwankt die Stärke zwischen 1 cm und 30 cm. Im Eichstätter und den anderen Bruchgebieten liegt sie dagegen zwischen 1 cm bis 2 cm, nicht häufig darüber.[5] Je stärker die Platten sind, desto großflächiger können sie abgehoben werden und daraus Formate über 30 × 30 cm gewonnen werden.

Bei historischen Fußböden spielt die Stärke der Steine eine besondere Rolle. Um der Bruchgefahr zu begegnen, vor allem bei Böden auf Decken, betrug die Stärke um 4 cm, oft auch mehr. Bei der Instandsetzung des ehemaligen Schlosses in Pilsting-Großköllnbach (LKr. Dingolfing-Landau) kamen nach der Freilegung des ebenerdigen Fußbodens im Rosenspitzmuster Plattenstärken von sechs bis acht Zentimeter zum Vorschein.[6] Noch bedeutender ist die Stärke bei Treppenstufen, die historisch bei Auftrittplatten um 5 cm betrug. Treppen haben meist eine Breite von 35 cm und eine über 1 m hinausgehende Länge. Die für dieses Maß erforderlichen Platten werden nur im Solnhofer Raum abgebaut. Dasselbe gilt für Fenstersimse.

Die ebene Schichtfläche des Solnhofer Steins, deren Oberfläche von den Steinbrechern »bruchrau« genannt wird, ist für die Verwendung als Fußbodenpflaster ein Vorteil, den kein anderer Plattenkalk aufweist. In diesem Naturzustand verlegt, bilden sie eine glatte plane

▶ Solnhofer Bruchwand.

▶▶ Eichstätter Bruchwand. Die Schichten erscheinen dick, setzen sich aber aus mehreren, oft über 10 dünnen Platten zusammen.

Solnhofer Treppen im ehemaligen Birgittenkloster Altomünster.

◀◀ Treppenaufgang.

◀ Treppenfortsetzung.

Bodenfläche. Diese Eigenschaft hat schon 1674 den Hofmedicus des Fürstentums Neuburg-Pfalz beeindruckt. Bei Gelegenheit einer Zustandserkundung des bei Mörnsheim gelegenen Wildbades suchte Michael Raphael Schmuz auch den gerade vor einigen Jahren eröffneten Mörnsheimer Steinbruch auf. Erstaunt stellt er fest, dass man dort *so lang und braite platten gefunden, und herausgegraben* habe, die aussähen, als ob sie *mit einer Seeg* [Säge] *geschniden oder gesægt* worden seien.[7] Der Paläontologe Johann Andreas Wagner fand für die Ebenmäßigkeit ein schönes Bild: »Die Solnhofer Steine sind von bewundernswerter Regelmäßigkeit und wie die Blätter eines Buches in horizontaler Richtung glatt übereinandergeschichtet«.[8]

Bruchraue Platte.

Helle und dunkle Steine

Das Naturkorn der Oberfläche verleiht dem bruchrauen Stein ein natürliches Farbenspiel. Wird das Naturkorn weggeschliffen, kommt die eigentliche Farbe des Steins zum Vorschein, die wie jede Steinfarbe schwer zu beschreiben ist. Kategorial lassen sich die geschliffenen Platten farblich in hell und dunkel einteilen. Innerhalb dieser Kategorien besteht eine differenzierte Varietät.

Ein ausgesprochen changierendes Farbenspektrum verleiht den bruchrauen Platten einen besonderen Reiz. Die Oberfläche durchziehen fein verästelte pflanzenartige Gebilde, die häufig mit Versteinerungen verwechselt werden. Es handelt sich um Dendriten, die dadurch entstanden sind, dass in die Spalten und Fugen des Gesteins in Wasser gelöste Mineralien eingedrungen sind. Rötliche und bräunliche Dendriten sind von Eisenoxyd gefärbt, schwarze von Manganoxyd. Wegen des Anscheins von Fossilien, werden sie auch Pseudofossilien genannt. In manchen Schichten stoßen die Steinbrecher auch auf rötliche Einfärbungen in den Platten.

Hell und dunkel ist die Farbkategorie der geschliffenen Platten. In den Quellen werden die hellen Solnhofer Steine, die häufigsten in den Steinbrüchen des lithografischen Plattenkalks, als *weiss* bezeichnet. Weiß oder weißlich sind nur die Platten aus dem Kelheimer Raum, ein mitunter hilfreiches Unterscheidungsmerkmal. Die kunsthistorische Betrachtung bewertet das Aussehen als »warmtönig«[9] oder »cremefarbig«[10] und spricht von einem »seidig marmornen Glanz«.[11] In der Leipziger »Illustrirte Zeitung«, die zur Legende vom Solnhofer Stein in der Hagia Sophia von Konstantinopel beigetragen hat, wird die Farbe als »strohgelb« oder »lichtgelb« und die ins Graue gehende als »lichtgrau« beschrieben.[12] Die Werbebroschüren der Steinfirmen sprechen von beige, ockergelb und hellgrau. Vielleicht kommt »hellgelblich« dem allgemeinen Aussehen der hellen Solnhofer Platten am nächsten.

Bei den dunklen Platten reicht das Farbspektrum von hellgrau, mittelgrau bis dunkelgrau, das als graublau

Bruchrauer Fußboden im Flur eines Wohnhauses in Ahrensburg bei Hamburg (1935).

bezeichnet wird. Schichten mit diesen Farbvarietäten kommen nicht häufig vor und wenn, dann in den Brüchen im Mörnsheimer Gemeindegebiet,[13] auf die man erstmals im 1668 in Mörnsheim eröffneten Steinbruch gestoßen war. Außerhalb des Solnhofer Bruchareals gibt es keine grauen und graublauen Plattenkalke.[14] In den Preislisten der neueren Zeit wandelte sich vor allem im Hinblick auf Lithografiesteine die Farbbeschreibung in Wortumkehr graublau zu blaugrau und in Prospekten wurden »blaue Lithographiesteinbrüche« vorgestellt. In Mörnsheim gibt es sogar einen »Blaubruch«, der die Umgebung zum »Blauberg« macht. Auch in den historischen Quellen werden die grauen Steine als *plau* bezeichnet. Auch im dunkelsten Grau sind sie nicht blau, vielmehr anthrazitfarbig.

Heute sind die grauen Schichten weitgehend erschöpft, so dass Platten dieser Färbung nur noch unter großen Schwierigkeiten geliefert werden können. Nicht einmal zum Ausbessern von historischen Böden reichen sie mehr aus, so dass sie oft durch grauen und graublauen Juramarmor ersetzt werden. Im 1855 eröffneten Mörnsheimer Hartbruch tauchte vor einigen Jahren mitten in den gelben Schichten eine hellblaue Schicht mit einer Fläche von etwas über 100 qm und einer Stärke von einem Meter auf, bei der die Farbintensität nach unten zugenommen hat. Beim Abbau roch es stark nach Kerogen, eine organische, bitumenartige Substanz, die manchmal in Sedimenten enthalten ist.[15]

Der Abbau der dunklen Varietäten des Solnhofer Steins kam zur rechten Zeit, denn ohne sie gibt es kein Schachbrettmuster, keine zweifarbigen Rosenspitze, kein Springrautenmuster und kein farbwechselndes Sternmuster, Böden, die barocke Bauherren verlangten. Das zeigte sich schon sehr bald. Kaum war der Mörnsheimer Steinbruch eröffnet, kam es bereits zu einer ersten gemischtfarbigen Lieferung. Der Steinbruchpionier Georg Hänle, der 1670 in das Mörnsheimer Steinbruchgeschäft einstieg, lieferte im selben Jahr *plau und weisse Stain* für das Pflaster im Chor der Pfarrkirche St. Martin in Amberg.[16] Dass man schon so bald nach der Steinbrucheröffnung auf dunkle Flinze stieß, wird darauf zurückzuführen sein, dass am Talhang solche Schichten abraumnah ausstrichen und daher gut abbaubar waren. In dieser frühen Phase des Bruchbetriebs konnten die Steinbrecher noch nicht auf die tief liegenden grauen und graublauen Schichten gestoßen sein.

Anfänglich erkannten die Gebietsherren nicht den Vorteil einer zweiten Steinfarbe, die sie für einen Nachteil hielten. Der Pfleger und der Kastner berichteten an den Fürstbischof in Eichstätt, der neue Steinbruch mache großen Fortschritt und der Stein sei *an sich selbsten gut und außer der Farb weit besser und gewährhafter, sonderlich*

▼ Bruchraues Farbspektrum der Solnhofer Platten.

►► Geschliffene rötliche Solnhofer Platte.

◀◀
Graublauer (anthrazitfarbiger) Stein.

◀
Gemischtfarbig grauer und graublauer (anthrazitfarbiger) Stein.

auf das Bodenpflastser, als der zu Solenhofen.[17] In dieser Fehleinschätzung stimmten sie mit ihrem Solnhofer Pendant, dem Klosterverwalter, überein, der im Juni 1672 der Regierung in Ansbach mitteilte, die Mörnsheimer Steinbrecher seien im Absatz der Steine erfolgreicher, obwohl die Steine *unscheinbarer* [als die Solnhofer] *und blaulecht* [bläulich] seien.[18] Der Farbunterschied ist nicht nur äußerlicher, sondern auch qualitativer Natur. Graue und noch mehr graublaue Steine weisen eine größere Feinheit im Korn und größere Härte auf als helle, Eigenschaften, die sie im 19. Jahrhundert zu den gesuchtesten und teuersten Lithografiesteinen machten (Kapitel IV 2).

Auszeichnungen

Wie geologisch und paläontologisch bedeutsam die Solnhofer Bruchregion ist, zeigt sich an internationalen Auszeichnungen sowie an national und landesbezogen ausgewiesenen Geotopen.

Die Solnhofener Plattenkalke sind eine Fundstätte von Weltgeltung, eine Fossilien-Lagerstätte die Hunderte von Arten in ausgezeichneter Erhaltung überliefert hat. Diese Bedeutung hat die »International Union of Geological Sciences (IUGS)«, die weltweit tätigte Wissenschaftsgesellschaft der Geologen 2022 dazu bewogen, die Fundstellen des Urvogels Archaeopteryx in den Solnhofener Plattenkalken als »Jurassic Solnhofen-Eichstätt Archaeopteryx Serial Site« in die Liste der 100 wichtigsten Geotope der Welt aufzunehmen. Damit gehören die Solnhofer Plattenkalke zu den »IUGS Geological Heritage Sites«, den Geo-Welterbestätten. 2024 kam das Steinvorkommen dieses Gebiets zu weiteren Auszeichnungen. Sowohl die Solnhofer Plattenkalke als auch der Juramarmor erhielten das Label »IUGS Heritage Stones«, das bisher nur an 55 Steinarten verliehen wurde. Es verlangt, dass die Steine von einem besonderen wissenschaftlichen und historischen Wert sind und berücksichtigt deren Nutzung für bedeutende Bauten als integraler Aspekt der menschlichen Kultur.

Das Bayerische Landesamt für Umwelt hat in der Solnhofer Bruchregion acht Geotope ausgewiesen. Geotope ermöglichen Einblicke in die Erdgeschichte und in die Entstehung des Lebens auf der Erde. Die Ausweisung dient dazu, die Öffentlichkeit, die Natur- und Heimatkunde und die Wissenschaft darauf aufmerksam zu machen. Als Fundstelle des Archaeopteryx, einer Versteinerung von großer Seltenheit und hohem wissenschaftlichem Wert, gehört die Langenaltheimer Haardt zu den hundert bedeutendsten Geotopen Bayerns. Hervorgehoben wird, dass der Reichtum an Fossilien nur durch den schonenden händischen Abbau zustande gekommen ist. Mit der kaum noch praktizierten Art dieses Abbaus gibt es nur noch wenige Fossilienfunde. Für die Akademie für Geowissenschaften und Geotechnologien in Hannover gehört der Solnhofer Plattenkalk zu den bedeutendsten Geotopen Deutschlands.

Erstauntes Betrachten einer hellblauen Insel in einer gelben Schicht im Mörnsheimer Hartbruch.

Geotope des Bayerischen Landeamtes für Umwelt im Solnhofer Bruchgebiet

Ort	Geotop Nr.
Ehemaliger Steinbruch in der Langenaltheimer Haardt (Gehört zu den schönsten Geotopen Bayerns)	577A008
Hobbysteinbruch in Langenaltheim	577A021
Steinbruchgebiet am Schrandelberg in Langenaltheim	577A022
Ehemaliger Blaubruch in Mörnsheim	176A023
Ehemaliger Steinbruch Horstberg in Mörnsheim	176A024
Ehemaliger Steinbruch Kesseltal in Mörnsheim (Ortsteil Mühlheim)	176A028
Fossilien-Besuchersteinbruch in Mühlheim	176A040
Ehemaliger Steinbruch in Rögling	779A021

2 Schwierige Art- und Herkunftsbestimmung

Die Kunstgeschichte tut sich schwer mit der Steinbestimmung. Oft kommt es zu Fehleinschätzungen. Das ist nicht verwunderlich, denn selbst den Experten bereitet die Steinbestimmung Schwierigkeiten. Erschwerend kommt hinzu, dass sich bei historischen Fußböden das Aussehen oft durch Putzmittel, Wachsen und Ölen verändert hat. Bei Epitaphen und Grabmälern sind es Ruß, Staub und Schmutz. Wie sehr Alter, Putz und Nachdunklen sich auswirken, zeigt das durchgehend verlegte Sechseck-Pflaster des Eichstätter Doms. Bei der umfassenden Sanierung in den Jahren 2019 bis 2024 wurde es in Teilen gereinigt, in Teilen belassen. Der gereinigte Stein ist heller geworden, der ungereinigte, dunkelgrau gewordene setzt sich dagegen deutlich ab, obwohl er gereinigt ebenso hell aussähe.

Ein Beispiel für die Unsicherheit der Steinbestimmung liefert das Hochgrab des Kaiserpaars Heinrich II. und Kunigunde von Tilman Riemenschneider im Bamberger Dom. Dieses Meisterwerk der Steinbildhauerkunst begann Riemenschneider 1499 und vollendete es erst 1513. Nach einer kunsthistorischen Betrachtung sind Deckplatte und Wände aus »poliertem, gelbgrauen Solnhofer Kalkstein«,[19] nach einer anderen aus einem »leicht gefleckten Solnhofener Kalkstein von feinkristalliner weicher Struktur«.[20] Auch für den Steinexperten Wolf-Dieter Grimm ist das Grabmal aus Solnhofer Kalkstein.[21] Anlässlich der Riemenschneider-Ausstellung im Jahre 1981 hatten Restauratoren das Kaisergrabmal untersucht und festgestellt, es sei aus »poliertem gelbgrauem, leicht geflecktem Solnhofener Kalkstein« gefertigt, der Sockel dagegen aus feinkörnigem graugrünem und ungemasertem Sandstein.[22] Dagegen sprechen die Maße der Tumba und das Aussehen des Steins. Mit einer Länge von 247 cm, einer Breite von 151 cm und einer Stärke um

Verfärbung des Solnhofer Steins. Gereinigtes und altes, nachgedunkeltes Pflaster im Eichstätter Dom.

25 cm überschreitet die Deckplatte bei weitem die Maße, die ein Solnhofer Flinz erreichen kann. Selbst kleinere Flinzdimensionen wurden um 1500 noch nicht abgebaut. Das »gefleckte« Aussehen der Deckplatte des Hochgrabs ist ein Indiz für einen Juramarmor, denn der Solnhofer Stein ist nicht gefleckt.[23]

Die von 1508 bis 1512 ausgestattete Fuggerkapelle im Westchor der Augsburger St. Anna Kirche bietet mit den vier Rundbogenfeldern der Arkadenrückwand, Epitaphe für verstorbene Angehörige der Familie Fugger, ein weiteres Beispiel.[24] Eine frühe kunsthistorische Einschätzung kommt zu dem Ergebnis, sie seien aus Solnhofer Stein.[25] Dieser Auffassung schlossen sich die Kunsthistoriker Philipp Maria Halm und Herbert Schindler an.[26] Andere verorten den Stein ohne weitere Begründung im Trentino oder allgemein in Italien.[27] Ein Solnhofer Stein ist es mit hoher Wahrscheinlichkeit nicht. Dagegen sprechen nicht unbedingt die Ausmaße (170 × 350 × 12,5 cm), weil die Reliefs aus drei Teilen bestehen, die horizontal fast fugenlos aneinandergefügt sind, allenfalls die Breite. Die starke Verschmutzung der Reliefs verhindert eine Beurteilung durch Augenschein. Ein Blick in die Seiten der Reliefs zeigt in Struktur und Aussehen einen Stein, der ein Juramarmor sein könnte. Auf dem freistehenden Altar vor der Arkadenrückwand steht eine vollplastische, fast lebensgroße freie Figurengruppe: Christus, von einem Engel gestützt, reicht Maria seine rechte Hand, während Johannes die linke Hand hält und das Grabtuch alle drei verbindet. Der Kunsthistoriker Norbert Lieb vertritt die Auffassung, dass das Material der Figurengruppe »herber grauer Pappenheimer Marmor« ist.[28] Zu einer widersprüchlichen Aussage gelangt Herbert Schindler, der die Freigruppe »vollrund aus Solnhofener Stein oder genauer aus Pappenheimer Marmor« gearbeitet sieht.[29] Solnhofer Stein und Pappenheimer Marmor, eine gewisse Zeit ein Synonym für Juramarmor, sind geologisch unterschiedliche Steinarten. Aus einem Solnhofer Stein können keine größeren vollplastische Figuren geschaffen werden, aus einem Juramarmor, der Bankstärken von 30 bis 140 cm aufweist, dagegen schon.

Die genannten Beispiele zeigen, wie schwer es ist, einen Stein nach Art und Herkunft zu bestimmen. Ein anderes Problem ist die sprachliche Bezeichnung, die ungenau, widersprüchlich und verwirrend ist. In seiner Untersuchung kommt der Kunsthistoriker (und Priester) Felix Mader zu dem Ergebnis, Werke des Eichstätter Steinbildhauers Loy Hering seien »aus sogen. Solnhofer Stein, d. h. Jurakalkstein gearbeitet«, soweit nicht »ausdrücklich eine Ausnahme konstatiert wird«.[30] Dagegen ist jedoch zu konstatieren, dass Hering den Solnhofer Stein nur selten und dann für kleinere Formate verwendet hat. Für seine Epitaphe im Eichstätter Dom könnten die Steine aus dem Steinbruch unterhalb der Willibaldsburg gekommen sein, der Kalkstein in Bankstärke enthält. Selbst der im Bayerischen Nationalmuseum in München ausgestellte dreiteilige Altar aus Moritzbrunn bei Eichstätt (1548)[31], ist nach Mader aus Solnhofer Stein. Dagegen sprechen Größe und Aussehen. Der Mittelteil des Altars erreicht eine Höhe von 2,30 m und hat eine Stärke von 20 cm, der Sockel von 25 cm, Maße, die mit einem Juramarmor erreicht werden können, nicht aber mit einem Solnhofer Stein.

◀◀
Geölte Platten in einem Gang des Klosters Neresheim.

▲
Kaisergrab im Bamberger Dom. Kein Solnhofer Stein, wohl Juramarmor.

Arkadenrückwand der Fuggerkapelle in der Augsburger St. Anna Kirche.

Moritzbrunner Altar von Loy Hering, Frontansicht und Seitenansicht. Bayerisches Nationalmuseum München.

Die Franziskanerkirche in Ingolstadt bietet ein gutes Beispiel für das Problem der Steinzuschreibung. Seit Gründung der Universität des Herzogtums Bayern (1472) diente die Klosterkirche bis zur Verlegung der Universität 1800 nach Landshut und bald darauf nach München als Grabstätte der Professoren. Deshalb gibt es in ihr die ungewöhnlich hohe Zahl von über 90 Epitaphe. Nach der ikonografischen und petrografischen Untersuchung von Hugo Kögerl sind sie, sofern nicht aus Rotmarmor oder Bronze, aus Solnhofer Stein.[32] Ob das zutrifft, lässt sich selbst mit guten petrografischen Kenntnissen allein mit dem Augenschein meist nur schwer bestimmen, zumal viele Epitaphe von Ruß und Staub überzogen sind und so das Aussehen des Steinmaterials überdecken. Anhaltspunkte können jedoch die Dimensionen sein. Je kleiner die Epitaphe sind, desto mehr spricht für einen Solnhofer Stein, je größer, desto mehr ist ein Juramarmor anzunehmen. In der Franziskanerkirche erreichen viele Epitaphe eine Länge bis zu zwei Meter, einige sogar darüber. Das größte Epitaph, das des 1564 verstorbenen Theologie- und Philosophieprofessors Friedrich Staphylus hat ein Ausmaß von 2,59 x 1,32 m.[33] Es ist unwahrscheinlich, dass der Solnhofer Steinbruch schon im 16. Jahrhundert einen Flinze dieser Dimension liefern konnte, der dazu auch noch die entsprechende Stärke haben musste.

Um das petrografische Problem zu umgehen, behelfen sich viele Beschreibungen mit dem Begriff »Jurakalkstein«, der etwas amorph ist, weil er auch den Solnhofer Stein einschließt. Im allgemeinen Sprachgebrauch hat sich Jurakalkstein jedoch auf Juramarmor verengt, früher auch Treuchtlinger Marmor genannt. Insofern ist diese Kennzeichnung unbrauchbar.

3 »Eichstätter Platten« – ein zweideutiger Begriff

In den Quellen der Barock- und Rokokozeit werden die aus Solnhofen und Mörnsheim kommenden Platten als »Eichstätter Steine« bezeichnet. Beide Orte kommen nur als Bestellort oder Wohnort von Steinmetzen vor. Steine des Typus lithografischer Solnhofer Plattenkalk werden aber auch in der Eichstätter Umgebung abgebaut. Der Begriff »Eichstätter Steine« ist daher doppeldeutig.

Diese herkunftsfalsche Begriffsbildung hängt mit den klösterlichen und pfarrkirchlichen Auftraggebern der katholischen Territorien Süddeutschlands und Österreichs zusammen, aber auch mit den katholischen Auftragnehmern in Mörnsheim, die bei ihren Akquisitionsbemühungen gegenüber den Solnhofer Konkurrenten ihre Zugehörigkeit zum Hochstift Eichstätt besonders herausstrichen. Den auftraggebenden geistlichen und weltlichen Bauherren reichte der geografische Bezug, dass Mörnsheim zur Eichstätter Herrschaft gehört. Wenn Mörnsheim in den Quellen erwähnt wird, dann fast immer in Verbindung mit Eichstätt. 1682 lieferte Georg Hänle Steine an das Damenstift Edelstetten in Schwaben, das als Herkunftsort *Merzheim bey Eystet* vermerkte.[34] Selbst nachdem in Ottobeuren längst bekannt war, dass die Steine und die Steinmetze nicht aus Eichstätt, sondern aus Mörnsheim kamen, wurden Joseph Ottinger und Sebastian Hänle einmal mit Wohnsitz Eichstätt verortet.[35]

Das Zisterzienserkloster Ebrach rechnete die Steine, die Johann Georg Hänle, der Sohn von Georg Hänle, 1691 lieferte, unter dem Titel *Ausgab für pallirte Plattstein von Eichstett* ab.[36]. Für seine erste Lieferung nach Ottobeuren bekam Hans Georg Böhnlein aus dem protestantischen Solnhofen in der protestantischen Markgrafschaft Brandenburg-Ansbach 1712 eine Abzahlung auf *accordirte* [vertraglich vereinbarte] *Eystetter Stein*.[37] Als ihn Johann Hänle aus dem katholischen Mörnsheim im Hochstift Eichstätt 1714 ablöste, war der dazu geschlossene Liefervertrag gleichermaßen mit *Accord wegen Eystetter Stein* überschrieben.[38] Auch der Abt bediente sich dieser Terminologie. Im Herbst 1732 näherte sich der Neubau des Klosters dem Ende. Dem Abt fiel ein Stein vom Herzen, *denn endtlichen ist das Pflaster von Eystetter Steinen* [...] *in dem gantzen Closter gelegt*. [39] Die letzte im Mai 1764 erfolgte Zahlung für Solnhofer Platten verbuchte die Ottobeurer Großkellerei immer noch unter der Kostenstelle *Um Aysstätter Stein zum Kirchenpflaster*.[40] In dieser langen Liefergeschichte mit Ottobeuren taucht in den Quellen nicht ein einziges Mal das Wort Solnhofer Platten, erst recht nicht Mörnsheimer Platten auf. »Eichstätter Stein« war ein Synonym für Solnhofer Platten.

Es gibt jedoch auch einen originalen Eichstätter Stein des Typus lithografischer Plattenkalk. Abgebaut wird er noch heute in den Eichstätter Ortsteilen Blumenberg und Wintershof sowie in der angrenzenden Gemeinde Schernfeld. Über die damit verbundene Geschichte ist wenig bekannt. Ob die Brüche schon in der Barock- und

Rokokozeit existierten, die Abbautätigkeit über das Brechen von Legschiefer für Dächer und Bodenplatten für den häuslichen Bereich der Umgebung hinausging, ist zweifelhaft.[41] Wahrscheinlich betrieben Bauern die Brüche im Nebenerwerb. Der entscheidende Nachteil der Eichstätter Platten liegt darin, dass sie dünnplattig sind, eine Stärke haben, die generell kaum über 2 cm hinausgeht.[42] Daher eigneten sie sich nicht für barocke Fußböden, die aus Gründen der Bruchsicherheit eine Stärke um 4 cm haben und ein Format über 30 × 30 cm.[43]

Die geistlichen und weltlichen Bauherren des Barocks und Rokokos waren daher darauf angewiesen, das Pflaster für ihre Bauten in Solnhofen oder Mörnsheim zu bestellen. Beim Umbau und Erweiterung der Eichstätter Willibaldsburg ließ Fürstbischof Martin von Schaumberg (reg. 1560–1590) die Bodenplatten für einen Festsaal aus Solnhofen kommen.[44] Für die *Kürchen, Sacristey und boden Gäng* des Eichstätter Heilig Geist Spitals sah 1698 der Baumeister Jakob Engel 18 Zoll-Platten (44 cm) vor, die er in Mörnsheim orderte.[45] Die in den Eichstätter Kirchen- und Residenzbauten verlegten Bodenplatten stammen alle aus der Solnhofer Bruchregion.[46]

Der »Eichstätter Marmor«, ein Begriff der immer wieder auftaucht, darf nicht mit Eichstätter Platten verwechselt werden. Im Rechnungsjahr 1809/10 lieferten die Eichstätter Steinmetzen Kreuzer und Feuerlein acht Figurenpostamente aus *Eichstädter Marmor* für das Cabinettgärtchen im Park des Münchner Schlosses Nymphenburg.[47] Der Eichstätter Steinmetz Wagner erhielt 1825 den Auftrag 8800 Kubikfuß (250 Kubikmeter) Steinblöcke für den Unterbau der Walhalla bei Regenstauf zu liefern. Den Auftrag löste der Architekt Leo Klenze aus, der einen

▲ Eichstätter Platten.

◄ Steinbruch des »Eichstätter Marmors« unterhalb der Willibaldsburg.

»weithin leuchtenden widerstandsfähigen« Stein wollte.[48] Die Bezeichnung »Eichstätter Marmor« bezieht sich auf die Juramarmor-Bänke aus dem heute aufgelassenen, aber noch sichtbaren Steinbruch unterhalb der Willibaldsburg bei der Schlagbrücke, den wahrscheinlich auch der Eichstätter Bildhauer Loy Hering für seine Werke nutzte.

4 »Kelheimer Platten« – auch ein zweideutiger Begriff

Mit den Kelheimer Platten steht es wie mit den Eichstätter Platten. Sie wurden einerseits im Kelheimer Raum abgebaut, andererseits kamen Solnhofer Platten als Kelheimer Platten in den Handel, insbesondere in Österreich.

Originäre Kelheimer Platten

Originäre Kelheimer Platten, vor allem solche aus Painten, entsprechen den Solnhofer lithografischen Plattenkalken. Entstanden sind sie in den Wannen Kelheim, Painten, Kapfelberg und Hienheim, die alle älter sind als die Solnhofer Wanne, weil die Plattenkalkbildung im Kelheimer Raum begann und sich von dort nach Solnhofen ausbreitete.[49] Heute sind die Steinbrüche aufgelassen, verstürzt, verwachsen oder verfüllt.[50] Der bedeutende Steinbruch in Painten wurde in der zweiten Hälfte des 18. Jahrhunderts aufgegeben. Das geht aus einer 1803 vorgenommenen Besichtigung hervor: *Im pointner Forst pfalzneuburgischen Landgerichts und Forstamts Hemau befindet sich ein öder Platz Eiglberg genant; Vor ohngefähr 40 Jahren ward er noch als Steinbruch von Bürgern zu Kelheim gegen jährliche Stiftverreichnis benützt, iezt* [formte] *ihn die Zeit zur Wüste um*.[51] Gemeinsam ist allen Steinbrüchen im Kelheimer Raum die geringe Mächtigkeit der Schichten. Die in diesen Brüchen gebrochenen Platten haben nur selten eine Stärke von über 2 cm und waren für Formate über 30 × 30 cm nicht geeignet. Für diese Annahme spricht eine 1696 getätigte Lieferung von Kelheimwinzer Steinmetzen für den barocken Neubau der Kirche des Benediktinerklosters Ensdorf. Sie bestand aus 12 Zoll-Platten nach Regensburger Zoll (30 x 30 cm), während das barocke Maß ansonsten meist bei 16 Zoll und größer lag.[52] Die Platten im Kelheimer Raum dienten überwiegend der Eindeckung von Dächern, wofür die Platten von Jachenhausen wegen ihrer hohen Frostsicherheit besonders geeignet waren.

Die Dünnplattigkeit des Kelheimer Steins beschäftigte auch Alois Senefelder, den Erfinder des Steindrucks. Bei seinen ersten Versuchen hatte er »nur sehr dünne Steinplatten von diesem Kelheimer Kalkstein«, von denen er annahm, dass sie die »zum Abdrucken nöthige Gewalt, ohne Zerbrechen, nicht auszuhalten scheinen«.[53] Auch Geologen heben die Vorteile des Solnhofer Steins gegenüber dem Kelheimer hervor. Bei der Untersuchung des

Die Altmühl in Solnhofen, ungeeignet für Steintransporte. Aus: Karl Kugler, Das Altmühlthal, Ingolstadt 1868.

Plattenkalks im Steinbruch Kelheimwinzer stellte der bayerische Geologe und Paläontologe Max Schlosser fest, dieser unterscheide sich vom Solnhofer und Eichstätter Stein durch die »mehr weißliche Farbe, durch seine geringere Härte und sein gröberes Korn«.[54] Auf das rauere Korn beziehen sich auch Meyer/Schmidt-Kaler, die dieses Merkmal als Grund anführen, dass keine Boden- und Wandplatten mehr abgebaut werden.[55] Die Teilnehmer des Geographentags 1955 hoben nicht nur auf die größere Stärke der Solnhofer Platten ab, sie betonten auch deren gleichmäßigere Struktur im Vergleich zu den Kelheimer Platten.[56] Nach dem Geologen Erwin Rutte erreichen die Kelheimer Platten nur ausnahmsweise die technische Qualität der Solnhofer Platten.[57] Das fiel schon im 16. und 17. Jahrhundert auf.

Kelheimer Platten hatten nicht immer den besten Ruf. Für den Fußboden der Großen Dürnitz im Schloss der Neuburger Pfalzgrafen hatte die Hofkammer um 1555 über die Donau *ettlich Prait* [breite] *Kepfelberger Stain, dazue herauf firen* [führen] *lassen*.[58] Der Kammermeister Michel Herpfer hielt dazu in einer Randbemerkung fest, *die Kapfelberger stain sein erfroren, es wirdt aber die nottdurft von Suelnhofen gebrocht* [gebraucht].[59] Die Kapfelberg Platten wurden also durch Solnhofer Platten ersetzt, die noch heute zusammen mit Adneter Rotmarmor bauzeitlich im Schachbrettmuster in der Dürnitz liegen (Abb. S. 189). Ähnlich verlief es 1683 beim Bau des Passauer Doms. Mit dem Steinmetz Georg Prickher aus Kelheimwinzer schloss das Hochstift einen Vertrag über die Lieferung von weißen Pflastersteinen, der jedoch aufgehoben wurde, *weil selbige stain etwass zu schlecht* waren.[60]

Dennoch kamen Kelheimer Platten in sakralen und profanen Bauten zum Einsatz. Nach den Aufzeichnungen der Jahre 1736 bis 1740 zu den Grundzinseinnahmen aus den Kelheimwinzer Steinbrüchen gingen mehrere Lieferungen nach Passau, weitere nach Straubing, Regensburg, Landshut, sogar nach Fürth.[61] »Kelheimer Plattln«, wie sie mundartlich genannt wurden, bestellten die Klöster Ensdorf, Frauenzell, Mallersdorf, Niederaltaich und Pielenhofen. Ein Urkundeneintrag des Jahres 1444 belegt, dass in Herrnsaal bereits zu dieser Zeit ein Steinbruch bestand. Diesen erwarb das Regensburger Reichsstift Niedermünster, das es den Herrnsaalern zu Lehen gab. Als nach dem Dreißigjährigen Krieg das Interesse am Abbau nachließ, verpachtete das Reichsstift den Steinbruch für zehn Jahre an den Regensburger Bildhauer und Steinhändler Abraham. Nach dessen Tod bot die Äbtissin den Steinbruch 1674 Kurfürst Ferdinand Maria an, der ihn 1681 erwarb und die Ausbeute einem Pächter überließ.[62] Darin könnte die Erklärung liegen, dass Kelheimer Platten in die Residenz nach München gekommen sind. 1697 schlug der Baumeister Johann Andreas Trubillio Kurfürst Maximilian II. Emanuel vor, *zur Auspflasterung der ganz erneuerten* Wallfahrtskirche St. Maria in Thalkirchen (heute ein Ortsteil von München), *weiße* Kelheimer Platten zu bestellen, die zudem unentgeltlich seien, ein Hinweis auf das kurfürstliche Eigentum am Herrnsaaler Steinbruch.[63] Der Kurfürst stimmte dem Vorschlag zu und wies den Kelheimer Kastner zur Lieferung an.

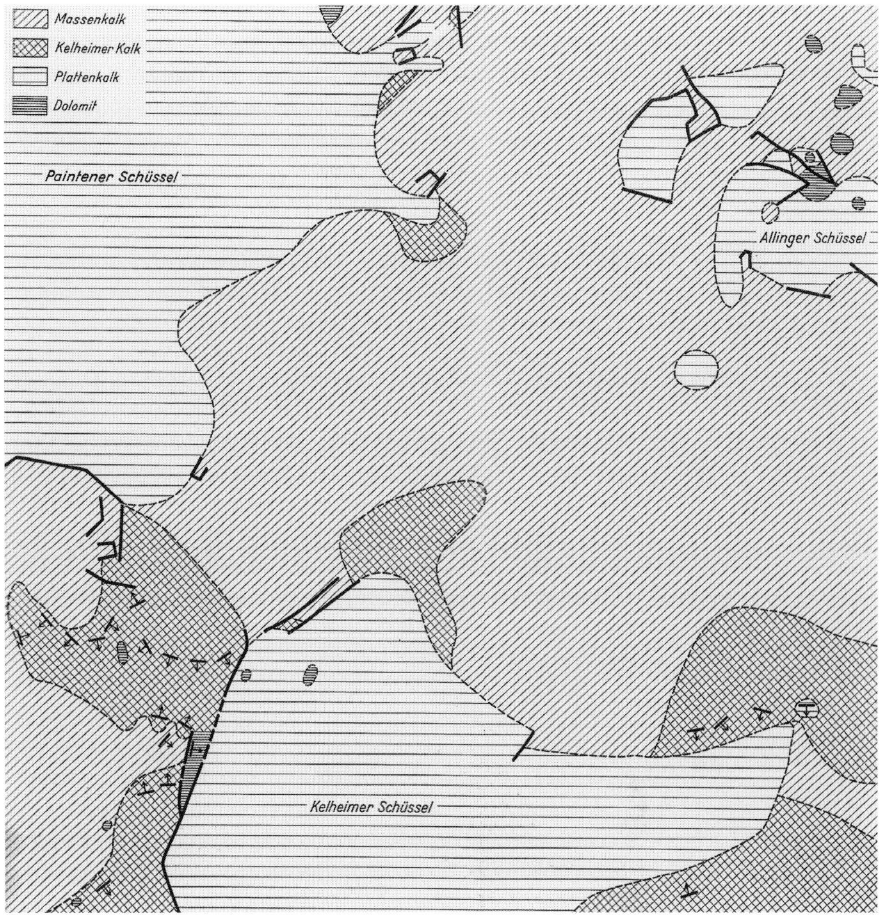

Verteilung der verschiedenen Fazies im Raum Kelheim. Rutte 1962, Beilage.

Kelheimer Platten als Solnhofer Platten

Weit mehr als Solnhofer Platten zu Eichstätter Platten wurden, wandelten sich Solnhofer Platten in Kelheimer Platten. Dafür gibt es zahlreiche Beispiele.

1583 ließ Herzog Wilhelm von Bayern in Solnhofen Bodenplatten für die Jesuitenkirche St. Michael in München bestellen. In der Baurechnung sind sie als *Kelhamer Platten* aufgeführt.[64] Obwohl der Fußboden des »Churfürstensaals« der Zisterzienserabtei Fürstenfeld aus Solnhofer Steinen war, die der Mörnsheimer Johann Hänle 1697/98 geliefert hatte, vermerkte der Ersteller der Inventarliste nach der Säkularisation beim Übergang in Staatseigentum, im Fürstensaal sei der Fußboden mit *weissen Kelheimer Platten* belegt.[65] Sogar der Archivar der Benediktinerabtei Ottobeuren, deren Archiv eine Fülle von Nachweisen über Steinlieferungen aus Solnhofen und Mörnsheim enthält, führte 1864 in einer Beschreibung des barocken Neubaus aus, die ganze Kirche sei mit »Kelheimersteinen gepflastert«.[66] Obwohl das Augustiner Chorherrenstift St. Florian 1748 und 1749 vom Lechbrucker Floßmeister und Steinhändler Karl Ott eine Fülle von Solnhofer Bodenplatten erhielt (Kapitel IX 2 und 3), enthält eine Quelle den Hinweis, das Stift habe den Bildersaal mit *Kelhamer stein pflastern lassen*.[67]

In einem Reisetagebuch für Donaufahrer schrieb der Autor zu Stepperg, dort würden die »berühmten Kellheimer Platten nach Österreich, Ungarn und die Türkei verführt«, die aus »Solnhofen […] in der Nähe von Pappenheim« kämen.[68]

Wilhelm Bode, Gründer des heute nach ihm benannten Museums in Berlin, beschrieb in den 1880er

Jahren ein Steinrelief (46 × 39 cm) als Teil eines um 1527 geschaffenen Passionsaltars, das er dem Plastiker Hans Daucher zuschrieb.[69] Schon im Titel ist darauf hingewiesen, es handle sich um einen »Altar in Kehlheimer Stein«. Hans Daucher verwendete für seine Steinreliefs aber nur den Solnhofer Stein.[70]

Wie kam es dazu, dass Solnhofer Platten unter dem Namen Kelheimer Platten in den Handel gelangten? Dazu gibt es mehrere Erklärungsansätze, die aber unbefriedigend, vor allem nicht plausibel und oft auch unbegründet sind.

In Teilen der Literatur wird angenommen, die Platten seien in Solnhofen auf Plätten verladen, auf der Altmühl nach Kelheim transportiert und dort auf die großen Kelheimer Donauplätten (flache Lastschiffe) umgeladen worden.[71] So hätten sie die Bezeichnung Kelheimer Platten erhalten. Ebenso argumentieren der Steinexperte Wolf-Dieter Grimm und der Experte der Donauschifffahrt Alois Kieslinger, der die Steinverfrachtung auf der Donau untersucht hat und in der Benennung »Kelheimer Platten« auch eine Zollbezeichnung annimmt.[72] Dagegen lassen sich einige Gründe anführen.

Auffällig ist, dass die Quellen- und Literaturrecherche keine Hinweise auf Steinfrachten auf der Altmühl erbringt, auch nicht die einschlägige Literatur zur Geschichte der Solnhofer Platten. Nicht einmal das Heimatbuch Solnhofen enthält einen Hinweis auf eine Lände in Solnhofen an der Altmühl, zur Verladung der Steine zum Transport nach Kelheim. Ebenso findet sich in den Quellen des Stadtarchivs Kelheim kein Hinweis auf eine Lände in Kelheim, wo die ankommenden Steine abgeladen, gelagert und zum Weitertransport auf Kelheimer Plätten hätten umgeladen werden müssen.[73] In dem detaillierten Werk *Geschichte der Stadt Kelheim* wird ausgeführt, Kelheim sei kein Stapelort gewesen, daher habe es entlang der Donau keine Speicher oder Lagerhäuser gegeben.[74] Zu einer Flussfracht von so schweren Lasten wie Steine ist die flache, träg fließende und windungsreiche Altmühl nicht geeignet. Zahlreiche Mühlwehre ohne Durchlassbauwerke, 19 ab Solnhofen, hätten zu einem ständigen Umladen der Steine gezwungen. Der Landweg wäre mit rund 115 km im Altmühltal lang und zeitraubend gewesen. Der kürzere hätte dagegen mit den starken Anstiegen und Gefällen noch länger gedauert und mehr Kosten verursacht.

Für einen Transport der Solnhofer Platten nach Kelheim zu Lande oder zu Wasser gab es keinen Grund. Der Absatz in den Donauraum erfolgte einfacher, schneller, preiswerter und mit hoher Ladekapazität über die Verladung auf Flöße im donauaufwärts von Neuburg gelegenen Stepperg, dem donaunächsten Ort zum Solnhofer Steinbruchgebiet (Kapitel V 4). Diese Verfrachtung hatte den weiteren Vorteil, dass eine Umladung der Steine auf Donauschiffe in Kelheim entfiel. In Verbindung mit Stepperg gelangte der erfahrene Solnhofer Steinunternehmer Heinz Arauner zu der sonderbaren Erklärung, die Lechflößer hätten die an der Floßlände in Stepperg gelagerten Solnhofer Steine aufgeladen und auf ihrem Weg donauabwärts unter dem Namen »Kelheimer Platten« verkauft.[75] Warum sollten die Flößer die weit donauaufwärts in Steppberg gekauften Platten nach der donauabwärts gelegenen Stadt Kelheim benannt haben, die für sie als Steinhändler unbedeutend war?

Wie es dennoch entgegen den aufgeführten Gründen zu der Bezeichnung der Solnhofer Platten als Kelheimer Platten kam, darüber lassen sich nur Hypothesen aufstellen. Eine These könnte sich aus einem steinbezogenen Vorgang der Kelheimer Geschichte ergeben. Im Mai 1635 verkaufte ein durch den Dreißigjährigen Krieg in Not geratenes Ehepaar aus Herrnsaal an der Donau (heute ein Ortsteil von Kelheim) ihren dortigen Steinbruch an den *kunstreichen* Regensburger *Meister Heinrich Wilhalm* und seine Ehefrau Magdalena.[76] Die Abmachung beinhaltete, dass die Käufer die Hälfte der abgebauten Steine kostenlos erhielten, die andere Hälfte zu einem angemessenen Preis. Zur gleichen Zeit hatte Heinrich Wilhelm in einem Vertrag mit den Solnhofer Steinbrechern die ganze Ausbeute übernommen (Kapitel III 1). Zusammen mit seiner Ehefrau Magdalena kaufte er zudem im September 1639 für eine *beträchtliche Summe Gelts* einen Anteil am *oberen Stainpruch bei Khelhaimbwünzer*.[77] Ein Hans Wilhelm, ebenfalls Bildhauer und wahrscheinlich Vater von Heinrich Wilhelm, lieferte bereits 1614 Platten für den Fußboden der Kirche des Benediktinerstifts Kremsmünster (Kapitel VIII 5). Aus diesen Vorgängen lässt sich die Vermutung ableiten, dass die Regensburger Kaufleute, die sowohl über die im Aussehen sich ähnelnden Solnhofer als auch Kelheimer Platten verfügten, die Solnhofer Platten einfach unter dem ihnen näher liegenden Namen Kelheim in den Handel brachten, zudem dieser Name durch den Schiffstypus »Kelheimer« im Donauraum bekannt war und einen Klang hatte.

Letztlich ist ohne quellengestützte Fakten nicht aufzuklären, wie es dazu kam, dass Solnhofer Platten zu Kelheimer Platten wurden. Vielleicht lösen dieses Rätsel neue Quellenforschungen.

Anmerkungen

[1] Dazu Röper/Rothgaenger 2009, 16f und 2013, 23 ff.
[2] In Painten verarbeitet das Kalkwerk Rygol die Steine zu Kalk- und Trockenmörtelprodukten. Zur Steinbruchgeschichte von Painten Hafner 2005, 465–470.
[3] Auskunft von Dr. Martin Röper (†), Solnhofen, Dipl. Geologe, Paläontologe und wissenschaftlicher Direktor des Geo-Zentrums Solnhofen.
[4] Meyer/Schmidt-Kaler 1983, 42.
[5] Meyer/Schmidt-Kaler führen die dünnplattige »Eichstätter Fazies« auf die Entstehung in flacheren Lagunen als in der Solnhofer Wanne zurück, ebd. 31. Die Profile der Eichstätter Wanne sind daher vorwiegend aus Paketen dünner Flinze zusammengesetzt, ebd. 35.
[6] Mitteilung der Architektin Monika Dietrich, Regensburg.
[7] Schmuz 1674, 19; Henle 2021, 36 f.
[8] Wagner 1832, 134.
[9] Eser 1996, 105 Fn. 16
[10] Grimm 2018, Teil II, 462.
[11] Kier 1976, 14 Fn. 49.
[12] Nr. 806 v. 11. Dez. 1858, 381/82.
[13] Nach Eder 1928 (Übersichtskarte) gab es graue und graublaue Steine in einem Bruch in Solnhofen (Schwarzberg) und in einem in Langenaltheim (Schrandel).
[14] Mitteilung von Dr. Martin Röper.
[15] Mitteilung des Mörnsheimer Steinbrechers Joachim Stößl, der den Geruch als »schwefelig« beschrieb.
[16] StA Amberg, Fürstentum Obere Pfalz, Regierung, Amtsbücher und Akten 1057; zur Lieferung S. 160.
[17] Eder 1928, 14.
[18] Ebd., 19.
[19] Dümler 2011, 116.
[20] Kat. Ausst. Riemenschneider 1981, 351.
[21] Grimm 2018 Teil II, 462.
[22] Kat. Ausst. Riemenschneider 1981, 351–356; Kat. Ausst. Heinrich II., 405 f. Weit von Solnhofen entfernt sich eine ganz neue Sicht, die annimmt, der Stein der Tumba sei ein »Alttertiär-Lithothamnienkalkstein (Algenknollenkalk)« aus dem nördlichen Alpenvorland, Exner 2015, 1232 unter Berufung auf den Restaurator Bodo Buczynski.
[23] Zum Juramarmor Kapitel XIII 2.
[24] Die Darstellung auf den beiden mittleren Reliefs sind nach Zeichnungen von Albrecht Dürer gestaltet, nach kunsthistorischer Meinung aber sehr ungenügend. Wer der Bildhauer war, ist ungeklärt. Mader 1905, 35 ff, sieht ihn in Loy Hering, eine Auffassung der bisher in der Literatur niemand gefolgt ist.
[25] Waagen 1845, 68.
[26] Halm 1921, 69 und Schindler 1985, 28.
[27] Fischer 1868, 587; Lieb 1952, 171 und Bushart 1994, 134.
[28] Lieb 1952, 176.
[29] Schindler 1985, 34.
[30] Mader 1905,16.
[31] Moritzbrunn war eine Komturei des Templerordens.
[32] Kögerl 1917.
[33] Ebd, 60.
[34] StA Augsburg, Damenstift Edelstetten B 69, fol. 3. Mitteilung von Gabriele Dischinger, München.
[35] Dischinger III 2011, 744 pag. 320 und 892.
[36] StA Würzburg A 236 III 258.
[37] Dischinger III 2011, 907.
[38] Ebd., 693 pag. 900.
[39] Ebd., 760 pag. 337.
[40] Ebd., 892
[41] Ein Wandel zur Steinindustrie vollzog sich erst im 19. Jahrhundert, Kapitel IV.
[42] Meyer/Schmidt-Kaler 1983, 31, führen die dünnplattige »Eichstätter Fazies« auf die Entstehung in flacheren Lagunen als in der Solnhofer Wanne zurück. Die Profile der Eichstätter Wanne seien vorwiegend aus Paketen dünner Flinze zusammengesetzt, ebd. 35. Der Autor hat in einem 6 Zentimeter starken Paket 12 Schichten gezählt.
[43] So Müller 1951, 61 f,
[44] Zu dieser Lieferung S. 189.
[45] Zu dieser Lieferung S. 160.
[46] Im Zuge der Renovierung der um 1720 erbauten Eichstätter Klosterkirche Notre Dame kamen 21-Zollplatten (51 cm) zum Vorschein, Braun 1989, 220. Solche Formate konnten nur aus der Solnhofer Bruchregion kommen.
[47] BHStA I, Nymphenburger Abgabe 1997, Rechnung der Hofbauintendanz 1809/10, fol. 51v-52v.
[48] Mager 1977, 17. Für die Fassade der Allerheiligen Hofkirche in München (von 1826–37 erbaut) hatte Klenze auch Eichstätter Marmor vorgesehen, dann aber davon abgesehen.
[49] Röper/Rothgaenger 2013, 23, 25 und 56; Meyer/Schmidt-Kaler 1983, 163 f.
[50] Wo noch Brüche existieren wie in Painten, dient der Stein als Rohstoff für die Kalk-, Zement- und Mörtelindustrie (Firma Rygol).
[51] StA Amberg, Regierung, Kammer der Forsten, 1512. Freundlicher Hinweis von Georg Paulus, Hohenwart.
[52] StA Amberg, Kloster Ensdorf 67. Hinweis von Peter Morsbach, Regensburg.
[53] Senefelder 1821, 7.
[54] Schlosser 1882, 55.
[55] Meyer/Schmidt-Kaler 1983, 42.
[56] Verhandlungen des Deutschen Geographentages 29 (1955), 220, Stuttgart 1956.
[57] Rutte 1962, 53.
[58] Seitz 2002, 120.
[59] Rott 1912, 237.
[60] Archiv Bistum Passau Dombaurechnung R 7, 1684 2; Drost 1995, 113.
[61] Wagner 1982, 401 und 404 ff.
[62] Ebd., 406 ff; Rieger 1929, 155 f.
[63] BHStA, GL Fasz. 1688 Nr. 113. Mitteilung von Gabriele Dischinger München.
[64] BHStA, Jesuitica 2253, Baurechnung 1589.
[65] Schiedermair 2013, 139; BHStA Abt. IV A XIX Fasz. 174 in Fn. 8, 447.
[66] Bernhard 1864, 17.
[67] Korth 1975, 324 Nr. 56.
[68] Groß-Hoffinger 1830, 74.
[69] Bode 1887, 4–9..
[70] Zu Hans Daucher und seinen Steinplastiken Kapitel X 1 und 2.
[71] In Kelheim blühte lange der Bau eines viel genützten Schifftyps für den Donautransport, der wegen seiner Herkunft den Namen der Stadt erhielt. Die »Kelheimer« waren große Zillen mit einer Länge bis zu 40 m, einer Breite bis zu 6 m und einer Zuladung bis zu 2,5 Tonnen. Anders als die am Zielort als Holz verkauften Transportflöße, waren die »Kelheimer« so wertvoll, dass sie mit oder ohne Fracht zurückgetreidelt wurden.
[72] Grimm 1987, 67 und 81; Kieslinger 1964, 256.
[73] Mitteilung von Wolf-Heinrich Kulke, Archivar der Stadt Kelheim.
[74] Ettelt 1983, 55.
[75] Lidl 1975, 40; Arauner 1975, 69.
[76] Wagner 1982, 329.
[77] Ebd., 401.

II Brechen und Bearbeiten

Wie bei allen Werksteinen beruht auch die Herstellung der Solnhofer Steine auf zwei Arbeitsschritten: dem Brechen (Abbau) und dem Verarbeiten zu unterschiedlichen Werkstücken. Gegenüber anderen Steinen hat das Brechen des Solnhofer Steins spezifische Anforderungen. Das Arbeiten in den Steinbrüchen hat eine lange Tradition.

1 Brucharbeit

Bevor die Brucharbeit beginnen konnte, musste die Erdoberfläche abgeräumt werden, um an die brauchbaren Steinschichten zu kommen. Der Abraum, der in Mörnsheim besonders hoch war (unbrauchbare Mörnsheimer Schichten),[1] war eine mühsame und kostspielige Arbeit, die bis in die zweite Hälfte des 20. Jahrhunderts teils noch mit der Hand erfolgte. Das danach mögliche Brechen des Solnhofer Steins bedeutet das sorgfältige Herauslösen der Platten (Flinze) aus einer Schicht und in neuerer Zeit das Bearbeiten der Steine zu Halbfertigprodukten, in früherer Zeit zu Fertigprodukten.

Beim Steinabbau wurde so lange in die Tiefe gearbeitet, bis ein Abtransport der Steine noch möglich war oder man annahm, dass der »Stock«, so bezeichnen die Steinbrecher ihr Arbeitsgebiet, ausgebeutet ist. War ein Stock abgearbeitet, beseitigten die Steinbrecher den Abraum des dahinter liegenden Geländes, um weiter in den Berg vorzudringen und einen neuen Abbau beginnen zu können. So entstanden Terrassen. Diese Abbauform verdeutlicht ein 1759 gefertigter Stich des Nürnberger Kupferstechers Georg Wolfgang Knorr, in dem der 1738 eröffnete Solnhofer Gemeindebruch in der Truhenleite abgebildet wird.[2] Der Abbbau ist bereits im zweiten Stockwerk angelangt. Um die gebrochenen Steine von dort abzutransportieren, führt von jedem Bruchanteil ein Brettersteg auf das erste Stockwerk, mit dem die Arbeitshütten erreicht werden. Das Prinzip des terrassenförmigen Abbaus zeigt sich deutlich im 1927 eröffneten Mörnsheimer Gemeindebruch »Neuer Hartbuck« (Hartbruch).

Die Hauptarbeit in den Brüchen der Solnhofer Region war das Herauslösen der starken Flinze, eine Arbeit, die viel Gefühl, Können, Erfahrung und einen sehr dosierten

Auch in den 1950er Jahren wurde teilweise noch mit der Hand abgeräumt.

▶ Der 1738 eröffnete Solnhofer Gemeindebruch in einer um 1750 gestochenen Darstellung von G. W. Knorr.

▼ Der 1927 eröffnete Mörnsheimer Hartbruch um 1955. Gearbeitet wird auf der zweiten Terrasse, die in sich wieder terrassiert ist.

Krafteinsatz erfordert, weil sonst die Flinze brechen. Das lässt sich schon aus der Solnhofer Bergordnung von 1670 herauslesen. Weil es immer wieder vorkam, dass viel *Unerfahrene* im Steinbruch arbeiteten und großen Schaden anrichteten, *bis sie hinter den rechten Handgriff* kamen, wurde eine Lehrzeit vorgeschrieben (Art. 19). Wer Steinbrecher werden wollte, musste sich beim Klosteramt melden und sich gegen eine Gebühr einschreiben. Der Bewerber erhielt dann einen Meister zugeteilt, der ihn im Steinhandwerk so lange zu unterrichten hatte, bis er eine *passirliche Arbeit verfertigen könne*. Die Lehrzeit dauerte zwei Jahre. Danach konnte der Lehrling gegen eine weitere Gebühr freigesprochen werden.

Die Schichten, die in einem Stock gebrochen werden, bestehen aus einem Paket, in dem sich unterschiedlich starke Lagen von Kalkplatten, »Flinze« genannt, mit dünnen, für die Steinindustrie unbrauchbaren blättrigen Lagen abwechseln, die als »Fäulen« bezeichnet werden.[3] Um die horizontal gelagerten Flinze, vor allem die starken, aus diesem Mehrschichtblock zu lösen, werden Grubhauen (Grubenhaue) und Hebeeisen angesetzt, damit der Flinz anfängt sich zu lockern, »aufzumachen« wie die Steinbrecher sagen. Dann schieben sie darunter Eisenkeile bis er ganz abgehoben ist. Emil Meier beschreibt diesen Vorgang so: »Bei den dicken Flinzen musste stundenlang, oft von vier bis acht Männern mit Hammer und Meißel geklopft werden. Rund um den Stein wurden die Eisen angesetzt und der erste Mann machte den ersten Schlag, dann ging's der Reihe nach im Takt durch, bis wieder der Erste an der Reihe war. So ging's mit viel Gefühl eine gewisse Zeit, oft stundenlang, bis das geübte Ohr des Vorarbeiters am Klang erkannte, dass die Platte ›aufmachte‹, wie der Steinbrecher sagt. Dieses Loslösen erfordert Geschick und Erfahrung. Schlägt nur einer zu fest zu, kann die Schicht brechen und wird damit weitgehend wertlos.«[4] Die Flinze in den Solnhofer und Mörnsheimer Brüchen können eine außerordentliche Größe und Stärke bis zu 30 cm annehmen. Der Mörnsheimer Steinbrecher Joachim Stößl berichtet, die größte Platte, die er mit seinem Kollegen gebrochen hat, sei zu 20 Treppen mit einer Länge von 110 cm und 35 cm Breite verarbeitet worden.

Lösen starker Flinze mit einer Grubhaue, mit mehreren Grubhauen und mit Eisenkeilen.

Gehobene Flinzpakete werden vertikal aufgestellt und mit einem Meißel Lage für Lage aufgespaltet und so die einzelnen, unterschiedlich starken Platten aus dem Verbund gelöst. Zu dieser Steinbrecherarbeit hat die Gemeinde Langenaltheim vor dem Rathaus eine Plastik aufstellen lassen, die den Vorgang sehr anschaulich dokumentiert. Die Spaltbarkeit ist abhängig von den erwähnten, aus Mergelkalk bestehenden Fäulen zwischen den Flinzen, die feinblättrig und tonhaltig bis fast steinhart sind. Diese Fäulen werden mit einem Spezialeisen »abgehäutelt«. Dann erfolgt die Klangprobe mit dem Grubhammer. Jede abgehobene Platte wird mit einem kleinen langstieligen Hammer angeschlagen. Ist der Klang hoch und rein wie der einer Glocke, halten die Steinbrecher die Platte für »gesund« und tauglich für eine Verarbeitung. Als in den Brüchen noch voll gearbeitet wurde, nahm man beim Nähern einen beeindruckenden Klang wie den eines Orchesters wahr. Der Reiseschriftsteller Karl Kugler beschrieb ihn so: »Dieses Getön der Platten, das Geräusch beim Schleifen der Steine, das man aus den Hütten vernimmt, das Klopfen und Brechen an den Schiefern, das Rollen der Schubkarren, das Hinabschütten des Schuttes an der Halde und mancherlei andere Laute der Arbeit«.[5]

Hat die Platte eine schlechte Stelle, »Zieher« genannt, ist der Klang unrein und die Platte damit unbrauchbar.[6] Mehr als die Hälfte der extrahierten Steine sind nicht für eine Verarbeitung geeignet. Sie werden aussortiert und

▲
Starke Flinze.

▶▶
Gelöstes Flinzpaket.

Aufspalten eines Flinzpakets.

◀◀
Denkmal für die Arbeit des Steinspalters in Langenaltheim.

◀
»Abhäuteln« eines Flinzpakets.

▼
Ein hoch aufragendes Gebirge von Schutthalden (»Schütten«) um 1900.

Schüttenlandschaft. Vergraute und allmählich verwachsende Schutthalden.

auf die Schutthalden gebracht, ortssprachlich »Schütten« genannt, die sich zu riesigen Bergen auftürmten und teilweise noch heute, vergraut durch die Witterung, zu sehen sind.[7] Der terrassenförmige Abbau machte es möglich, die unbrauchbaren Steine von der neuen Terrasse auf die aufgegebene zu schütten, sofern man davon ausging, dass diese später nicht mehr gebraucht wird. So ersparte man sich den aufwändigen Transport aus dem Bruch und auf die Halden. Im Mörnsheimer Hartbruch ist die Schutthalde auf der aufgegebenen Terrasse deutlich zu sehen (Abb. S. 28).

2 Fertigungsarbeit

Die brauchbaren Platten werden mit Hilfe von Schablonen aus Holz oder Metall, von den Steinbrechern »Meeß« genannt (abgeleitet von Maß), in den gängigen Formaten (z. B. Quadrate, Sechsecke, Rauten, Schiffchen für Rosenspitze) so »aufgemerkt«, dass damit die ganze Platte so weit wie möglich ausgemessen ist, um Schnittverluste zu vermeiden. Beim Aufmerken fährt der Steinbrecher mit einem Kohlestift um die jeweils aufgelegte Schablone. Ist alles aufgemerkt, schlägt er mit einem Hackhammer, dessen Größe von der Stärke der Platte abhängt, entlang der aufgemerkten Linien, »durchschroten« wie die Steinbrecher sagen. Gehämmert wird, bis der Klang, das Tönen des Steins dumpfer wird, ein Zeichen, dass der von der Platte zu trennende Teil mit der Hand abgebrochen werden kann. In einem Journalbericht des Jahres 1880 wird diese Arbeit so geschildert: »Der Arbeiter theilet auf der Stelle mit Kohlenstrichen das gewonnene Steinblatt in Quadrate, und bricht es vermittels eines kleinen an einem elastischen Steckchen befestigten Hammer, indem er auf den schwarzen Strichen so lange klopft, bis das Tönen des Steines dumpfer wird«.[8]

Die getrennten Einzelplatten werden mit einem Hackhammer ungefähr auf die aufgemerkte Größe »zugehackt«. Der Hammer ist schräg geschliffen, schräg angebracht und an einem elastischen Holzstiel (Schlehenholz oder Haselnuß) befestigt. Je nach Stärke der zu bearbeitenden Platte sind die Hackhämmer unterschiedlich groß. Das Zuhacken erfordert Geschick und Erfahrung. Wird zu nahe am Aufmaß gehackt, ist der Stein für das aufgemerkte Maß nicht mehr brauchbar. Zugleich ist aber nahe am aufgemerkten Strich zu hacken, um den nachfolgenden Arbeitsgang zu erleichtern, der darin besteht, dass der verbliebene Rest mit Hammer und einem breiten Meißel kantengenau am Strich »abgesprengt« wird. Dünne Platten mit einer Stärke um 10 bis 12 mm werden mit einer speziellen Zange kantengenau »gezwickt«.[9] Bis zur maschinellen Kantenbearbeitung, zuerst durch Schuren mit Karborundscheiben, dann durch Sägen mit diamantbesetzten Blättern, waren die Platten handbekantet. Neuerdings bieten Firmen als besondere Bearbeitungsform wieder handbekantete Platten an. Diese verleihen Fußböden eine historische Anmutung und sind für die Ausbesserung oder Neuverlegung von historischen Fußböden einsetzbar.

Nach dem Abkanten ist die nächste Stufe die Bearbeitung der Oberfläche. Bis zu der um 1880 aufkommenden mechanischen Schleiferei mit Wandmaschinen war das händische Schleifen eine mühselige Arbeit, die aus dem Vorschleifen, dem Ausschleifen und dem Nachschleifen bestand.

Beim Vorschleifen wurde zuerst der Schleifsand zusammen mit Wasser auf den Stein gesiebt, um eine gleichmäßige Verteilung zu erreichen und grobe Sandkörner auszuscheiden. Dann legte der Schleifer darauf

»Aufmerken« eines großen Flinzes mit einem »Meeß« (Holzrahmen).

◀◀
»Meeße« für verschiedene Formate.

◀
Hackhämmer verschiedener Größe.

eine etwas kleinere Platte, die er in Form einer Acht ständig hin und her bewegte bis die bruchraue Oberfläche abgeschliffen war. Das Journal für Bayern beschrieb 1800 das Schleifen so »indem man je zwey Steine aufeinanderlegt, dazwischen feinen Sand oder Kreide streuet, mit etwas Wasser benetzt, und den oberen schnell über den unten liegenden herumtreibt«.[10] Das Ausschleifen erfolgte auf dieselbe Weise, jedoch mit feinem Sand. Damit war die Platte geschliffen. War ein Feinschliff verlangt, bewegte der Schleifer, oft waren es Frauen, einen Bimsstein so lange bis die Oberfläche mattglänzend war. Letzter Schritt war den beim Schleifen entstandenen Kalkschlick in eventuell noch vorhandene Vertiefungen zu

Kantenbearbeitung des Steins.

▶
»Zuhacken« nahe am aufgemerkten Strich.

▶▶
»Absprengen« mit Meißel am aufgemerkten Strich.

drücken und das Nachschleifen mit einem Stück Sandstein. Nach dem Trocknen erhielten die Steine dadurch ein schönes glattes Aussehen. Zum Vorschleifen diente der grobe Sand aus dem nicht weit entfernten Pleinfeld oder der Mainsand aus Marktbreit, zum Ausschleifen der feine Donausand aus Stepperg. Der Sand war Rückfracht für die dorthin gebrachten Steine zum Weitertransport auf der Donau oder dem Main (Kapitel V 4).

Im Barock und Rokoko wurde die geschliffene Oberfläche auch als *paliert* (poliert) bezeichnet. Poliert bedeutete deshalb damals nicht, was heute darunter verstanden wird, nämlich die feinste Stufe der Oberflächenbearbeitung bei der die feingeschliffene Platte einen Glanzeffekt erhält. Als Johann Hänle aus Mörnsheim 1691 mit der Zisterzienserabtei Ebrach ins Geschäft kam, lautete der Auftrag auf Lieferung *geschliffener und ballierter Stein*.[11] Diese Formulierung ist nicht so zu verstehen, dass die Abtei sowohl geschliffene als auch polierte Steine bestellt hatte, vielmehr so, dass jeder Stein geschliffen und poliert sein musste. Derselbe Wortlaut erscheint 1726 in einem Vertrag der Benediktinerabtei Weltenburg mit den ebenfalls Mörnsheimer Lieferanten Simon Scheurer und Michael Zinsmeister. 1714 bestellte die Reichsabtei Ottobeuren bei Johann Hänle *palirte* und *ohnpalierte* Steine sowie 1721 *palirte* und *rauche* [bruchraue] bei seinem Nachfolger Joseph Ottinger und 1731 *rauche* und *geschlifene Stuckh*.[12]

Diesem unterschiedlichen Sprachgebrauch kann entnommen werden, dass »geschliffen und poliert« feingeschliffen, nicht poliert bedeutete. Eine echte Politur, für die ein Aufschlag verlangt wird, erfordert einen zusätzlichen Arbeitsgang durch Auftragen und Verreiben von Kleesalz auf den feingeschliffenen Steinen. Polierte Kalkplatten sind kratzempfindlich, deshalb werden sie, wenn es im Barock und Rokoko solche gegeben haben sollte, nicht in viel begangene Räume wie Kirchen und Gänge verlegt worden sein. Heute hat sich die Skala der Oberflächenbearbeitung auf bruchrau gebürstet, getrommelt, leicht angeschliffen, stark angeschliffen und matt poliert erweitert.

Zwicktisch. Auf die Platte wird eine Schablone gepresst und an deren Rand gezwickt.

Arbeitshütten im Solnhofer Gemeindebruch von 1738. (Ausschnitt aus einem Stich von G. W. Knorr)

3 Fertigungsorte

Bis ungefähr in das erste Drittel des 19. Jahrhunderts erfolgte die Verarbeitung der gebrochenen Steine in den Arbeitshütten der Brüche. Danach begann die Verlagerung in nahe gelegene Fertigungsstätten, die zunehmend fabrikmäßig ausgebaut und eingerichtet wurden.

Zu den Arbeitshütten in den Steinbrüchen gibt es kaum quellengestützte Erkenntnisse, obwohl sie über Jahrhunderte die Hauptwerkstätten waren. Die dazu wohl einzig existierende Bildquelle ist der schon erwähnte Stich von Georg Wolfgang Knorr, in dem der 1738 eröffnete Solnhofer Gemeindebruch in der Truhenleite abgebildet ist.[13] Darin sind die Arbeitshütten parzellengenau aneinandergereiht. Vor einigen Hütten stehen fertige Steine abholbereit und ein mit Steinen beladenes Fuhrwerk mit Pferdegespann verlässt den Steinbruch. Hauptsächliches Transportgerät sind im Bruch wie auf der Hüttenebene die Schubkarren. Zugpferde mit Karren sind nicht zu sehen, obwohl das zur Zeit der Erstellung des Stichs (um 1750) schon möglich sein konnte. Als markgräfliche Ansbacher Räte 1759 den Steinbruch besichtigten, stellten sie fest, es arbeiteten darin ständig mehr als hundert Personen, unter ihnen an die dreißig Hüttenmeister.[14] Sie beobachteten, in den Hütten seien die gebrochenen Steine »zu allerhand Gebrauch gehauen und poliert« worden. Aufgefallen ist ihnen ein ziemlicher Vorrat an »figurierten Steinen [Formatsteine] von allerhand Gattung«. Die Bruchdarstellung gibt das durch die enge Parzellenstruktur geprägte Bild der früheren Steinbrüche wieder. Wenn auch die Darstellung recht schematisch ist und weitgehend unter Weglassung der gebrochenen Steine und des Schuttmaterials auskommt (so aufgeräumt ist kein Steinbruch), zeigt sie doch von den Abbauwänden

Kataster-Uraufnahme (1814) des 1738 eröffneten Solnhofer Gemeindebruchs in der Truhenleite. Bayernatlas.

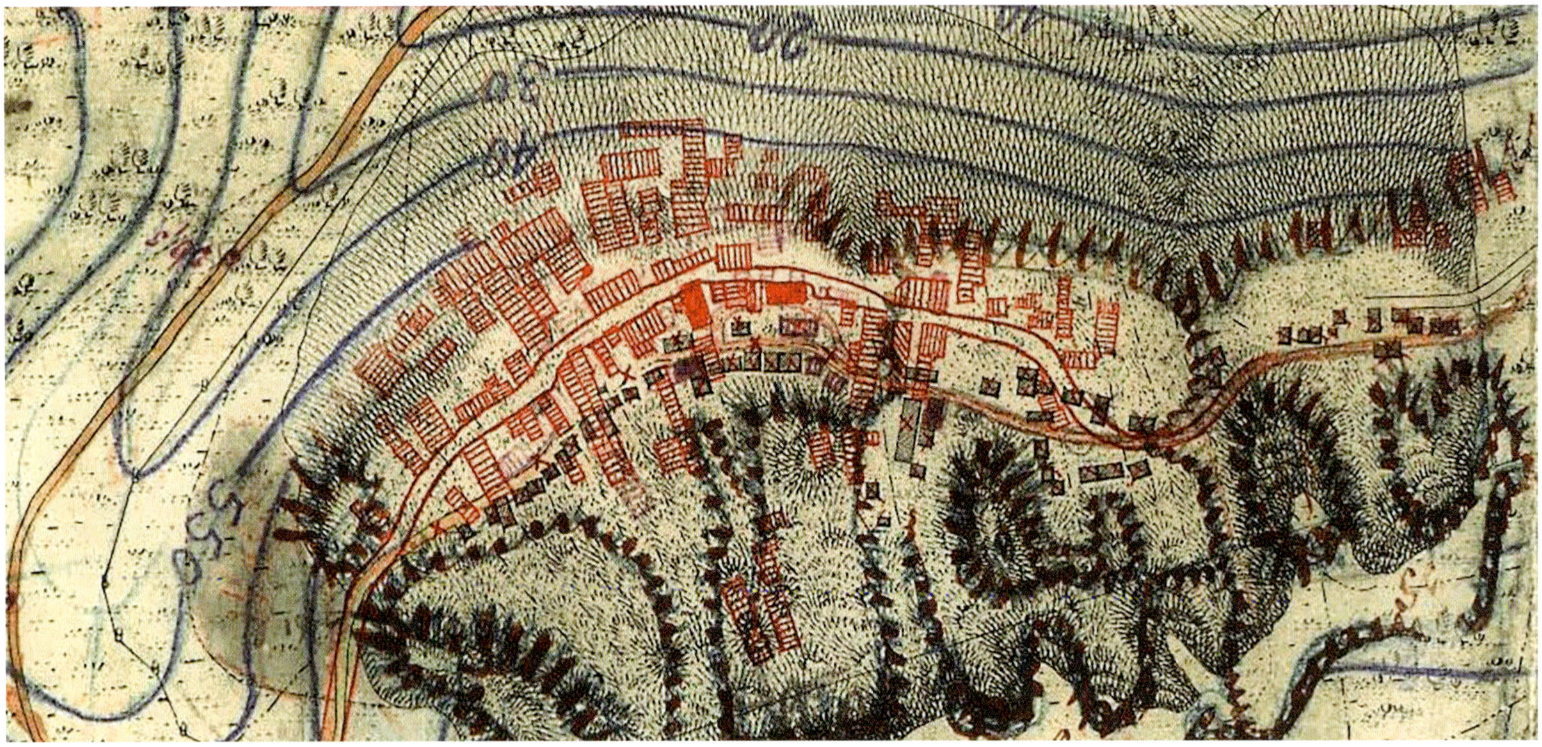

Topografische Uraufnahme (1873) des Solnhofer Gemeindebruchs in der Truhenleite.

über die bereits abgearbeitete Fläche bis in die Reihe der Arbeitshütten sehr deutlich die Aufteilung in Parzellen.

Die Arbeitshütten, die in ihrer Aneinanderreihung den Eindruck eines Hüttendorfes vermitteln, waren aus den gebrochenen, trocken aufgeschichteten Mauersteinen gebaut und hatten ein Legschieferdach. Jede Familie hatte eine, manchmal auch zwei Hütten, in denen ein Herd ohne Rauchfang stand. Darin lagerten die zum Verkauf fertigen Steine sowie die Arbeitsgeräte.[15] Der Mann arbeitete im Bruch, seine Frau und die Kinder schliffen die Steine. Für das Schleifen war Wasser erforderlich. Von der Anlage kleiner Zisternen für das Regenwasser, mit denen sich im 19. Jahrhundert die Verarbeitungsbetriebe behalfen, kann bei den Arbeitshütten nicht ausgegangen werden. Wahrscheinlich wurde Regenwasser in Tonnen gesammelt und wenn es nicht ausreichte, Wasser zusätzlich in Fässern herbeigeschafft.

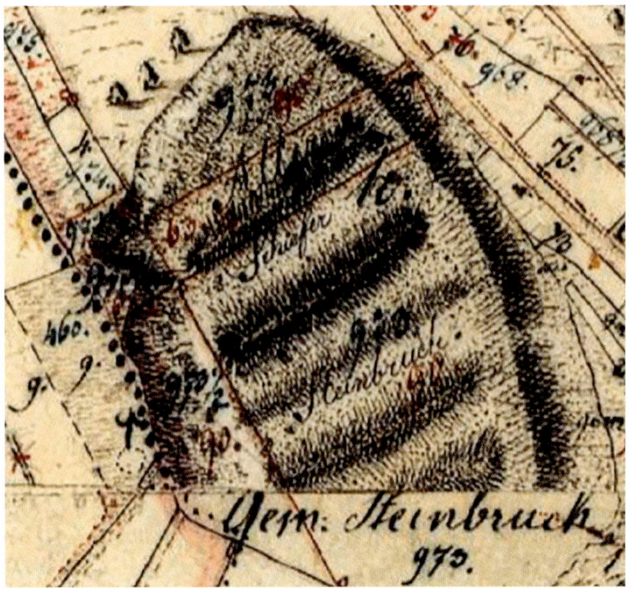

Der Mörnsheimer Steinbruch Horstberg zwischen 1810 und 1815 mit nur vereinzelten Arbeitshütten (schlecht erkennbar). Bayernatlas.

Die Arbeitshütten existierten bis in das 19. Jahrhundert. In dem 1814 angefertigten Urkatasterblatt von Solnhofen sind im Steinbruch Truhenleite rund sechzig Arbeitshütten zu sehen, beiderseits an einer Straße aufgereiht, die den Steinbruch, der deutlich als Grube erkennbar ist, mittig durchzieht und erschließt. Außerhalb des Bruchs befinden sich keine Anzeichen von Werkstätten. An dieser Darstellung sind nach dem Kartenexperten Wolfgang Blum zwei Umstände bemerkenswert.[16]. Ungewöhnlich ist erstens, dass Nebengebäude wie Hütten lückenlos jeweils mit der Haus- und Besitznummer der Hüttenbesitzer ausgewiesen sind, die sie in Solnhofen haben. Sonst wird das nur in bebauten Gebieten gemacht. Zweitens deutet die Unterscheidung der Gebäude in grau und gelb (auf der Abbildung nicht genau erkennbar) auf eine unterschiedliche Nutzung hin. Die grauen Gebäude sind massiver und dauerhafter gebaute Hütten, die wohl der Steinbearbeitung dienten, die gelben dagegen einfachere Hütten oder Unterstände zur Lagerung von Steinen und Aufbewahrung von Werkzeugen für die Brucharbeit.

Im letzten Viertel des 19. Jahrhunderts sah die Situation schon anders aus. In einer von dem Heimatforscher Karl Kugler verfassten Beschreibung, der den Steinbruch in den 1860er Jahren aufsuchte, klingt bereits der industrielle Charakter an. Der Bruch »dehnt sich weit in die Länge und hat nach dieser Richtung hin eine Gasse, an deren beiden Seiten eine große Menge steinerner Hütten stehen, in welche durch Hunderte von Arbeitern die Steine zu verschiedenen Zwecken zurecht gemacht werden«.[17] Deutlich wird dieser Wandel im Vergleich zwischen der Kataster-Uraufnahme im Jahre 1814 und der 1873 angefertigten topografischen Uraufnahme Solnhofens. Die alte Straße existiert nicht mehr, die neue ist breiter und verläuft weiter nördlich. Verschwunden sind die grau gekennzeichneten Arbeitshütten, ersetzt durch zahlreiche einfache Betriebsstätten in unterschiedlichen Lagen, gekennzeichnet durch rötlich schraffierte Rechtecke.[18] Auffällig sind die beiden vollrötlichen Rechtecke, die kartografisch ein Zeichen für Wohngebäude sind. Es werden Gebäude mit Mischfunktion gewesen sein: Büro, Werkskantine, Aufenthaltsraum und Wohnung. Die topografische Urkarte lässt zugleich die Abbautiefe erkennen. Die Oberkante des Bruchs ist mit 550 m angegeben, die Unterkante mit 510 m, so dass diese 40 m beträgt.

Im ebenfalls 1814 entstandenen Urkasterblatt von Mörnsheim weist der 1668 eröffnete Hauptbruch Horstberg dagegen fast keine Arbeitshütten auf. Der Grund liegt darin, dass der Bruch zu dieser Zeit bereits brach lag. Um die Wende des 18. zum 19. Jahrhundert hatten die Steinbrecher ihn aufgegeben und erst im Zuge des Lithografiesteinbooms wieder reaktiviert, mit der Folge, dass er der wichtigste Steinbruch für Lithografiesteine wurde, vor allem für graue und graublaue.[19]

Lagerhütten und eine einfache Art von Verarbeitungsbetrieben wird es außerhalb der Steinbrüche schon vor dem 19. Jahrhundert gegeben haben. Anders ist nicht zu erklären, dass Johann Hänle von Mitte November 1691 bis Ende Februar 1692 über 4000 Platten an die Zisterzienserabtei Ebrach lieferte.[20] Diese Winterlieferungen setzten Bartholomäus Schindler aus Solnhofen und Hans Trepp aus Mörnsheim fort. Von Ende Januar bis Ende März gingen insgesamt neun Steintransporte nach Ebrach, davon allein fünf im Februar.[21] Wegen der winterlichen Unzugänglichkeit der Brüche waren diese Lieferungen nur möglich, wenn die Steine vorher in die Lagerhütten gebracht und dort zu Werkstücken verarbeitet worden waren.

4 Winterhütten und Sommerdächer

Ab Martini (11. November) ruhte die Arbeit in den Steinbrüchen. Aufgenommen wurde sie erst wieder an Ostern, wobei sich die Wiederaufnahme mehr an der Zugänglichkeit der Brüche als am kalendarisch uneinheitlichen Ostern ausgerichtet hat.

Trotz der Winterruhe in den Brüchen hatten die Steinbrecher auch in dieser Zeit Arbeiten zu verrichten. Soweit es die Wetterbedingungen zuließen, beseitigten sie den Abraum, um die Bruchflächen auszudehnen oder neue zu erschließen. Im 19. Jahrhundert setzte sich im Winter mit dem Aufkommen der Verarbeitungsbetriebe außerhalb der Brüche die Arbeit mit den gebrochenen Steinen fort. Gegen Ende der Bruchsaison verstärkten die Steinbrecher sogar den Abbau, um die Lager für die Winterarbeit zu füllen. Weil die Solnhofer Steine frostempfindlich sind, insbesondere so lange noch Bruchfeuchte in ihnen

Winterhütten im Solnhofer Hummelberg (um 1960).

Winterhütten im Mörnsheimer Hartbruch.

Sommerdächer im Mörnsheimer Hartbruch.

Schattenspendendes Sommerdach in der Langenaltheimer Haardt.

ist, hat die Lagerung in winterfesten Räumen den Vorteil, dass der Frost sie nicht beschädigt.

Die Fortsetzung der Brucharbeit im Winter setzte richtig erst nach dem Ersten Weltkrieg mit dem Errichten von ortssprachlich Winterdächer genannten Bauten ein. Diese gingen weit über ein Winterdach hinaus. Sie sind nach allen Seiten geschützte Winterhütten, in denen durch die Umhausung die reguläre Brucharbeit unter winterlichen Bedingungen fortgesetzt werden kann. Um zu verhindern, dass die Steine auffrieren, wird in den Winterhütten mit einfachen Öfen geheizt, damit die Temperatur nicht unter den Gefrierpunkt sinkt. Anfänglich stellten die Steinbrecher die Hütten am Ende der Arbeitssaison auf, bauten sie nach dem Winter ab und vor dem nächsten Winter eine neue Hütte an anderer Stelle auf. Als die Hütten größeren Umfang und Festigkeit annahmen, blieben sie über längere Zeit stehen. So entstanden Hüttenkomplexe.

Die sogenannten Winterdächer haben im Sommer ein einfaches, nicht hüttenmäßig gebautes Pendant, das schon lange vor dem 19. Jahrhundert in Gebrauch war: das Sommerdach. Es schützt die Steinbrecher vor der prallen Sonne und der Hitze, die in den Tiefen der Brüche hohe Grade erreicht, weil dort kein auffrischender Wind weht, kein Schatten besteht und die Steine sich aufheizen. Winterdächer und Sommerdächer sind auch heute noch unersetzlich für die Steinbrucharbeit. Um dem gesteigerten Bedürfnis nach Getränken nachzukommen, entstanden bruchnahe Schankwirtschaften. Die erste ging um 1775 am 1738 eröffneten Solnhofer Gemeindebruch in Betrieb. Als sich im 19. Jahrhundert mit den Lithografiesteinen die Bruchaktivitäten stark ausweiteten, nahm die Zahl der Schankwirtschaften zu, die sich bald zu richtigen Gastwirtschaften entwickelten, die auch an Sonntagen und Feiertagen offen waren und Unterhaltung mit Spiel, Tanz und Gesang boten.[22] Bei den Steinbrechern und den Fuhrleuten waren sie sehr beliebt. Allerdings haben sie sich dort öfters auch mit etwas zu viel Getränken versorgt.

5 Platten für Legschieferdächer

In seiner einfachsten und frühesten Verwendung war der Solnhofer Stein Baustoff für den Hausbau, für Mauern und für die Dachdeckung.

Dünne Platten um 1 cm fanden lange als Dachplatten Verwendung. Diese haben den petrografisch falschen Namen Legschiefer, obwohl sie Kalksteine sind. Dennoch ist der Begriff vertretbar, weil die Steinbrecher früher dünne Platten als »Schiefer« bezeichneten, vor allem im Eichstätter Raum, wo dünne Platten vorherrschend sind. Das Absatzgebiet erstreckte sich beiderseits der Altmühl von Treuchtlingen bis über Kelheim hinaus, überall wo in Steinbrüchen Platten des Solnhofer Typs abgebaut wurden und diese in einer Tagesfahrt (Hin- und Rückfahrt) an den Bau geliefert werden konnten. Das Legschieferdach hatte Auswirkungen auf den Hausbau. Daraus entstand das Jurahaus, das ohne das Engagement des Eichstätter Jurahausvereins bis auf wenige Reste verschwunden wäre.[23] Der Initiative dieses Vereins ist es zu verdanken, dass dieser Haustypus 2018 in die Bayerische Liste des immateriellen Kulturerbes und 2021 ebenfalls als immaterielles Kulturerbe und gutes Praxisbeispiel in die deutsche UNESCO-Liste aufgenommen wurde.

Haben die Platten durch Lufttrocknung keine Bruchfeuchtigkeit mehr, werden sie in fünf bis zehn Lagen auf raue, am Dachstuhl befestigte (in alten Häusern mit Holznägeln) Hanikeln gelegt (gespaltenes Rundholz meist aus Buche) und mit einem gewissen Abstand lose übereinander geschichtet. Je Lage müssen die Platten gleich stark sein. Mit kleinen Platten oder Bruchstücken werden Lücken gefüllt und die einzelnen Lagen unterlegt. Damit die Platten ohne Befestigung allein durch ihr Gewicht halten, liegt die Dachneigung zwischen 25 Grad und 30 Grad.

Legschieferdach

◀ Sechsfache Schichtung.

▼ Gelegte Dachfläche.

Zwicktaschendach.

Jurahaus mit Legschieferdach in Kinding.

Bei höherer Neigung besteht die Gefahr, dass die Steine ins Rutschen kommen. Das hohe Gewicht der Platten, das bei einer siebenfachen Schichtung rund 200 kg pro Quadratmeter beträgt, erfordert einen kräftigen Dachstuhl, der auf einem Kniestock ruht. Das Legschieferdach, die geringe Dachneigung und der Kniestock sind die Merkmale des im Verschwinden begriffenen Jurahauses, das über Jahrhunderte die Dachlandschaft im Altmühlraum prägte. Nach einer gewissen Zeit vergrauen die Platten durch Witterungseinflüsse, die den Dächern ihre charakteristische Färbung geben.

Im 19. Jahrhundert kam der Eichstätter Glasermeister Johann Weittenhiller auf den Gedanken, die dünnen Eichstätter Platten mit einer speziellen Zange in Form eines Biberschwanzziegels zu zwicken. In diese »Zwicktaschen« genannten Platten wurde am oberen Ende ein Loch gebohrt, damit sie mit einem Nagel an der Dachlatte befestigt werden können. So wurde es möglich, mit einem leichteren Dachstuhl auch steilere Dächer mit Solnhofer Platten einzudecken.[24]

In der näheren Umgebung der Brüche fanden die starken Steine auch Verwendung als Mauersteine für den Haus- und Stadelbau. Davon zeugen noch heute einige Gebäude. Gerade im 19. Jahrhundert wurden dafür die Steine genutzt, die als Lithografiesteine unbrauchbar waren. Dieser Anfall war hoch, so dass viele Häuser damit gebaut wurden, deren Mauersteinwerk wegen Verputzung aber meist nicht erkennbar ist.

Anmerkungen

1 Zu den Mörnsheimer Schichten Röper 2018.
2 In der Vignette des Rahmens steht: »Marmoris Fissilis foduna prope Solenhofen in Marchionam Onoldino« (Plattenmarmor-Steinbruch bei Solnhofen in der Markgrafschaft Ansbach)
3 »Fäulen« bedeutet »faules Gestein«.
4 Meier 2014, 177.
5 Kugler 1868, 99.
6 Arauner 1975, 63.
7 Seit in den 1930er Jahren im Bruchgebiet ein Zementwerk den Betrieb aufgenommen hat, werden die Schutthalden abgebaut und die Steine für die Zementherstellung verwendet.
8 Journal für Bayern 1880, 168.
9 Mit der Zwickzange handbekantete Platten werden nur in Stärken von 7–8,5 mm und 8,5–10 mm angeboten.
10 Journal für Bayern 1800, 168.
11 StA Würzburg A D8 488–5.
12 Dischinger III 2011, 693 pag. 900, 720 pag. 705 und 758 pag. 1013.
13 Zu dieser Darstellung ausführlich Tischlinger 2014.
14 Tröger 1987, 2.
15 Journal für Bayern 1800, 171
16 Wolfgang Blum war in unterschiedlichen Funktionen im Bayerischen Landesvermessungsamt tätig und befasste sich insbesondere mit historischen Kartenwerken.
17 Kugler 1868, 98.
18 In der Farbnomenklatur der Katasterkarten und topografischen Karten bedeuten rötlich gestrichene Zeichen Nebengebäude und vollrötliche Wohngebäude.
19 Eder 1928, 89 und 94.
20 StA Würzburg Kl Ebrach D8 488; S. 164.
21 StA Würzburg A 236 III 258.
22 Dazu Schauer 2006, 20–36.
23 www.jurahausverein.de. Der nachhaltigen Initiative des Jurahausvereins ist es zu verdanken, dass noch Jurahäuser existieren.
24 Mit Beginn des 20. Jahrhunderts verdrängten die industriell hergestellten Tonbiberschwänze die Zwicktaschen.

Solnhofer Mauersteine für den Haus- und Stadelbau.

III Solnhofer Steingewerbe bis Ende des 18. Jahrhunderts

Das Steinbruchareal um Solnhofen entwickelte sich in mehreren Jahrhunderten aus unscheinbaren und zerstreuten Anfängen zu einem der ausgedehntesten in Deutschland. Es erstreckt sich auf die Gemeinden Solnhofen, Mörnsheim (mit den früher selbständigen Ortsteilen Altendorf und Mühlheim) und Langenaltheim.
Mitten durch dieses Gebiet verliefen herrschaftliche und konfessionelle Grenzen. Solnhofen gehörte seit Ende des 15. Jahrhunderts zur Markgrafschaft Brandenburg-Ansbach, die sich in der Reformation dem evangelischen Glauben anschloss,[1] Mörnsheim dagegen zum katholischen Hochstift Eichstätt[2] und Langenaltheim zur ebenfalls evangelisch gewordenen Grafschaft Pappenheim. Auch heute bestehen im Steinbruchareal noch regionaladministrative Grenze. Die Steinbrüche Solnhofer Hummelberg und Mörnsheimer Hummelberg trennt nur eine Straße, die gleichzeitig die Grenze zwischen beiden Gemeinden, den Landkreisen Weißenburg und Eichstätt und damit die Grenze zwischen den Regierungsbezirken Mittelfranken und Oberbayern ist.

1 Ungewisser Beginn des regulären Abbaus

Bis in das Spätmittelalter liegen keine Nachweise über eine einigermaßen relevante und verstetigte Abbautätigkeit in Solnhofen vor. Im Salbuch des Solnhofer Klosters sind in dieser Zeit keine Einnahmen aus Bergzins oder sonstigen mit einem Bruchbetrieb vergebenen Rechte und den damit verbundenen Abgaben verzeichnet.

Ein erster urkundlicher Nachweis für eine gewisse Aktivität findet sich im Salbuch des Jahres 1423. Darin tauchen erstmals Steinbruchlehen des Klosters auf und zwar im Zusammenhang mit einem Vorfall. Auf dem Steinbruch Solaberg lagen sieben Lehen, die der Steinbruchpächter Summestorffer innehatte. Zu einem urkundlichen Eintrag kam es, weil Summestorffer beim Steinbrechen von einer Eisenstange erschlagen wurde.[3] Von einer noch länger zurückliegenden Steinbruchgeschichte ging 1638 der Mörnsheimer Pfleger aus. In einem Schreiben an den Eichstätter Fürstbischof berichtete er, *nach einem gewiß erhaltenen Bericht* sei im *Solnhofer Gemeinholz ein Steinbruch über die 300 Jahre situiert und liegen tue.*[4] Auf welchen *gewiß erhaltenen Bericht* sich der Pfleger stützt, teilte er nicht mit. Danach hätte es schon im 14. Jahrhundert einen Steinbruch gegeben. Wenn das wirklich so war, wird der Abbau nicht über den Steinbedarf im weiteren Nahbereich hinausgegangen sein.

Das 16. Jahrhundert markiert den Beginn einer sich anbahnenden Wende. Die Bruchtätigkeit intensivierte und verstetigte sich und der Steinabsatz überschritt die Grenze des weiteren Nahbereichs. Der dadurch gestiegene Bekanntheitsgrad machte den Stein zu einem nachgefragten Bodenpflaster. In der zweiten Hälfte dieses Jahrhunderts war der Abbau schon so bekannt, dass er Eingang in Kartenwerke fand.

1570 entstand eine in Größe (135 × 186 cm), Farbe und Darstellung einzigartige »Prunkkarte« des pfalz-neuburgischen Landgerichts Graisbach, in dem Solnhofen mit einem Steinbruch dargestellt ist.[5] Für die Steinbruchgeschichte Solnhofens und die der Nachbarorte ist diese Karte auch insofern von besonderer Bedeutung, als die mit dem Steinabbau verbundenen Tätigkeiten erstmals bildlich dargestellt sind. Gezeigt wird die Arbeit im Steinbruch, das Stapeln der gebrochenen Platten, der Abtransport der brauchbaren und unbrauchbaren Platten aus dem Steinbruch mit einem Schnappkarrengespann und der Abtransport der Lieferware mit einem Pferdegespann. Daraus lässt sich schließen, dass 1570 bereits ein regulärer Steinbruchbetrieb bestand, der sich auch darin manifestiert, dass zu dieser Zeit Künstler in Augsburg, Nürnberg, Regensburg und in anderen Orten den Stein für ihre Kleinplastiken, Ätzwerke, Plaketten und Medaillen nutzten (Kapitel X – XI). Er kam auch schon als Bodenpflaster in bedeutende Bauten.

Nach seinem Regierungsantritt im Jahre 1569 ließ Pfalzgraf Philipp Ludwig sein zerstreutes Herrschaftsgebiet systematisch kartografieren. In einer ersten Maßnahme beauftragte er 1582 den Kartografen Philipp Renlin und den Maler Friedrich Seefried das Landgericht Neuburg aufzunehmen. Auf der 1588 fertiggestellten farbigen Karte erscheint bei *Sullenhofen* ein in der tatsächlichen Lage etwas verschobener Steinbruch mit dem Hinweis *alles der Steinberg genannt*.[6] Das umfangreichste Kartenwerk der pfalz-neuburgischen Gebiete schufen von 1597 bis 1605 der Pfarrer und Kartograf Christoph Vogel und der zeichnende Kanzlist Matthäus Stang. Die 1599 entstandene Karte des Landgerichts Graisbach enthält das Solnhofer Steinbruchgebiet ähnlich wie die Vorgängerkarte.[7]

Trotz dürftiger Quellenlage kann davon ausgegangen werden, dass es in den Steinbruchorten Solnhofen, Mörnsheim und Langenaltheim zu allen Zeiten jedenfalls einen unregelmäßigen und ungeregelten Abbau in kleinen Brüchen gab, die nach einer gewissen Ausbeute vielleicht wieder aufgegeben wurden, vor allem je tiefer die Grube wurde. Der Abbau wird sich auf Dachplatten und Bodenplatten für den Bedarf in einem Bereich beschränkt haben, deren Lieferung mit Hin- und Rückfahrt in einem Tag durchführbar war. Das Absatzgebiet der Dachplatten erstreckte sich beidseitig der Altmühl von Treuchtlingen bis Kelheim und etwas darüber hinaus, weil diese dünnen Platten auch in vielen Brüchen außerhalb des Solnhofer Kerngebietes verfügbar waren. So entstand im Altmühlraum eine Dachlandschaft mit Legschiefer, die über Jahrhunderte Dörfer und auch Städte prägte, heute aber nur noch punktuell existiert (Kapitel II 5).

Bis in die zweite Hälfte des 17. Jahrhunderts erstreckte sich der Abbau in Solnhofen allein auf den Solabruch. Als sich markgräfliche Ansbacher Räte 1759 in

Der Solnhofer Solabruch in Kartenwerken des 16. Jahrhunderts (Ausschnitte).

Prunkkarte des pfalz-neuburgischen Landgerichts Graisbach, 1570 mit bildnerischen Darstellung des Steinbruchs und der Steinbrucharbeit. BayHStA, Pl. 4269.

Landgericht Neuburg, 1588. BayHStA, Pl. 3457.

Landgericht Graisbach, 1599. BayHStA, Pl. 10006.

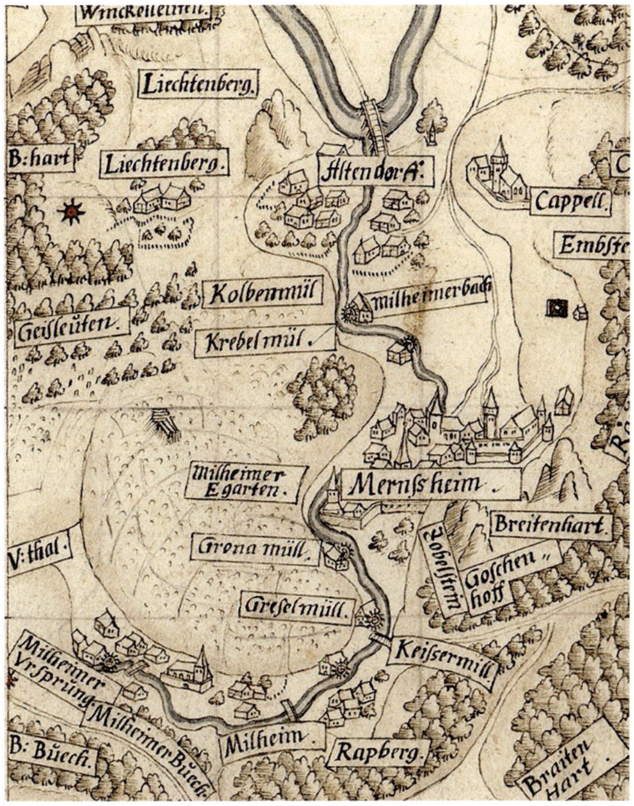

◄◄ Solnhofer Solabruch (Alter Schiefer Steinbruch) und Steinbruch Truhenleite (1738 eröffnet) in der Kataster-Uraufnahme, 1824. BayernAltas.

◄ In Mörnsheim und Mühlheim (Milheim) sind um 1600 noch keine Steinbrüche verzeichnet. Karte Landgericht Graisbach, 1599. BayHStA, Pl. 10006.

Solnhofen umschauten, suchten sie auch den Solabruch auf. Sie fanden ihn in einem »erschöpften und mit unzähligen Steinbrocken gefüllten« Zustand vor, notierten sie in ihr Reisetagebuch.[8] Der Grund war, dass sich die Steinbruchtätigkeit in den Gemeindebruch in der Truhenleite verlagert hatte. Das Klosteramt Solnhofen wies dort 1738 ein neues und wie sich herausstellte ergiebiges Bruchrevier mit einer Fläche von 13 ha aus. Durch Losentscheid wurden Anteile zur Ausbeute unter 64 Solnhofer Bürgern verteilt. 1841 dehnte sich das Areal in das anschließende Staatslehen aus. Im 19. Jahrhundert erfuhr dieser mittlerweile ausgebeutete Gemeindebruch eine weitere Ausdehnung.

1662 eröffneten die Einwohner des zur Grafschaft Pappenheim gehörenden Nachbarortes Übermatzhofen einen Steinbruch, der sich zur ersten Konkurrenz für Solnhofen entwickelte. Um sich diese vom Leibe zu halten, handelten die Solnhofer Steinbrecher mit den Übermatzhofer Steinbrechern 1669 ein Abkommen aus. Sie brachten die Übermatzhofer dazu, ihre Steine *nirgends anders als nach Solnhofen* […] *zu verkaufen.* Die Solnhofer verpflichteten sich im Gegenzug, die gebrochenen Steine zu einem höchst günstigen Festpreis abzunehmen, die *18 zöllige für 2 fl das Hundert* und die kleineren Steine für *1 fl das Hundert*.[9]

Das größte, noch heute bearbeitete Bruchfeld der Solnhofer Steinbruchregion liegt in der »Haardt« der Gemeinde Langenaltheim, wo die Abbautätigkeit nach Aufhebung der Beschränkungen des Haardt-Waldes, die einen Steinbruchbetrieb untersagten, erst um 1825 einsetzte. Jedoch existierten bereits vor 1700 Steinbrüche in der Gemarkung »Schrandel«.[10]

Steinbruchgebiet »Langenaltheimer Haardt«, in dem noch gearbeitet wird, aber nicht mehr so intensiv wie auf dieser Abbildung.

Steinbruchkarte von Bernhard Eder, Eder 1928.

Erklärung der Übersichtskarte

Rote Linie
Grenze der ehemaligen gemeinsamen Hardwaldung der Gemeinden Mörnsheim, Mühlheim, Solnhofen und Langenaltheim.

Rote punktierte Linien
Teilungslinien von 1806/07.

A = Mörnsheimer Hard.
B = Mühlheimer Hard.
C = Solnhofer Hard.
D = Langenaltheimer Hard.

Blaue Farbe = Brüche mit »blauen« Steinen.

Gelbe Farbe = Brüche mit »gelben« Steinen.

1 = Maxbruch, eröffnet 1845, Betrieb des Solenhofer Aktienvereins;
2 = Zugspitze, eröffnet 1896 und 1914;
3 = Kronenwirtsberg, begonnen um 1800;
4 = Horstberg, eröffnet 1668;
5 = Mörnsheimer Gemeindebruch, eröffnet 1927;
6 = hinteres Schlägle, Verteilung von 1881;
7 = Verteilung von 1826, nicht begonnen;
8 = alter Hardbuck, Verteilung von 1855;
9 = Mörnsheimer Hummelberg, Verteilung von 1881, begonnen 1885;
10 = neuer Hardbuck, Verteilung von 1881, begonnen 1927;
11 = Umriß, Verteilung von 1881;
12 = Betriebsgebäude der Mörnsheimer Lithographiestein-Genossenschaft;
13 = Apfelthal, Mühlheimer Verteilung von 1826;
14 = Kesseltal, begonnen 1896;
15 = Bruch an der Geisleiten, eröffnet 1859;
16 = Lindenberg und Mittelberg, eröffnet 1834 und 1845;
17 = Mühlheimer Heiligenfeld, begonnen 1742;
18 = Schaudiberg, begonnen um 1800;
19 = Rappberg, begonnen 1678;
20 = der älteste Solnhofer Bruch, im Betrieb schon im 15. Jahrhundert;
21 = Solnhofer Gemeindebruch, eröffnet 1738;
22 = Solnhofer Staatslehen von 1841;
23 = Schwarzberg, Staatslehen des Freih. von Zandt, 1841;
24 = Solnhofer Hummelberg, Verteilung von 1854;
25 = Eichelberg, Verteilung von 1854;
26 = Solnhofer Verteilung von 1854, nicht begonnen;
27 = Brüche im Schrandel bei Langenaltheim, begonnen schon vor 1700;
28 = Langenaltheimer Hardbrüche, begonnen um 1830.

Hochholz
Elsing
Altendorf
MÖRNSHEIM
A
B
C
1
2
3
4
5
6
7
8
9
10
11
12
13
14
15
16
17
18
19
20
21
22
23
24
25
26
28

2 Mörnsheim tritt 1668 hinzu

Die eigentliche Konkurrenz erwuchs Solnhofen mit der Eröffnung eines Steinbruchs 1668 im angrenzenden Mörnsheim. Anlass war ein Streit unter den konfessionell gespaltenen Solnhofer Steinbrechern.[11] Die evangelische Steinbrechergruppe führte der Bergmeister Leonhard Böhnlein an, die katholische der Bergmeister Lorenz Lotter.[12]

Zur katholischen Gruppe gehörte ein Matthias Kelz. Der Klosterverwalter Cleusel teilte in einem Schreiben an die markgräfliche Regierung in Ansbach mit, dieser sei ein »sehr böser und boshaftiger Mensch«.[13] Vielleicht übertrieb er, aber aufsässig war Kelz gewiss, zugleich aber auch ein strategisch vorgehender Mensch. Die Geschichte, wie er zum Gründer der eigentlichen Mörnsheimer Steinbruchgeschichte wurde, die vorher nur aus dem Abbau von Dachplatten und Bodenplatten in kleinen Brüchen für den lokalen und regionalen Bedarf bestand, vollzog sich in einer Art, wie wir sie heute kennen. Der Benefiziant Bernhard Eder hat sie detailliert und fundiert aufgearbeitet (Eder 1928).[14]

Im Streit mit dem Klosteramt als Obrigkeit, den Bergmeistern und den evangelischen Steinbrechern verließ Kelz 1668 Solnhofen und begab sich mit seiner Familie in das benachbarte katholische Mörnsheim. Das geschah nicht überstürzt, vielmehr sehr planvoll. Schon vor dem Weggang unternahm er mit zwei Steinbrechern aus seiner katholischen Gruppe in Mörnsheim eine Art »Geländeprospektion« wie im Bergbau, um ein Areal zu erkunden, das sich für einen aussichtsreichen Steinbruch eignen könnte. Das Gelände, das er aussuchte, war gut gewählt. Nach Eröffnung des Bruchs stellte sich heraus, dass er auch graublaue Schichten enthält, die es in Solnhofen nicht gibt. Das verschaffte ihm einen Konkurrenzvorteil, denn mit diesen Steinen konnte er das Interesse der barocken Bauherren an farbwechselnden und damit kontrastreichen Fußböden bedienen.

Geschickt verstand es Kelz, sich Vorteile zu verschaffen. Er trat in Verhandlung mit dem Hochstift Eichstätt, das sehr an einem Steinbruchgewerbe in Mörnsheim interessiert war. Den Einwohnern brachte es Arbeitsplätze, dadurch einen gewissen Wohlstand und dem Hochstift Einnahmen aus dem Bergzins. Das Hochstift handelte so, wie heute Standortmarketing betrieben wird. Es gewährte Kelz drei Jahre Steuerfreiheit für die Steinbruchausbeute und seinen privaten Besitz, die Kohlmühle, die er erwarb, um das Bürgerrecht in Mörnsheim zu erhalten und als gelernter Müller weiter betrieb. Auf Kelz' nachdrückliche Bitte verlängerte Eichstätt die Steuerfreiheit um ein weiteres Jahr. Als zusätzliche Vergünstigung stellte das fürstbischöfliche Kastenamt Mörnsheim zwölf Tagwerk Acker auf dem von Kelz ausgesuchten Gelände zur Verfügung und die Marktgemeinde Mörnsheim eine Viehweide als Schuttplatz.[15]

Um die Wende zum 19. Jahrhundert wurde der Abbau aufgegeben. Der Bruch galt als erschöpft und war zudem in einer Tiefe angelangt, die unter den damaligen Bedingungen den Abtransport des Schuttmaterials und der Steine erheblich erschwerte. Im Urkataster des Jahres 1814 wird das Bruchgelände daher als »Alter Schiefer Steinbruch« bezeichnet. Zu neuem Leben und großer Bedeutung erwachte der Bruch im 19. Jahrhundert. Die unteren Schichten enthielten starke graublaue Flinze, aus denen die für Lithografie wertvollsten Drucksteine gewonnen wurden. In diesem Jahrhundert erhielt der Steinbruch den Namen »Horstberg«, der auf den Straßburger Kaufmann Franz Heinrich Horst zurückgeht, der ihn 1841 bei einer Versteigerung durch die Gemeinde erwarb, aus finanziellen Gründen aber schon bald wieder aufgab. Vereinzelt wurde im Horstberg noch in der frühen Nachkriegszeit gearbeitet. Noch heute beeindruckt dieser Steinbruch mit seinen hochragenden Wänden und den umlagernden mächtigen Schutthalden.

Zehn Jahre nach der Steinbrucheröffnung 1668 dehnte Kelz 1678 seine Tätigkeit auf das unmittelbar angrenzende, zum Pfleg- und Kastenamt Mörnsheim gehörende Mühlheim aus, wo er auf dem Rappberg einen weiteren Steinbruch eröffnete. Auch diesmal gelang es ihm, das Wohlwollen des Hochstifts zu gewinnen, das ihm zwei Jahre Steuerfreiheit einräumte. Schon nach einigen Jahren verließ Kelz diesen Steinbruch, den 1715 der Mühlheimer Bauer Thomas Zinsmeister reaktivierte[16] und länger darin arbeitete, später auch andere, wie die noch sichtbaren hohen Wände belegen. Im 18. Jahrhundert entwickelte sich Mühlheim zu einem wichtigen

Der 1668 eröffnete Mörnsheimer Steinbruch »Horstberg« um 1930.

▶▶ Aktueller Zustand.

Das 1712 eröffnete und danach stark ausgeweitete Mörnsheimer Steinbruchgelände »Kronenwirtsberg« gegenüber dem »Horstberg«. Um 1930.

Steinbruchort. 1742 begann der Abbau auf dem Heiligenfeld, dem Grundbesitz der Kirchenstiftung Mühlheim, das im 19. Jahrhundert Bedeutung für graublaue Lithografiesteine erlangte.[17]

Der Mörnsheimer Bürgermeister und Inhaber der Wirtschaft »Zur Krone«, Georg Zinsmeister, deshalb Kronenwirt genannt, eröffnete 1712 einen Steinbruch, ohne dafür eine Konzession des Eichstätter Fürstbischofs beantragt zu haben. Auf Beschwerde der konkurrierenden Rechtler untersagte ihm das Hochstift den Abbau, wies ihm aber an anderer Stelle einen Platz für eine Grube zu. Zinsmeister hatte seinen Bruch auf der dem »Horstberg« gegenüber liegenden Talseite begonnen und dort lag auch das ihm zugewiesene Gelände. Ende des 18. Jahrhunderts machte sein Nachfolger Franz Anton Zinsmeister in diesem Gelände ein neues Bruchfeld auf, das den Namen »Kronenwirtsberg« erhielt. Im 19. Jahrhundert dehnte es sich weit in den Mittelberg und den Mandelberg aus. Das Gesamtareal erfreute die Eigentümer mit hochwertigen graublauen Lithografiesteinen.[18]

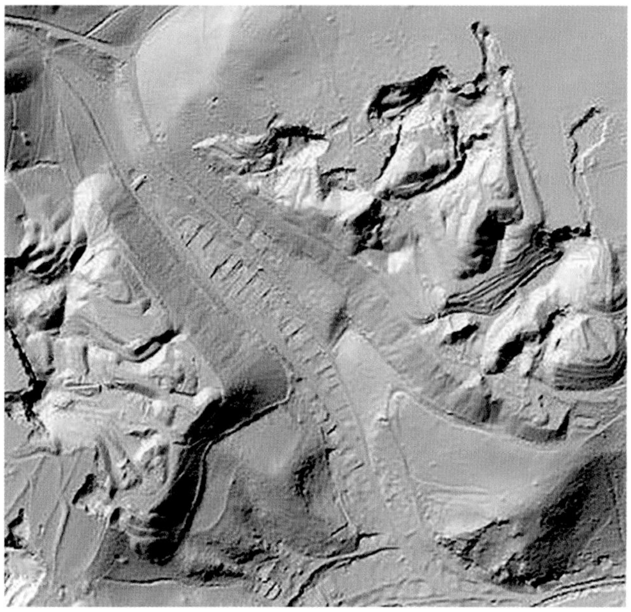

Digitales Geländemodell des aktuellen Zustandes. Links der »Horstberg«, rechts der »Kronenwirtsberg«. Bayerische Vermessungsverwaltung.

3 Regulierende Bergordnungen

In der zweiten Hälfte des 16. Jahrhunderts nahm der Abbau im Solnhofer Solasteinbruch so zu, dass es immer wieder zu Streitigkeiten unter den Steinbrechern kam. Die Regierung von Brandenburg-Ansbach erließ daher nach *gehalltner Umbfrag vnnd Aussag, der Eltesten Stain Precher, vnd Gemeiner* 1596 eine sechs Artikel umfassende *Stainbergs Ordnung*.[19] Dennoch nahmen die Klagen über Missstände nicht ab. Im Gegenteil, sie nahmen zu, je mehr im aufkommenden Barock des 17. Jahrhunderts die Nachfrage nach Solnhofer Platten anstieg.

Lange Zeit ließ die Ansbacher Regierung die Dinge laufen, bis sie dann doch Ende Mai 1670 eine neue Bergordnung mit 25 Artikel erließ.[20] Diese wurde zum Vorbild für die Mörnsheimer Bergordnung, die sich nach der Eröffnung des Steinbruchs im Jahre 1668 als notwendig erwies. Beide Bergordnungen stimmen so weitgehend überein. Der Eichstätter Fürstbischof erließ die 29 Artikel umfassende Ordnung am 26. November 1674 in Regensburg auf dem Reichstag.[21] Nach der Einleitung hatte die Bergordnung die Aufgabe, *Wie es in dem Stainbruch zue*

Solnhofer Bergordnung von 1596. StA Nürnberg, Fürstentum Ansbach, Archivakten 1852.

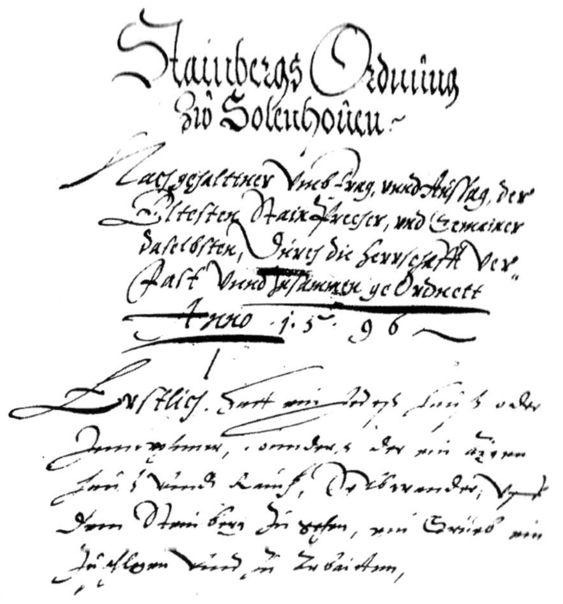

Steinbergs Ordnung
Zu Solenhoven

Nach gehalltner Umbfrag vnd Aussag, der Eltesten Stainbrecher und Gemainer [Einwohner] daselbsten, durch die Herrschaft verf fast vnd zusammengeordnet
Anno 1596

Erstlich hat ein jedes Hauß oder Inwohner, sonders der ein Aigen Haus und Rauch, selbstwender [selbst], uff dem Stainberg zu gehen, ein Grüeb ein zuschlagen vnd zu Arbeiten

Die erste Seite der Mörnsheimer Bergordnung von 1674. StA Nürnberg, Fürstentum Ansbach, Archivakten 1852.

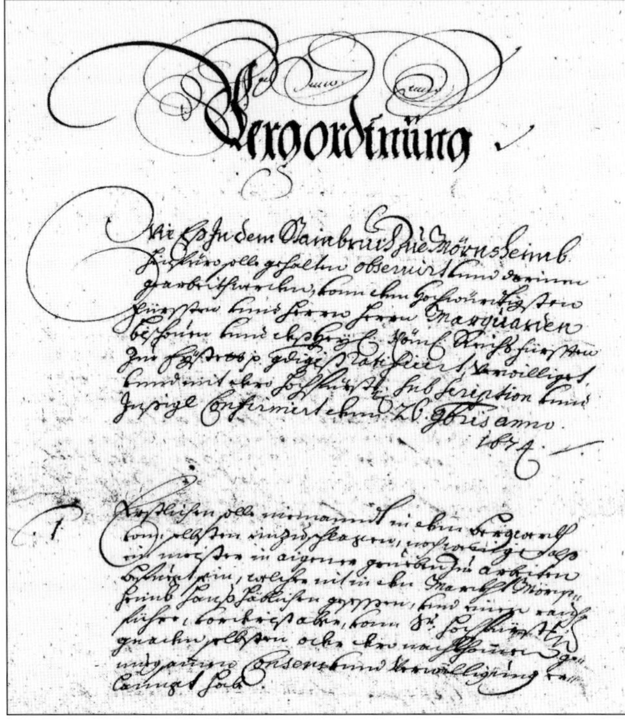

Bergordnung

Wie es in dem Stainbruch zue Mörnsheimb hinfüro sollte gehalten, observiert und darinen gearbeit werden, von dem Hochwürdigsten Fürsten und Herrn Herrn Marquarden Bischoven und des Heyl. Röm. Reichs Fürsten zue Eystett gnädigst ratificirt, verwilliget und mit dero hochfürstl. Subscription und Insigl confirmiert den 26. Novembris anno 1674

1. Erstlichen solle niemandt in dem Bergwerk von selbsten einzuschlagen, noch weniger als ein Meister in aigener Grueben zue arbeiten befueget sein, welcher nit in dem Marckt Mörnsheimb haushäblichen gesessen und einen Rauch führe, vorderist aber von Sr. Hochfürstl. Gnaden selbsten oder dero Nachkommen genuegsamen Consens und Verwilligung erlangt habe.

Mörnsheimb hinfüro [zukünftig] *solle gehalten observiert und darinnen gearbeith werden.*
Die Kernregelungen waren:

- Wer einen Steinbruch, *Grube* genannt, eröffnen wollte, brauchte eine Zulassung (*Consens und Verwilligung*) der Herrschaft, in Solnhofen der Markgrafschaft Ansbach-Brandenburg, in Mörnsheim des Eichstätter Hochstifts. Wer die Zulassung erhielt, war ein Rechtler.
- Rechtler konnte nur werden, wer in Solnhofen oder Mörnsheim ansässig war. Ortsansässig war er, wenn er im Ort ein Haus hatte und es auch bewohnte, wofür der aus dem Haus kommende Rauch als Nachweis diente.[22]
- Zweck dieser Regelung war die Wohlstandsmehrung der Einwohner durch den Steinbruchbetrieb. Dessen wirtschaftliche Auswirkungen sollten ihnen zugutekommen. Das ging so weit, dass die Rechtler den Transport der Steine zu den Kunden *vor allen Dingen den herrschaftlichen Unterthanen* zur Durchführung anzubieten hatten.[23] Eine ähnliche Bestimmung gab es in der vorläufigen Mörnsheimer Steinbruchordnung von 1672. Der Steintransport war ausschließlich Fuhrwerkern aus dem Hochstift Eichstätt vorbehalten, sofern genügend zur Verfügung standen.[24]
- Das Recht einen Steinbruch zu betreiben, begründete kein Eigentumsrecht, lediglich ein Nutzungsrecht. In den Bergordnungen ist das nicht ausdrücklich geregelt, ergab sich aber aus der Rechtsnatur der Zulassung.
- Das Nutzungsrecht war unveräußerlich.[25] Auch diese Beschränkung fand keinen Eingang in die Bergordnungen. Sie wurde als selbstverständlich vorausgesetzt. In einem 1722 an die Hofkammer in Eichstätt gerichteten Schreiben führte der Mörnsheimer Pfleger zusammen mit dem Kastner aus, dass es nicht möglich sei, dieses Recht *zu erkaufen*. Im Lauf der Zeit wurde

die Unveräußerlichkeit der Nutzungsrechte durch Vererbung und sogar Verkauf an nicht Ortansässige immer weniger beachtet.

- Jeder Nutzungsberechtigte erhielt das Ausbeuterecht nur an einem Teil des Steinbruchs. Dieser Teil war *zwoelf werkschuhe* breit (etwa 3,5 m).[26] In Länge und Tiefe der Ausbeute gab es keine Beschränkungen.
- Eine auf gleichmäßige Verteilung der eingegangenen Aufträge zielende Regelung war die Verpflichtung der Rechtler, diese dem Amt zu melden und *alsdann allen Stainbrechern solches an*[zu]*deuten, damit die Arbeit under allen zugleich ausgeteilt werde*.[27] Der Rechtler, der den Auftrag bekommen hat, konnte eine Frist setzen, bis zu der die verteilte Arbeit zu erledigen war.
- Jeder Rechtler musste in seinem Teil mindesten vier Flinzlagen brechen.[28] Waren diese erschöpft, hatte er das Recht auf eine neue Grube. Die alte konnte er verfallen lassen. Die nicht brauchbaren Steine, das ist bis heute der größte Teil der Ausbeute, durfte der Rechtler *hinder sich in seine ausgearbeitete Grueben* schütten.[29] Diese Regelung erwies sich als so hinderlich, dass sie alsbald aufgegeben und Schuttplätze außerhalb der Steinbrüche angelegt wurden.

Die Mörnsheimer Bergordnung galt bis zum Ende des Hochstifts Eichstätt (1802), die Solnhofer bis zur Auflösung der Markgrafschaft Brandenburg-Ansbach (1806). In Mörnsheim erlangte sie nicht die Bedeutung wie in Solnhofen, wo sich unter den Rechtlern ein Zunftwesen ausbildete. Dennoch war die Bergordnung auch in Mörnsheim eine wichtige Verhaltensrichtschnur für die Beteiligten. Obwohl das Zunftwesen in Mörnsheim nur in Ansätzen existierte, gaben sich die Steinbrecher am 20. September 1855 bei der Eröffnung des gemeindlichen Steinbruchs »Hartbuck« dennoch eine Art Zunftzeichen.

Eine Art Zunftzeichen der Steinbrecher auf der Rückseite einer Gedenktafel zur Eröffnung des Alten Mörnsheimer Hartbruchs am 20. September 1855.

Aus besonderen Anlässen gab es immer wieder auch Sonderregelungen. Im 18. Jahrhundert bahnte sich in Solnhofen ein schwunghafter Handel mit Versteinerungen an. Er kulminierte 1789 im Zusammenhang mit dem Verkauf von Versteinerungen über Zwischenhändler an die Markgräfin in Ansbach. Der Solnhofer Klosterverwalter erließ am 30. Juli dieses Jahres eine Anordnung, wonach der *gesammten hiesigen Steinbrecherzunft alles Aufkaufen und Verschleifen* [Verbringung] *hiesiger Versteinerungen, bey Vermeidung der Confiscation und besonders Bestrafung* verboten ist. Zugleich wurde die Steinbrecherzunft ausdrücklich aufgefordert, alle Versteinerungen *ohnfehlbar* [ohne dass etwas fehlt] *zum hiesigen Amt* zu bringen*.* Im Zusammenhang mit Solnhofer Versteinerungen, mit Versteinerungen überhaupt, weist eine Fischversteinerung im Naturhistorischen Museum

Eine Solnhofer Versteinerung mit der Erklärung des römischen Dichters Vergil, dass Fossilien nicht aus geheimnisvollen Kräften, sondern durch vernichtende Fluten entstanden sind. Naturhistorisches Museum Wien.

Wien eine Besonderheit auf. In den unteren Teil der Versteinerung wurde 1543 in Latein ein Flickgedicht aus Teilen der Aeneis und der Georgica des römischen Dichters Vergil graviert. In diesem Gedicht kommt eine neue Auffassung zur Entstehung von Versteinerungen zum Ausdruck. Zuvor hatte man angenommen, Versteinerungen seien Spiele der Natur, die geheimnisvolle Kräfte in der Erde bewirkten. Vergil führte in seinem Gedicht die Versteinerungen auf todbringenden Fluten zurück, in denen die Fische danach versteinerten, wie andere tierische und pflanzliche Organismen auch.

4 Absatzausweitung in den Donauraum

Über Jahrhunderte erschloss die Donau als einfacher Transportweg den Absatz von Solnhofer Platten in den bayerischen und österreich-ungarischen Raum.[30] Schon im 17. Jahrhundert entwickelten sich Geschäftsbeziehungen mit Regensburg und Linz, damals Zentren des Donauhandels. So ist es nicht verwunderlich, dass entlang der beiderseits von der Donau erschlossenen Räume in vielen Kirchen, Klöstern und Residenzen Solnhofer Platten liegen, auch wenn sie Kelheimer Platten genannt wurden.[31]

Um in der Bedrängnis des Dreißigjährigen Kriegs einen Steinbruchbetrieb aufrecht zu erhalten, gingen die Solnhofer Steinbrecher im September 1636 mit *Heinrich Wilhelm, Bürger und Bildhauer zu Regensburg* einen Vertrag in dem Bestreben ein, *den Steinbruch zu Solnhofen auf seine Kosten aufzurichten und wieder in Gang zu bringen*.[32] Wilhelm verpflichtete sich, die Steine zu dem Preis vor dem Krieg abzunehmen, jedoch unter der Bedinung, dass kein anderer die Ausbeute erwerben dürfe. Die fortdauernden Kriegswirren beeinträchtigten den Abbau und Absatz so sehr, dass der geschäftliche Erfolg ausblieb. Trotzdem hielt ein Teil der Steinbrecher den Kontakt mit Wilhelm aufrecht, der dazu führte, dass sie sich 1644 erneut an Wilhelm banden und diesen Vertrag 1649 erneuerten. Markgraf Albrecht zu Brandenburg-Ansbach genehmigte den Ausgangsvertrag, der einen aufschlussreichen Einblick in die verabredeten Einzelheiten gewährt.[33]

Wilhelm ließ sich ein zehnjähriges Absatzmonopol einräumen. Die Steinbrecher durften ihre Steine nicht *anderwärts hingeben, verkaufen, verstellen oder verhandeln. Auch durfte es niemandem erlaubt sein, der sei, wer er wolle, auf gemeltem* [erwähntem] *Steinbruch Pflaster oder andere Steine zu kaufen und an sich zu bringen, weder heimlich noch öffentlich*. Sollten vertragswidrig Steine an andere Abnehmer verkauft werden, hatte Wilhelm das Recht, diese *als ein verfallen Gut anzugreifen, zu Hand zu nehmen und damit als sein Eigentum zu* [be]*handeln.* Steine mit einer Stärke von weniger als einem Zoll musste er nicht abnehmen und nur eine wenig beschwerliche Einschränkung seines Monopols hinnehmen: markgräfliche Aufträge fielen nicht unter die Abmachung. Diese Aufträge waren vor allen anderen Arbeiten zu erledigen und zu alten Preisen zu liefern. Sollte Wilhelm keine Abnehmer mehr haben, verpflichtete er sich, den Steinbrechern für eine gewisse Zeit 100 rthl zu zahlen.[34] Die Bildhauer- und Steinhändlerfamilie Wilhelm hatte ein starkes Standbein in Österreich. Schon 1614 lieferte sie das Pflaster für die Kirche des Benediktinerstifts Kremsmünster und 1710 für die des Augustiner Chorherrenstifts St. Florian.[35]

Viele Jahre später verbanden sich die Solnhofer Steinbrecher mit einem österreichischen Steinhändler. Im Dezember 1672 unterzeichneten sie einen Vertrag mit dem Linzer Bildhauer und Steinhändler Peter Spaz.[36] Darin sagten sie zu, acht Jahre sämtliche Steine zu einem vertraglich festgesetzten Preis nach Ingolstadt zum Weitertransport auf der Donau zu liefern und ab Passau keine Kundenakquisition zu betreiben.[37] Der Vertrag enthielt eine für beide Seiten vorteilhafte Öffnungsklausel. Die Solnhofer Steinbrecher konnten Geschäfte auch mit anderen Kunden abwickeln. Taten sie das, hatte Spaz einen Anspruch auf Gewinnbeteiligung. Peter Spaz, auch Johann Peter Spaz genannt, entstammte einer vom Comersee nach Österreich eingewanderten Familie von Steinmetzen, von der sich ein Teil in Linz, ein anderer in Wien niederließ. Peter Spaz war ab 1660 als Bildhauer, Steinmetz und Steinhändler vorwiegend in Oberösterreich, vor allem in Kremsmünster, aber auch in Niederösterreich, Salzburg, Wien und Prag tätig.[38]

Linz war und ist eine bedeutende Stadt des Donauhandels. Dass dazu auch der Solnhofer Stein gehörte, belegt das historische Pflaster, das noch in vielen Kirchen vorhanden ist. 1678 weihten die Jesuiten ihre dem hl. Ignatius gewidmete Kirche ein. Die Karmeliten folgten 1710 und 1743 die Karmelitinnen. 1757 wurde die Kirche der Ursulinen und 1758 die der Minoriten geweiht. In diesen Kirchen sind sowohl monochrom helle Solnhofer Platten verlegt, als auch gemischt mit grauen Platten. Vielleicht ist es dieser Kirchenbodentradition geschuldet, dass im

Chorschranke im Alten Linzer Dom (Jesuitenkirche). Pflaster um 1675 verlegt.

neuen, von 1862 bis 1924 im gotischen Stil errichteten Dom (der in der Ausdehnung den Wiener Stephansdom übertrifft), mit Ausnahme um den Hochaltar das gesamte Pflaster aus Solnhofer Steinen besteht.[39] Teile haben ein bauzeitliches Pflaster, andere im Rahmen einer Erneuerung ein neuzeitliches mit angeschliffener bruchrauer Oberfläche. Der im Zuge der Liturgiereform des Zweiten Vatikanischen Konzils errichtete Volksaltar sowie der Ambo sind aus Juramarmor.

Die Verbindung der Solnhofer Steinlieferanten mit Regensburg riss nicht ab. Nach längeren Verhandlungen kam es im Oktober 1677 zu einem Vertragsschluss mit dem Regensburger Kaufmann Dollnsteiner. Er verpflichtete sich, in den nächsten fünf bis sechs Jahren in Ingolstadt mit sofortiger Zahlung die 18zölligen Quadratplatten abzunehmen, geschliffen zu 12 fl/100 Stück, ungeschliffen zu 11 fl/100 Stück sowie die 14 zölligen geschliffen zu 8 fl/100 Stück, ungeschliffen zu 7 fl/100 Stück.[40] Dollnsteiner garantierte eine jährliche Mindestabnahme von 10 000 Steinen. Dafür nahmen die Solnhofer den Nachteil in Kauf, ab Ingolstadt entlang der Donau keine Akquisitions- und Liefertätigkeit mehr zu entfalten. Ausgenommen war jedoch die erwähnte Handelsbeziehung mit Peter Spaz in Linz. Im Gegenzug sagte Dollnsteiner zu, von keinem anderen Bruch Steine zu erwerben. An dieser Klausel hatten die Solnhofer ein besonderes Interesse, weil seit 1668 mit der Eröffnung des Mörnsheimer Steinbruchs eine starke Konkurrenz entstanden war.

5 Steinfamilien und kooperative Konkurrenz

In der zweiten Hälfte des 17. Jahrhunderts hatte die gestiegene Nachfrage nach Solnhofer Steinen Folgen für das Brechen, die Fertigung und den Vertrieb der Steine. Die Struktur des Steingewerbes veränderte sich in der Aufteilung der Arbeit sowie in der Gewinnung und dem Absatz der Steine. Einige Rechtler stiegen zu Steinunternehmern auf, eine Entwicklung die zu Steinfamilien führte.

Zusammenarbeit in einer »compagnia«

Im Bemühen möglichst viele Ortsansässige am wirtschaftlichen Aufschwung des Steingewerbes teilhaben zu lassen, enthielten die Bergordnungen zwei gutgemeinte Regelungen, die in der Praxis der Brucharbeit aber Nachteile hatten.

Ein zum Steinbruchbetrieb zugelassener Rechtler durfte *nit mehr* als *an einem Ort einschlagen* und keinem *mehr als eine Grube gelassen werden*.[41] Diese Grube hatte aber nur eine Breite von *12 Werkschuech* (etwa 3,5 m). Reichte ein Flinz beim Lösen in die benachbarte Grube, musste der Rechtler beim Amt (Klosteramt in Solnhofen, Pfleger in Mörnsheim) um *Zugab* bitten oder *mit seinem Nachbarn* [...] sich *vergleichen*.[42] Das führte zwangsläufig zu Auseinandersetzungen. Einigten sich *zwey Nachbarn* nicht um *Platten, die in des anderen Antheil sich* erstreckten, entschied »die Faust, oder am Ende [...] das Amt«, wie ein Autor sich im Journal für Bayern ausdrückte. Wie beengt die Arbeitssituation war, zeigt die Verlosung der Anteile am 1885 eröffneten Mörnsheimer Gemeindebruch Hummelberg. Die Verteilung erfolgte unter 57 Mörnsheimer Bürgern einschließlich der Pfarrei und der Schule.[43]

Die Mörnsheimer Bergordnung fand eine geschickte Lösung, die Nachteile sowohl der räumlichen Beschränkung auf einen eng bemessenen Anteil als auch der Beschränkung des Ausbeuterechts auf nur einen

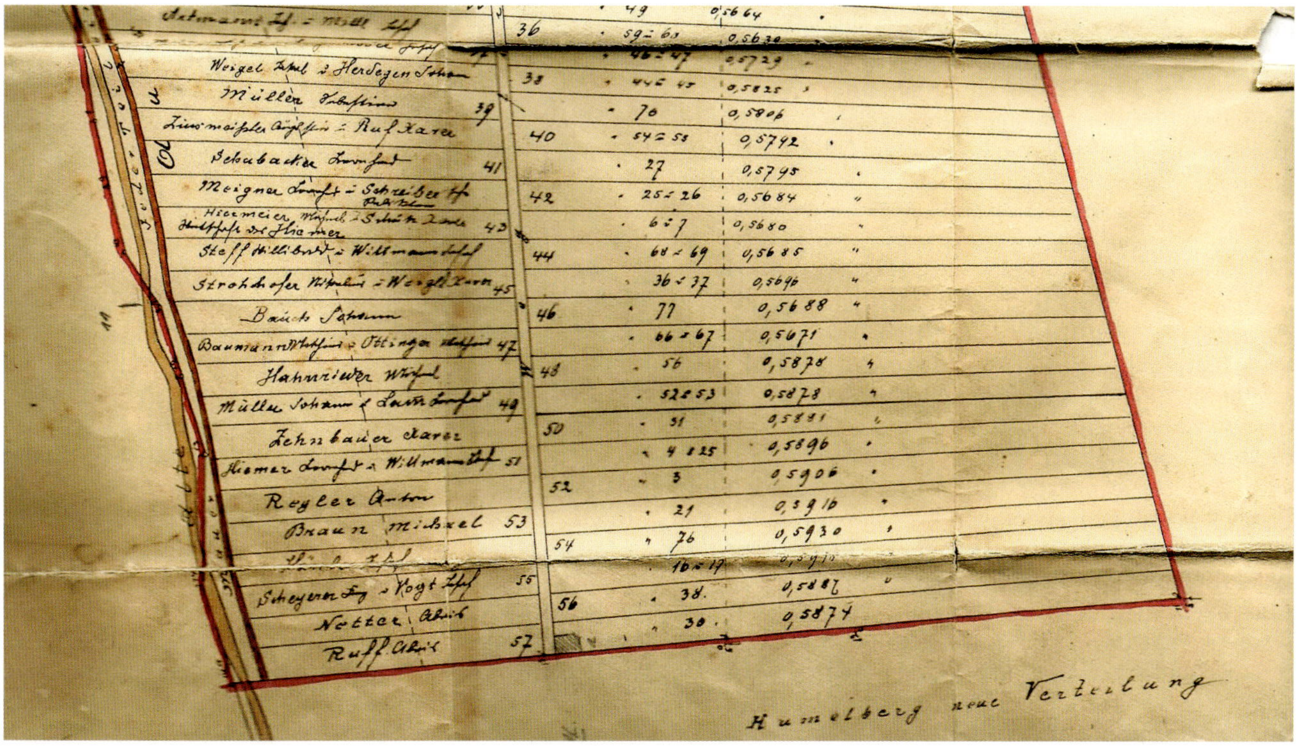

Verteilung der Anteile im 1885 eröffneten Mörnsheimer Steinbruch Hummelberg (Ausschnitt).

Epitaph für Paul Georg Arauner (Ausschnitt).

Anteil aufzuwiegen. Verbanden sich Rechtler zu einer *Compagnia*, eine Frühform der heutigen Gesellschaft bürgerlichen Rechts, besaßen sie gemeinsam mehrere Gruben, so dass sie in einem erweiterten Bruchfeld großflächig arbeiten konnten.[44] Zwar nutzten sich diese Regelungen im Laufe der Zeit ab, endgültig aufgegeben wurde die Kleinteiligkeit der Parzellenstruktur aber erst 1963. Im Bauboom des Barocks reichte die Compagnia auch nicht mehr für die Erfüllung großer Aufträge aus. So entstand der Zwang, zusätzlich Steine von anderen, nicht der Compagnia angehörenden Rechtlern zu erwerben und auf Solnhofer Lieferanten zurückzugreifen.

Anfänglich arbeiteten die Rechtler noch selbst im Bruch. Dann verlegten sich einige, vor allem Bergmeister, mehr und mehr auf die geschäftliche Tätigkeit. Die Arbeit im Steinbruch überließen sie den Tagelöhnern.[45] Sie begannen eine systematische Kundenakquisition und kümmerten sich um die Abwicklung der Aufträge im Bruch, die Organisation des Transports und das Verlegen der Platten vor Ort. Angebote ergänzten sie mit zeichnerischen Darstellungen wie zum Fußboden im Kaisersaal der Zisterzienserabtei Salem (Abb. S. 207) oder in der Bibliothek der Benediktinerabtei Ottobeuren (Abb. S. 195). Dieser gestiegene und sich differenzierende Abwicklungsaufwand erforderte einen Geschäftsbetrieb, in dem Angebote erstellt, Auftragsdurchführungen organisiert und Korrespondenzen erledigt werden konnten. Erforderlich war zudem ein Rechnungswesen. Anders hätten Großaufträge nicht ausgeführt werden können, die es schon Ende des 17. Jahrhunderts gab.

Obwohl diese Tätigkeiten in erster Linie unternehmerisch waren, schlugen sie sich nicht in der Berufsbezeichnung nieder. Als die Reichsabtei Ottobeuren 1666 von dem *Erbaren und Kunstreichen Maister Lorentz Lotter* Steine bezog, war er nur *Steinbrecher zue Sulnhoffen*,[46] ebenso wie Johann Georg Hänle 1691 im Liefervertrag mit der Zisterzienserabtei Ebrach *Steinbrecher von Mernsheim* war.[47] Der Solnhofer Hans Georg Bühnle, der 1712 die ersten Bodenplatten für den Neubau der Reichsabtei Ottobeuren lieferte, stieg bereits zum *Steinmetz* auf, wie später auch die Mörnsheimer Johann Georg Hänle und dessen Sohn Sebastian. Anders als die Solnhofer Bergordnung bediente sich die Mörnsheimer Bergordnung von 1674 dieser Bezeichnung. Der Eichstätter Fürstbischof Marquard Schenk von Castell appellierte darin an die *Stainmezen Zunft*, sich an die Bergordnung zu halten und sie jährlich zur Erinnerung vorzulesen.[48] In den Pfarrmatrikeln sind die Steinbrecher mit dem lateinischen Namen »lapicida« als Steinmetzen vermerkt. Nach heutiger Begrifflichkeit verbindet sich mit dem Steinmetzen eine handwerkliche bis kunsthandwerkliche Tätigkeit des Behauens von Steinen, die bis in das Bildhauerische (lat. Sculptor) reicht. Davon zu unterscheiden sind die Steinhauer (lat. latomus), die Steine brechen und grob bearbeiten, damit sie beispielsweise als Quader für ein Mauerwerk verwendet werden können.

Selbst der bauerfahrene Ottobeurer Abt Rupert Ness bediente sich in diesem Punkt einer äußerst undifferenzierten und widersprüchlichen Wortwahl. Den Steinmetz, der aus Füssener Marmor Kamine, Türportale und Podeste für den Ottobeurer Kaisersaal fertigte, also ein Steinmetz im klassischen Sinn, bezeichnete er als Steinhauer, die Pflasterer dagegen als Steinmetzen.[49] Als die Pflasterer Ende Oktober 1727 das einzigartige Pflaster im Kaisersaal gelegt hatten, waren sie nur noch *steinhauer*, die *das Pflaster fehrtig* machten,[50] obwohl der Abt ihre Arbeit sehr bewunderte. Der Solnhofer Steinunternehmer Georg Paul Arauner ließ sich auf seinem Grabstein bescheiden als Steinhauer bezeichnen, jedoch erhöht durch seine Funktion als Bergmeister.

Solnhofer Steinfamilien

In Solnhofen traten bereits in der zweiten Hälfte des 17. Jahrhunderts Steinbrecher in Erscheinung, die sich zu Steinunternehmern entwickelten und die Grundlage für eine Fortführung in Familientradition legten.

Mitglieder der Familien Böhnlein[51] und Lotter waren bereits Mitunterzeichner der erwähnten, 1649 mit dem Regensburger Bildhauer und Steinhändler Heinrich Wilhelm geschlossenen Vereinbarung. Mit Hans Georg Böhnlein setzte die Entwickelung zu einem Steinunternehmen ein. Von 1712 bis 1714 war er der erste Lieferant von Solnhofer Platten für den barocken Neubau der Benediktinerabtei Ottobeuren.[52] Dort beschäftigte er als Gehilfen seine Verwandten Franz Christoph Böhnlein und Hans Michael Guethmann (Gutmann).[53] Er belieferte weitere große Auftraggeber: die Fürstabtei Kempten, das Augustiner-Chorherrenstift Waldsee, die Stadtpfarrkirche St. Stephan in Mindelheim und die Zisterzienserabtei Schöntal. Lange vor dem barocken Neubau lieferte bereits Lorenz Lotter 1666 Solnhofer Platten nach Ottobeuren. Ein Vorfahre, Georg Lotter, war schon um 1580 an der Pflasterung eines großen Saals der fürstbischöflichen Bergresidenz Willibaldsburg in Eichstätt beteiligt.[54] Zu diesem Kreis gehörte auch die Familie Renner. Ein Matthias Renner war 1669 Mitunterzeichner des Vertrags zwischen den Solnhofer und den Übermatzhofer Steinbrechern.[55]

Im 17. und 18. Jahrhundert fanden viele aus habsburgischen Gebieten vertriebene Protestanten Zuflucht in Franken. Als Exulanten (protestantische Glaubensflüchtlinge) kamen die Familien Schindel und Arauner nach Solnhofen. Bald stiegen sie zu Steinunternehmerfamilien auf, die für die Steinbruchgeschichte Solnhofens prägend sind.

Barthel (Bartholomäus) Schindel ließ sich, nachdem er seine Heimat im steiermärkischen Edelsdorf verlassen musste, wahrscheinlich 1637 in Solnhofen nieder. Er heiratete 1655 eine Solnhoferin und stieg vom Knecht zum Steinbruchrechtler und Gemeinderat auf.[56] Der gleichnamige Sohn Barthel (1658–1730) machte die Schindels zur Steinunternehmerfamilie. 1695 und 1696 lieferte er in großem Umfang Bodenplatten für den lange sich hinziehenden Neubau des Zisterzienserklosters Ebrach.[57] Johann Adam Schindel gründete 1685 die älteste Solnhofer Steinfirma, die bis 1970 existierte. Die Johann Adam

Schindel & Comp. war das erste Unternehmen, das Lithografiesteine in den Handel brachte. Schon 1802 belieferte es die Lithografische Anstalt André in Offenbach.

Um 1670 emigrierte die Familie Arauner aus dem Hochstift Salzburg und ließ sich in Solnhofen nieder, wo sie zu bedeutenden Steinunternehmern und Kommunalpolitikern aufstieg.[58] Als 1738 in der ehemaligen Haardtwald-Abteilung Truhenleite 40 Tagwerk für einen Steinbruch freigegeben wurden, gehörte Jakob Arauner zu den Ausbeuterechtlern. Die Nachkommen gründeten um 1800 die Firma Friedrich & Wilhelm Arauner. Der schon erwähnte Georg Paul Arauner (1759–1827) betätigte sich auch mäzenatisch. Er brachte es zu einer besonderen Auszeichnung. Alois Senefelder selbst oder einer seiner Brüder ätzte für ihn 1801 einen kunstvollen Kalendertisch auf eine Solnhofer Platte (Abb.S. 239). Ein Paul Arauner errichtete 1784/85 zusammen mit seinem Sohn neben der Sola-Basilika die evangelische Pfarrkirche St. Veit. Paul Arauner war Steinmetz, der zahlreiche Epitaphe schuf. Auch ein Georg Wilhelm Arauner (1805–1865) war im Steingewerbe tätig. 1834 lieferte er zahlreiche Steine nach München für den Marstall und die Residenz. 1847/48 erhielt ein Ferdinand Arauner von der Königlichen Hofbauintendanz in München den Auftrag, den Fußboden der großen Eingangshalle des Schleißheimer Schlosses zu erneuern.[59]

Neben diesen Namen spielten im Solnhofen des 17. und 18. Jahrhunderts auch die Familien Güllich, Guethmann, Hetterich und Kayser eine Rolle. Diese in Solnhofen zum Teil noch vertretenen Namen lauten heute Gilch, Gutmann, Hertrich und Kaiser. Hans Wolf Kayser (auch Keyser geschrieben) schaffte es zu einem sehr ehrenvollen Auftrag. 1711/12 lieferte er die Steine für den Fußboden des Kaisersaals in der fürstbischöflichen Neuen Residenz in Bamberg.[60] Um 1760 kam die Familie Stiegler hinzu, die sich zu einem großen Steinbruch- und Steinverarbeitungsunternehmen entwickelte.[61]

Mörnsheimer Steinfamilien

Die eigentliche Mörnsheimer Steinbruchgeschichte hat mit dem Jahre 1668 ein präzises quellengestütztes Anfangsdatum. In diesem Jahr eröffnete der von Solnhofen nach Mörnsheim übergesiedelte Matthias Kelz den später »Horstberg« genannten Steinbruch, der noch heute mit seinen Wänden und Schutthalden sichtbar ist.[63]
Zuvor bestanden sicherlich schon kleine, aber unbedeutende Steinbrüche, in denen wohl im Nebenerwerb Dachplatten und Bodenplatten für den lokalen Bedarf sowie der näheren und weiteren Umgebung abgebaut wurden. Ein Indiz sind die Pfarrmatrikel der Jahre 1585 bis 1610, in denen keine Steinbrecher genannt sind. Wann sie danach vorkommen, ist nicht mehr zu klären, da die Mörnsheimer Pfarrmatrikel bis einschließlich 1737 verschollen sind. Für diese Zeit können die Verwandtschaftsverhältnisse der Steinakteure nur vermutet werden, manchmal anhand der Vornamen und dem Brauch, Söhnen als zweiten Vornamen den des Vaters zu geben.

Matthias Kelz brachte es bald zum Bergmeister und zu ansehnlichem Wohlstand. Sein zu versteuerndes Vermögen belief sich 1710 auf den für die damalige Zeit beachtlichen Betrag von 1.130 fl.[64] Ausgehend von diesem »Ursteinbrecher« entstand im Mörnsheimer Tal eine Unternehmerdynastie, die sich in familiärer Verzweigung im Steingewerbe und im Mühlengewerbe betätigte. Von den sieben Mühlen entlang des gerade mal fünf Kilometer langen Laufs des Mörnsheimer Bachs befanden sich zeitweilig vier im Besitz einer Kelz-Familie.

Bereits ein Jahr nach der Steinbrucheröffnung gelang Matthias Kelz ein erster Auftrag. Für die Kirche der Karmeliten in Regensburg lieferte er »etlich tausend« Pflastersteine.[65] Aufträge aus dem Augustiner Chorherrenstift Wettenhausen und der Benediktinerabtei Weltenburg folgten. Seine Tätigkeit wird wahrscheinlich um 1680 zu Ende gegangen sein. Danach tritt nur noch ein Johann

Tätigkeitsorte Solnhofer Steinmetze[62]

Böhnlein Franz Christoph	Ottobeuren	Benediktinerabtei	1712/14
Böhnlein Hans Georg	Kempten Mindelheim Waldsee Ottobeuren Schöntal	Fürststift Pfarrkirche St. Stephan Augustiner Chorherrenstift Benediktinerabtei Zisterzienserabtei	Um 1715 1712 Um 1712 1712–14 1721
Güllich G. Friedrich (Gilch)	Neresheim	Benediktinerabtei	1793
Güllich Michael	Ottobeuren	Benediktinerabtei	1712–14
Gutmann Hans Michael	Ottobeuren	Benediktinerabtei	1712–14
Hetterich Johann Adam	Neresheim	Benediktinerabtei	1791
Kayser Hans Wolfgang	Dillingen Ebrach Bamberg	Fürstbischöfl. Schlosskapelle Zisterzienserabtei Fürstbischöfliche Residenz	1687 1696 1711–12
Lotter Georg	Eichstätt	Willibaldsburg	Um 1580
Lotter Lorenz	Ottobeuren	Benediktinerabtei	1666
Renner Matthias	Weißenburg Ingolstadt	Festung Wülzburg Marianische Kongregation	1662 1679–80
Schindel Bartholomäus	Ebrach Neresheim	Zisterzienserabtei Benediktinerabtei	1695–96 1700–02

Signatur Lorenz Kelz in einem Schreiben vom 11. Januar 1721 an den Abt des Hl. Kreuz Klosters in Donauwörth. Fürstlich Oettingen-Wallersteinsches Archiv Harburg.

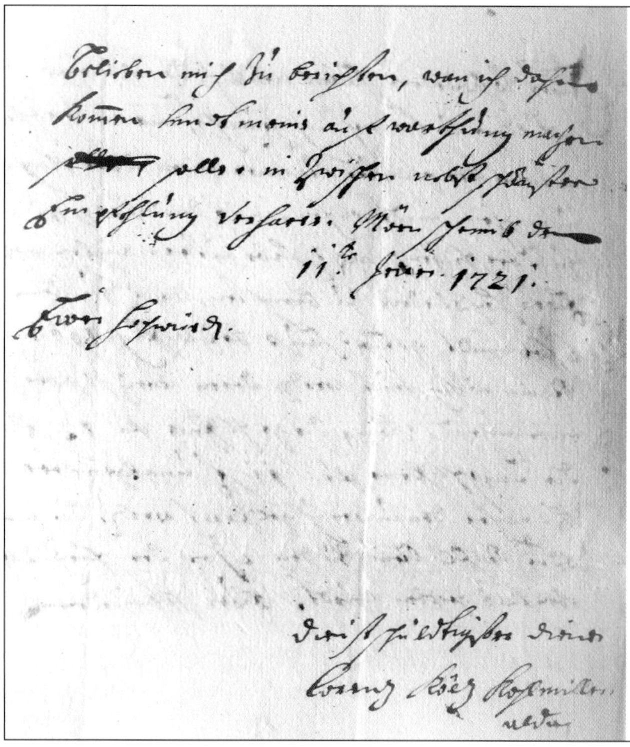

Belieben mich zu berichten, wan ich daher
kommen vndt meine Aufwarthung machen
solle, inzwischen nebst schönster Empfeh-
lung verharre. Mörnsheimb
den 11. Jener 1721
Ewer Hochwürden

Dienstschuldtigster Diener
Lorenz Kölz Kohmiller [Kohlmüller]
alda [Mörnsheim]

Georg Kelz in Erscheinung, der bis zum Ende des 17. Jahrhunderts Steine an kirchliche und monastische Bauten in Ingolstadt, Neresheim und Schönenberg lieferte. 1736 erhielt die Schlosskirche Sandizell ein Pflaster ebenfalls von einem Johann Georg Kelz, der aus Altersgründen nicht mit dem vorgenannten Johann Georg Kelz identisch sein wird. Im ersten Viertel des 18. Jahrhunderts betätigte sich ein Lorenz Kelz in den Benediktinerabteien Ottobeuren, Weingarten und Donauwörth. Ein spätes Zeugnis der Kelzschen Steinaktivitäten stammt von Johann Kelz, der von 1759 bis 1761 die Prämonstratenserabtei Schussenried belieferte.

Für das aufblühende Steinbruchgeschäft brauchte Matthias Kelz mitarbeitende Gefährten. Seinen Solnhofer Kollegen Michael Erb bewegte er mit nach Mörnsheim zu gehen, dessen Spur sich aber sehr bald verlor. Der entscheidende Zugriff gelang ihm um 1670. Aus dem nahen Dollnstein holte er seinen Schwager, den Tagelöhner Georg Hänle nach Mörnsheim,[66] der zum Stammvater der Steinunternehmerfamilie Hänle wurde.

Georg Hänle war kein einfacher Zeitgenosse. Bereits 1672 berichtete das Kastenamt Mörnsheim nach Eichstätt, Matthias Kelz und Michael Erb hätten ihm aus Gutwilligkeit die für das Steinbrechen erforderlichen Fähigkeiten beigebracht, immer aber wolle er den Vorzug vor anderen und die Vorteile für sich haben.[67] Er versuche alles nach seinem Willen durchzusetzen und beschäftige im Steinbruch »fremde Taglöhner und Vaganten« ohne Wissen des Amtes. Der Kastner versagte sich nicht den Hinweis, Georg Hänle könne weder lesen noch schreiben. Offensichtlich stimmte das nicht. Als Analphabet hätte er weder seine sich bald umfangreich entwickelnden geschäftlichen Tätigkeiten abwickeln können noch die als Kommunalpolitiker. 1676 war er bereits Mitglied im Mörnsheimer Rat, der ihn 1686 zum Bürgermeister auf Lebenszeit wählte.[68] Schon im ersten Jahr seines Einstiegs in das Steinbruchgeschäft lieferte Georg Hänle Bodenplatten für die Stadtpfarrkirche St. Martin in Amberg.[69] In seiner bis 1690 andauernden Tätigkeit belieferte er zahlreiche Kirchen und Klöster, zwei davon in der Residenzstadt München.

Danach ging das Steingeschäft an Johann Georg Hänle (oft auch nur Johann Hänle genannt) über, wahrscheinlich sein Sohn. Dieser wurde zum prägenden Steinakteur dieser Familie. Sein umfangreiches unternehmerisches Wirken erstreckte sich von 1691 bis1727 auf eine große Zahl von klösterlichen und kirchlichen Bauten . Darunter waren so bedeutende Abteien wie Ebrach, Fürstenfeld, Salem und Ottobeuren. Eine gewisse Zeit betrieb er eine Art Filiale in der Benediktinerabtei Neresheim, von der aus er zahlreiche Aufträge abwickelte. In den Quellen wird er daher manchmal auch als *Stainmetz von Nereshaimb* bezeichnet. Danach übernahmen diese Tätigkeit in Neresheim die Mörnsheimer Steinmetzen Hans Georg Ottinger und Johann Schiffer, die 1731 von dort eine Lieferung an das niederöstserreichische Benediktinerstift Göttweig organisierten.[70]

Johann Georg Hänle stattete seine Angebote mit Architekturzeichnungen aus, in denen er den Bauherren darlegte, wie die Fußböden aussehen könnten oder sollten (Abb. S. 127 und S. 195). Sein unternehmerisches Selbstbewusstsein war groß. Das äußerte sich im Schriftverkehr mit Äbten von reichs- und landesständischen Klöstern, denen er im Stand weit unterlegen war. Trotz ausladender Floskelhaftigkeit und untertäniger Ergebenheit in den Formulierungen war er in der Sache ganz Steinunternehmer, der auch einem Streit nicht aus dem Wege ging. Seine Briefe siegelte er stilvoll mit einem redenden Wappen. In Anspielung auf seinen Namen enthielt es einen Hahn. Johann Sebastian Hänle, meist nur Sebastian Hänle genannt, war wahrscheinlich sein Sohn, der die Familientradition von 1733 bis 1766 fortführte, insbesondere beim Bau der Klosterkirche in Ottobeuren. Mit von der Partie war auch sein Sohn, der dort 1757 für seinen Vater 600 fl in Empfang nahm.[71] Das unternehmerische Selbstbewusstsein von Sebastian glich dem seines Vaters. Auch er siegelte seine

Schreiben mit einem Hahn im Wappen und dem Kürzel »SH«, wie der 1742 mit der Benediktinerabtei Weingarten geschlossene Liefervertrag belegt.[72]

Eine weitere Mörnsheimer Steinfamilie bildeten die Ottinger. Bedeutendster Vertreter war Joseph Ottinger, der bis zu seinem Tod in enger Beziehung zur Reichsabtei Ottobeuren stand. Johann Hänle holte ihn 1715 für die Verlegearbeit am Neubau der Abtei nach Ottobeuren. Ottinger war sein wichtigster Mitarbeiter, sein Repräsentant und Vorarbeiter seiner Gehilfen. Als Johann Hänles Liefertätigkeit 1720 endete, verblieb Ottinger bis zu seinem Tod in Ottobeuren. 1722 heiratete er die Ottobeuerin Franziska Köhler, mit der er zehn Kinder hatte.[73] Sein Einstieg in das Geschäft mit den Solnhofer Platten begann mit einem Großauftrag, den er im Dezember 1721 von der Abtei erhielt.

Ottinger erwarb sich einen Ruf als Steinfachmann. Der Abt schickte ihn nach Füssen, um einen in der Nähe gebrochenen Rotmarmor für eine Verwendung im Klosterbau zu begutachten. Er suchte im Auftrag des Abts nach Tuffstein für Mauern, Fassaden und Fenstereinfassungen. Zusammen mit dem ihm freundschaftlich verbundenen Tessiner Stuckateur und Architekten Andrea Maini verhandelte er 1723 mit dem Prämonstratenserkloster Rot an der Rot um die Übernahme eines diesem Kloster gehörenden Tuffsteinbruchs im Wallfahrtsort Maria Steinbach.[74] Als im Ottobeurer Territorium in Egg an der Günz ein harter Werkstein entdeckt wurde, waren wiederum Ottinger und Maini aufgerufen, die Brauchbarkeit dieses Materials für den Klosterbau zu prüfen.[75] Ottinger betätigte sich auch als Steinmetz im klassischen Sinn. 1722 schuf er aus Tuffstein ein teilweise noch erhaltenes Gartentor mit einer Hauptdurchfahrt und zwei Seiteneingängen und 1726 dazu eine beiderseitige Brüstung.[76] Sein herausragendes Werk ist der Fußboden im Kaisersaal (Kapitel IX 3 Kaisersäle). Wie hoch Ottinger geachtet war, belegt der Eintrag im Rechnungsbuch der Großkellerei zu seinem Tod am 22. April 1748: *pie in D*^{no} *obiit Joseph Ottinger latom [iarum]) M [a] g [ister] & vir egregius* [Joseph Ottinger, Steinmetzmeister und großartiger Mensch, ist fromm im Herrn verstorben].[77]

Signatur Johann Hännle Steinmetz alda [Mörnsheim] mit Sigel. Fürstlich Oettingen-Wallersteinsches Archiv Harburg.

Tätigkeitsorte Mörnsheimer Steinmetze[78]

Bittl Simon	Neuburg/Donau	Weveldhaus	1714
Hänle Andreas	Weingarten	Benediktinerabtei	1722/23
Hänle Georg	Amberg	Pfarrkirche St. Martin	1670
	Andechs	Benediktinerabtei	1677
	München	Heiliggeistkirche	1679
	Wettenhausen	Augustiner Chorherrenstift	1680
	Weltenburg	Benediktinerabtei	um 1680
	München	Kloster St. Jacob am Anger	1681
	Edelstetten	Damenstift	1682
	Passau	Dom	1690
Hänle Johann Georg	Ebrach	Zisterzienserabtei	1691
	Dilllingen	Schlosskabinett	1691
	Fürstenfeld	Zisterzienserabtei	1691/99
	Bamberg	Jesuitenkirche St. Martin	um 1662
	Neresheim	Benediktinerabtei	1692/93
	Schönenberg	Wallfahrtskirche	1692/93
	Wettenhausen	Augustiner Chorherrenstift	1694
	Dillingen	Kapuzinerkloster	um 1695
	Neresheim	Benediktinerabtei	1702–03
			1712
	Salem	Zisterzienserabtei	1709
	Friedberg	Wallfahrtskirche St. Afra im Felde	1710
	Freising	Dom	1712
	Mindelheim	Pfarrkirche St. Stephan	1714/21
	Ottobeuren	Benediktinerabtei	um 1720
	Kaisheim	Zisterzienserabtei	1720/23
	Donauwörth	Benediktinerabtei	1727
	Bertoldsheim	Schloss	1727/28
Hänle Johann Sebastian	Meßkirch	Pfarrkirche St. Martin	1733
	Weingarten	Benediktinerabtei	1742
	Ottobeuren	Benediktinerabtei	1753/58
			1762/64
	Landsberg/Lech	Hl. Kreuz Kirche	1754
	Altomünster	Birgitten- und Birgittinenkloster	1765/66
	Rottenbuch	Augustiner Chorherrenstift	1738

Hänle Martin	Andechs	Benediktinerabtei	1680
Hiemer Jakob	Ottobeuren	Benediktinerabtei	1764
Kelz Johann Georg	Ingolstadt	Spitalkirche	1680
	Neresheim	Benediktinerabtei	1685/87
	Schönenberg	Wallfahrtskirche	1685/87
	Ingolstadt	Marianische Akad. Kongregation	1696
Kelz Johann	Schussenried	Prämonstratenserabtei	1759/61
Kelz Lorenz	Ottobeuren	Benediktinerabtei	1719
	Weingarten	Benediktinerabtei	1720/23
	Donauwörth	Benediktinerabtei	1721
Kelz Matthias	Regensburg	Karmelitenkloster	1669
	Wettenhausen	Augustiner Chorherrenstift	1680
	Weltenburg	Benediktinerabtei	um 1680
	Weingarten	Benediktinerabtei	1722/23
Margraf Adam	Ottobeuren	Benediktinerabtei	1728/30
Margraf Joseph	Ottobeuren	Benediktinerabtei	1722/24 1728/30
	Dießen	Augustiner Chorherrenstift	1739
Merckl Hans Georg	Ottobeuren	Benediktinerabtei	1722
Ottinger Franz	Ottobeuren	Benediktinerabtei	1764
Ottinger Hans Georg	Neresheim	Benediktinerabtei	1731
	Göttweig	Benediktinerabtei	1731
Ottinger Joseph	Ottobeuren	Benediktinerabtei	1715/48
	Ungershausen	Pfarrkirche St. Johann Baptist	1734
	Eldern	Wallfahrtskirche	1736
Ruest Adam	Ottobeuren	Benediktinerabtei	1764
Ruest Caspar	Ottobeuren	Benediktinerabtei	1764
Scheyrer Christoph	Dillingen	Fürstbischöfliche Schlosskapelle	1687
Scheyrer Simon	Weltenburg	Benediktinerabtei	1724 1726
Schiffer Johann	Neresheim	Benediktinerabtei	1731
	Göttweig	Benediktinerabtei	1731
Trepp Hans	Ebrach	Zisterzienserabtei	1691 1695
Zinsmeister Johann Georg	Ottobeuren	Benediktinerabtei	1728/30
Zinsmeister Johann Michael	Weltenburg	Benediktinerabtei	1726
	Ottobeuren	Benediktinerabtei	1728/30
	Gößweinstein	Wallfahrtskirche	1735/38
Zinsmeister Thomas	Weltenburg	Benediktinerabtei	1741
	München	Schloss Nymphenburg Badenburg	1760

Ein Jahr nach Ottingers Tod begann in Ottobeuren der Neubau der Klosterkirche. Beim Pflasterlegen war ein Franz Ottinger tätig. Zusammen mit seinen Mörnsheimer Helfern Caspar und Adam Ruest sowie Jacob Hiemer erhielt er Ende Oktober 1764 eine Zahlung von der Abtei.[79] Alle vier Verleger arbeiteten wahrscheinlich für Johann Sebastian Hänle, der das Kirchenpflaster lieferte. In Neresheim war 1731 ein anderes Mitglied dieser Steinfamilie tätig, Hans Georg Ottinger. Auch er stand in einer Beziehung zu Ottobeuren. Am 10. Juli 1765 wurde er Mitglied der Ottobeurer Alexander Theodor und Sebastian Bruderschaft.[80] Noch im 19. Jahrhundert betätigten sich die Ottingers als Steinmetze, insbesondere für Grabsteine.

Eine weitere Mörnsheimer Steinfamilie bildeten die Zinsmeister, Kronenwirte genannt, weil sie zugleich das Gasthaus »Zur Krone« betrieben. Ihre Geschichte beginnt 1712 mit der unerlaubten Eröffnung eines Steinbruchs durch Johann Georg Zinsmeister, der ihn deswegen aufgeben musste, aber an anderer Stelle neu beginnen durfte. Aus diesem Beginn entwickelte sich im 19. Jahrhundert ein großes Bruchfeld. In Ottobeuren, wo er mit seinem Sohn Michael arbeitete, ist er von 1728 bis 1730 durch den Empfang mehrerer Zahlungen belegt.[81] Zusammen mit dem Mörnsheimer Steinmetz Simon Scheurer lieferte Michael Zinsmeister 1726 Fußbodenplatten an die Benediktinerabtei Weltenburg und von 1736 bis 1738 für den Bau der Wallfahrtkirche Gößweinstein. Ein Thomas Zinsmeister, vermutlich ein Enkel von Johann Georg, stand auch mit Weltenburg in Verbindung. Die Weltenburger Rechnungsbücher weisen 1726, 1730 und 1739 Zahlungen für *Pflasterplatten* aus.[82]. Zu einem prestigeträchtigen Auftrag kam Thomas Zinsmeister 1760 für das Münchner Schloss Nymphenburg.[83]

Die Familiennamen Henle und Ottinger sind in Mörnsheim noch verbreitet, bis vor einiger Zeit auch der Name Zinsmeister. Völlig verschwunden ist um den Ersten Weltkrieg der Name der einst mächtigen Stein- und Müllerfamilie Kelz.
Die zu Steinunternehmern aufgestiegenen Personen betätigten sich zugleich auch in anderen Gewerben.

Der Mörnsheimer Ursteinbrecher Matthias Kelz blieb seinem erlernten Beruf als Müller treu und Johann Georg Zinsmeister blieb Wirt seiner Gaststätte »Zur Krone«. Wirte waren auch die Zandter Kollegen. Georg Hänle, der andere Mörnsheimer Ursteinbrecher, war Ratsherr und Bürgermeister auf Lebenszeit.

In Solnhofen spiegelt sich die mehrfache unternehmerische Tätigkeit in den Grabsteinen wider. Georg Wilhelm Arauner (1805–1865) und Georg Friedrich Opitsch (1814–1865) waren Steinbruchbesitzer und auch Ökonomen, Landwirte also. Einige übten sogar eine dreifache Berufstätigkeit aus: Jakob Friedrich Baiyerlein (1807–1864) als Gastwirt, Metzgermeister und Steinbruchbesitzer, Georg Peter Pappler (1773–1835) als Metzgermeister, Steinbergmeister und Handelsmann und Georg Michael Spaeth (1824–1860) als Steinbruchbesitzer, Bäckermeister und Ökonom.

Zandter Steinmetze

In Zandt,[84] ein Ortsteil der Marktgemeinde Denkendorf im Landkreis Eichstätt, etwa 40 km vom Solnhofer Steinbruchgebiet entfernt, liegen Plattenkalke des Typs Solnhofen, die zur Schamhauptener Wanne gehören und zeitlich etwas älter als die Solnhofer Plattenkalke sind.[85] Bei Zandter Plattenkalken liegen zwischen den glasharten Flinzen keine Fäulen, sondern weiche fossilreiche Papierschiefer mit tonigen Oberflächen.[86] Die Zandter Steinbruchgeschichte ist schwer zu beurteilen, da einschlägige Quellen fehlen. Dennoch gibt es viele Anzeichen, dass dort und im benachbarten Breitenhill die Steinbruchaktivitäten bis in das 17. Jahrhundert zurückgehen.

Der große bayerische Geologe und Mineraloge Flurl besuchte den Steinbruch »bey Zant an der fränkischen Gränze« und nahm ihn in sein Werk über die Steine im kurfürstlichen Bayern und der Oberpfalz auf.[87] Den Zandter Steinen, die er zu den Kalksteinen um Kelheim rechnete, stellte er kein gutes Zeugnis aus. Sie seien »aus verschiedenen Blättern von ungleicher Dicke«, die sich »nach und nach im Gewitter gerne ablo[ö]sen, und dann den Stein unansehnlich machen«. In der um 1813/14 vorgenommenen Kataster-Uraufnahme sind in Zandt und Umgebung keine Steinbrüche zu sehen. Erst das um 1875 aufgenommene Urpositionsblatt (1:25000) enthält Steinbrüche, den großen südlich von Zandt[88] und weitere kleine Steinbrüche in der Umgebung. Das bedeutet aber nicht, dass sie nicht schon vorher existierten.

Schon Quellen des 17. Jahrhunderts und des 18. Jahrhunderts weisen Zandter Steinmetze aus, ein Hinweis auf entsprechende Steinbruchaktivitäten in Zandt und Breitenhill. Damit im Zusammenhang steht der Name der Steinfamilie Hänle. Ob ein Zusammenhang mit der Mörnsheimer Steinfamilie Hänle besteht, ist nicht zu belegen und muss daher offen bleiben, obwohl die Mörnsheimer und die Zandter Hänle in München und in Freising an derselben Baustelle tätig waren. Unter dem Namen »Händle« weisen die Zandter Pfarrmatrikel des 18. Jahrhunderts zahlreiche Heiraten, Taufen und Firmungen aus. Darunter befinden sich Balthasar und Matthias Händle, die ausdrücklich als »lapicida« (Steinmetz) bezeichnet werden.

Im April und Mai 1681 bekam ein *Balthasar Hänl Stainmezen zu Braidenhill* 96 fl für Steinlieferungen an das Kloster St. Jakob am Anger in München bezahlt.[89] Zur gleichen Zeit wirkte dort auch der Mörnsheimer Steinmetz *Geörg Hänl* [Georg Hänle], der ebenfalls 96 fl für 600 Steine erhielt.[90] 1698 bekam ein *Balthasar Händle* eine Zahlung für die Pflasterung des Kirchenbodens der Wallfahrtskirche St. Maria im heutigen Münchner Stadtteil Thalkirchen.[91] Ob er mit dem in St. Jakob am Anger tätigen Balthasar Hänl identisch ist, entzieht sich einer sicheren Feststellung, da als Wohnort Staubing angegeben ist, ein kleiner Ort in unmittelbarer Nachbarschaft des Benediktinerklosters Weltenburg. Vielleicht hielt er sich in Staubing auf, weil es dort einen Steinbruch gab, in dem ebenfalls Plattenkalke des Solnhofer Typs abgebaut wurden.[92] Jedenfalls verlegte er Platten aus dem Kelheimer Raum, denn der Architekt Joh. Trubilly sprach sich 1697 für Kelheimer Platten zur *Auspflasterung des ganz erneuerten Unser Lieben Frau Gotteshaus zu Tallkürchen* aus.[93]

Die Hinweise auf Balthasar Hänle, welcher auch immer gemeint ist, setzen sich im 18. Jahrhundert fort. Anfang dieses Jahrhunderts ließ der Freisinger Fürstbischof den Dom barockisieren. In diesem Zusammenhang zahlte das Hofbauamt 1710 an einen *Balthasar Hänle Stainmezmaister in Zandt unweit der Thonau* [Donau] 29 fl für *290 anderthalb Schüechige* [Schuh] *weisse Pflasterblaten*.[94]. Ähnlich wie schon 1681 in München war dort 1712 auch Johann Hänle aus Mörnsheim tätig. 1710 ist ein »Balthasar Hänle von Zandt« in der »oberen Pfalz« verortet und im Augustiner Chorherrenstift im oberösterreichischen St. Florian, wo er für das unter dem Marmorsaal befindliche

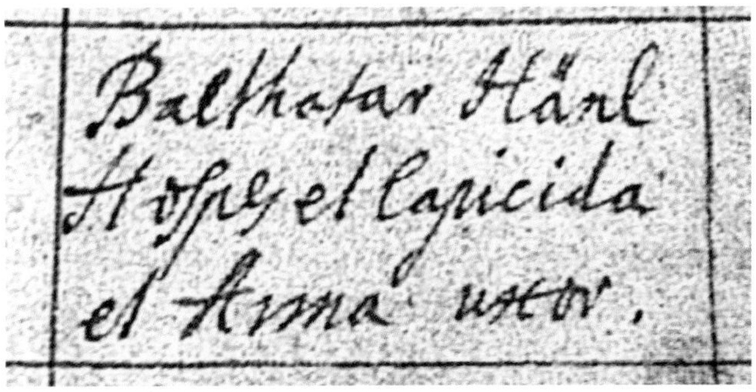
Balthasar Hänl
Hospes et lapicida
et Anna uxor.

Pfarrmatrikel Zandt. Eintrag Balthasar Hänl, lateinisch: Gastwirt und Steinmetz.

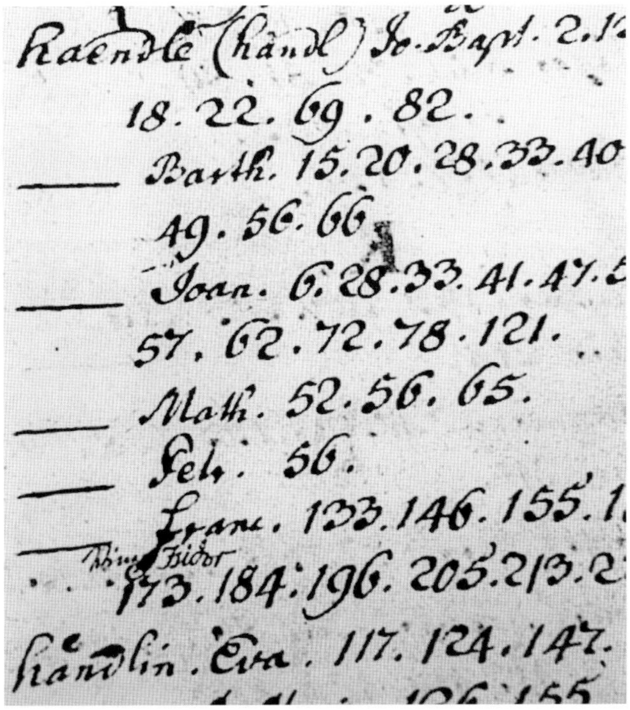

Taufregister Index von 1745 bis 1798.

Salettl die Steine lieferte und pflasterte.[95] Wiederum ein *Balthasar Hänl, Stainmäz in der Hofmarch Zandt* verlegte 1712 das Pflaster in der unweit von Zandt im Köschinger Forst gelegenen Wallfahrtskirche St. Salvator in Bettbrunn.[96]

Die Zandter Steinfamilie Hänle betätigte sich auch in den Münchner Schlossbauten Fürstenried, Schleißheim und Nymphenburg. Im Juli 1716 beauftragte die kurfürstliche Baukammer *Balthasar Händle*, mit der Lieferung von *1188 achteckige marmorsteine Pflaster und 44 Gfrislstain* für das Schloss Fürstenried am Rande von München.[97] In den detailliert aufgearbeiteten Quellen zur Baugeschichte von Schleißheim und Nymphenburg kommen Mitglieder dieser Steinmetzfamilie mehrfach vor.[98] Beim Bau des Schlosses Schleißheim sind den Quellen zufolge an sie gerichtete Zahlungen über einen längeren Zeitraum zu entnehmen. Im Ausgabenbuch für Steinmetze der Jahre 1716 bis 1726 ist eine Zahlung von 52 fl an *Häntel* vermerkt.[99] 1730 erhielt ein *Händel* eine Zahlung von 200 fl und noch im selben Jahr ein *Häntel*, wohl derselbe, die hohe Summe von 1154 fl, die für eine außerordentlich umfangreiche Steinlieferung spricht.[100] 1738 kommt wiederum ein *Balthasar Händte, Stainhauer in Zandt* vor, der in der Badenburg im Park des Schlosses Nymphenburg *Kelhammer Bladten* in unterschiedlichen Größen verlegte.[101] Ab Juni 1746 besserte der Steinmetz *Ambros Hänrel* das Pflaster im unteren Saal des Schlosses Schleißheim aus, indem er *Pflasterplatten und Zwickel abgericht, dan dergleichen geschliffen und palliert* hatte.[102] Aus einer summarischen Zusammenstellung aller Ausgaben für die Schlösser, damals Lustgebäude genannt, geht hervor, dass 1723 ein *Händel von Prun* (Prunn bei Riedenburg) in Schleißheim als Steinmetz zweimal je 200 fl ausbezahlt bekam.[103]

Wahrscheinlich stammten die Bodenplatten, die Zandter Steinmetze lieferten und verlegten, überwiegend nicht aus den dortigen Steinbrüchen, deren Platten nur eine Stärke bis zu 2 cm haben, die für Steinböden des Barocks und Rokokos nicht ausreichte, abgesehen davon, ob ausreichende Mengen verfügbar waren. Zudem sind die oberen Schichten, die zu dieser Zeit abgebaut wurden, sehr verwittert, so dass sie sich nur bedingt für ein Bodenpflaster eigneten. Die Steinbruchaktivitäten in Zandt und Breitenhill werden sich im 17. und 18. Jahrhundert im Wesentlichen auf die Lieferung von Dachplatten, Mauersteinen und Bodenplatten für Bauvorhaben in der näheren und weiteren Umgebung beschränkt haben.[104] Auch die Tatsache, dass *Balthasar Händte* einmal für 21 Zoll-Platten (51 cm) bezahlt wurde, spricht gegen eine Zandter Herkunft, denn solche Formate waren aus Zandter Schichten nicht zu gewinnen. Es könnte so gewesen sein, dass die Zandter Steinmetzen Platten aus dem Kelheimer Gebiet verlegten und nur die großen Formate aus dem Solnhofer Bruchgebiet kamen. Aus den Quellen ist nicht zu entnehmen, ob sie nicht nur Steinverleger oder zugleich auch Steinlieferanten waren.

Versteinerung aus Zandt. Museum für Naturkunde Berlin.

Konkurrenz und Kooperation

Die Solnhofer und die Mörnsheimer Steinbrecher konkurrierten sowohl unter sich als gegeneinander, wie sie auch miteinander kooperierten. Die Konkurrenz bestand im Absatzmarkt, die zuweilen auch mit unlauteren Mitteln geführt wurde. Gleichzeitig kooperierten sie untereinander, weil sie darauf angewiesen waren.

Maßgebende Mörnsheimer Rechtler waren sehr darauf bedacht, interne Konkurrenz fernzuhalten. Die Tagelöhner-Steinbrecher Hans Trepp und Hans Scheurer bemühten sich 1687 um eine Steinbruchzulassung. Dagegen gingen die Steinbruchgründer Matthias Kelz und Georg Hänle vor, obwohl sie bereits um 1680 ihre »compagnia« aufgegeben hatten. Trepp und Scheurer ließen sich nicht einschüchtern. Mit Unterstützung des Mörnsheimer Pflegers und des Kastners wandten sie sich in einem Bittschreiben an den Fürstbischof in Eichstätt und sie hatten Erfolg. Der Fürstbischof konnte nur zu ihren Gunsten entscheiden, denn beide waren mit Haus und Rauch in Mörnsheim ansässig. Die ursprüngliche Konkurrenz wandelte sich bald in eine Zusammenarbeit, die Johann Hänle, Georgs Sohn, mit Hans Trepp 1691 im Zisterzienserkloster Ebrach einging[105].

Inspiriert von Trepps und Scheurers Erfolg beantragte Simon Bittl, ebenfalls ein eingesessener Mörnsheimer, 1698 auch als Rechtler zugelassen zu werden. Das rief erneut Matthias Kelz auf den Plan, diesmal zusammen mit seinem Sohn Johannes. In hochdramatischer Tonlage klagten sie in einem Schreiben an den Fürstbischof bitterlich, wenn Bittl als Steinbrecher und dann auch noch als Meister zugelassen würde, wäre jeder von ihnen *bei solcher Menge verderbt* [zugrunde gerichtet] *und seines bisher gehabten Stücklein Brots beraubt*.[106] Als Steinbrecher, die das Mörnsheimer Steingewerbe gegründet haben, würden sie durch diese weitere Zulassung *elendiglich zugrunde gehen.* Dann ließen sie die Alarmglocken schrillen. Sie könnten sogar gezwungen sein, sich *nach Sulnhoven in das Onolzbachische* [Ansbachische] *zu begeben*. Der drastische Protest war wirkungslos. Simon Bittl erhielt eine Zulassung und die Petenten gingen weder zugrunde noch ließen sie sich in Solnhofen nieder.

Matthias Kelz verschärfte von Anfang an die Konkurrenz mit seinen ehemaligen Kollegen in Solnhofen. Er war ein geschickter Akquisiteur, der systematisch seine katholische Konfession als Trumpfkarte einsetzte. Die Bauherren sollten doch lieber ihre Aufträge an die katholische Steinbrechergruppe in Mörnsheim vergeben als an die evangelische in Solnhofen. Diese Kampagne erzürnte den Solnhofer Klosterverwalter. In einem Bericht vom April

1668 an die Regierung in Ansbach beklagte er, *wie sie* [die katholische Gruppe] *die andern* [die evangelische Gruppe] *in den katholischen Orten abtreiben* [vertreiben] *und verhaßt machen*.[107] Sollte das so weitergehen, könne *kein katholischer Steinbrecher weiters* [in Solnhofen] *geduldet werden*. Einige Jahre später meldete der nachfolgende Klosterverwalter im Juni 1672 nach Ansbach, Kelz habe es mit Unterstützung der bischöflichen Herrschaft in Eichstätt so weit gebracht, *daß die Mehrensheimber Stein in gantz Ober: und Nider Bayern undt fast alle darinnen befindlichen Schlößer, Clöster, Collegia* zu liegen kommen *undt wo man etwas namhaftes zu erbauen erführet* [erfährt], diese [Mörnsheimer Steine] *gekauffet undt dagegen die Solnhofer liegendt gelaßen werdten.*[108]

Weil die Mörnsheimer mehr Steine brauchten als sie brechen konnten und die Solnhofer in Absatzschwierigkeiten steckten, die zu einem großen Vorrat führten, ersuchten zwei zur katholischen Gruppe gehörende Solnhofer Bergmeister die Ansbacher Regierung, ihre Steine nach Belieben an Orte ihrer Wahl verkaufen zu dürfen, insbesondere auch nach Mörnsheim. Sie konnten sich auf Ziff. 9 der Solnhofer Bergordnung von 1670 berufen, wonach es jedem Steinbrecher erlaubt sei, *ein Fuder* [Wagenladung] *Stein, was Gattung die auch sey, zu verfertigen und über Land zu feilem Kauf zu führen,* sofern *keine angedingte* [ausbedungene vertragliche] *Arbeit vorhanden* ist. Mit Erlass vom 12. Juni 1672 erhielten die beiden Petenten überraschend die markgräfliche Erlaubnis, Steine auch nach Mörnsheim verkaufen zu dürfen. Dagegen erhob der Klosterverwalter Einspruch. Seine Begründung gewährt einen aufschlussreichen Einblick in den damaligen Zustand des Solnhofer Steingewerbes.[109]

Der Klosterverwalter rechnete schonungslos mit den Steinbrechern ab. Sie hätten sich nicht darum gekümmert, Kunden zu gewinnen und zu halten, anders als die Mörnsheimer, die *mehr Steine verstellt* [bestellt bekommen] *als sie haben und möglicherweise überhaupt fördern können*. Dabei sei ihr Stein *sehr hart* und daher *langsam zu gewinnen,* weshalb mehr Unkosten als im Solnhofer Bruch entstünden. Im Gegensatz zu den *schönen weißen* Solnhofer Steinen, die die Mörnsheimer als eigene verkauften, seien die Mörnsheimer Steine *unscheinbarer und blaulecht* [bläulich]. Angesichts des großen Solnhofer Steinvorrats hätten die Mörnsheimer Steinbrecher nun den Solnhofern vorgeschlagen, sie könnten sich doch die Unkosten für mühsame Reisen sparen und ihnen gleich ihre Steine zum Absatz überlassen. Um die Lage zu verbessern, rief der Klosterverwalter die Solnhofer Steinbrecher auf, es den Mörnsheimern gleich zu tun, hinauszugehen und Kundschaft zu werben, *weilen niemals einem Faulen eine gebratene Taub in den Mund geflogen sei*. In der Folgezeit scheint es tatsächlich zu einer Vereinbarung über den gegenseitigen Steinhandel gekommen zu sein. Das ist jedenfalls daraus zu entnehmen, dass sich der Solnhofer Klosterverwalter in einem Schreiben vom April 1731 an den Mörnsheimer Kastner beschwerte, die Mörnsheimer Steinbrecher würden sich nicht an die Vereinbarung halten.[110]

Obwohl die Solnhofer und Mörnsheimer Steinakteure Konkurrenten waren, sich von Anfang an auch als solche empfanden, bestand zwischen ihnen dennoch eine sich aus der Sache zwangsläufig ergebende Kooperation. Die Mörnsheimer waren auf die Steine aus Solnhofen angewiesen, sonst hätten sie die Aufträge im Lieferboom der Barock- und Rokokozeit ohne Solnhofer Hilfe nicht erfüllen können. Sie brauchten mehr helle Steine als sie hatten, die in Solnhofen reichlich vorhanden waren und die Solnhofer benötigten die graublauen Steine, die sie nicht hatten. So sicherten sie sich trotz aller Differenzen ihre gegenseitige Lieferfähigkeit. Im Grunde lässt sich das Verhältnis bis in die jüngste Zeit sowohl als konkurrierend als auch als kooperierend beschreiben.[111]

6 Wirtschaftliches und Soziales

Mit dem Solnhofer Stein verbinden sich zahlreiche wirtschaftliche und soziale Aspekte. Er war auch in der Barock- und Rokokozeit schon teuer und ist es heute noch. Deswegen belastete seine Anschaffung das Baubudget in einer Weise, die den Bauherren viele Seufzer abrang. Ein hoher Kostenaufwand bestand auch auf Seiten der Steinlieferanten. Soziale Aspekte spiegelten die Lohn- und Arbeitsbedingungen in den Steinbrüchen und auf der Baustelle wider.

Kosten der Steinlieferanten

Die Steinlieferanten hatten eine mehrfache erlösschmälernde Kostenlast zu tragen. Für das Brechen der Steine mussten sie Abgaben entrichten. Auf der Absatzseite hatten sie stark schwankende Verkaufspreise zu bewältigen. Das Kostenniveau erhöhten weitreichende Forderungen der anspruchsvollen und durchsetzungsfähigen Bauherren des Barocks und Rokokos an die Abwicklung der Lieferungen, insbesondere durch Übernahme eines Teils oder der ganzen Transportkosten (Kapitel V).

Bergzins

Unabhängig von den üblichen Lohn- und Sachkosten schmälerte der in den Bergordnungen von Solnhofen und Mörnsheim festgelegte Bergzins den Erlös der Steinlieferanten. In Solnhofen war er an das Klosteramt der Markgrafschaft Ansbach abzuführen, in Mörnsheim an das Kastenamt des Hochstifts Eichstätt, in Langenaltheim an die Grafschaft Pappenheim. Die Mörnsheimer Bergordnung begründete die Erhebung eines Bergzinses mit dem Hinweis, der *Herrschaft die gebührente Schuldigkeiten treulich und ohne Vortheill hiervon abzutragen* (Art. 15). Im eigentlichen Sinne war der Bergzins die Gegenleistung für eine Ausbeutegenehmigung, eine Konzession, weil die Steinbrüche auf herrschaftlichem oder gemeindlichem Grund lagen.

Beide Bergordnungen hatten ein ähnliches Abgabensystem. In Mörnsheim kam eine Amtsgebühr hinzu, die wahrscheinlich auch in Solnhofen erhoben, aber nicht in die Bergordnung aufgenommen wurde. In der Berechnung beruhte der Bergzins auf einem reguliertem Festpreis, der für den internen Handel unter den Rechtlern galt, selbst dann, wenn höhere Verkaufspreise erzielt

Bergzins

	Solnhofen		Mörnsheim	
Bodenplatten/100 Stück:	Festpreis	Bergzins	Festpreis	Bergzins
18 Zoll	6 fl	18 x	6 fl	18 x
14 Zoll	4 fl	12 x	3 fl	9 x
12 Zoll	3 fl	9 x	3 fl	9x
Kleiner als 12 Zoll	3 fl	9 x		
Sonderplatten/pro Stück: Tischplatten, Simse, Treppen, Grabsteine	Von jedem erlöstem Gulden 3 x, Verkauf nur mit Genehmigung		Von jedem erlöstem Gulden 3 x	
Abgabe für jede vom Bruch abgehende Steinfuhre			10 ₰, je zur Hälfte für Pfleger und Kastner	
Pro vom Bruch abgehende Dachsteinfuhre			10 ₰, davon 5 ₰ für Pfleger und Kastner gemeinsam und 5 ₰, für die Gemeinde	

wurden. In Mörnsheim dienten als Berechnungsgrundlage die Lieferpreise für Bauten des Hochstifts Eichstätt, in Solnhofen die Handelspreise zwischen den Rechtlern.

Pro erlöstem Gulden war ein Bergzins von 3 x zu zahlen, also fünf Prozent.[112] Tischplatten, Simse, Treppen und Grabsteine wurden nach Einzelstücken besteuert. Sie galten als höherwertig. Nach der Solnhofer Bergordnung war der beabsichtigte Verkauf solcher Steine zuvor dem Klosteramt anzuzeigen, damit die *gnädigste Herrschaft selbsten oder deren Räthe und Diener* prüfen konnten, ob sie diese nicht doch selbst *zuvorderst gebrauchen* würden.[113] Der herrschaftliche Hof sicherte sich deshalb

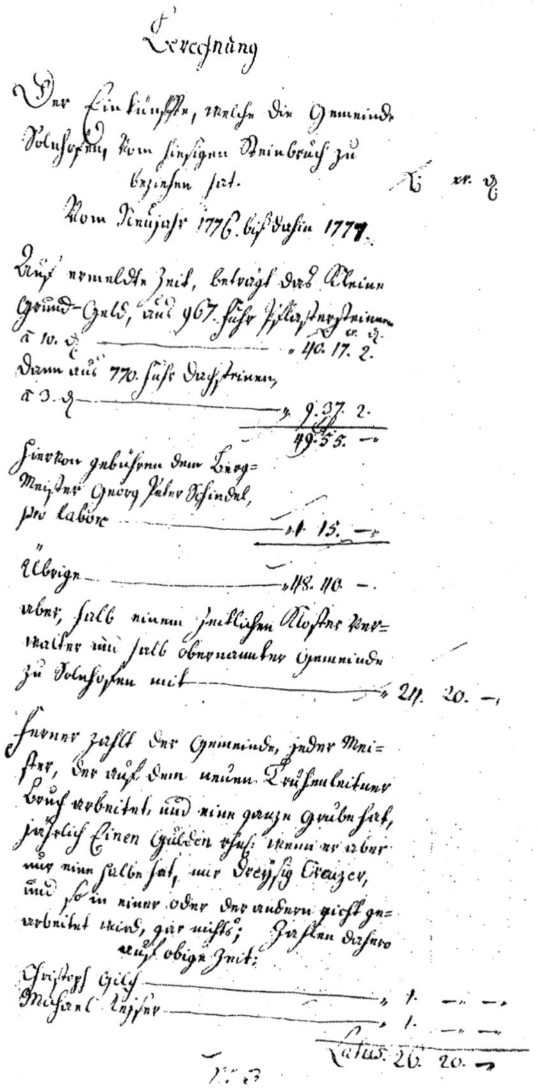

Bergzinseinahmen des Klosteramtes Solnhofen im Jahre 1776. Gemeindearchiv Solnhofen.

Berechnung

Der Einkünffte, welche die Gemeinde Solnhofen vom hiesigen Steinbruch zu beziehen hat

Vom Neujahr 1776 bis dahin 1777

Auf ermeldte Zeit beträgt das Kleine Grund-Geld, aus 967 Fuhr Pflastersteinen à 10 ₰ d — 40 fl 17 × 2 ₰
Dann aus 770 Fuhr Dachsteinen à 3 ₰ — 9 fl 37 × 2 ₰
49 fl 55 x —
Hievon gebühren dem Bergm= meister Georg Peter Schindel pro labore — 1 fl 15 x —

Übrige — 48 fl 40 x —
aber, halb einem zeitlichen Kloster-Ver= walter und halb obernannter Gemeinde zu Solnhofen mit — 24 fl 20 x —

Ferner zahlt der Gemeinde jeder Mei= ster, der auf dem neuen Truhenleitner Bruch arbeitet, und eine ganze Grube hat, jährlich einen Gulden rhn: wenn er aber nur einen halben hat, nur dreyßig Creuzer, und so in einer oder der andern nicht ge= arbeitet wird, gar nichts; zahlen dahero auf obige Zeit:
Christoph Gilch — 1 fl — ——
Michael Reiser — 1 fl — ——
Latus 26 fl 20 x —

einen privilegierten Zugriff, weil in *jetziger Zeit gar selten was feines und ansehnliches gefunden wird*. Ein vergleichbares Vorrecht räumte sich der Eichstätter Fürstbischof weder für sich noch für seinen Hofstaat in der Mörnsheimer Bergordnung ein.

Wie viel die öffentliche Hand an Bergzins und Fuhrabgaben erhielt, hing sowohl in Mörnsheim als auch in Solnhofen von den eingegangenen Meldungen der Bergmeister ab. In Mörnsheim nahmen es die Bergmeister mit der Aufzeichnung und Meldung des getätigten Absatzes nicht sehr genau. Eine 1711 von der Eichstätter Hofkammer vorgenommene Untersuchung kam zu dem Ergebnis, dass ein Drittel der verkauften Steine nicht angezeigt wurde.[114]

Die Einnahmen aus Bergzins waren nicht hoch. Im Ergebnis war die Abgabelast in Solnhofen und Mörnsheim ziemlich gleich. Zwischen 1687 bis 1711 betrugen sie in Mörnsheim durchschnittlich 50 bis 60 fl. 1725 stiegen sie auf 186 fl, was offensichtlich daran lag, dass die Eichstätter Hofkammer und der Mörnsheimer Pfleger die Bergmeister zu schärferer Kontrolle anhielten.[115] Nach der Mörnsheimer Bergordnung war der Bergzins einmal jährlich an Martini (11. November) zu zahlen.

Schwankende Verkaufspreise

Anders als im internen Handel unterlagen die Steinbruchrechtler bei externem Handel keiner Preisbindung. Die erzielten Preise waren das Ergebnis von Verhandlungen mit den potenziellen Kunden. Daher waren sie starken Schwankungen unterworfen, ohne dass besondere politische, wirtschaftliche oder auch in der Ausbeute liegende Gründe (Qualität, Menge) erkennbar sind.

Preisbildende Elemente waren die Oberflächenbearbeitung und die Größe der Steine. Bei der Oberfläche wurde zwischen bruchrauer, also unbearbeiteter und bearbeiteter, d.h. geschliffener Oberfläche unterschieden. Angebot und Abrechnung erfolgten preislich pro hundert Platten, sofern es sich nicht um große Formate handelte. Die geschliffenen Platten waren im Hundertpreis durchschnittlich um einen Gulden teurer. Keine preisrelevante Funktion hatte das jeweilige Format (anders als im 19. Jahrhundert), auch nicht die Stärke oder die Farbe. Erstaunlich ist das insofern, als Rosenspitze, Sechsecke, Achtecke mit Einlegern, Rauten und vor allem Sternmuster, erst recht ornamentale Muster in der Herstellung weit arbeitsaufwendiger als Quadratplatten sind. Daraus kann geschlossen werden, dass die Lohnkosten in der Preisbildung offenbar keine Rolle spielten. Bei Fenstersimsen und Treppen erfolgte die Abrechnung nach Länge.

Wie wenig die Preisbildung die Muster widerspiegelte, zeigt eine Steinlieferung für den Fußboden der Bibliothek in der Prämonstratenserabtei Schussenried, der aus farbwechselnden Rosenspitzen mit Einlegern und einem großen kreisgefassten 16zackigen Mittelpunktstern besteht (Abb. S. 167). Unter »*Specificatio der Eichstätter Stein, Fuhrlohn und Steinhauer-Arbeit*« ist im Rechnungsbuch der Abtei vermerkt: *Die geschliffenen Stein in die Neue Bibliothek seind mit Joannes Kelz von Neremsheimb veraccordiert worden, der gepflasterte Schuhe per 7 x.*[116] Die Berechnung erfolgte also allein danach, wie viele Quadratschuh an Steinen geliefert wurden, nicht nach den einzelnen Formaten.

Auswahl an Steinpreisen

		fl/Stückzahl
1584	St. Michael München	11½ fl/100
1670	St. Martin Amberg	8 fl/100 45 x pro Treppe
1673	Spitalkirche Ingolstadt	6 fl 20 x/100
1691	Zisterzienserabtei Ebrach	15 fl/100
1691–1699	Zisterzienserabtei Fürstenfeld	20 fl/100
1698	Hl. Geist Spital Eichstätt	5 fl/100
1705	Zisterzienserabtei Salem	14 fl/100
1714	Benediktinerabtei Ottobeuren	18 fl/100 geschliffen 17 fl/100 ungeschliffen 1 fl 30 x pro Fensterbank
1736	Wallfahrtskirche Eldern	14 fl/100
1753		15 fl/100
1721	Benediktinerabtei Donauwörth	11 fl/100 bruchrau 12 fl/100 geschliffen
1723	Benediktinerabtei Weingarten	15 fl 30 x/100
1724	Benediktinerabtei Weltenburg	4 fl/100, 14 Zoll, geschliffen
1736	Hofmarkskirche Sandizell	7 fl/100
1742	Zisterzienserabtei Salem	15 fl/100
1760	Schloss Nymphenburg	38 fl/226, 24 fl/120

Bei großen Quadratplatten galt eine Stückabrechnung, die schon bei 21 Zoll-Platten (51 cm) begann. Für die Ausstattung der Badenburg im Park des Münchner Schlosses Nymphenburg angeblich mit Kelheimer Platten dieser Größe zahlte die kurfürstliche Hofkammer 1738 pro Stück 15 x.[117] Nach der Stiftschronik (Diarium) des Benediktinerstifts Göttweig in Niederösterreich verlegten die Maurer 1731 im Sommerrefektorium einen Boden mit *Platen von Kehlhaimb, deren iedwederte* [jede] *4 quadrat Schuch hat.* Jede Platte kostete das Doppelte, nämlich 30 x.[118] Versteht man dieses Maß als Seitenlänge der Quadratplatten, hätten diese eine Größe von 116 × 116 cm (Bayerischer Schuh) oder 126 × 126 cm (Wiener Schuh) gehabt. Eine solche Dimension wäre nur mit Solnhofer Platten möglich gewesen.[119] Die Formulierung 4 Quadratschuh wird jedoch als 2 × 2 Schuh zu verstehen sein, also 62 × 62 cm. Auch dieses Format hat ein Ausmaß, das keine Platte aus dem Kelheimer Raum erreicht. Erneut ein Beispiel für die Benennung der Solnhofer Platten als Kelheimer Platten.

Die starken Schwankungen in der Preisbildung verdeutlichen die in der Tabelle aufgeführten Beispiele, die durch viele weitere ergänzt werden könnten. Die Schwankungsbreite reicht pro 100 Platten von 4 fl bis 20 fl. Um welche Platten es sich handelte, die Thomas Zinsmeister 1760 für das Schloss Nymphenburg lieferte, einmal 24 fl pro 100 Stück, dann sogar 38 fl pro 100 Stück,[120] ist nicht mehr nachvollziehbar. Es müssen jedenfalls besondere Platten gewesen sein.

Anspruchsvolle Bauherren

Schon im 17. und 18. Jahrhundert verfügten die großen Klöster zur Abwicklung wirtschaftlicher, finanzieller und rechtlicher Angelegenheiten über ein gut ausgebautes Rechnungs- und Rechtswesen. Sie konnten

Hohe Lieferanforderungen. Vertrag des Hochstifts Passau vom 6. September 1690 mit Johann Georg Hänle. Archiv des Bistums Passau.

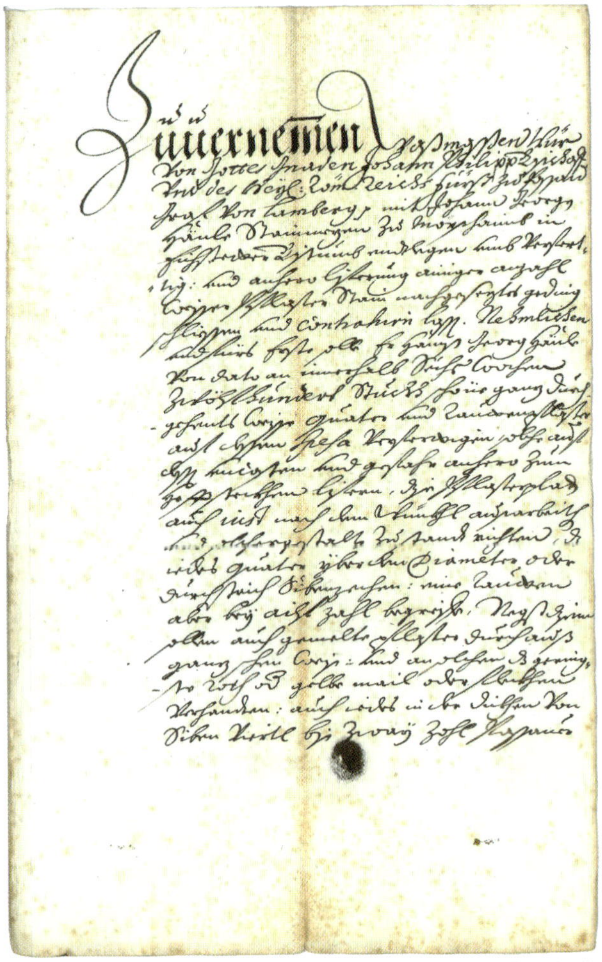

Spaltzettel vom 6. September 1690
ABP (Archiv Bistum Passau),
OA (Ordinariatsarchiv), Generalakten 512

Zuuernemmen Waßmassen Wür
von Gottes Gnaden Johann Philipp Bischoff
vnd des Heyl. Röm. Reichs Fürst zu Passau
Graf von Lamberg etc. mit Johann Georgen
Hänle Stainmezen zu Mörshaimb
in Eichstetter Bistumb endtlegen vmb Verfert-
tig- vnd anhero Liferung ainiger Anzahl
weisser Pflaster Stain nachgeseztes Geding
schliessen vnd contrahirn lassen. Nehmlichen
vnd fürs Este solle er Hannß Georg Hänle
von dato an innerhalb sechs Wochen
zwölfhundert Stuckh schöne ganz durch-
gehents weisse Quater vnd Rauttenpflaster
auf dessen Spesa verferttigen, solche auf
dessen Vncosten vnd Gefahr anhero zum
Hoffsteckhen lifern, diese Pflasterplatten
auch iust nach dem Wünckhl ausarbeithen
vnd solchergestalten zustandt richten, dass
iedes Quater yber den Diameter oder
Durchstrich sibenzechen, eine Rautten
aber bey ailf Zahl [= Zoll] begreiffe, Negst disem
sollen auch gemelte Pflaster durchaus
ganz schen weiß, vnd an solchen das gering-
ste roth oder gelbe Mail oder Fleckhen
verhandten, auch iedes in der dickhen von
Siben Viertl bis zway Zohl Passauer

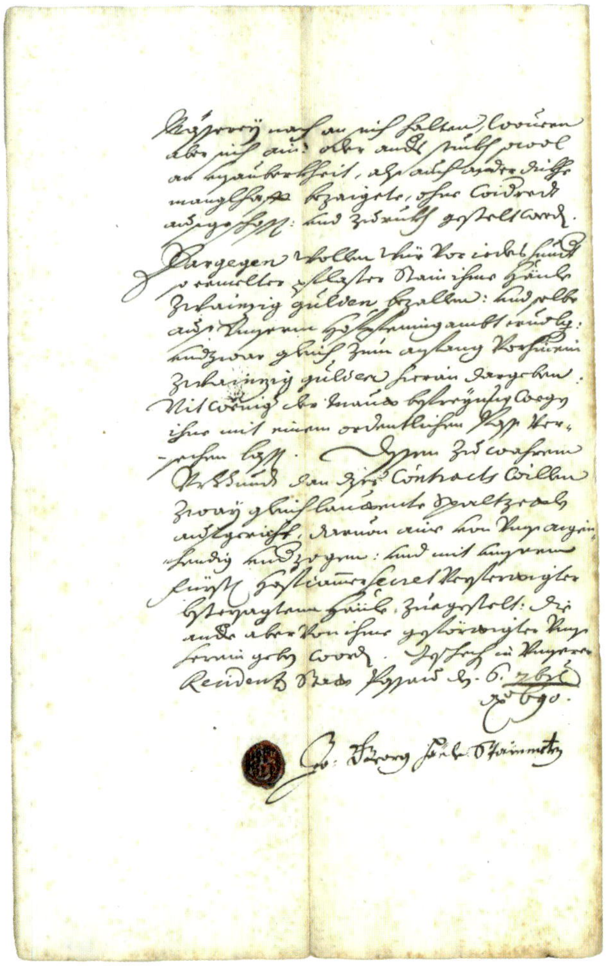

Mässerey nach an sich halten, wouern
aber sich ain oder anders Stuckh sowol
an Unsauberkheit, als auch an der Dickhe
manglhafft bezaigete, ohne Widerredt
ausgeschafft vnd zuruckh gestelt werden.
Dargegen wollen Wür vor iedes hundert
so ermelter Pflaster Stain ihme Hänle
zwainzig Gulden bezallen, vnd selbe
aus vnserm Hofpfenningambt eruolgen
vnd zwar gleich zum Anfang vorhinein
zwainzig Gulden heran dargeben,
nit weniger der Mauttbefreyung wegen
ihne mit einem ordentlichen Pass versechen
lassen. Dessen zu Wahrem
Vnkhundt dan dises Contracts willen
zway gleichlauttente Spaltzetteln
aufgericht, daruon aine von Vns aigen-
hendig vnderzogen, vnd mit vnserm
Fürstl. Hofcammer Secret verfertiger
lestersagtem Hänle zuegestelt, die
andere aber von ihme gefertiger Vns
herein geben worden. Geschechen in Vnserer
Residenz Statt Passau den 6. 7br. Anno 1690.
[L. S.] Jo. Georg Hänle Stainmetz

mit differenzierten Verträgen aufwarten, denen die weit weniger organisierten Steinlieferanten kaum etwas entgegenzusetzen hatten. Die stärkere Verhandlungsmacht lag auf Seiten der Steinbesteller.[121]

Die Bauherren ließen den Liefergegenstand meist sehr genau beschreiben. Der Vertrag, den Johann Georg Hänle am 6. September 1690 mit dem Hochstift Passau für das Dompflaster einging, enthielt detaillierte Anforderungen.[122] Verlangt wurden nicht nur *schöne ganz gurchgehents weisse Quater* [Quadratplatten] *und Rautenpflaster*. Jeder Stein müsse *in der Dickhen von siben Viertl* [4,25 cm] *bis zway Zohl* [4,85 cm] nach *Passauer Mössery* [Maß] sein[123] und dürfe nicht *das geringste roth oder gelbe Mail* [Mal] *oder Fleckhen* haben. Bei Natursteinen sind farbliche Einheitlichkeit oder einheitliche Stärke nicht zu garantieren. Heutige Geschäfts- und Lieferbedingungen schließen daher jede Haftung für einheitliche Farbe, Zeichnung und Stärke aus. Mit den genannten Forderungen war der Verpflichtungsrahmen noch nicht ausgeschöpft. Hänle musste die Steine auch *iust* [genau] *nach dem Wünkhl* [Winkel] *ausarbeithen und solchergestalten zu Standt richten* [herrichten], *das iedes Quater yber den Diameter oder Durchstrich sibenzechen* [17], *eine Rautten aber bey ailf* [11] *Zohl* beträgt. Sollte ein Stein *sowol an Unsauberkheit*[124] *als auch an der Dickhe manglhaft* sein, würde er *ohne Widerredt* aussortiert und zurückgestellt werden. Das bedeutete, entweder Ersatz liefern oder Abzüge hinnehmen, wenn der Bauherr an der Oberfläche und der Stärke der Platten etwas auszusetzten hatte.

Ein einfacheres Los hatte Johann Georg Hänle mit der Zisterzienserabtei Ebrach. Um sicherzustellen, dass die Lieferung genau ihren Vorstellungen entspricht, regelte der am 23. Januar 1691 geschlossene Vertrag, dass Hänle sich nach *zweyen von Herrn Bawmeister in Bretter vorgebenen und mit seiner Pettschaft* [Siegel] *signirten, allhier gelassenen Mustern* zu richten hat.[125] Zusätzlich unterzeichneten beide Seiten noch einen *Abriß* [Planzeichnung] als Bestandteil des Vertrags. Wie das Hochstift Passau behielt sich Ebrach auch das Recht vor, Steine nicht anzunehmen und damit nicht zu bezahlen, die *nit noch wenigsten eine Zoll dick* sind.

Kosten der Steinbesteller

Die große Baulust im 17. und 18. Jahrhundert trug den Bauherren eine ebenso große Baulast ein. Dazu haben auch Solnhofer Steine beigetragen. Dennoch wurde kaum ein Bau aus finanziellen Gründen eingestellt.[126] Häufiger kam es jedoch zu Bauunterbrechungen durch kriegerische Ereignisse, vor allem während des Spanischen Erbfolgekriegs (1701–1714).

Hohe Steinkosten

Das Tagebuch des Ottobeurer Abtes Rupert Ness gewährt einen aufschlussreichen Einblick in die Sorgen und Nöte eines Bauherrn, der auch nach heutigen Begriffen ein Großprojekt zu verantworten hatte. Er initiierte, lenkte und trieb es dreißig Jahre voran, von 1710 bis 1740. Die Erfahrungen und Einsichten, die er dabei gewann, stehen exemplarisch für viele andere sakrale und profane Großbauten des 17. und 18. Jahrhunderts.

Schon 1718, als der Klosterbau so richtig in Gang gekommen war, erkannte Abt Ruprecht was Bauen kostet, nämlich *grosses Gellt und grosse Geduld,*[127] eine Feststellung, die er durch Unterstreichung hervorhob. Auf diese Kriterien, ergänzt durch Klugheit, die er mit Verstand gleichsetzte, kam er die ganze Bauzeit über immer wieder zurück. Wer baut brauche *1. pecuniam 2. patientiam 3. prudentiam* und *alle dise drei ‚p'* müssten *beysamen sein,* weil *sonsten nichts herauskommt.*[128] Als die Großkellerei 1722 den Lohn für die Bauleute acht Tage lang mangels Geld nicht mehr bar ausbezahlen konnte, wurde ihm bewusst, nur *wer baut, der wais, was* [es] *kostet, sonst niemandt!*[129] Nach weiteren Erfahrungen mit dem fortschreitenden Klosterbau kam 1726 eine neue, nicht gerade unbescheidene Erkenntnis hinzu. Der Bauherr brauche auch ein *judicium architectonicum* [architektonisches Beurteilungsvermögen] *mit guter Invention* [Vorstellungskraft], *ohne welche weder Gelt, noch Gedult* ausreichend sind.[130] Offensichtlich erfüllte Abt Rupert diese Anforderungen, denn unter seiner Bauherrschaft entstand ein großartiger Klosterkomplex.

Ottobeurer Quellen lassen erkennen, wie hoch beim Neubau der Abtei die Kosten für den Solnhofer Stein zu Buche schlugen. Als Ende Oktober 1727 das Pflaster im Kaisersaal gelegt war, machte sich Abt Rupert Gedanken über die Kosten. Er schätzte sie auf *incirca 1200 fl,* behielt sich aber die genaue Abrechnung der Großkellerei vor, die werde *das Facit geben*.[131] Er lag daneben. Im Rechnungsbuch des Jahres 1728 ist unter dem 24. März eine Ausgabe von 3166 fl 34 x für *das Pflaster aus dem grossen Saal* [Kaisersaal] eingetragen.[132] Die Kosten waren also zweieinhalb Mal so hoch, wie der Abt sie eingeschätzt hatte. Angesichts der außergewöhnlich detailreichen linearen und ornamentalen Muster, die nicht nur die Herstellung der Steine gegenüber den Standardformaten erheblich verteuerten, sondern auch die komplizierte Verlegearbeit, deren Kosten in diesem Gesamtbetrag enthalten sein werden, erscheinen Kosten von rund 3200 fl durchaus plausibel.

Nachdem Ende August 1732 *das Pflaster von Eystetter Steinen* [...] *endtlich* fast *im gantzen Closter* gelegt war, ging Abt Rupert der Frage nach, wieviel es insgesamt gekostet habe.[133] Obwohl er meinte, das könne er *aigentlich nit wissen*, nahm er dennoch eine Berechnung vor. Unter der Annahme, ein Stein habe bis Ottobeuren *wenigstens 15 x* gekostet, gelangte er zu dem Ergebnis: *Wan ich m/24* [24.000] *oder m/30* [30.000] *f. sollte ansetzen, so wirdt es nit vil fehlen*. Das wären rechnerisch 96.000 beziehungsweise 120.000 Steine gewesen. Nimmt man für eine Beispielrechnung an, um zu einer Größenordnung zu kommen, 15 Zoll-Quadratplatten (37 cm) wären verlegt worden, hätte die mit Solnhofer Platten belegte Bodenfläche 3115 qm beziehungsweise 4240 qm betragen, mit 17 Zoll-Platten (42 cm) 3900 qm beziehungsweise 5300 qm. Bei der Größe der Abtei könnten diese Flächenwerte durchaus realistisch sein.

Ziemlich genau belegbar sind die Pflasterkosten für den ab 1737 einsetzenden und erst 1766 vollendeten Kirchenbau durch die Aufzeichnungen der Großkellerei. Danach betrugen die Ausgaben für das ab 1753 verlegte *Kirchen Pflaster* 4650 fl, das insbesondere im Presbyterium und in der Vierung sehr aufwändig ist.[134] Der *Stein-Fuhrlohn*, die Transportkosten, beliefen sich auf 991 fl. Wie sehr das Kirchenpflaster der Bedeutung des sakralen Raums entsprach, darauf geben die hohen Kosten für das Verlegen der Steine einen Hinweis. Es erfolgte mit

Gewerke im Klosterbau. Zisterzienserabtei Schönau im Odenwald. Germanisches Nationalmuseum Nürnberg.

4 Steinmezen, für die 2824 fl ausgegeben wurden. Damit summierten sich die Gesamtkosten für das Kirchenpflaster auf 8465 fl.

Bei den Bauherren des Barocks und Rokokos lösten die Kosten der Solnhofer Steine widersprüchliche Reaktionen und Empfindungen aus, obwohl es ihnen von vorneherein klar sein musste, dass sie mit einem Steinfußboden, gleich ob mit Solnhofer oder anderen Steinen belegt, gegenüber einem Holzfußboden die teurere Variante gewählt haben.

Um die Kostenlast zu senken, ergriffen die Bauherren Sparmaßnahmen. Ein Kostenvoranschlag für den 1583 begonnenen Bau der Münchner Jesuitenkirche St. Michael enthielt die Empfehlung, den Kirchenboden zunächst mit quadratischen Ziegelsteinen zu pflastern und erst dann, wenn das Gestühl aufgestellt ist, den freibleibenden Teil mit Platten zu belegen.[135] Der Eichstätter Hofbaumeister Jakob Engel (Giacomo Angelini) aus Graubünden machte 1698 in einem Angebot für den Bau der Hl. Geistkirche in Eichstätt und des zugehörigen Spitals darauf aufmerksam, es könne an der einen oder anderen Stelle gespart werden, insbesondere wenn die steinernen Tür- und Fenstergewände *von Holz gemacht* würden.[136] Es gab aber auch den umgekehrten Fall. Beim Bau des württembergischen Schlosses Ludwigsburg entschied sich der Architekt 1734 aus Kostengründen für Holzfußböden in den Galerien anstelle von Steinfußböden. Die zuständige Baukammer war dagegen ganz anderer Auffassung. Sie rügte den Architekten, *ob es nicht eine Ohnanständigkeit* [Ungebührlichkeit] *seye, daß die beeden Galerien mit Parketes* [Parkett] *und nicht mit steinernen Platten belegt* werden.[137]

Welchem Dilemma die Bauherren im Hinblick auf die Kosten des Solnhofer Steins ausgesetzt waren, lässt sich anschaulich den Äußerungen des Ottobeurer Abtes Rupert Ness entnehmen. Im Juni 1728 kam er, nachdem *endtlich* der letzte Teil des Kreuzganges mit *Eystetter Steinen* gepflastert war, zu dem Schluss: *Das ist ein schönes, aber teyres Pflaster!*[138] Den Kostenaspekt betonte er nochmals im April 1732 als das Hofgebäude, der weltliche Teil des Klosters,mit Solnhofer Platten ausgestattet war. Es sein *nun endtlich dem teyren Pflaster ein Ende* gesetzt.[139] Als aber 1727 das kostbare Pflaster im Kaisersaal gelegt war, beeindruckte es ihn so sehr, dass er nicht umhin konnte festzustellen, es werde *dem Saal ein besondere Zierd geben, und das complementum* [Vollendung] *von einem schönen Saal* sein.[140] Er stellte es sogar auf eine gleiche Stufe mit den anderen Teilen der erlesenen Ausstattung des Saals, denn der *lasset sich wohl sehen, so wohl in der Architectur, als übrigen Ornamenten*. Rupert Ness war bereit, die hohen Kosten des Solnhofer Steins um seiner Qualität und Schönheit willen in Kauf zu nehmen. Auch seinen Nachfolger Anselm Erb hielt das *teyre* Solnhofer Pflaster zwanzig Jahre später nicht davon ab, den Fußboden der großen neuen Klosterkirche mit diesem Stein ausstatten zu lassen.

Schleppende Bezahlung der Lieferanten

Mit der Bezahlung der gelieferten Steine nahmen es schon die Bauherren des Barocks und Rokokos nicht immer sehr genau. Sie streckten Zahlungen und waren im Ausdenken kostensparender Regelungen sehr erfinderisch.

In einem im Januar 1691 mit Johann Georg Hänle geschlossenen Vertrag behielt sich die Zisterzienserabtei Ebrach das Recht vor, die gelieferten Steine nicht völlig zu bezahlen, *sondern* wenigstens 150 Steine *ein*[zu]*behalten*.[141] Ein Grund für dieses Vorzugsrecht wurde nicht genannt. Auch Ottobeuren war nicht gerade vorbildhaft, was die Zahlungsmoral anging. Johann Hänle erhielt für 1718 gelieferte Bodenplatten die letzte Zahlung erst 1720.[142] Ebenso erging es Joseph Ottinger, der ab Winter 1721/22 auf Grund eines mit Ottobeuren eingegangen Vertrags 5800 Platten geliefert hatte. Die letzte Zahlung ging ihm im März 1725 zu.[143] Für das Pflaster im Kaisersaal, das Ottinger 1727 verlegte, aber schon lange vorher geliefert hatte, standen Ende Juni 1729 noch 1982 fl aus.[144] Dieser Zahlungsverzug erscheint fast kurz gegenüber dem, den der Mörnsheimer Steinlieferant Thomas Zinsmeister hinnehmen musste. 1730 erhielt die Benediktinerabtei Weltenburg von ihm Bodenplatten, für die ihm die letzte Rate erst im November 1747 ausbezahlt wurde.[145]

Auf einen eigenartigen Zahlungsmodus verfiel die Zisterzienserabtei Schöntal. Nach dem 1721 mit dem Solnhofer Hans Georg Bühnle geschlossenen Liefervertrag zahlte sie eine Hälfte der Auftragssumme *mit paarem* [barem] *Gelt,* die andere *mit Wein*, der bei Ankunft der Steine übergeben wurde.[146] Sollte sich nach der ersten Lieferung zeigen, dass noch weitere Steine gebraucht würden, stellte die Abtei in Aussicht, *so könnte als dann weiter accordiert* [vereinbart] *werden*. Ob dann auch wieder hälftig mit Wein bezahlt wurde, lässt sich den Quellen nicht entnehmen.

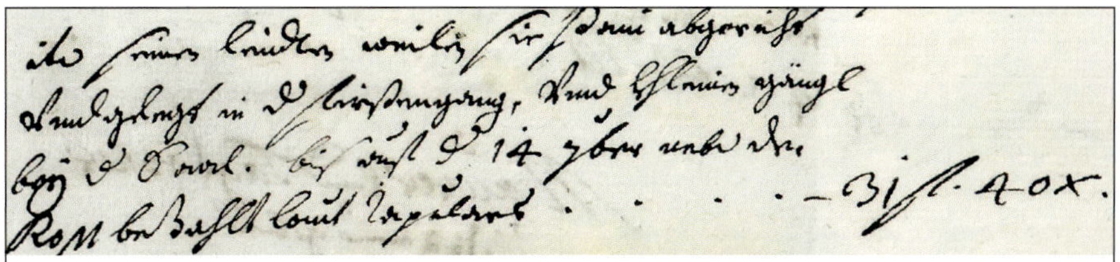

item seinen leidten (Leuten) weilen sie stain abgereicht (hergerichtet) und gelegt in dem Firstengang (Fürstengang) und khleinen gängl (Gang) bei dem Saal bis auf den 14 septembris neben der
Kost bezahlt laut Rapulars [Kladde] 31 fl 12 x (x= Kreuzer)

Die Zisterzienserabtei Fürstenfeld vergütete die Pflasterverleger und gab ihnen Kost. BayHStA Fürstenfeld Kl. 317 1/94.

Verlegekosten

Die Verlegearbeit war ein signifikanter Kostenfaktor. Wer sie ausführte und wer sie bezahlte, unterlag einer uneinheitlichen und schwer ergründbaren Handhabung. Die Pflasterer erhielten jedoch fast durchwegs Nebenleistungen zum Lohn.

Kostenträger

Nur wenige in den Quellen verfügbare Lieferverträge enthielten eine Regelung, wer die Kosten der Verlegearbeit zu tragen hatte und wie die Steinverleger entlohnt wurden. Die Handhabung war sehr uneinheitlich, so dass keine Regel abgeleitet werden kann. Mal hatten die Steinlieferanten die Kosten der Verlegung zu tragen, die sie dann mit eigenen Kräften ausführten, mal übernahmen sie die Steinbesteller. Diese stellten fast immer das Hilfspersonal, die Maurer, Mörtelrührer, Mörteleinfüller, Mörtelträger und Steinträger, aber auch Sand und Kalk.

Der Solnhofer Steinmetz Barthel Schindler, der 1695 die Zisterzienserabtei Ebrach mit Platten belieferte, bekam die Verlegekosten nicht erstattet. Wenig entgegenkommend zeigte sich 1705 auch die Zisterzienserabtei Salem gegenüber Johann Hänle. Zur *Abrichtung oder Zuesamenfüegung der Stain, umb sauber in das Pflaster gelegt zu werden*, war vereinbart, diese Arbeit solle *ohne Hänles Entgelt geschehen*.[147] Dabei handelte es sich um eine große Lieferung, in der auch das Pflaster für den großen Kaisersaal enthalten war.

Zum barocken Ausbau des Dillinger Schlosses der Augsburger Fürstbischöfe lieferte Johann Georg Hänle 1690/91 Bodenplatten. Verlegen musste er sie nicht, diese Arbeit übernahm ein Steinmetz. Für die 20 Tage dauernde *Verfertigung solchen Pflasters* zahlte das fürstbischöfliche Rechnungsamt dem Steinmetz 30 fl, zusätzlich 7 fl für Verpflegung und eine Belohnung von 9 fl.[148] Als Hänle 1694 vom Augustiner Chorherrenstift Wettenhausen den Auftrag erhielt, im oberen Saal, dem Kaisersaal, den Fußboden mit Solnhofer Platten zu belegen, ging das Verlegen (*Abrichten*) der Steine auf Kosten des Stifts.[149] Das Zisterzienserkloster Fürstenfeld zahlte 1697 *seine leidten* (Leuten) für die Verlegearbeit 31 fl und 40 x und gewährte ihnen freie *Kost*.

Sehr unterschiedlich war die Handhabung beim Neubau in Ottobeuren. Als Polier von Johann Georg Hänle erhielten der Mörnsheimer Steinmetz Joseph Ottinger Ende 1719 für 317 Tage je 30 x und die Gesellen 18 x für die Verlegearbeit.[150] Nach seiner ersten und sehr umfangreichen Lieferung im Jahre 1721, musste er die Steine und Simse *im Gottshaus abrichten und legen* und *zwahr ohne Entgelt, oder Taglohn*.[151] Er bekam jedoch zwei Maurer gestellt.[152] Ein Jahr später hatte Ottobeuren ein Einsehen. Einem Tagebucheintrag des Abtes Rupert Ness im November 1722 ist zu entnehmen, dass *Steinmetz Ottinger von Sollhofen so wohl vor* [für] *die Stein, als* [auch für die] *Arbeit* Geld erhalten hatte.[153] Auf eine ähnliche Vorgehensweise deutet ein weiterer Eintrag von Ende Oktober 1726 hin, dass man ihm noch Geld für *Eystetter Stein* und einen *Taglohn* schulde.[154] Bei der Barockisierung der zu Ottobeuren gehörenden Wallfahrtskirche St. Maria in Eldern, zahlte Abt Rupert 1736 den Gesellen Ottingers 11 fl 15 x für das Pflastern, den *Maurern* dagegen*, so das Pflaster gelegt,* aber 54 fl 24 x.[155] Die geringere Entlohnung der Gesellen kann darauf zurückzuführen sein, dass diese nur anleitend und beaufsichtigend tätig waren, die Maurer dagegen die eigentliche Verlegearbeit erledigten.

Bei anspruchsvollen Fußböden verlängerte sich die Verlegezeit. Das belegt die 1759 vorgenommene *Zurichtung und Setzung* des Fußbodens in der prachtvollen Bibliothek der Prämonstratenserabtei Schussenried. Zu verlegen waren 4014 Platten, eine Arbeit, die von den Verlegern in 167 Tagen bewältigt wurde, die sie mit 24 x pro Tag entlohnt bekamen.[156] Ähnlich erging es 1722/23 den Mörnsheimer Steinverlegern Hans Jörg, Matthäus Kelz und Andreas Hänle in der Benediktinerabtei Weingarten. Dort hatten sie die Aufgabe, die *Besetz Blathen* [Bodenplatten] *zu hauen*, also zuzurichten und zu *verlegen*.[157] Diese Arbeit beanspruchte 64 Tage.

Nicht immer erfolgte eine Tagesentlohnung. Vereinzelt wurde auch nach der Zahl der verlegten Platten abgerechnet. Dieses Akkordlohnsystem wandte die Zisterzienserabtei Salem an. Sie zahlte dem Steinmetz für das Verlegen von 450 Solnhofer Platten in der Sakristei 2 x pro Platte.[158] Beim Bau der Wallfahrtskirche Gößweinstein entlohnte die Hofkammer des Bamberger Fürstbischofs 1738 das Verlegen von 2461 Solnhofer Platten pauschal mit 80 fl 1 x 19 h.[159]

Lohnnebenleistungen

Wenn auch die Entlohnung der Pflasterer nicht üppig war, verbesserten doch gewisse Lohnnebenleistungen ihre Lage. Diese bestanden aus Verpflegung mit Kost und Getränken sowie Unterbringung. Sie erhöhten den Wert der Entlohnung, weil sie einen Teil der Lebenshaltungskosten abdeckten.[160]

Nach dem 1691 geschlossenen Liefervertrag zwischen der Zisterzienserabtei Ebrach und Johann Georg Hänle wurde den *bey Abrichtung* der Steine tätigen Personen pro Tag *1 Maß vordischer* [für den Tisch] *Wein und wochentlich 3 Laib Brodt* zugesagt, nicht jedoch eine *Ligerstatt* [Unterkunft].[161] Als der Solnhofer Steinmetz Barthel Schindler 1695 das von ihm gelieferte Pflaster in Ebrach verlegte, war die Abtei schon nicht mehr so nebenleistungswillig. Zwar blieb sie bei *1 Mas Getrenck* täglich, reduzierte aber das Brot auf *2 Leib* wöchentlich.[162] Die Benediktinerabtei Neresheim stellte 1714 einen Steinhauer ein, dessen Taglohn im Sommer 20 x, im Winter 18 x betrug. Bei freier Unterkunft bekam er täglich zwei Maß

Bier und einen Laib Brot. Als Josef Ottinger 1721 in Ottobeuren die Platten seines ersten großen Auftrags legte, sagte ihm die Abtei eine tägliche *Raichung der gewohnlichen Kost* zu.[163]

Getränkeleistungen beschränkten sich nicht auf Wein und Bier, das aus der klostereigenen Brauerei kam. Im Rechnungsbuch der Ottobeurer Großkellerei ist unter dem 23. Juli 1725 vermerkt, der Steinmetz Ignaz Henke habe *2 M*[aaß] *Brandtwein sambt Flaschen* und Joseph Ottinger, mit dem er zusammenarbeitete, *Weisbier* erhalten.[164] Ein besonders auffälliges Beispiel der Trankbeigabe verbindet sich mit einem Münchner Polier, der in Ottobeuren beim Kirchenneubau tätig war. Zu seiner hohen wöchentlichen Bezahlung von 4 fl 30 x gewährte ihm die Abtei auch noch täglich vier Maß Bier, einen Vespertrunk und alle Sonn- und Feiertage eine Maß Wein.[165]

Lohnnebenleistungen waren hierarchisch ausgerichtet. Im Hl. Kreuz Kloster in Donauwörth *erhielt* Johann Hänle als Steinlieferant und Steinverleger *neben seiner Entlohnung* sowie *Cost und Drunckh* auch eine vom Kloster bezahlte *Liegerstatt,* seine *Gesellen* jedoch nur *Cost und Drunck.*[166] Bei der Einnahme des Mittagessens machte sich die Hierarchie mit drei unterschiedlichen Tischen am deutlichsten bemerkbar. Der 1715 von der Abtei Ottobeuren mit dem berühmten Wessobrunner Stuckateur Johann Baptist Zimmermann geschlossene Vertrag sah eine *Kost am Officiertisch* vor,[167] an dem auch die Architekten und Maler Platz nahmen. An diesem Tisch servierte man die tägliche Kost *sambt gewohnlichen Trunckhbier, und dan wochentlich 2 etraordinarj Maaß Wein*. Am *Hoftisch*, der darunter liegenden Kategorie, durften *erfahrne und mehr verdiente Gesellen* sitzen, aber nicht mehr als sechs. Dieser Tisch war also den Kunsthandwerkern vorbehalten. Für die einfachen Handwerker, zu denen auch die Steinmetzen und Pflasterer zählten, war der *Handwerckhstisch* vorgesehen.

Für Übernachtungen gab es ein Schlafgeld. Schon eine der ersten Nennungen des Mörnsheimer Steinmetzes Josef Ottinger im Ottobeurer Rechnungsbuch des Jahres 1716 hängt damit zusammen. Die Abtei zahlte ihm für 29 Wochen und drei seiner Gehilfen für 21 Wochen ein *Schlafgeldt* von 7 x pro Woche.[168] Eine weitere Notiz der Großkellerei enthält den Hinweis, wo sie untergebracht waren, nämlich *beym Bäckhehensle,*[169] beim Bäcker Hans.

Arbeitszeiten

Alle Handwerker, auch die Steinverleger, hatten auf den Baustellen des Barocks und Rokokos einen langen und zehrenden Arbeitstag durchzustehen.

Der Baumeister Johannes Brenner musste nach einem 1715 geschlossenen Vertrag mit seinen 18 Gesellen und zwei Mörtelträgern für Fundament- und Verputzarbeiten in Ottobeuren *von morgen 4 bis abends 7 Uhr* auf der Baustelle sein.[170] Im April 1717 gestattete die Abtei dem Baumeister und Stuckateur Simpert Kramer, eine Stunde später zur Arbeit anzutreten. Seine Gesellen hatten jedoch jeden Werktag *morgens umb 5 Uhr zu der Arbeith auf den Gloggen Straich*, also pünktlichst auf *dem Gerüst fertig zu stehen*.[171] Sollte es um diese Zeit noch nicht hell sein, war Arbeitsbeginn der Tagesanbruch. Zwischen sieben und acht Uhr gab es für die *Ausrastung des Leibs* eine Art Frühstück mit Brot oder Suppe. Von zwölf Uhr bis ein Uhr wurde das *Mittagsmahl* eingenommen. Dann folgte *nach gehörtem Glockhen Straich* der längste Arbeitsabschnitt bis sieben Uhr abends.

Die volle Sechstage-Arbeitswoche milderten jedoch die zahlreichen katholischen Feiertage. So zählte man im Jahre 1700 allein vom 19. August bis zum 2. Oktober acht nicht auf einen Sonntag fallende kirchliche Feiertage. Im Winter ruhten viele Außenarbeiten. Die Innenarbeiten wurden reduziert, weil in der *Winterszeit bey kurtzen Tägen nicht vil auszurichten ist*, wie Abt Rupert Ness feststellte.[172] Das hatte zur Folge, dass viele Künstler und Handwerker auf Entlohnung verzichten mussten.

Stellung der Steinbrecher

Was die Steinbrecher in der Solnhofer Bruchregion betrifft, verlagerten die Bergordnungen, sowohl die Solnhofer als auch die Mörnsheimer, die Regelung der Arbeitsabläufe und der Arbeitsbedingungen in das Zunftwesen. Das war eine Art Selbstregulierung, die heute durch Tarifverträge erfolgt. In Solnhofen entwickelte sich die Steinbrecherzunft zu einem festen Bestandteil der Steinbruchordnung, in Mörnsheim dagegen kaum und nur widerwillig.

Damit im *neuen Bergwerck oder Steinbruch eine Ordtnung gehalten, aller Mißbrauch und dergleichen Unfuegsambkeiten abgestellt,* vielmehr *guette Gewohnheiten und e*[h]*rbare Sitten nach Handwercksgebrauch* beachtet werden, schrieb der Eichstätter Fürstbischof 1674 in Artikel 19 der Mörnsheimer Bergordnung eine Zunft vor. Diese Klausel verpflichtete die Bergmeister, ein *Handwerck*, d. h. eine Zunft *auf*[zu]*richten*, damit sie die Bergordnung *bestens observirn* und die *hochfürstl. Gebott und Verbott bey benanter Straff fleißig* eingehalten werden. Warum es in Mörnsheim zu keiner lebendigen Zunftorganisation kam, in Solnhofen dagegen schon, wo die Bergordnung keine solche Regelung enthielt, ist wahrscheinlich auf das Fehlen eines festen Zusammenhalts unter den Steinbruchrechtlern, viel Eigennutz sowie wenige und durchsetzungswillige Bergmeister zurückzuführen. Ein weiterer Grund kann auch an der nachdrucklosen Bestimmung gelegen haben, die von den Bergmeistern keine sofortige Errichtung einer Zunft verlangte, sondern *nach Gelegenheit und sobaldt es sich würdt thuen lassen*.

Ein indirekter Ausfluss des Zunftwesens war in beiden Bergordnungen die Behandlung der eingegangenen Lieferaufträge (Art. 8). Gleich ob es *vil oder wenig* Aufträge gab, waren sie zusammenzufassen und unter allen Steinbruchrechtlern zu verteilen, damit die Arbeit *under allen zugleich* [d. h. zu gleichen Teilen] *ausgeteilt werde und nit einem allein zuegehe* (Art. 7). Die Wirkung der gut gemeinten Vorschrift wurde in Mörnsheim durch die *in compagnia* arbeitenden Steinbrecher abgeschwächt. Diese konnten die von ihnen akquirierten oder bei ihnen eingegangenen Lieferaufträge zu einem großen Teil unter sich aufteilen.[173] Kam es zur Verteilung von Aufträgen an ungebundene Rechtler, konnte sie an Bedingungen geknüpft werden. Der Verteiler durfte eine genaue Zeit vorgeben, in der die Steine lieferfertig sein mussten. Zeichnete sich nach der Hälfte dieser Vorgabe ab, dass die Lieferzeit nicht eingehalten werden konnte, waren die Auftragnehmer verpflichtet mitzuteilen, wie viele Steine noch fehlten, um deren Herstellung auf andere Steinbrecher zu verteilen.

Nach heutigem Sprachgebrauch waren die Rechtler »Selbständige«, wie es die Hackstockmeister in den

Brüchen noch sind. Sie betätigten sich sowohl als Steinbrecher und Steinbearbeiter als auch unternehmerisch, manche fast ausschließlich mit wachsendem Geschäft. Die Hauptarbeit verrichteten die Tagelöhner. Zum Schutz vor auswärtigen Tagelöhnern durften die Rechtler nach Art. 1 der vorläufigen Mörnsheimer Bergordnung von 1672 einen *frembdten ausländischen* [auswärtigen] *Kerle* als *Taglöhner auf dem Stainbruch* nur beschäftigen, wenn dieser sich zuvor beim Amt, dem Kastner *vorgestellet* hatte. Dieser überprüfte den Tagelöhner, registrierte ihn bei positivem Urteil und verlangte von ihm zur Sicherheit die Hinterlegung des hohen Betrags von mindestens 25 fl. Erst dann konnte der auswärtige Tagelöhner die Arbeit im Steinbruch aufnehmen.

Erkenntnisse über die Entlohnung der Steinbrecher lassen sich für die Barock- und Rokokozeit mangels örtlicher Aufzeichnungen nur durch die Lebenshaltungskosten und vergleichbare Beispiele gewinnen. Eine Umrechnung in unsere aktuelle Währung ist nicht möglich.[174] Die Löhne schwankten in Anpassung an die jeweiligen Nahrungsmittelpreise. In der ersten Hälfte des 17. Jahrhunderts kostete ein Liter Braunbier 2 x, ein Pfund Rindfleisch und eine Leberwurst 4 x, ein Mittagessen ohne Getränke 20 x.[175] Für einen Gulden (fl) konnte man sich im zweiten Drittel des 18. Jahrhunderts 200 Eier, 12 Maß Bier, 5 Hühner und einen halben Hammel kaufen.[176] In zum Territorium gehörenden Egg an der Günz eröffnete die Benediktinerabtei Ottobeuren 1724 einen Nagelfluh-Steinbruch, in dem Mauersteine und Steine für Sockel und Postamente gebrochen wurden. Als ab 1738 für den Neubau der Klosterkirche viele Mauersteine gebraucht wurden, arbeiteten im Bruch 12 Maurer, 15 Handlanger und 4 Steinhauer. Die steinbrechenden Mauerer wurden höher entlohnt als steinbearbeitende Steinhauer, wahrscheinlich wegen der höheren körperlichen Anstrengung beim Steinbrechen. Die Maurermeister bekamen 30 x pro Tag, die Maurer 24 x, die Steinhauer 20 x und die Handlanger 15 x.[177] Alle hatten zudem freie Kost. Einer fast das gesamte 18. Jahrhundert erfassenden Lohntabelle ist für Steinbrecher und Steinhauer zu entnehmen, dass Meister im Durchschnitt mit 20 x bis 30 x entlohnt wurden, Gesellen mit 15x bis 20 x.[178]

Im gesamten Solnhofer Steinbruchgebiet endete die Arbeit an Martini (11. November). Das war der Tag, an dem die Steinbrecher das Ende der Saison mit einem nicht zu kleinen Umtrunk feierten. Nach den Bergordnungen hatte auch das Fest Heilige Drei Könige (6. Januar) eine große Bedeutung. An diesem Tag waren die Rechtler aufgerufen, Rückschau auf das vergangene Jahr zu halten, alle Angelegenheiten, vor allem strittige, zu besprechen und die Einhaltung der Bergordnung zu bekräftigen. Die Solnhofer Bergordnung verlangte, es solle *ein Befrag gehalten* werden *was in der Ordnung passiert* und was *zu Verbesseren und zu verbüßen* ist (Art. 21).

In Mörnsheim gab es dazu eine Sonderregelung. Die Zusammenkunft hatte auch die Aufgabe aufzulisten, was an *Straffen dabey* [an]*gefallen* ist (Art. 20). Die damit erzielten Geldeinnahmen waren zur Hälfte an das Hochstift Eichstätt abzuführen, die andere Hälfte in gleicher Dreiteilung an den Pfleger, den Kastner und die Rechtlergemeinschaft. Mangels einer strikten Zunftorganisation setzte sich der Jahrtag Heilig Drei Könige nicht durch. Lange Zeit gab es an dessen Stelle den Steinbrecherjahrtag am Sonntag nach Mariä Geburt (8. September), der schließlich vom Tag nach dem St. Anna-Fest (26. Juli), dem Kirchenpatrozinium, abgelöst wurde.[179] Der Jahrtag begann mit einem Kirchgang, dem der Wirtshausgang folgte, der weitaus länger dauerte als der Kirchgang. Obwohl es kaum noch Steinbrecher gibt, wird diese Tradition in Mörnsheim und im Mörnsheimer Ortsteil Mühlheim am Tag des Kirchenpatroziniums St. Cyriakus (8. August) noch ein Stück aufrecht erhalten. Wie lange noch? In Solnhofen ist es zu keinem Steinbrecherjahrtag gekommen, auch nicht in Langenaltheim.

Noch wird der Steinbrecherjahrtag gefeiert.

[1] Die Herrschaft der Markgrafen von Brandenburg-Ansbach begann 1478 und endete 1791. Markgraf Ludwig der Fromme trat 1528 zum protestantischen Glauben über. Der Propst des Klosters Solnhofen vollzog diesen Schritt 1533 mit der Folge, dass das Kloster 1538 aufgelöst und in ein weltliches Klosteramt übergeführt wurde. Das Klosteramt verwaltete den zum ehemaligen Kloster gehörenden Besitz.

[2] Mörnsheim, 918 erstmals urkundlich erwähnt, war bis zur Auflösung 1802 der westliche Vorposten des Hochstifts Eichstätt, in dem der Bischof als Fürst die Herrschaft ausübte. Henle 2018, 31 ff.

[3] Schauer 1988, 49 und 2001/1, 13. Die Eintragung verweist ausdrücklich darauf, dass *dyselben lehen seyn des gotthus* [Kloster] *eygen grunt und boden waren.* Im Steinbruch auf dem Solaberg wird teilweise noch heute gearbeitet.

[4] Eder 1928, 7; StA Nürnberg, Eichstätter Archivalien Nr. 1870, fol. 68.

[5] BayHStA, Pl. 4269.

[6] Die Karte ist nur noch in Kopien erhalten, BayHStA Pl. 3457, Pl. 3889, Pl. 9226.

[7] BayHStA, Pl. 10006

[8] Tröger 1987, 2.

[9] Kraft 1926, 8 f.

[10] Eder 1928, 62

[11] Obwohl Solnhofen als Teil der Markgrafschaft Brandenburg-Ansbach bereits 1533 protestantisch wurde, gab es dennoch weit mehr als hundert Jahre später noch katholische Steinbrecher.

[12] Die Bergmeister hatten die Aufgabe für die Einhaltung der Bergordnung zu sorgen.

[13] Schauer 2001/2, 12.

[14] Bernhard Eder war von 1925 bis 1929 Benefiziant in der Wallfahrtskirche »Maria End« im heutigen Mörnsheimer Ortsteil Altendorf. Zur Mörnsheimer Steinbruchgeschichte Henle 2018, 124 ff und 225 ff.

[15] Eder 1928, 11 ff.

[16] Eder 1928, 58.

[17] Ebd., 59 f. 1855 erwarb die Firma Maria Friedrich Touce Comp. aus Paris von der Kirchenverwaltung ein Steinbruchgelände, Eder 1928, 72.

[18] Eder 1928, 54 f und 75 ff.

[19] Schauer 2001/2, 6; Lidl 1975, 39. In der örtlichen Sprache wird der Steinbruch »Steinberg« genannt. Man fährt auf den »Stoaberg« und arbeitet auf dem »Stoaberg«. Im Grunde ist der Abbau von Steinen ein Bergbau. Das äußert sich auch in der Benennung der Regulierung der Steinbrucharbeit als »Bergordnung«.

[20] Abgedruckt und erläutert bei Müller-Burger 1926, 45 ff.

[21] Abgedruckt und erläutert bei Eder 1928, 20. 1672 wurde bereits eine vorläufige Bergordnung mit sechs Artikeln erlassen.

[22] Art. 1 beider Bergordnungen.

[23] Art. 25 Solnhofer Bergordnung.

[24] Art. 4, Eder 1928, 16.

[25] Eder 1928, 47.

[26] Ziff. 3 und 5 der Solnhofer und Ziff. 3 der Mörnsheimer Bergordnung.

[27] Ziff .7 der Mörnsheimer und Ziff. 8 der Solnhofer Bergordnung.

[28] Ziff. 6 der Solnhofer und Ziff. 5 der Mörnsheimer Bergordnung.

[29] Art 4 der Solnhofer und Mörnsheimer Bergordnung.

[30] Zum Steintransport auf der Donau Kapitel V 4.

[31] Dazu Kapitel I 4.

[32] Kraft 1926, 6.

[33] Ebd., 6 f.

[34] Mit Wilhelms Zahlung scheint es mitunter Probleme gegeben zu haben. In einem 1664 an den Ansbacher Markgrafen gerichteten Bittschreiben wegen wirtschaftlicher Nöte wiesen die Solnhofer Steinbrecher darauf hin, dass der inzwischen verstorbene Heinrich Wilhelm für Steine im Wert von 140 fl nur eine Anzahlung von 40 fl geleistet habe.

[35] Kapitel VIII 5.

[36] Kraft 1926, 6. Kraft transkribierte den Namen Spatz ungenau mit »Bez«.

[37] Kraft 1926, 11.

[38] Kühnel 1968, Nr. 98.

[39] In Abtrennung von Passau wurde 1785 die Diözese Linz errichtet. Bis zur Nutzbarkeit des neuen Doms war die wegen Aufhebung des Jesuitenordens leerstehende Ignatiuskirche die Domkirche.

[40] Kraft 1926, 11.

[41] Nr. 5 der Solnhofer Bergordnung. Fast gleichlautend Nr. 2 der Mörnsheimer Bergordnung.

[42] Nr. 3 der Solnhofer und Mörnsheimer Bergordnung.

[43] Journal für Bayern 1800, 171.

[44] Art. 2.

[45] Nach Ziff. 19 der Mörnsheimer Bergordnung waren die »Tagwerker« nicht an einen Wohnsitz im Ort gebunden. Sie konnten also auch aus der Umgebung kommen, mussten aber dem Kastenamt gemeldet und von diesem mit einem Bescheid zugelassen werden.

[46] KLA Ottobeuren, L. Reg.16; Russ 2002, 409.

[47] StA Würzburg A D8 488–5.

[48] Eder 1928, 29.

[49] Dischinger III 2022, 746 pag. 805 und 807.

[50] Ebd., 747 pag. 817.

[51] Unterschiedlichste Schreibweisen in den Urkunden: Bohnle, Böhnle, Pöhnle, Buenle, Bühnle, Bünle, Böhlein und Pöhlein. Zur besseren Verständlichkeit und Lesbarkeit wird, abgesehen von Quellenzitaten, einheitlich der Name »Böhnlein« verwendet

[52] Kapitel VIII 4 Ottobeuren.

[53] Der Name Gutmann findet sich in der im 19. Jahrhundert gegründeten Steinfirma Daeschler & Gutmann, die 1910 im Solenhofer Aktienverein aufging und Hugo Gutmann zum kaufmännischen Geschäftsführer in München machte.

[54] Kraft 1926, 5. Zu dem Saal S. 189.

[55] Kapitel III 1.

[56] Schauer 2004, 78.

[57] Kapitel VIII 3 Franken.

[58] Mitglieder der Familie Arauner stellten in Solnhofen mehrmals den Bürgermeister und einmal den Landrat des Kreises Weißenburg.

[59] BayHStA Hofbauintendanz 1039 Hauptgeld- und Materialgeldrechnung. Dazu Kapitel IX 1 Residenzen.

[60] Dazu Kapitel IX 3 Kaisersäle Süddeutschland. Auf den 1738 eröffneten Solnhofer Gemeindebruch führte ein steiler Weg vom Tal auf die Steinbruchhöhe zu den Hütten der Steinbrecherfamilie Kaiser, der nach ihr als »Koaserweg« benannt wurde.

[61] Das Unternehmen ging Ende 2018 in Insolvenz.

[62] Aufgeführt sind die Orte und Namen, die in Quellen oder Literatur belegt sind. Eine fortgesetzte Recherche könnte durchaus weitere Ergebnisse erbringen.

[63] Zur Geschichte des Horstbergs S. 48.

[64] Ebd., 49.

[65] Eder 1928, 17.

[66] Ebd., 49 und 62; Schauer 2001/2, 15. In den Quellen wird der Name variantenreich geschrieben: Hänla, Hanle, Hänle, Hönle, Hüenle, Hünle, Henlin, Häenle, Händle, Händler. Zur besseren Verständlichkeit und Lesbarkeit wird er, abgesehen von Quellenzitaten, nachfolgend mit »Hänle« geschrieben. Im 19. Jahrhundert setzte sich die Schreibweise Henle durch.

[67] Eder 1928, 15.

[68] Ebd., 49.

[69] Kapitel VIII 2.

[70] Ritter 1970, 449; S. 182 und 212.

[71] Dischinger III 2011, 879.

[72] HStA Stuttgart, B 522 Bü 66.

[73] Freundliche Mitteilung von Archivar P. Prusinovsky.

[74] Dischinger II 2011, 103 (1.2). Die Verbundenheit mit Maini kam in einer Bitte des Abts Rupert zum Ausdruck, der Ottinger aufforderte, dem verärgert abgereisten Maini zu schreiben, er möge seinen Entwurf für die Klosterkirche schicken oder einen neuen machen; Dischinger I 2011, 130.

[75] Ebd., 108 (1.1).

[76] Ebd. 95 und 100.

[77] Dischinger III 2022, 873.

[78] Aufgeführt sind die Orte und Namen, die in Quellen oder Literatur belegt sind. Eine fortgesetzte Recherche könnte durchaus weitere Ergebnisse erbringen.

[79] Ebd., 892. In welchem Verwandtschaftsverhältnis Franz Ottinger zu Joseph Ottinger stand, muss offenbleiben. Jedenfalls war er nicht dessen Sohn, da keines seiner zehn Kindern den Vornamen Franz trug.

[80] Freundliche Mitteilung von P. Rupert Prusinovsky.

[81] Dischinger III 2011, 867, 868 und 869.

[82] Kapitel 4 Altbayern.

[83] Kapitel IX 1.

[84] In der Steinbruchgeschichte des Solnhofer Gebiets spielte Mitte des 19. Jahrhunderts ein Leopold Wolfgang Balduin Freiherr von Zandt eine Rolle, der jedoch keinen Bezug zu dem Ort Zandt hat. Er stammte vielmehr aus einer alten rheinischen Adelsfamilie, war bayerischer Generalmajor, Kämmerer und Generaladjutant von König Ludwig I. Offenbar konnte er sich nebenbei auch steinunternehmerisch betätigen.

[85] Röper/Rothgaenger 2013, 23 ff; Meyer/Schmidt-Kaler 1983, 145, Tischlinger 2023, 51, 53 ff.
[86] Auskunft von Martin Röper, Geologe, Paläontologe und wissenschaftlicher Direktor des Geo-Zentrums Solnhofen.
[87] Flurl 1792, 570
[88] Zu diesem Steinbruch und seiner neueren Geschichte Tischlinger 2023, 56 ff. Dieser Steinbruch ist als besonderes Geotop in das Geotopkataster Bayern eingetragen (Nr. 176A016).
[89] BayHStA, KL Fasz. 357 Nr. 27.
[90] Ebd.
[91] Stadtarchiv München, Kultusstiftungen 560/18. Freundlicher Hinweis von Gabriele Dischinger.
[92] Meyer/Schmidt-Kaler, 1983, 180.
[93] BayHStA GL Fasz. 1688 Nr. 113.
[94] BayHStA HL 3 Rep. 53/I Fasz 79/10.
[95] Czerny 1886, 141.
[96] Hofmann 1979, 153.
[97] BayHStA, HR II Fasz. 24, fol. 5 f. Freundliche Mitteilung von Dr. Gabriele Dischinger. Mit Gfrislstain, ein schwer zu entschlüsselndes Wort, könnten Steine für das den Fußboden einfassende Fries, also Friessteine gemeint gewesen sein.
[98] Aufgearbeitet hat die Quellen die Kunsthistorikerin Dr. Cordula Böhm, der ich zu großem Dank verpflichtet bin, weil sie mir die Ergebnisse zur Verfügung gestellt hat. Alle folgenden Quellenangaben beruhen auf dieser Forschungsarbeit.
[99] BayHStA HR II Fasz. 19, Band 166.
[100] BayHStA HR II Fasz. 19, fol. 189 und fol. 190.
[101] (BayHStA I, HR II/26, Bd 262.
[102] BayHStA HR II Fasz. 28 Bd 270, fol. 104.
[103] HR II Fasz. 19, Bd 167
[104] So auch Tischlinger 2023, 57.
[105] Kapitel VIII 2.
[106] Eder 1928, 54.
[107] Eder 1928, 11 f; Schauer 2001/2, 11.
[108] Schauer ebd., 15. Gleichfalls Eder ebd., 17 und Kraft 1926, 10.
[109] Eder ebd., 17 ff; Schauer 2001/2, 15 f.
[110] Eder 1928, 20.
[111] Im Laufe des 19. Jahrhunderts änderten sich die Verhältnisse. Die Solnhofer Steinunternehmer erwarben Anteile an Mörnsheimer Steinbrüchen insbesondere an solchen mit graublauen Steinen. Umgekehrt ist nicht bekannt, dass Mörnsheimer Solnhofer Steinbruchanteile kauften. Auf Pachtbasis arbeiteten jedoch auch Mörnsheimer Firmen in Solnhofer Brüchen.
[112] Ziff 22 und 23 der Solnhofer Bergordnung, Ziff. 14 und 15 der Mörnsheimer Bergordnung.
[113] Ziffer 15.
[114] Eder 1928, 38
[115] Ebd.
[116] StA Ludwigsburg, Rep.507 Schussenried B 91 13 ff; Kasper 1954, 20 und Kasper 1960, 217 Fn. 250.
[117] BHStA I, HR II/26, Bd 262, Lustgebäuderechnung 1738.
[118] Ritter 1970, 434.
[119] Wird eine für Platten dieser Größe erforderliche Mindeststärke von 5 cm angenommen, hätte jede ein Gewicht von 170 kg beziehungsweise von 200 kg gehabt.
[120] BayHStA I, HR II/32, Bd. 311, Lustgebäuderechnung 1760.
[121] Das Rechnungswesen war Ämtern anvertraut, in weltlichen und geistlichen Herrschaften den Hofkammern, in Klöstern der Kellerei, die in einem so großen Kloster wie Ottobeuren Großkellerei hieß. Diese Einrichtungen, denen der Bursarius vorstand, hielten in Rechnungsbüchern alle Einnahmen und Ausgaben fest.
[122] Archiv des Bistums Passau, Ordinariatsarchiv, Generalakten 512
[123] Der Passauer Zoll entspricht dem alten bayerischen Zoll (2,43 cm).
[124] Mit *Unsauberkheit* war das Fehlen des einheitlichen farblichen Aussehens gemeint.
[125] StA Würzburg KL Ebrach D8 488–5.
[126] Ein Beispiel ist der 1750 begonnene Neubau des Prämonstratenserklosters in Schussenried, der 1763 wegen Überschuldung eingestellt werden musste.
[127] Dischinger III 2011, 709 pag. 819.
[128] Ebd., 746 pag. 801.
[129] Ebd., 721 pag. 743.
[130] Ebd., 731 pag. 769 und 743 pag. 319
[131] Ebd., 747 pag. 805.
[132] Ebd., 867, 748 pag. 664.
[133] Ebd., 760 pag. 343.
[134] Dischinger III 2011, 916.
[135] Gmelin 1890, 39. Die Platten wurden 1584 in Solnhofen bestellt.
[136] Schmid 2019, 209.
[137] Kier 1976, 13 Fn. 43 unter Hinweis auf Richard Schmidt, Schloss Ludwigsburg, München 1954, 56.
[138] Dischinger III 2011, 749 pag. 670.
[139] Ebd.,760 pag. 337.
[140] Ebd., 746 pag. 807.
[141] Ziff. 6 des Vertrags, StA Würzburg, A D8 488–5.
[142] Dischinger I 2011, 84.
[143] Dischinger III 2011, 862.
[144] Ebd., 868 (27.6. 1729).
[145] BSB, Clm 1485, pag. 305.
[146] StA Ludwigsburg, Findbuch B 503 II Bü 52.
[147] GLA Karlsruhe 98/647 Bl. 14.
[148] Meyer/Schädler 1964, 482 Fn. 1.
[149] Mayer 1928, 215.
[150] Dischinger III 2011, 855 (12.12.1719).
[151] Dischinger III 2011, 720 f pag. 706.
[152] Dischinger III 2011, 720 f pag. 706.
[153] Ebd., 725 pag. 782.
[154] Ebd., 744 pag. 320.
[155] Dischinger III 2011, 767 pag. 839.
[156] Kasper 1954, 20.
[157] HStA Stuttgart, B 522 Bu 68, fol. 250 und 269.
[158] GLA 62/8818, Bursamt 1722/23, S. 70; Knapp 2004, 357 mit Fn. 203.
[159] Kettner 1993, 214.
[160] Zu den Arbeits- und Lohnbedingungen der bauausführenden Personen in der Barock- und Rokokozeit ausführlich Pest 1937, 62 ff.
[161] StA Würzburg KL Ebrach D8 488–5
[162] Ebd., A 236 III 258.
[163] Dischinger III 2011, 720 f pag. 706.
[164] Ebd., 863.
[165] Ebd., 917.
[166] Schreiben vom 25. Juli 1723 an den Abt von Hl. Kreuz; Fürstlich Öttingen Wallersteinsches Archiv, Schloss Harburg, Konvolut VI, Rep. 117, 3 und 7.
[167] Dischinger III 2011, 694 pag. 926.
[168] Ebd., 850 (7.12.1716).
[169] Ebd., 865 (2.9.1726).
[170] Dischinger III 2011, 694 pag. 929.
[171] Ebd., 964.
[172] Dischinger III 2011, 747 pag. 819.
[173] Zur *compagnia* Kapitel III 5.
[174] Zu den Arbeits- und Lohnverhältnissen der bauausführenden Personen ausführlich Pest 1937, 62 ff.
[175] Kat. Ausst. Wittelsbach und Bayern 1980, 294 Nr. 461.
[176] Ruderich 2000, 333.
[177] Dischinger III 2022, 722 pag. 833.
[178] Pest 1937, 65.
[179] Eder 1928, 46.

IV Wandel zur Steinindustrie

Das 19. Jahrhundert veränderte das Solnhofer Steingewerbe, angetrieben vom Lithografiesteinboom. Der Absatz dehnte sich über die bisherigen Verbreitungsgebiete Süddeutschland und Österreich aus, zuerst in eine europäische und schon sehr bald in eine interkontinentale Dimension. Der Solnhofer Stein, namentlich die Lithografiesteine, erregten das Interesse von außen kommender finanzkräftiger Investoren. Sie gründeten Steinfirmen, erwarben Steinbrüche, errichteten moderne Betriebsanlagen für das Bearbeiten der Steine und setzten eine gut organisierte Verwaltung für die Abwicklung der Geschäfte ein, insbesondere für das Exportgeschäft. Aber auch den ansässigen Unternehmen gelang es sich den neuen Herausforderungen zu stellen und in ihrem Rahmen geschäftlich mitzuhalten.

1 Steinfirmen entstehen

Marktbreit, eine Stadt am Main mit Hafen, war der Ausgangspunkt für die Gründung der Steinfirma Fischer & Kluge. Was Stepperg für den Transport der Solnhofer Platten auf der Donau war, war Marktbreit für den Transport auf dem Main in den Rhein und zu den Überseehäfen.[1] So kamen die Marktbreiter Herren Fischer und Kluge mit den Solnhofer Steinen in Berührung. Beide waren bereits in den 1830er Jahren in Marktbreit im Abbau von Muschelkalk tätig. Da lag es nahe, dass sie das im Solnhofer Stein steckende wirtschaftliche Potenzial erkannten und deshalb beschlossen, in dessen Bruchgebiet Steinbruchunternehmer zu werden.

Um 1840 gründeten Christian Ernst Fischer und Johann Gottlieb Kluge ihr Unternehmen mit Sitz in Pappenheim. Anfang des Jahres 1852 wurde es handelsgerichtlich eingetragen. Sehr schnell entwickelte es sich bis zur

Langenaltheimer Haardt mit Betriebsgelände Fischer & Kluge (1928).

Fischer & Kluge Steinbruch und Betriebsanlage in der Langenaltheimer Haardt.

Gründung 1857 des Solenhofer Aktien Verein zum größten Werk der Branche. Fischer & Kluge hatte Steinbrüche in der Langenaltheimer Haardt, wo die Betriebsgebäude für die Bearbeitung der Steine standen und die Verwaltung angesiedelt war, sowie in Mörnsheim und Mühlheim, die vor allem blaue Lithografiesteine erbrachten. Der Grundbesitz belief sich einschließlich der Reservegrundstücke auf 75 ha. 1912 wurde die im Mörnsheimer Hartbruch ansässige, 1855 gegründete Steinfirma L.M.Hiemer erworben. Nach 90 Jahren ging die traditionsreiche Firma Fischer & Kluge, die einst im Lithografiesteingeschäft eine bedeutende Position hatte, am 1. Januar 1930 im Solenhofer Aktien Verein auf.[2]

Ein Steinbruchpionier war zur Gründerzeit auch der Pappenheimer Friedrich Adam Schwartz, Sohn eines Arztes aus Schwabach. Sein Einstieg beruht auf einem Geschäft mit Freiherr von Zandt, einem bayerischen Oberst, Kämmerer und Generaladjutant von König Ludwig I. Dieser erhielt 1841 vom bayerischen Staat das Recht, in einem Teil des ehemaligen Solnhofer Klosterwaldes einen Steinbruch zu eröffnen, den er schon nach kurzer Zeit an Schwartz abtrat. 1844 erwarb Schwartz Anteile an Mörnsheimer Steinbrüchen und an einem Hof in Lichtenberg in der Gemeinde Altendorf (heute ein Ortsteil von Mörnsheim), den er 1847 ganz übernahm. Zum Hof gehörte ein vor einigen Jahren eröffneter Steinbruch. Im Lithografiesteingeschäft hatte Schwartz sein Unternehmen so weit gebracht, dass er bereits über eine eigene Vertretung in London verfügte. 1857 trat er seinen gesamten Besitz an den Solenhofer Aktien Verein bei dessen Gründung ab.

Der Name Solenhofer Aktien Verein, in heimischer Umgebung nur »Aktienverein« oder »SAV« genannt, ist schon mehrmals gefallen, auch das Gründungsdatum.[3] Dieses Unternehmen war das größte der Solnhofer Steinbranche, ein Vorzeigeunternehmen, das lange der Bevölkerung des Steinbruchgebiets und darüber hinaus Arbeit und Brot gegeben hat.[4]

Mitte des 19. Jahrhunderts begann in Bayern der industrielle Aufstieg, getragen von unternehmerischen Pionieren und Banken, die sich jenseits ihres eigentlichen Geschäftsbereichs auch unternehmerisch betätigten. So blieb es nicht aus, dass ihr Augenmerk auch auf das Geschäft mit Lithografiesteinen fiel. Die Initiative ergriff die Königliche Bank in Nürnberg[5]. Sie brachte wichtige Finanziers zusammen: den Nürnberger Industriellen Theodor von Cramer-Klett, Eigentümer des führenden Unternehmens für Eisenbahnwaggons, MAN-Gründer und Mitgründer der Münchner Rückversicherung (jetzt Munich Re), den ebenfalls in Nürnberg ansässigen

Briefkopf der Firma L. M. Hiemer.

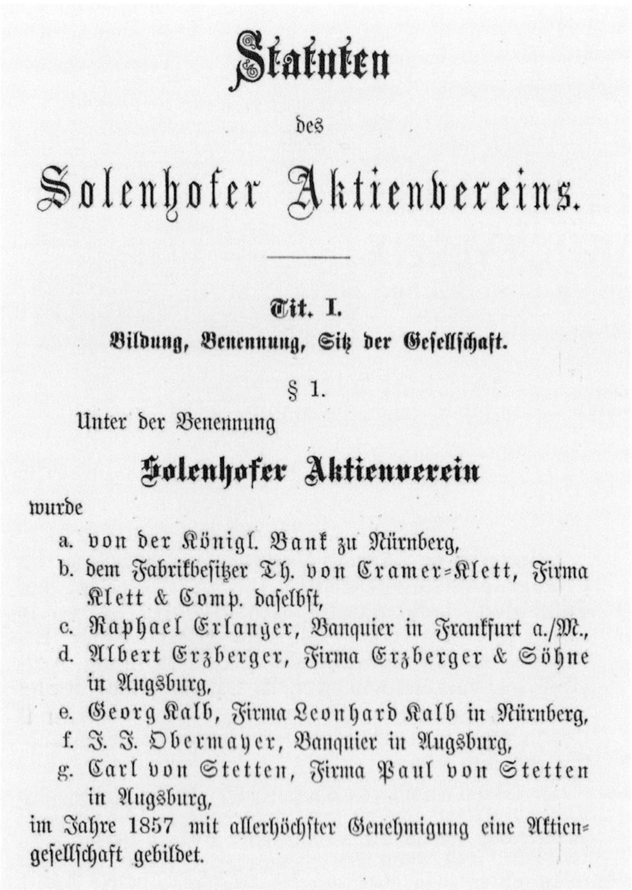

Statuten

des

Solenhofer Aktienvereins.

Tit. I.

Bildung, Benennung, Sitz der Gesellschaft.

§ 1.

Unter der Benennung

Solenhofer Aktienverein

wurde

a. von der Königl. Bank zu Nürnberg,
b. dem Fabrikbesitzer Th. von Cramer-Klett, Firma Klett & Comp. daselbst,
c. Raphael Erlanger, Banquier in Frankfurt a./M.,
d. Albert Erzberger, Firma Erzberger & Söhne in Augsburg,
e. Georg Kalb, Firma Leonhard Kalb in Nürnberg,
f. J. J. Obermayer, Banquier in Augsburg,
g. Carl von Stetten, Firma Paul von Stetten in Augsburg,

im Jahre 1857 mit allerhöchster Genehmigung eine Aktiengesellschaft gebildet.

Statuten des Solenhofer Aktien Vereins mit den Gründungsgesellschaftern.

Unternehmer Georg Kalb sowie die Bankiers Raphael Erlanger (Frankfurt), Albert Erzberger (Augsburg), J. J. Obermayer (Augsburg) und Carl von Stetten (Augsburg, Mitbegründer der Bayer. Vereinsbank). Am 26. Januar 1857 gründeten sie in Nürnberg den »Solenhofer Aktien-Verein« mit einem Grundkapital von 1 500 000 Gulden. Mit diesem Gründungsdatum gehört das Unternehmen zu den ältesten Aktiengesellschaften Bayerns. Geschäftszweck war nach dem Gesellschaftsvertrag, *Lithographiesteine möglichst rationell und in großem Umfang zu erzeugen.* Einen Monat später brachten drei Steinbruchbesitzer ihre Grundstücke und Steinbrüche gegen Aktien ein: der bereits erwähnte Friedrich Adam Schwartz, der Mörnsheimer Kronenwirt Johann Michael Zinsmeister und die Pappenheimer Firma Kern & Co. Der Grundbesitz stieg auf 240 Hektar, aufgeteilt in Steinbrüche, Wälder, Äcker und Wiesen. Damit verfügte der Solenhofer Aktien Verein über zahlreiche Reserveflächen für die Ausdehnung und Neueröffnung von Steinbrüchen.

Im Geschäftsverlauf des Solenhofer Aktien Vereins spiegelt sich paradigmatisch der Einfluss des Auf und Ab der politischen Zeitläufe wider, denen ebenso die anderen Unternehmen der Branche ausgesetzt waren. Den ersten großen Rückschlag brachte 1866 die Beteiligung Bayerns am Krieg gegen Preußen an Österreichs Seite und am deutsch-französische Krieg 1870/71 an preußischer Seite. Es kam zu größeren Stilllegungen in den Brüchen und im Betrieb. Einen großen Aufschwung brachte 1871 die Reichsgründung mit sich. In der bald folgenden Gründerkrise (1875–1878) kam es zu einem erneuten Rückgang, dem ein Aufstieg um 1880 folgte. Sehr nachteilig wirkten sich ab 1886 die erst 1891 aufgehobenen österreichischen Schutzzölle auf diesem sehr wichtigen Markt aus. Brüche wurden stillgelegt und Teile der Belegschaft entlassen. Um gegen den starken Preisverfall anzukämpfen, gründete der Solenhofer Aktien Verein 1897 zusammen mit anderen Firmen ein Verkaufskartell.

Anfang des 20. Jahrhunderts kam es zu einem ersten Fusionsgeschehen. Die Solnhofer Firma »Daeschler & Gutmann«, in der Branche durchaus ein Gewicht, ging 1910 im Aktien Verein auf. Als die »Solnhofner Lithographiesteinbrüche GmbH« mit Sitz in Pappenheim, die sich im Untertitel als Besitzerin von blauen und gelben Brüchen darstellte, 1914 in Konkurs ging, ersteigerte der Solenhofer Aktien Verein die Liegenschaften und

Betriebsgelände des Solenhofer Aktien Vereins in den 1930er Jahren.

Solenhofer Aktien Verein. Briefkopf (1930).

Anlagen. Nach dem Ersten Weltkrieg mussten die unterbrochenen Geschäftsbeziehungen mühsam wieder angeknüpft und neue im staatlich neu geordneten Europa aufgebaut werden. Die Weltwirtschaftskrise löste 1929 eine zweite Fusionsphase aus, diesmal mit den größten Veränderungen. Der größte Konkurrent Fischer & Kluge ging zusammen mit der Firma L.M.Hiemer am 1. Januar 1930 im Solenhofer Aktien Verein auf, eine Fusion, die zu einer unangefochtenen Vormachtstellung auf dem Gebiet der Lithografiesteine führte. In der Presse hieß es, der Markt für blaue Lithografiesteine sei nun »monopolisiert«, der neue Firmenverbund beherrsche den Weltmarkt der Lithografiesteine.[6] In der Zeit nach 1933 war der Aktienverein ein nationalsozialistischer Musterbetrieb mit der Folge, dass er im Oktober 1945 unter Treuhänderschaft gestellt wurde, die erst im April 1948 endete.

Der Wiederaufbau Deutschlands nach 1945 und das damit verbundene Wirtschaftswunder schufen eine Hochkonjunktur für den Solnhofer Stein als Bodenplatten, Wandplatten, Treppen, Simse und unregelmäßige Gartenwegplatten. Der Geschäftsbericht des Jahres 1955 stellte fest, betrieblich voll ausgelastet zu sein. Die Produktion könnte noch bedeutend höher sein. Jedoch wirke sich der Mangel an Facharbeitern, an

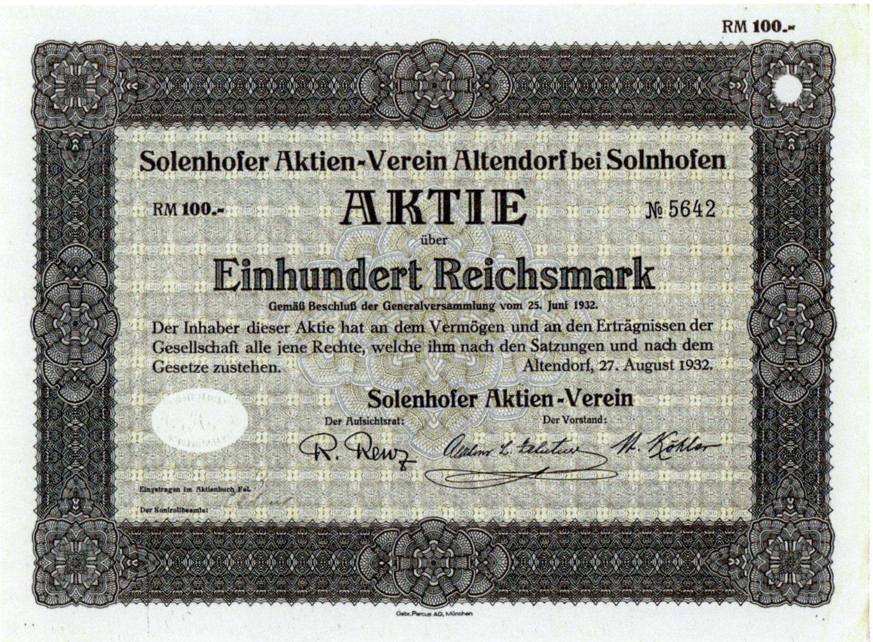

Aktie des Solenhofer Aktien Vereins (1932).

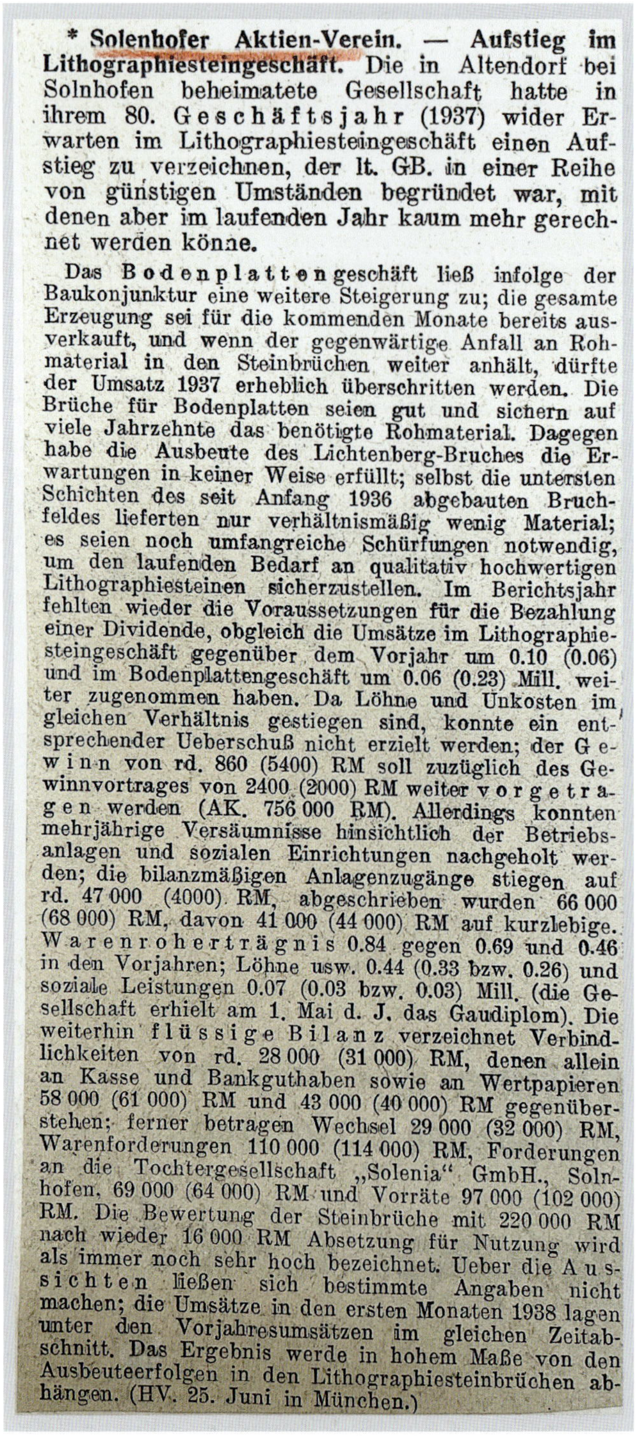

*** Solenhofer Aktien-Verein. — Aufstieg im Lithographiesteingeschäft.** Die in Altendorf bei Solnhofen beheimatete Gesellschaft hatte in ihrem 80. Geschäftsjahr (1937) wider Erwarten im Lithographiesteingeschäft einen Aufstieg zu verzeichnen, der lt. GB. in einer Reihe von günstigen Umständen begründet war, mit denen aber im laufenden Jahr kaum mehr gerechnet werden könne.

Das Bodenplattengeschäft ließ infolge der Baukonjunktur eine weitere Steigerung zu; die gesamte Erzeugung sei für die kommenden Monate bereits ausverkauft, und wenn der gegenwärtige Anfall an Rohmaterial in den Steinbrüchen weiter anhält, dürfte der Umsatz 1937 erheblich überschritten werden. Die Brüche für Bodenplatten seien gut und sichern auf viele Jahrzehnte das benötigte Rohmaterial. Dagegen habe die Ausbeute des Lichtenberg-Bruches die Erwartungen in keiner Weise erfüllt; selbst die untersten Schichten des seit Anfang 1936 abgebauten Bruchfeldes lieferten nur verhältnismäßig wenig Material; es seien noch umfangreiche Schürfungen notwendig, um den laufenden Bedarf an qualitativ hochwertigen Lithographiesteinen sicherzustellen. Im Berichtsjahr fehlten wieder die Voraussetzungen für die Bezahlung einer Dividende, obgleich die Umsätze im Lithographiesteingeschäft gegenüber dem Vorjahr um 0.10 (0.06) und im Bodenplattengeschäft um 0.06 (0.23) Mill. weiter zugenommen haben. Da Löhne und Unkosten im gleichen Verhältnis gestiegen sind, konnte ein entsprechender Ueberschuß nicht erzielt werden; der Gewinn von rd. 860 (5400) RM soll zuzüglich des Gewinnvortrages von 2400 (2000) RM weiter vorgetragen werden (AK. 756 000 RM). Allerdings konnten mehrjährige Versäumnisse hinsichtlich der Betriebsanlagen und sozialen Einrichtungen nachgeholt werden; die bilanzmäßigen Anlagenzugänge stiegen auf rd. 47 000 (4000) RM, abgeschrieben wurden 66 000 (68 000) RM, davon 41 000 (44 000) RM auf kurzlebige. Warenrohertrāgnis 0.84 gegen 0.69 und 0.46 in den Vorjahren; Löhne usw. 0.44 (0.33 bzw. 0.26) und soziale Leistungen 0.07 (0.03 bzw. 0.03) Mill. (die Gesellschaft erhielt am 1. Mai d. J. das Gaudiplom). Die weiterhin flüssige Bilanz verzeichnet Verbindlichkeiten von rd. 28 000 (31 000) RM, denen allein an Kasse und Bankguthaben sowie an Wertpapieren 58 000 (61 000) RM und 43 000 (40 000) RM gegenüberstehen; ferner betragen Wechsel 29 000 (32 000) RM, Warenforderungen 110 000 (114 000) RM, Forderungen an die Tochtergesellschaft „Solenia" GmbH., Solnhofen, 69 000 (64 000) RM und Vorräte 97 000 (102 000) RM. Die Bewertung der Steinbrüche mit 220 000 RM nach wieder 16 000 RM Absetzung für Nutzung wird als immer noch sehr hoch bezeichnet. Ueber die Aussichten ließen sich bestimmte Angaben nicht machen; die Umsätze in den ersten Monaten 1938 lagen unter den Vorjahresumsätzen im gleichen Zeitabschnitt. Das Ergebnis werde in hohem Maße von den Ausbeuteerfolgen in den Lithographiesteinbrüchen abhängen. (HV. 25. Juni in München.)

Solenhofer Aktien Verein. Bilanzbericht für das Geschäftsjahr 1937. BayHStA MWi 16236.

25 Jahre Mörnsheimer Lithografiestein Genossenschaft.

Mitteln für Investitionszwecke und die *unverständliche Beschränkung der Arbeitszeit auf 48 Stunden pro Woche* außerordentlich hemmend aus. Dadurch sei es zu einem Produktionsausfall von 20 Prozent gekommen. Von 1970 bis 1975 häuften sich die Bilanzverluste. Der Zweigbetrieb Langenaltheimer Haardt wurde stillgelegt und die Fertigung auf den Hauptbetrieb Maxberg in der Gemeinde Mörnsheim verlegt.

In den 1970er Jahren zeichnete sich ein drittes, den heutigen Zustand einleitendes Fusionsgeschehen ab. Dr. Bernhard Bücker-Flürenbrock, Eigentümer der unweit vom Maxberg gelegenen Solnhofer Portland-Zementwerke, der ab 1933 ein Kalkwerk in ein modernes Zementwerk umbaute, erwarb 1975 die Aktienmehrheit am Solenhofer Aktien Verein und 1979 den Rest. 1980 übernahm sein Sohn Dr. Michael Bücker den Vorsitz im Aufsichtsrat. Für ein Zementwerk ist die Lage inmitten eines großen Steinbruchgebiets ein idealer Standort, weil vor der Haustüre Kalksteine, ein wichtiger Rohstoff für die Zementherstellung, in den mit unbrauchbarem Bruchmaterial angehäuften Schutthalden zur Verfügung steht. Heute ist der Solenhofer Aktien Verein in die »Solnhofen Stone Group« (SSG) integriert, die ihrerseits zur 1992 geschaffenen »Solnhofer Holding AG« gehört, in der die Geschäftsfelder Zement, Beton und Naturstein (Solnhofer Platten, Juramarmor und andere Natursteine) zusammengefasst sind.

Trotz langer und intensiver Steinbruchtätigkeit entwickelte sich in Mörnsheim im 19. Jahrhundert kein nennenswertes Unternehmen, das in größerem Umfang Brucharbeit, Verarbeitung und Vertrieb in sich vereinte, obwohl aus den Mörnsheimer und Mühlheimer Brüchen ein großer Teil der Lithografiesteine kam und fast ausschließlich die wertvollen blauen Lithos. Erst am Ende dieses Jahrhunderts taten sich 72 Mörnsheimer mit Steinbruchrechten zusammen und gründeten im Februar 1899 die »Mörnsheimer Lithographiestein-Bearbeitungs- und Verkaufsgenossenschaft«, die sich bald in »Mörnsheimer Lithographiestein-Genossenschaft« umbenannte.[7] Anlass war die kleinteilige, auf der Verlosung von schmalen Ausbeuteteilen an die Mörnsheimer Bürger beruhende Struktur. Solange jeder Rechtler im Wesentlichen nur für sich arbeitete, waren sie nicht in der Lage, einen modernen Betrieb für die Bearbeitung des gebrochenen Materials auf die Beine zu stellen, Großaufträge zu akquirieren und abzuwickeln. Deshalb bot sich eine genossenschaftliche Lösung an. 1914 verzeichnete die Genossenschaft den höchsten, auch später nicht mehr erreichten Beschäftigungsstand von 120 Männern und 5 Frauen.

Nach dem Ersten Weltkrieg ging es aufwärts bis zur Weltwirtschaftskrise 1929, danach erneut in den 1930er Jahren und ebenso in den Aufbaujahren nach dem Zweiten Weltkrieg. Doch verschlechterte sich die Lage in den 1970er Jahren. 1977 kam der Wendepunkt. Die Genossen nahmen eine Unternehmensaufspaltung vor. Sie verpachteten den Betrieb und die Ausbeuterechte und brachten die Liegenschaften in die »Mörnsheimer Steinbruch-Besitzgenossenschaft e.G.« ein.[8] Auf dem Betriebsgelände ist derzeit die Firma »Genossenschaftswerke für Solnhofer Platten GmbH« tätig, eine der wenigen Firmen, die noch einen Schwerpunkt in der Verarbeitung von Solnhofer Steinen hat. Nach dem Ersten Weltkrieg gründete Karl Bittl eine Steinfirma, die in den 1930er Jahren sein Schwiegersohn Viktor Henle fortführte.

Mörnsheimer Lithografiestein Genossenschaft. Briefkopf 1930 und der Zeit angepasst 1934.

·MLG·

Mörnsheimer Lithographiestein-Genossenschaft
e. G. m. b. H.
Lithographiesteinbrüche
Fernruf: Solnhofen Nr. 10 — Telegrammadresse: Genossenschaft Solnhofen
Bank-Konti: Dresdner Bank Nürnberg, Bayerische Zentraldarlehens-Kasse Nürnberg
Postscheckkonto Nürnberg 4734
Rudolf Mosse Code.

D/P.

Solnhofen-Bayern, den 28. März 1930.
Postfach

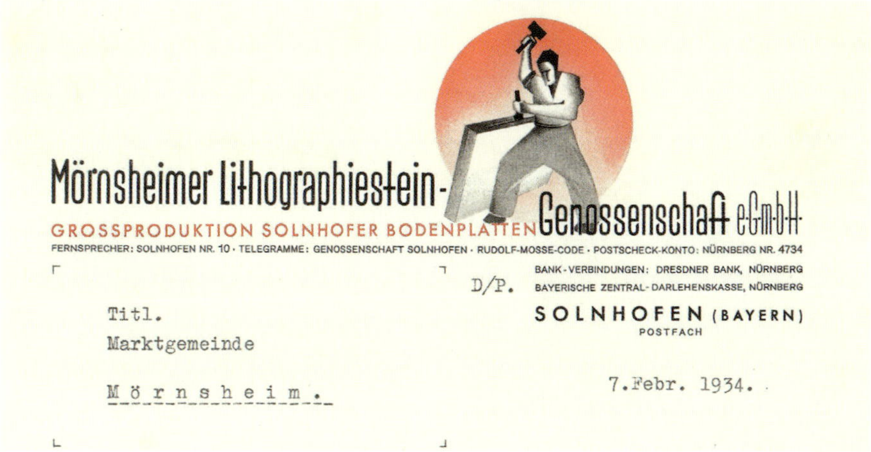
Mörnsheimer Lithographiestein-Genossenschaft eGmbH
GROSSPRODUKTION SOLNHOFER BODENPLATTEN
FERNSPRECHER: SOLNHOFEN NR. 10 · TELEGRAMME: GENOSSENSCHAFT SOLNHOFEN · RUDOLF-MOSSE-CODE · POSTSCHECK-KONTO: NÜRNBERG NR. 4734
BANK-VERBINDUNGEN: DRESDNER BANK, NÜRNBERG
BAYERISCHE ZENTRAL-DARLEHENSKASSE, NÜRNBERG
D/P.
SOLNHOFEN (BAYERN)
POSTFACH

Titl.
Marktgemeinde
Mörnsheim.

7.Febr. 1934.

Firma Karl Bittl mit Nachfolger (1936).

Nach dem Zweiten Weltkrieg entstand auf einem neuen Gelände ein großer Steinbetrieb für die Verarbeitung von Juramarmor aus einem eigenen Bruch, importiertem Marmor und Solnhofer Platten. 1998 übernahm der Solenhofer Aktien Verein die Firma.

In Solnhofen haben Steinunternehmen eine lange Tradition. Die großen Namen waren in Solnhofen Schindel, Arauner, in Langenaltheim Daeschler.[9] Zu den ältesten Solnhofer Firmen gehört die Johann Adam Schindel & Comp., deren Beginn zwischen 1760 und 1770 anzusetzen ist. Schon um 1800 hatte sie am Solnhofer Berg eine Betriebsstätte zur Bearbeitung der Steine. 1970 wurde das einst bedeutende Unternehmen von dem Konkurrenten August Daeschler & Co. übernommen. Zahlreiche Firmen trugen den Namen Arauner. In Langenaltheim entstanden Steinfirmen erst im 19. Jahrhundert mit der Eröffnung des Steinbruchareals in der Haardt.[10] Auch sie erlitten im 20. Jahrhundert das Schicksal der Auflösung. Die Firma Ferdinand Arauner[11] ging nach dem Tod des Inhabers 1918 an die schon genannte Firma August Daeschler & Co. über, die ihrerseits 2001 erlosch. Die erst im letzten Viertel des 19. Jahrhunderts tätig gewordene Steingewerbefamilie Daeschler ist Langenaltheim zuzuordnen. Es gab mehrere Daeschler-Firmen, die nur durch die doppelten Vornamen ihrer Inhaber zu unterscheiden waren. Zwei waren die bedeutendsten: die Firma Johann Friedrich Daeschler und August Daeschler. 1968 übernahm August Daeschler & Co die Firma Johann Friedrich Daeschler unter Stilllegung der Betriebsanlagen.

Den Briefköpfen der Steinfirmen lassen sich zwei aufschlussreiche Aspekte entnehmen. Einer hängt mit der Bedeutung des Namens Solnhofen zusammen, der andere mit dem Bemühen, den Solnhofer Stein über Lithografiesteine und Bodenplatten hinaus für weitere Zwecke nutzbar zu machen.

Die weltweite Marke »Solnhofer Platten« oder »Solnhofer Stein« ist mit dem Ort Solnhofen in einer Weise verbunden, dass auch Steinfirmen sich im Namen mit dem Markenzeichen »Solnhofen« schmücken, die ihren Sitz in Mörnsheim, Langenaltheim oder Pappenheim hatten oder haben und das durch die postalische Adresse Solnhofen unterstreichen. Der Solenhofer Aktien Verein hat seinen Sitz und seine Betriebsstätte auf dem Maxberg, genannt nach dem zur Gründungszeit regierenden König Maximilian II. 1910 verlegt der kaufmännische Geschäftsführer aus persönlichen Gründen den Sitz nach München, wo er bis 1931 blieb. Bis zur Gebietsreform 1971/72 gehörte der Maxberg zur kleinen Gemeinde Altendorf. Auf den Aktienscheinen lautete der Sitz »Altendorf bei Solnhofen«. Ungeachtet davon war die Postadresse Solnhofen. Selbst die ureigenste Mörnsheimer Steinfirma, die den Ortsnamen im Firmennamen trug, die Mörnsheimer Lithographiestein Genossenschaft, hatte eine Solnhofer Postadresse.

Die Briefköpfe lassen erkennen, welche Versuche die Steinfirmen etwa von 1890 bis in die 1920er Jahre unternahmen, den Anwendungsbereich des Solnhofer Steins über die Lithografiesteine hinaus auszuweiten. Sie stellten heraus, dass sie auch Malztennenplatten für Brauereien, Gerbertafeln für Gerbereien, Zahltischplatten für

Betriebsgelände der Firma Viktor Henle (1990).

Steinbrecher der Firma Joh. Adam Schindel (1891).

Geschäfte und Banken und Schriftplatten anbieten. Um in den 1930er Jahren dem Preisverfall bei Bodenplatten zu begegnen, die die Lithografiesteine als Hauptumsatzträger abgelöst haben, taten sich der Solenhofer Aktien Verein und die Mörnsheimer Genossenschaft zusammen und gründeten die »Solenia Plattenverkaufs GmbH« mit Sitz in Solnhofen, an der sich auch andere Steinfirmen beteiligten, aber nach und nach wieder ausschieden. Die Gesellschafter verpflichteten sich, die gesamte Ausbeute an Bodenplatten an »Solenia« zu liefern, die den Absatz übernahm, die aber keine Überschüsse erzielen durfte.[12]

Firma Aug. Daeschler in der Langenaltheimer Haardt (um 1920).

Solnhofer, Langenaltheimer und Pappenheimer Steinfirmen.

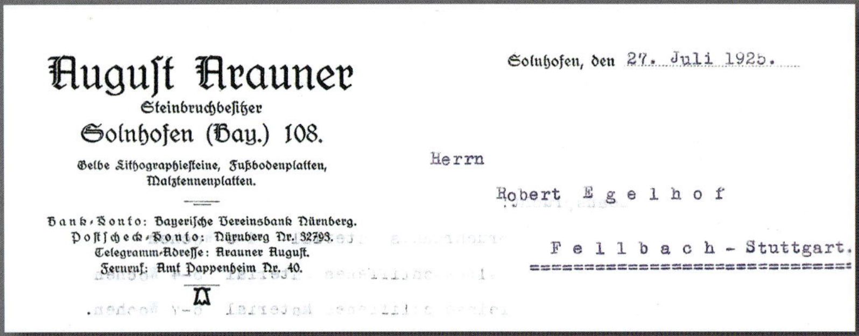

August Arauner
Steinbruchbesitzer
Solnhofen (Bay.) 108.
Gelbe Lithographiesteine, Fußbodenplatten, Malztennenplatten.
Bank-Konto: Bayerische Vereinsbank Nürnberg.
Postscheck-Konto: Nürnberg Nr. 32793.
Telegramm-Adresse: Arauner August.
Fernruf: Amt Pappenheim Nr. 40.

Solnhofen, den 27. Juli 1925.

Herrn
Robert Egelhof
Fellbach-Stuttgart.

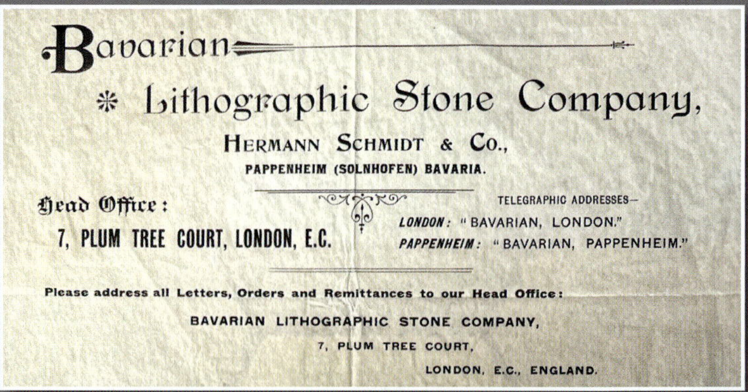

Bavarian Lithographic Stone Company,
Hermann Schmidt & Co.,
PAPPENHEIM (SOLNHOFEN) BAVARIA.
Head Office:
7, PLUM TREE COURT, LONDON, E.C.
TELEGRAPHIC ADDRESSES—
LONDON: "BAVARIAN, LONDON."
PAPPENHEIM: "BAVARIAN, PAPPENHEIM."
Please address all Letters, Orders and Remittances to our Head Office:
BAVARIAN LITHOGRAPHIC STONE COMPANY,
7, PLUM TREE COURT,
LONDON, E.C., ENGLAND.

Steinbruchbesitzer
Joh. Adam Schindel & Comp.
Solnhofen
(Bayern)
Lithographiesteine
Solnhofer Malztennenplatten,
Solnhofer Bodenplatten,
in blaugrauer und gelber Farbe,
Gerbertafeln,
Tischplatten, Zahltischplatten,
Schriftplatten,
...stersimse, Treppen.
Rudolf Mosse-Code/Suppl.
Telegramme: Schindel Solnhofen.
Bentley's Complete Phrase Code.
A.B.C. Code 4th u. 5th Edition.
Telefon: Amt [redacted] Nº 34 u. 18
Postscheck-Konto: Nürnberg Nº 4885.
Giro-Konto:
Bayerische Hypotheken- & Wechselbank.
Filiale Eichstätt.
Solnhofen, 7. Juni 1933.

Aug. Daeschler & Co.,
G. m. b. H.
Solnhofen
(Mfr.)
Fernruf 96 Pappenheim.
Nürnberg
Egidienplatz 22/0...
Fernruf 24970.
Telegramme: Litofer, Nürnberg.

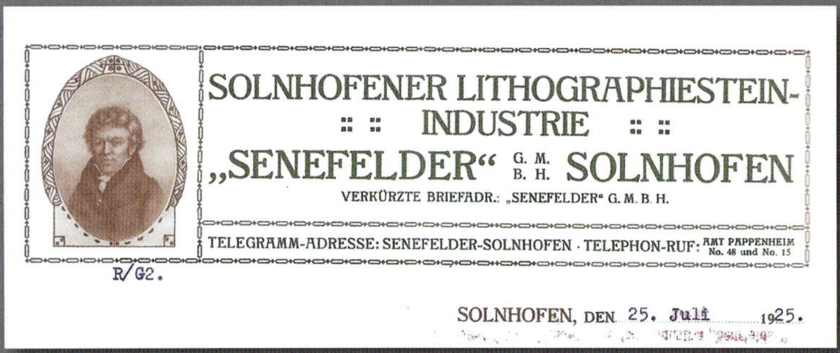

SOLNHOFENER LITHOGRAPHIESTEIN-INDUSTRIE
„SENEFELDER" G. M. B. H. SOLNHOFEN
VERKÜRZTE BRIEFADR.: „SENEFELDER" G. M. B. H.
TELEGRAMM-ADRESSE: SENEFELDER-SOLNHOFEN · TELEPHON-RUF: AMT PAPPENHEIM No. 48 und No. 15
R/G2.
SOLNHOFEN, DEN 25. Juli 1925.

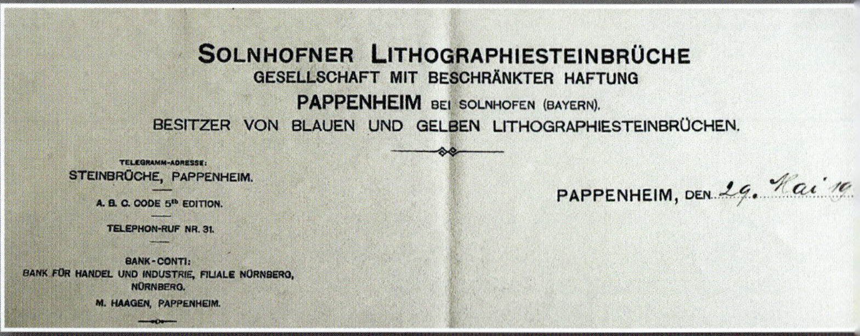

SOLNHOFNER LITHOGRAPHIESTEINBRÜCHE
GESELLSCHAFT MIT BESCHRÄNKTER HAFTUNG
PAPPENHEIM BEI SOLNHOFEN (BAYERN).
BESITZER VON BLAUEN UND GELBEN LITHOGRAPHIESTEINBRÜCHEN.
TELEGRAMM-ADRESSE:
STEINBRÜCHE, PAPPENHEIM.
A. B. C. CODE 5th EDITION.
TELEPHON-RUF NR. 31.
BANK-CONTI:
BANK FÜR HANDEL UND INDUSTRIE, FILIALE NÜRNBERG, NÜRNBERG.
M. HAAGEN, PAPPENHEIM.
PAPPENHEIM, DEN 29. Mai 19

aus Buch 1849

Preise
von
blaugrauen & gelblichen
Lithographie = Steinen
von Wilhelm Arauner & Söhne
in
SOLENHOFEN
bei Pappenheim in Bayern.

STEINBRUCHBESITZER
Bodenbeleg-Platten
in blaugrauer u. weisser Farbe
GERBERTAFELN
TISCH-PLATTEN U.S.W.
Joh. Adam Schindel & Co
·Telephon·
Amt PAPPENHEIM Nº 34.
Telegramm-Adresse
SCHINDEL SOLNHOFEN
Bank Conto Vereinsbank Nürnberg.
LITHOGRAPHIESTEINE
SOLNHOFER
·MALZTENNEN-PLATTEN·
Solnhofen, den 19. März 1913

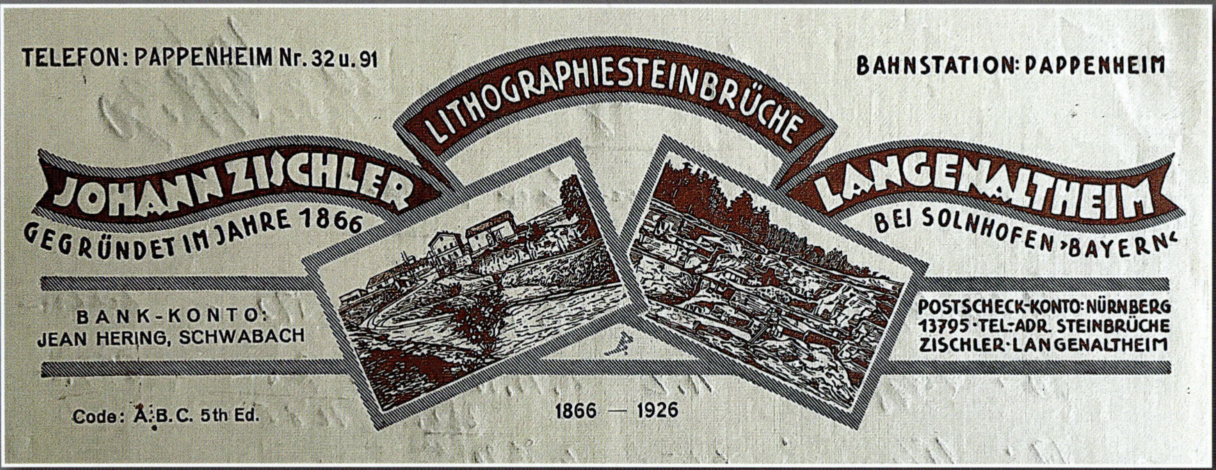

TELEFON: PAPPENHEIM Nr. 32 u. 91
BAHNSTATION: PAPPENHEIM
LITHOGRAPHIESTEINBRÜCHE
JOHANN ZISCHLER
GEGRÜNDET IM JAHRE 1866
LANGENALTHEIM
BEI SOLNHOFEN »BAYERN«
BANK-KONTO:
JEAN HERING, SCHWABACH
POSTSCHECK-KONTO: NÜRNBERG 13795 · TEL.-ADR. STEINBRÜCHE ZISCHLER-LANGENALTHEIM
Code: A.B.C. 5th Ed.
1866 — 1926

2 Weltgeschäft Solnhofer Lithografiesteine

Eine Erfindung, die Lithografie, bescherte dem Solnhofer Steingewerbe zur rechten Zeit einen Aufbruch, als es um die Wende des 18. zum 19. Jahrhundert niederging. Sie machte das 19. Jahrhundert zum Zeitalter der Lithografiesteine, das sich in den Ausläufern bis Mitte des 20. Jahrhunderts fortsetzte. Einher ging eine Industrialisierung der Brucharbeit und vor allem der Steinbearbeitung in fabrikmäßig organisierten Betrieben. Es entstanden Unternehmen mit eigenen Steinbrüchen, Betriebsstätten und einem hohen Organisationsgrad in Vertrieb und Verwaltung, ohne den der europaweite und weltweite Handel mit den Lithografiesteinen nicht zu bewältigen gewesen wäre.

Senefelder Denkmal. München, Marsplatz (etwas zu cäsarisch).

Lithografiesteine höchster Qualität

Mit dem Lithografiestein, im Bruchgebiet nur »Litho« genannt, hat der Solnhofer Stein einen entscheidenden Anteil an einer drucktechnischen Revolution, dem Lithografiedruck.[13] Dieses Druckverfahren beherrschte das gesamte 19. Jahrhundert, entwickelte sich zum Farbendruck (Chromolithografie) und musste erst Ende dieses Jahrhunderts einem anderen Flachdruck weichen, dem Offsetdruck. Wahrscheinlich hätte die Lithografie ohne den Solnhofer Stein als Druckstein keinen Erfolg gehabt, da kein anderer Stein die dafür erforderliche Qualität bieten konnte.[14] Er gilt als das weltweit beste Material für den lithografischen Druck.

Erfinder der Lithografie war Alois Senefelder (1771–1834), der dafür das Jahr 1796 angab. Sein Ziel war, ein wirtschaftliches Verfahren für den Druck von Musiknoten

Notendruck. Bakarole (Lieder der venezianischen Gondoliere) für Stimme, Geige und Klavier von Max Laister (1853–1917).

Senefelder Denkmal. Berlin, Ecke Schönhauser Allee / Weißenburger Straße. Eine Putte schreibt den Namen Senefelder lithographisch gerecht spiegelverkehrt, während die andere Putte ihn mit dem Spiegel lesbar macht.

Aufkitten eines schwachen Lithografiesteins.

zu entwickeln, um den aufwendigen, zeitraubenden und teuren Kupferstichdruck zu ersetzen. Mit dem Lithografiedruck, ein chemischer Flachdruck gelang Senefelder eine epochale Erfindung. Er kann durchaus in die Reihe mit Johann Gutenberg gestellt werden, dem Erfinder des Buchdrucks mit beweglichen Lettern. Beide verbindet, dass sie nicht nur eine neue Drucktechnik erfanden, sondern zugleich auch das dazu gehörige Druckgerät. Gutenberg entwickelte die Druckpresse und Senefelder die Steindruckpresse in Form der Stangenpresse. In Berlin, München und Solnhofen ist ihm ein Denkmal gesetzt und in der Münchner Ruhmeshalle an der Theresienwiese steht seine Büste.[15]

Entscheidend für einen sauberen Lithografiedruck mit zahlreichen Abzügen ist der Stein. Diesem Anspruch genügen nur die Steine aus den Brüchen in Solnhofen, Mörnsheim und Langenaltheim. Diese haben die erforderlichen Eigenschaften: mikroporös (dadurch aufnahmefähig für Wasser und Fette), homogen und hart (dadurch druckfest). Je härter der Stein ist, desto besser sind die qualitativen und quantitativen Druckergebnisse. Schon der Härtegrad der gelblichen Solnhofer Steine ist sehr hoch. Den höchsten weisen jedoch die graublauen wegen ihrer besonderen molekularen Dichte auf, die nur in den Mörnsheimer Brüchen (einschließlich der heutigen Ortsteile Altendorf und Mühlheim) abgebaut wurden.[16] Die höhere Qualität drückte sich auch in deutlich höheren Preisen aus (Abb. S. 85).

Eine weitere Voraussetzung der Tauglichkeit als Lithografiestein ist die Stärke. Damit die Steine unter dem Druck der Presse nicht zerbrechen, haben sie eine Stärke von 5 bis 10 cm. Solche Stärken treten nur im Solnhofer Bruchgebiet auf. Je größer die Druckplatte ist, umso stärker muss sie sein. Um auch die schwächeren Lithografiesteine für größere Formate nutzen zu können, wurden diese auf der ungeschliffenen Rückseite durch Aufkitten mit einer Platte verstärkt und so druckfähig gemacht. Diese Kittplatten waren entsprechend preiswerter als die ungekitteten. Ein mitentscheidender Grund für die Druckqualität ist die Oberfläche des Lithografiesteins. Sie muss absolut plan sein und überall dieselbe Stärke aufweisen. Bis zur Einführung von Schleifmaschinen um 1885 erfolgte die Planierung manuell, die hohe Anforderungen an die Schleifer stellte.

Der elässische Zeichner, Lithograf und Drucker Godefroy Engelmann ging in seinem 1824 veröffentlichten Handbuch der Lithografie auf die Anforderungen an einen Lithografiestein ein, wobei ihm wahrscheinlich die graublauen Steine noch nicht bekannt waren.[17] Ein solcher Stein müsse kompakt sein, eine helle und einheitliche Farbe und schöne Politur haben und dürfe auch sonst keine Fehler wie beispielsweise Einschlüsse aufweisen. Ein Stein, den man in Bayern fände und der fast ausschließlich verwendet werde, sei als Lithografiestein allen anderen Kalksteinen »überlegen«.[18] Dieser Auffassung war auch der Drucker Johann Baptist Bautz, der dazu (ebenfalls in Unkenntnis der höherwertigen graublauen Steine) ausführte: »Die verschiedenen Marmorarten haben fast die selben Bestandteile wie der Solenhoferstein; es läßt sich aber wegen den ungleich dunklen Farben, der vielen Risse und Adern schwer darauf arbeiten; es sind zwar auf gleichfarbigen Stücken von bayrischen und tyroler Marmor lythographische Versuche gemacht worden, jedoch behält der Solenhofer Stein unter allen den bisher bekannten, hinsichtlich seiner hellen Farbe und Wohlfeilheit [Preiswürdigkeit] zum Druckgebrauch den Vorzug«.[19]

Bemerkenswert ist ein Praxisbeispiel. Im Bayerischen Landesvermessungsamt in München lagern über 26 000 Lithografiesteine (Abb. S. 86). Nach Auskunft von Wolfgang Blum, der bis zu seiner Pensionierung in diesem Amt beschäftigt war, wurden die Steine nach ihrer Qualität für unterschiedliche Nutzungen in drei Kategorien eingeteilt. Der Druck topografischer Karten erfolgte mit gelblichen Lithografiesteinen. Katasterkarten erfordern eine besonders hohe Steinqualität, um detaillierte Darstellungen zu ermöglichen. Für diese Karten kamen deshalb leicht bräunlichfarbene Steine zum Einsatz. Sie waren die »Brotsteine«, weil überwiegend mit ihnen gedruckt wurde. Die graublauen Lithografiesteine waren für ganz besondere Ansprüche reserviert, beispielsweise für den Druck der Katasterblätter von Städten. »Dessinateure« ritzten die Karten mit Stahlwerkzeugen auf den Stein, ein »Tiefe Manier« genanntes Verfahren.

Konkurrenzlose Lithografiesteine

Wirkliche Konkurrenz hatte der Solnhofer Lithografiestein nicht, weder in Deutschland noch in Europa.

Um den Ersten Weltkrieg gab es Lithografiesteine in Painten im Kelheimer Gebiet. Weil während des Ersten Weltkriegs die Nachfrage nach Landkarten stark angestiegen war, nützte das Bayerische Landesvermessungsamt den Painter Steinbruch »im großen Stil«, so die Painter Chronik.[20] Wenn es in Painten Lithografiesteine gab, dann gegenüber den Solnhofer Steinen nur solche in minderer Qualität und in kleinen Formaten. Für den Druck von topografischen Karten waren sie nicht geeignet, erst recht nicht für Katasterkarten. 1922 ging dieser Steinbruch in die in diesem Jahre gegründete »Bayerische Lithografiesteinbrüche Aktiengesellschaft« mit Sitz in München über, die 1931 in Konkurs ging.[21] Nach einem probeweisen Brechen der Steine urteilte das Unternehmen, die Lithografiesteine gehörten »zu den besten Qualitäten«. Gleichzeitig befand es jedoch, das Gestein eigne sich auch für die Karbid-, Dünger- und Kalkfabrikation.[22] Ein Stein, der sich auch dafür eignet, ist kein Lithografiestein. Neben der geringen Größe hatten die Painter Lithografiesteine zudem den Nachteil, dass sie wegen ihrer geringeren Härte nur für kleine Auflagen einsetzbar waren.

Geringe Formate und geringe Härte waren auch das Problem der ausländischen lithografischen Kalksteine.[23] In Frankreich gab es drei Standorte für Lithografiesteine. Der bedeutendste war Cerin (Departement Ain), zwischen Grenoble und Lyon gelegen. Dort wurden die Steine von 1833 bis 1910 abgebaut, überwiegend für Bodenplatten, denn nur ein kleiner Teil eignete sich für die Lithografie. Die intensive Abbauperiode erstreckte sich von 1850 bis 1872. Danach ging die Nachfrage stetig zurück.[24] Im selben Departement gab es Lithografiesteine in Bugey. In Montardier (Departement Gard), ein Ort zwischen Nîmes und Montpellier, wurde der Bruch 1850 eröffnet und bis 1992 betrieben, nach dem Ersten Weltkrieg aber keine Lithografiesteine mehr abgebaut. Einen weiteren Lithografiestandort gab es in Spanien von 1890 bis 1922 in der in den südlichen Pyrenäen gelegenen Serra del Montsec (Provinz Lerida). Alle genannten Brüche sind zugleich ertragreiche Lagerstätten für Fossilien. In einer Veröffentlichung des Solenhofer Aktien Vereins werden weitere Fundorte genannt.[25] Danach wurden ab 1872 in einem Dorf zwischen Krakau und Kattowitz von der Firma »Emma- und Albertwerke, Lithographie- und Sandsteinbrüche« Lithografiesteine abgebaut, 1873 in den Vogesen bei Mariakirch, 1875 in Montréal la Cluse bei Nantua (Departement Ain) sowie danach in Le Vigan (Departement Gard) und Ganges (Departement Hérault), die als das mächtigste französische Vorkommen bezeichnet wurden.

Die Ungeeignetheit der französischen Lithografiesteine betonte schon Godefroy Engelmann in seinem Handbuch von 1824. Zwar gäbe es in Frankreich in mehreren Departements Steine der gleichen Art und Feinheit wie in Bayern. Um sie für die Lithografie ohne Fehler brauchbar zu machen, müssten die Steine wegen

Lithografiestein und Bruchwand aus dem Steinbruch Cerin (Frankreich, Departement Ain).

Gelbliche und graublaue Lithografiesteine.

zahlreicher Risse, Kristallbildungen, Versteinerungen und weiterer Mängel jedoch auf »sehr kleine Größen reduziert« werden.[26] Folglich ließen Steinfirmen große Platten brechen, um sie in kleine Teile zu zerbrechen. Da die Extraktionskosten sehr hoch waren und nur wenige Kleinteile für lithografische Zwecke nutzbar waren, stellten die Firmen den Abbau mangels Erlös ein.

Wirtschaftliche Bedeutung

Im gesamten 19. Jahrhundert waren die Lithografiesteine das wirtschaftliche Rückgrat der Solnhofer Steinindustrie. Auch in der ersten Hälfte des 20. Jahrhunderts war das Lithografiesteingeschäft noch von Bedeutung, obwohl der Offset-Druck den Lithografiedruck bereits weitgehend verdrängt hatte.

Angebotssituation

Bereits 1802 gab es in Paris eine von Alois Senefelders Bruder André geleitete »Imprimerie lithographique«. Die Steine bezog die Druckerei von Johann Adam Schindel & Comp. in Solnhofen. In einer um 1830 aufgelegten Preisliste rühmte sich die Solnhofer Firma Friedrich & Wilhelm Arauner »Besitzer mehrerer Steinbrüche in weißen, hartgelben und ganz feinen blauen Steinen zu Solnhofen bei Pappenheim im Königreich Bayern« zu sein. In der Preisliste wird zwischen I. und II. Qualität unterschieden sowie zwischen gelben und blauen Steinen. Greif man als Beispiel einen Lithografiestein der mittleren Größe von 14 × 18 Zoll heraus, kosteten die gelben Steine der I. Qualität nur 24 x mehr als die der II. Qualität, während der Unterschied bei den graublauen Steinen fast das Doppelte betrug.

Lithografiestein-Preisliste Johann Friedrich & Wilhelm Arauner (1829).

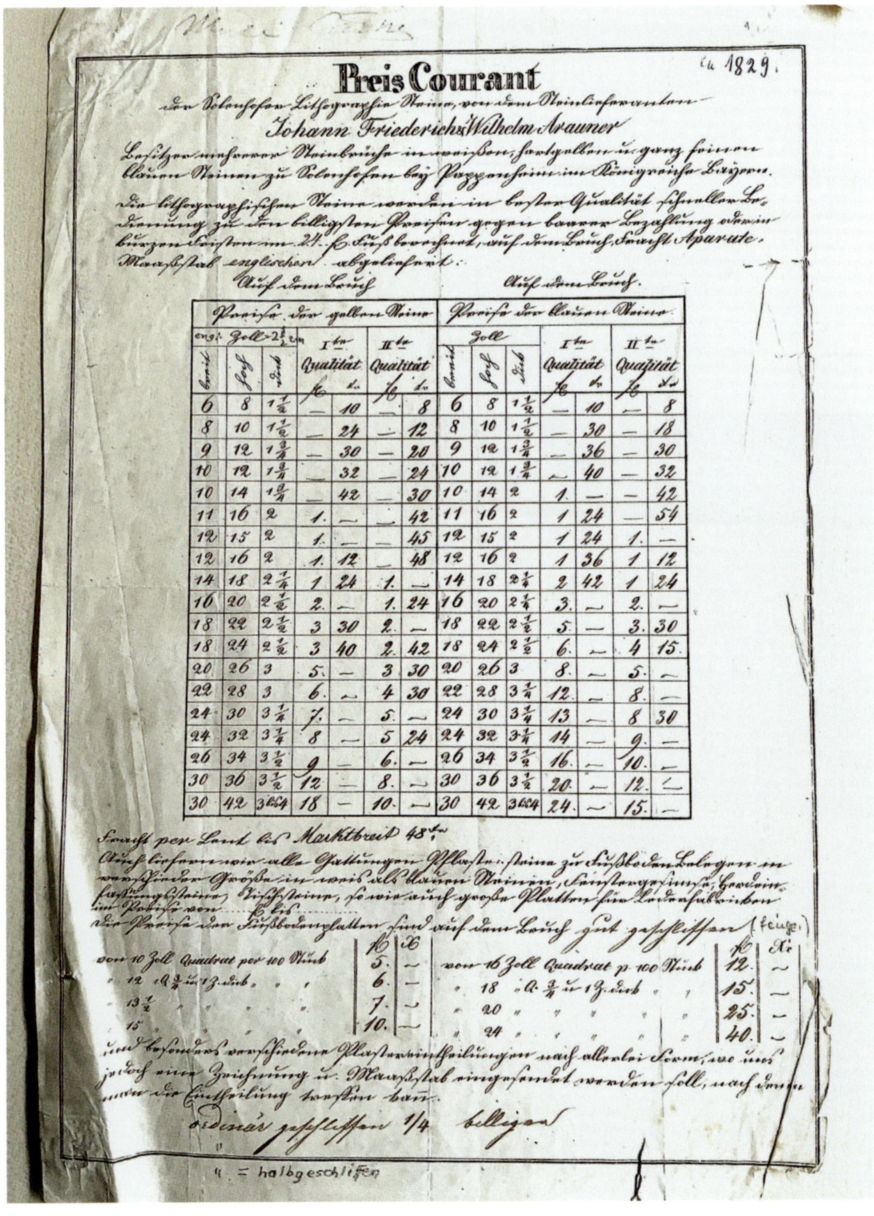

Preis Courant

ca 1829.

Johann Friederich & Wilhelm Arauner

Auf dem Bruch — Auf dem Bruch.

Preise der gelben Steine							Preise der blauen Steine						
engl. Zoll = 2½ cm			Iter Qualität		IIter Qualität		Zoll			Iter Qualität		IIter Qualität	
Breit	Hoch	Dick	fl.	kr.	fl.	kr.	Breit	Hoch	Dick	fl.	kr.	fl.	kr.
6	8	1½	–	10	–	8	6	8	1½	–	10	–	8
8	10	1½	–	24	–	12	8	10	1½	–	30	–	18
9	12	1¾	–	30	–	20	9	12	1¾	–	36	–	30
10	12	1¾	–	32	–	24	10	12	1¾	–	40	–	32
10	14	1¾	–	42	–	30	10	14	2	1.	–	–	42
11	16	2	1.	–	–	42	11	16	2	1	24	–	54
12	15	2	1.	–	–	45	12	15	2	1	24	1.	–
12	16	2	1.	12	–	48	12	16	2	1	36	1	12
14	18	2¼	1	24	1.	–	14	18	2¼	2	42	1	24
16	20	2½	2.	–	1.	24	16	20	2¼	3.	–	2.	–
18	22	2½	3	30	2.	–	18	22	2½	5.	–	3.	30
18	24	2½	3	40	2.	42	18	24	2½	6.	–	4	15.
20	26	3	5.	–	3	30	20	26	3	8.	–	5.	–
22	28	3	6.	–	4	30	22	28	3¼	12.	–	8.	–
24	30	3¼	7.	–	5.	–	24	30	3¼	13	–	8	30
24	32	3¼	8	–	5	24	24	32	3¼	14	–	9.	–
26	34	3½	9	–	6.	–	26	34	3½	16.	–	10.	–
30	36	3½	12	–	8.	–	30	36	3½	20.	–	12.	–
30	42	3 & 4	18	–	10.	–	30	42	3 & 4	24.	–	15.	–

Fracht per Land bis Marktbreit 48 kr.

ordinär geschliffen 1/4 billiger

" = halbgeschliffen

Im Laufe der Zeit kamen zusätzliche Qualitätskategorien hinzu und ein geradezu überbordendes Angebot an Steingrößen, jeweils aufgegliedert in gelbe und graublaue Steine. Die Firma L. M. Hiemer führte um 1900 in ihrer Preisliste 40 gelbliche Formate von 14 × 16 cm bis 109 × 162 cm (1,75 qm!) jeweils in drei Qualitätskategorien (I a, II a, III a) und teilte das Angebot in einseitig und zweiseitig geschliffene Steine auf. So kam jeder Stein in sechs Kostenvarianten vor. Bezogen auf 40 Formate enthielt die Preisliste somit 240 Möglichkeiten Lithografiesteine zu bestellen. Auf die Spitze der Differenzierung trieb es die Firma August Daeschler mit ihrer Preisliste des Jahres 1925. Darin offerierte sie 72 Formate, das größte mit 125 × 175 cm (2,1 qm!). Aufgeteilt in »blaugraue« und »gelbliche« Platten, denen jeweils eine I. und II. Qualitätskategorie und ab der Größe 38 × 49 cm auch noch zwei Gewichtsklassen zugeordnet wurden, summierte sich das Gesamtangebot auf 373 unterschiedliche Lithografiesteine. Die Qual der Wahl.

Um den Absatz der weniger gefragten kleinformatigen Lithografiesteine zu fördern, fügten die Unternehmen

Lithografiestein-Preisliste. L. M. Hiemer (um 1900).

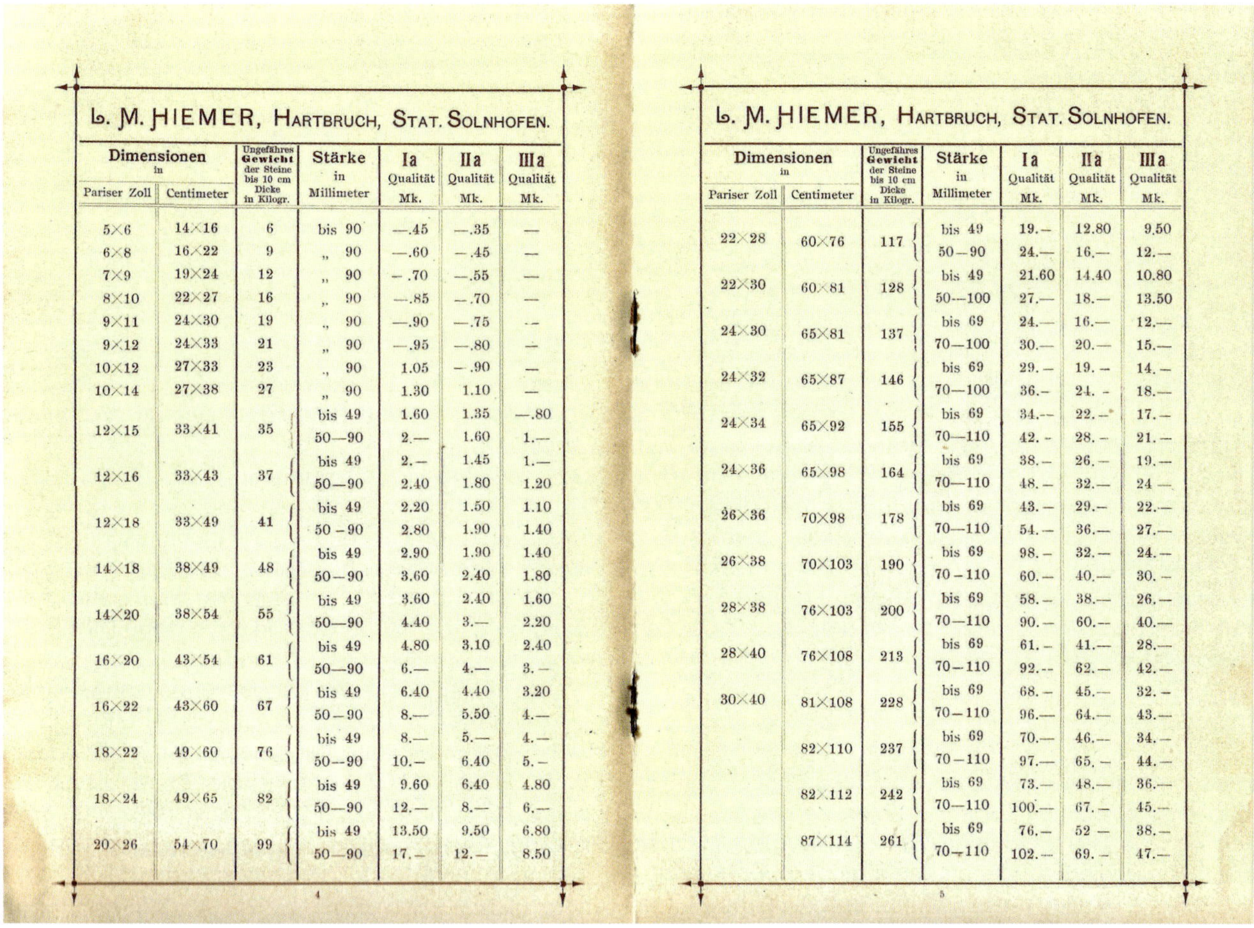

L. M. HIEMER, HARTBRUCH, STAT. SOLNHOFEN.

Dimensionen in Pariser Zoll	Dimensionen in Centimeter	Ungefähres Gewicht der Steine bis 10 cm Dicke in Kilogr.	Stärke in Millimeter	Ia Qualität Mk.	IIa Qualität Mk.	IIIa Qualität Mk.
5×6	14×16	6	bis 90	—.45	—.35	—
6×8	16×22	9	„ 90	—.60	—.45	—
7×9	19×24	12	„ 90	—.70	—.55	—
8×10	22×27	16	„ 90	—.85	—.70	—
9×11	24×30	19	„ 90	—.90	—.75	—
9×12	24×33	21	„ 90	—.95	—.80	—
10×12	27×33	23	„ 90	1.05	—.90	—
10×14	27×38	27	„ 90	1.30	1.10	—
12×15	33×41	35	bis 49	1.60	1.35	—.80
			50—90	2.—	1.60	1.—
12×16	33×43	37	bis 49	2.—	1.45	1.—
			50—90	2.40	1.80	1.20
12×18	33×49	41	bis 49	2.20	1.50	1.10
			50—90	2.80	1.90	1.40
14×18	38×49	48	bis 49	2.90	1.90	1.40
			50—90	3.60	2.40	1.80
14×20	38×54	55	bis 49	3.60	2.40	1.60
			50—90	4.40	3.—	2.20
16×20	43×54	61	bis 49	4.80	3.10	2.40
			50—90	6.—	4.—	3.—
16×22	43×60	67	bis 49	6.40	4.40	3.20
			50—90	8.—	5.50	4.—
18×22	49×60	76	bis 49	8.—	5.—	4.—
			50—90	10.—	6.40	5.—
18×24	49×65	82	bis 49	9.60	6.40	4.80
			50—90	12.—	8.—	6.—
20×26	54×70	99	bis 49	13.50	9.50	6.80
			50—90	17.—	12.—	8.50

4

L. M. HIEMER, HARTBRUCH, STAT. SOLNHOFEN.

Dimensionen in Pariser Zoll	Dimensionen in Centimeter	Ungefähres Gewicht der Steine bis 10 cm Dicke in Kilogr.	Stärke in Millimeter	Ia Qualität Mk.	IIa Qualität Mk.	IIIa Qualität Mk.
22×28	60×76	117	bis 49	19.—	12.80	9.50
			50—90	24.—	16.—	12.—
22×30	60×81	128	bis 49	21.60	14.40	10.80
			50—100	27.—	18.—	13.50
24×30	65×81	137	bis 69	24.—	16.—	12.—
			70—100	30.—	20.—	15.—
24×32	65×87	146	bis 69	29.—	19.—	14.—
			70—100	36.—	24.—	18.—
24×34	65×92	155	bis 69	34.—	22.—	17.—
			70—110	42.—	28.—	21.—
24×36	65×98	164	bis 69	38.—	26.—	19.—
			70—110	48.—	32.—	24.—
26×36	70×98	178	bis 69	43.—	29.—	22.—
			70—110	54.—	36.—	27.—
26×38	70×103	190	bis 69	98.—	32.—	24.—
			70—110	60.—	40.—	30.—
28×38	76×103	200	bis 69	58.—	38.—	26.—
			70—110	90.—	60.—	40.—
28×40	76×108	213	bis 69	61.—	41.—	28.—
			70—110	92.—	62.—	42.—
30×40	81×108	228	bis 69	68.—	45.—	32.—
			70—110	96.—	64.—	43.—
	82×110	237	bis 69	70.—	46.—	34.—
			70—110	97.—	65.—	44.—
	82×112	242	bis 69	73.—	48.—	36.—
			70—110	100.—	67.—	45.—
	87×114	261	bis 69	76.—	52 —	38.—
			70—110	102.—	69.—	47.—

5

Aug. Daeschler & Co. (1925).

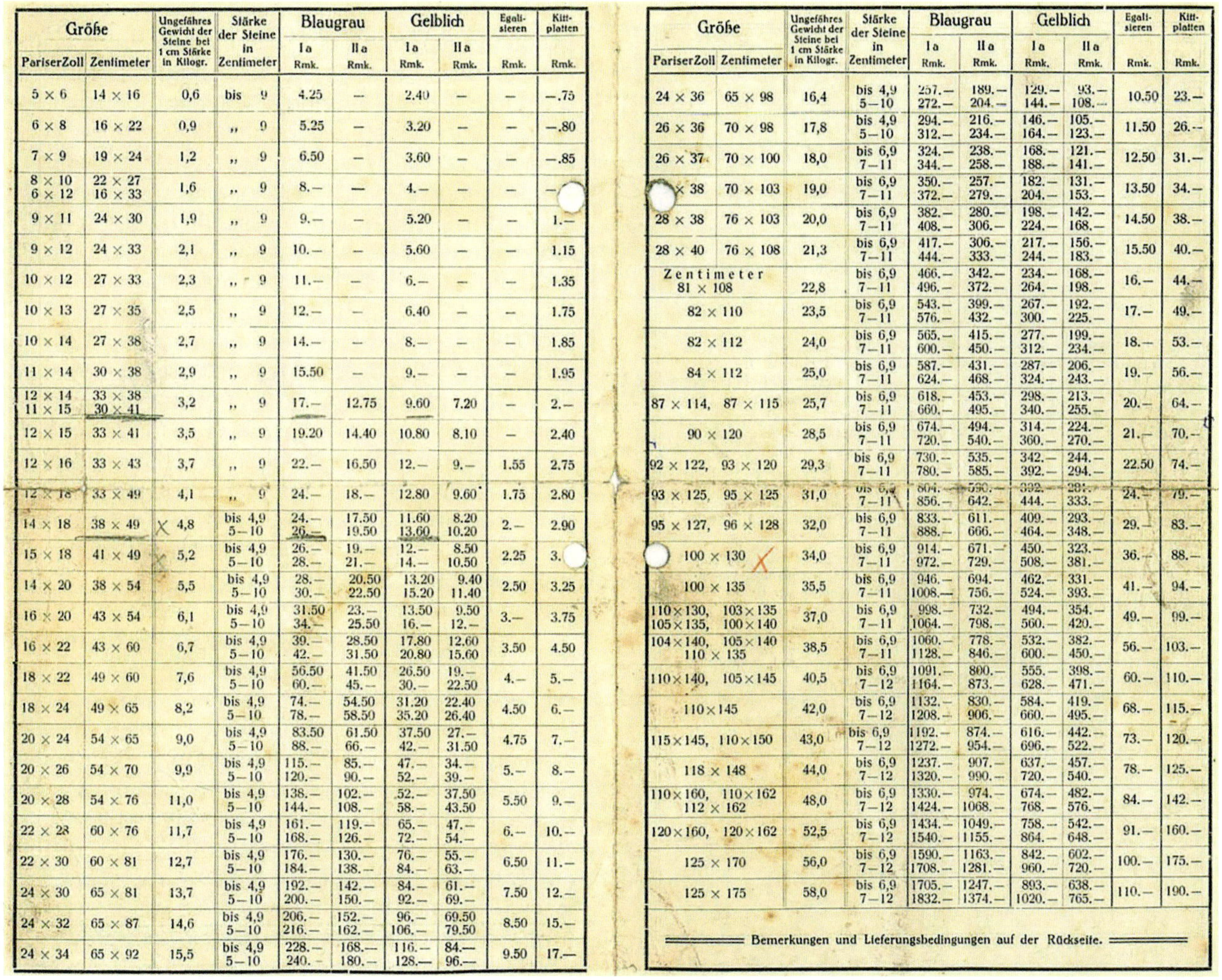

Größe Pariser Zoll	Größe Zentimeter	Ungefähres Gewicht der Steine bei 1 cm Stärke in Kilogr.	Stärke der Steine in Zentimeter	Blaugrau Ia Rmk.	Blaugrau IIa Rmk.	Gelblich Ia Rmk.	Gelblich IIa Rmk.	Egalisieren Rmk.	Kittplatten Rmk.
5 × 6	14 × 16	0,6	bis 9	4.25	—	2.40	—	—	—.75
6 × 8	16 × 22	0,9	„ 9	5.25	—	3.20	—	—	—.80
7 × 9	19 × 24	1,2	„ 9	6.50	—	3.60	—	—	—.85
8 × 10 6 × 12	22 × 27 16 × 33	1,6	„ 9	8.—	—	4.—	—	—	—
9 × 11	24 × 30	1,9	„ 9	9.—	—	5.20	—	—	1.—
9 × 12	24 × 33	2,1	„ 9	10.—	—	5.60	—	—	1.15
10 × 12	27 × 33	2,3	„ 9	11.—	—	6.—	—	—	1.35
10 × 13	27 × 35	2,5	„ 9	12.—	—	6.40	—	—	1.75
10 × 14	27 × 38	2,7	„ 9	14.—	—	8.—	—	—	1.85
11 × 14	30 × 38	2,9	„ 9	15.50	—	9.—	—	—	1.95
12 × 14 11 × 15	33 × 38 30 × 41	3,2	„ 9	17.—	12.75	9.60	7.20	—	2.—
12 × 15	33 × 41	3,5	„ 9	19.20	14.40	10.80	8.10	—	2.40
12 × 16	33 × 43	3,7	„ 9	22.—	16.50	12.—	9.—	1.55	2.75
12 × 18	33 × 49	4,1	„ 9	24.—	18.—	12.80	9.60	1.75	2.80
14 × 18	38 × 49	4,8	bis 4,9 5—10	24.— 26.—	17.50 19.50	11.60 13.60	8.20 10.20	2.—	2.90
15 × 18	41 × 49	5,2	bis 4,9 5—10	26.— 28.—	19.— 21.—	12.— 14.—	8.50 10.50	2.25	3.
14 × 20	38 × 54	5,5	bis 4,9 5—10	28.— 30.—	20.50 22.50	13.20 15.20	9.40 11.40	2.50	3.25
16 × 20	43 × 54	6,1	bis 4,9 5—10	31.50 34.—	23.— 25.50	13.50 16.—	9.50 12.—	3.—	3.75
16 × 22	43 × 60	6,7	bis 4,9 5—10	39.— 42.—	28.50 31.50	17.80 20.80	12.60 15.60	3.50	4.50
18 × 22	49 × 60	7,6	bis 4,9 5—10	56.50 60.—	41.50 45.—	26.50 30.—	19.— 22.50	4.—	5.—
18 × 24	49 × 65	8,2	bis 4,9 5—10	74.— 78.—	54.50 58.50	31.20 35.20	22.40 26.40	4.50	6.—
20 × 24	54 × 65	9,0	bis 4,9 5—10	83.50 88.—	61.50 66.—	37.50 42.—	27.— 31.50	4.75	7.—
20 × 26	54 × 70	9,9	bis 4,9 5—10	115.— 120.—	85.— 90.—	47.— 52.—	34.— 39.—	5.—	8.—
20 × 28	54 × 76	11,0	bis 4,9 5—10	138.— 144.—	102.— 108.—	52.— 58.—	37.50 43.50	5.50	9.—
22 × 28	60 × 76	11,7	bis 4,9 5—10	161.— 168.—	119.— 126.—	65.— 72.—	47.— 54.—	6.—	10.—
22 × 30	60 × 81	12,7	bis 4,9 5—10	176.— 184.—	130.— 138.—	76.— 84.—	55.— 63.—	6.50	11.—
24 × 30	65 × 81	13,7	bis 4,9 5—10	192.— 200.—	142.— 150.—	84.— 92.—	61.— 69.—	7.50	12.—
24 × 32	65 × 87	14,6	bis 4,9 5—10	206.— 216.—	152.— 162.—	96.— 106.—	69.50 79.50	8.50	15.—
24 × 34	65 × 92	15,5	bis 4,9 5—10	228.— 240.—	168.— 180.—	116.— 128.—	84.— 96.—	9.50	17.—

Größe Pariser Zoll	Größe Zentimeter	Ungefähres Gewicht der Steine bei 1 cm Stärke in Kilogr.	Stärke der Steine in Zentimeter	Blaugrau Ia Rmk.	Blaugrau IIa Rmk.	Gelblich Ia Rmk.	Gelblich IIa Rmk.	Egalisieren Rmk.	Kittplatten Rmk.
24 × 36	65 × 98	16,4	bis 4,9 5—10	257.— 272.—	189.— 204.—	129.— 144.—	93.— 108.—	10.50	23.—
26 × 36	70 × 98	17,8	bis 4,9 5—10	294.— 312.—	216.— 234.—	146.— 164.—	105.— 123.—	11.50	26.—
26 × 37	70 × 100	18,0	bis 6,9 7—11	324.— 344.—	238.— 258.—	168.— 188.—	121.— 141.—	12.50	31.—
[illegible] × 38	70 × 103	19,0	bis 6,9 7—11	350.— 372.—	257.— 279.—	182.— 204.—	131.— 153.—	13.50	34.—
28 × 38	76 × 103	20,0	bis 6,9 7—11	382.— 408.—	280.— 306.—	198.— 224.—	142.— 168.—	14.50	38.—
28 × 40	76 × 108	21,3	bis 6,9 7—11	417.— 444.—	306.— 333.—	217.— 244.—	156.— 183.—	15.50	40.—
Zentimeter 81 × 108		22,8	bis 6,9 7—11	466.— 496.—	342.— 372.—	234.— 264.—	168.— 198.—	16.—	44.—
82 × 110		23,5	bis 6,9 7—11	543.— 576.—	399.— 432.—	267.— 300.—	192.— 225.—	17.—	49.—
82 × 112		24,0	bis 6,9 7—11	565.— 600.—	415.— 450.—	277.— 312.—	199.— 234.—	18.—	53.—
84 × 112		25,0	bis 6,9 7—11	587.— 624.—	431.— 468.—	287.— 324.—	206.— 243.—	19.—	56.—
87 × 114, 87 × 115		25,7	bis 6,9 7—11	618.— 660.—	453.— 495.—	298.— 340.—	213.— 255.—	20.—	64.—
90 × 120		28,5	bis 6,9 7—11	674.— 720.—	494.— 540.—	314.— 360.—	224.— 270.—	21.—	70.—
92 × 122, 93 × 120		29,3	bis 6,9 7—11	730.— 780.—	535.— 585.—	342.— 392.—	244.— 294.—	22.50	74.—
93 × 125, 95 × 125		31,0	bis 6,9 7—11	804.— 856.—	590.— 642.—	392.— 444.—	28[illegible] 333.—	24.—	79.—
95 × 127, 96 × 128		32,0	bis 6,9 7—11	833.— 888.—	611.— 666.—	409.— 464.—	293.— 348.—	29.—	83.—
100 × 130		34,0	bis 6,9 7—11	914.— 972.—	671.— 729.—	450.— 508.—	323.— 381.—	36.—	88.—
100 × 135		35,5	bis 6,9 7—11	946.— 1008.—	694.— 756.—	462.— 524.—	331.— 393.—	41.—	94.—
110×130, 103×135 105×135, 100×140		37,0	bis 6,9 7—11	998.— 1064.—	732.— 798.—	494.— 560.—	354.— 420.—	49.—	99.—
104×140, 105×140 110 × 135		38,5	bis 6,9 7—11	1060.— 1128.—	778.— 846.—	532.— 600.—	382.— 450.—	56.—	103.—
110×140, 105×145		40,5	bis 6,9 7—12	1091.— 1164.—	800.— 873.—	555.— 628.—	398.— 471.—	60.—	110.—
110×145		42,0	bis 6,9 7—12	1132.— 1208.—	830.— 906.—	584.— 660.—	419.— 495.—	68.—	115.—
115×145, 110×150		43,0	bis 6,9 7—12	1192.— 1272.—	874.— 954.—	616.— 696.—	442.— 522.—	73.—	120.—
118 × 148		44,0	bis 6,9 7—12	1237.— 1320.—	907.— 990.—	637.— 720.—	457.— 540.—	78.—	125.—
110×160, 110×162 112 × 162		48,0	bis 6,9 7—12	1330.— 1424.—	974.— 1068.—	674.— 768.—	482.— 576.—	84.—	142.—
120×160, 120×162		52,5	bis 6,9 7—12	1434.— 1540.—	1049.— 1155.—	758.— 864.—	542.— 648.—	91.—	160.—
125 × 170		56,0	bis 6,9 7—12	1590.— 1708.—	1163.— 1281.—	842.— 960.—	602.— 720.—	100.—	175.—
125 × 175		58,0	bis 6,9 7—12	1705.— 1832.—	1247.— 1374.—	893.— 1020.—	638.— 765.—	110.—	190.—

Bemerkungen und Lieferungsbedingungen auf der Rückseite.

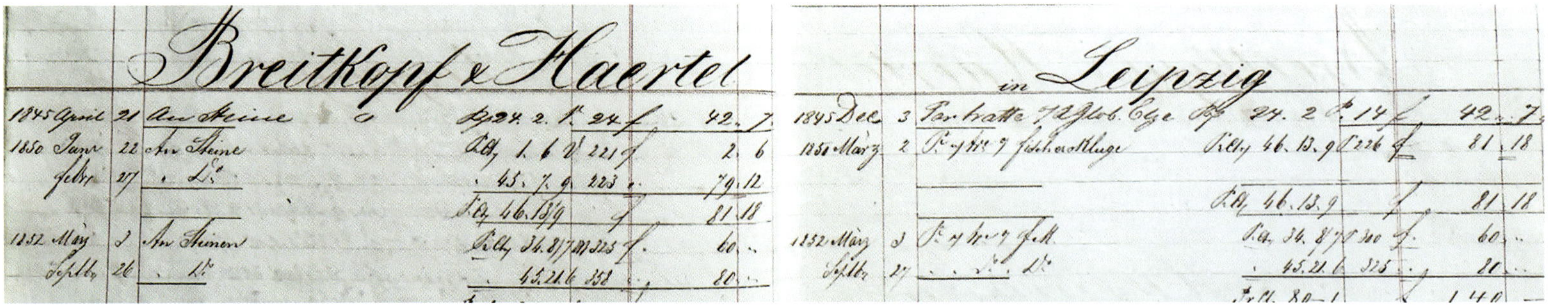
Breitkopf & Haertel in Leipzig

Rechnungsbuch der Firma Fischer & Kluge: Lithografiesteine für den Leipziger Musikverlag Breitkopf & Haertel (1845, 1850, 1852).

besondere Regelungen in die Geschäftsbedingungen, um den Absatz der kleinen Steine zu fördern. Die Firma August Daeschler verlangte für Formate ab 54 × 70 cm ohne Abnahme kleinerer Steine 20 Prozent mehr. Eine etwas andere Abnahmeverpflichtung enthielt die ab 1936 geltende Preisliste des Solenhofer Aktien Vereins. Um für Formate ab 81 × 108 cm einen Aufschlag von 50 Prozent zu vermeiden, mussten jeweils kleinere Formate mit einem Gesamtgewicht von mindestens 1000 kg abgenommen werden.

Inländischer Absatz

Zu den deutschen Bestellern von Lithografiesteinen gehörten große Namen. Zu ihnen zählten der mit Alois Senefelder zusammenarbeitende Musikverlag André in Offenbach sowie die heute noch bedeutenden Musikverlage Breitkopf & Härtl in Leipzig und Schott & Söhne (Schott Music) in Mainz. Lithografiesteine gingen auch an zwei ebenfalls noch existierende Buchverlage, an den Herder Verlag in Freiburg und an den C.H.Beck Verlag in Nördlingen, der 1845 die erste Lieferung von Lithografiesteinen erhielt, der noch viele folgten. In dieser Zeit begann der Verlag, sich von der Herausgabe theologischer und schulischer Werke zu einem juristischen Verlag zu entwickeln.

Großer Kunde für Lithografiesteine, wahrscheinlich der größte überhaupt, war die bayerische Vermessungsverwaltung. Anfang des 19. Jahrhunderts begann in Bayern die flächendeckende Landesvermessung. Grund war die Aufnahme und Beschreibung aller Grundstücke zum Zwecke einer einheitlichen und gerechten Besteuerung. Von 1808 bis 1867 wurden über 21 Millionen Grundstücke (einschließlich der linksrheinischen Pfalz sowie der Herzogtümer Sachsen-Meiningen und Sachsen-Coburg) aufgenommen, ländliche im Maßstab 1:5000, größere Ortschaften und Städte im Maßstab 1:2500. Da für den Druck der Karten der Buchdruck technisch ungeeignet und der Kupferdruck zu teuer war, kam die Erfindung der Lithografie gerade recht. Die Steuerkataster-Kommission entschied sich deshalb für den gerade aufkommenden Steindruck, zumal »in den bekannten Solnhofer Platten das vollkommenste Steinmaterial im Lande selbst in einer Auswahl und Reichhaltigkeit« zur Verfügung stand.[27] Als besonderer Vorteil des Steindrucks gegenüber dem Kupferdruck wurde zudem geschätzt, dass er das Nachführen und Aktualisieren der Karten durch Umgravierung ohne großen Aufwand möglich machte.

Nach Abschluss dieses Riesenwerks waren auf rund 27 000 Lithografiesteinen des Formats 60 × 60 cm sämtliche Katasterkarten und topografische Karten gedruckt. Fast alle sind erhalten und im »Steinkeller« des Bayerischen Landesvermessungsamtes in München (Landesamt für Digitalisierung, Breitband und Vermessung) sorgfältig und geordnet aufbewahrt. Darin lagern 26 634 Lithografiesteine,[28] Katastersteine, Steine für Topografische Karten und Steine für Formblätter. Diese einzigartige und weltweit größte Steinbibliothek hat seit 1980 den Schutzstatus »Bewegliches Kulturgut«.

Neben den Lithografiesteinen war auch im 19. Jahrhundert der Absatz von Bodenplatten nach wie vor von großer Bedeutung. 1841 erfasste das Rentamt Monheim, zu dem Solnhofen damals gehörte,[29] in einer Aufstellung die jährliche Steinausbeute in Langenaltheim, Solnhofen, Mörnsheim und Mühlheim (damals noch eine eigenständige Gemeinde) zusammen.[30] Sie erbrachte eine Summe von 358520 Bodenplatten und 13015 Lithografiesteinen. Die Verteilung auf die Orte macht deutlich, wer in welcher Steinart führend war. Mit zwei Drittel der Ausbeute an Bodenplatten lag das Schwergewicht eindeutig in den Gemeinden Solnhofen und Langenaltheim.

Lithografiesteinkeller des Bayerischen Landesamtes für Digitalisierung, Breitband und Vermessung in München.

Steinausbeute 1840 (in Stückzahl)

	Solnhofen	Langenaltheim	Mörnsheim	Mühlheim
Lithografiesteine	750	3035	7110	2120
Pflastersteine	114000	134100	15200	110420

Noch etwas eindeutiger lag dagegen mit 70 Prozent das Schwergewicht bei den Lithografiesteinen in den Gemeinden Mörnsheim und Mühlheim, wobei allein auf Mörnsheim 55 Prozent der Gesamtausbeute an Lithografiesteinen entfiel.

In Wirklichkeit wird die Ausbeute größer gewesen sein, da die Angaben von den Steinfirmen stammten, die aus steuerlichen Gründen an niedrigeren Angaben interessiert waren. Das zeigten sie auch schon geraume Zeit davor. Eine von der Eichstätter Hofkammer 1711 zum Zwecke der Erfassung des Bergzinses vorgenommene Untersuchung über die in Mörnsheim und Mühlheim in den Handel gebrachten Steine ergab, dass ein Drittel nicht angezeigt wurde, weil das Mörnsheimer Kastenamt die Steine nicht zählen ließ, sondern sich mit den Angaben der Steinmeister und Steinrechtler begnügte.[31]

Internationaler Absatz

Schon der Hinweis in der Preistabelle der Firma Friedrich & Wilhelm Arauner auf die Kosten der »Fracht per Lent [Lände] bis Marktbreit«[32] ist ein deutliches Indiz für das Exportgeschäft mittels Verschiffung über Main und Rhein zu den Seehäfen. Daraus ist zu schließen, dass der gesamte Versand der Lithografiesteine für die Kunden in Übersee bis zur Eisenbahnzeit über Marktbreit abgewickelt wurde.

Mit Gründung der Firma Fischer & Kluge nahm das Lithografiesteingeschäft eine weltweite Dimension an. Nachvollziehbar ist sie, weil das Kontokorrentbuch der Jahre 1843–1865 erhalten ist.[33] Es gibt detaillierte Auskunft über das Inlandsgeschäft, das Exportgeschäft, Liefermengen, Lieferorte und Lieferkunden. Die erste eingetragene Lieferung ging im Mai 1843 schon in die weite inländische Ferne: nach Königsberg. Im März 1844 kam es zur ersten Lieferung ins Ausland und wiederum gleich sehr weit, nämlich überseeisch an die von Deutschen geführte Firma A. Rölker & Möllmann in New York. Brasilien und Uruguay waren die weiteren überseeischen Versandländer. In der Rangliste der Exportkunden standen die USA mit 58 Kunden (32 allein in New York) ganz oben, gefolgt von Italien mit 46 Kunden (10 in Turin) und Österreich mit 30 Kunden (28 in Wien). Erst danach kam, obwohl ein Zentrum des Lithografiedrucks, Frankreich mit 28 Kunden (16 in Paris).

Lithografiesteinexport der Firma Fischer & Kluge von 1843 bis 1865

Exportländer	Exportstädte	Exportkunden
18 europäische Länder	62 europäische Städte	220 europäische Kunden
3 außer-europäische Länder	10 außer-europäische Städte	58 überseeische Kunden

Lithografiesteine für New York. Rechnungsbuch der Firma Fischer & Kluge (1845–1848).

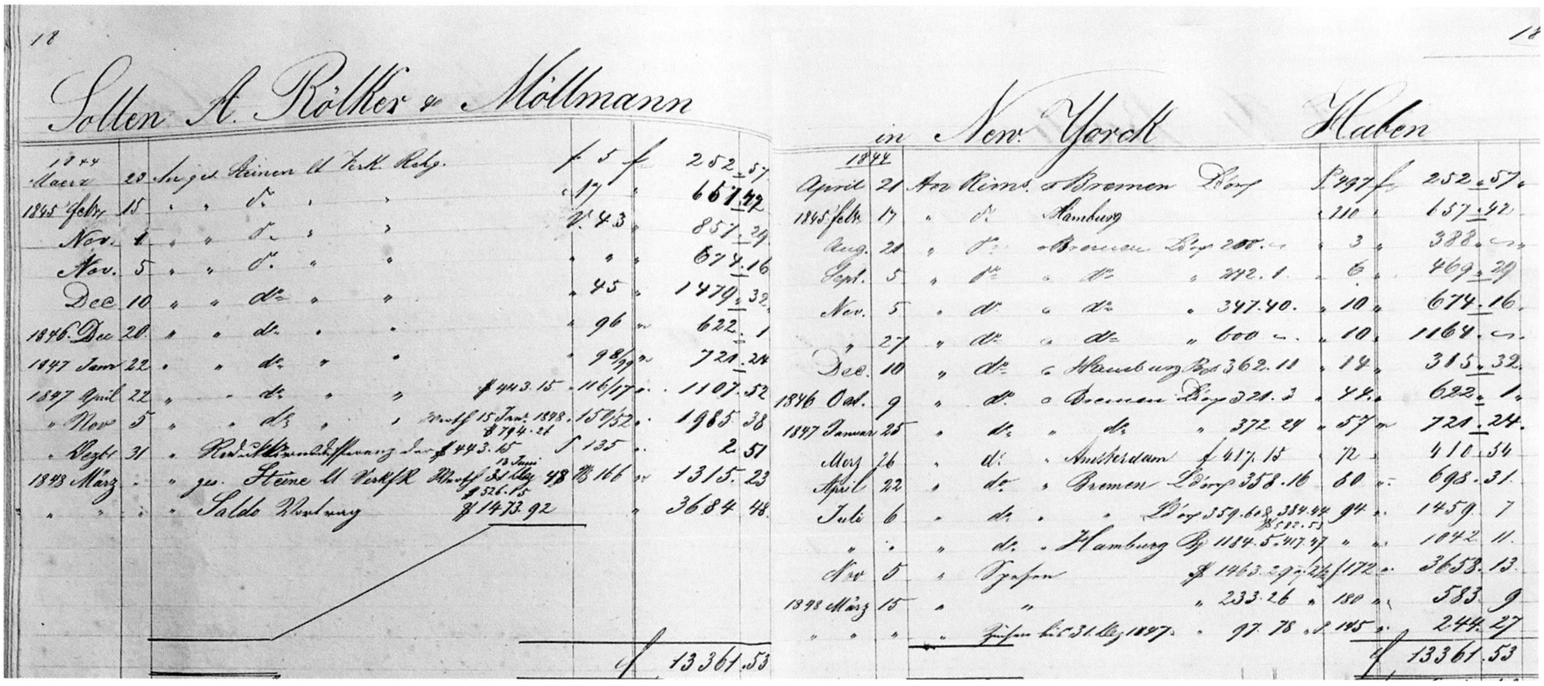

Im 20. Jahrhundert setzte sich viel von dem fort, das im vorangegangenen Jahrhundert seinen Anfang nahm. Das trifft vor allem auf die Lithografiesteine zu, deren Export bis in die 1950er Jahre andauerte. Der Bausektor entdeckte wieder den Solnhofer Stein als Bodenplatten, Wandplatten, Treppen und Fenstersimse.

Ausweitung des Lithografiesteinmarkts

Anfang des 20. Jahrhunderts hatte sich die Reichweite des Exports von Lithografiesteinen stark ausgeweitet. Diese Expansion veranschaulicht das erhalten gebliebene Fakturenausgangsbuch des Solenhofer Aktien Vereins für die Jahre 1911 bis 1913.[34]

Gegenüber der Situation wie sie sich im Rechnungsbuch der Firma Fischer & Kluge abzeichnet, das die Jahre 1843 bis 1865 erfasst, hat die Zahl der Exportländer, der Exportstädte und der Exportkunden deutlich zugenommen. Die Lithografiesteine gingen in alle Kontinente und Weltgegenden, neben Nordamerika nach Asien (Shanghai, Tokio, Kyoto, Yokohama) und Australien (Sydney), auch in die Karibik (Havanna) und in das südliche Mittelmeer (Beirut, Izmir, Kairo). Das Fakturenausgangsbuch ist auch insofern aufschlussreich, als es neben der üblichen Differenzierung zwischen gelben und graublauen Lithographiesteinen auch Rechnungen für Bodenplatten, Schriftplatten und Gerbersteine aufführt.

Lithografiesteinexport der Firma Solenhofer Aktien Verein (1911–1913)

Exportländer	Exportstädte	Exportkunden
22 europäische Länder	99 europäische Städte	239 europäische Kunden
7 außer-europäische Länder	11 außer-europäische Städte	62 überseeische Kunden

Der fakturierte Steinexport belief sich in den drei Jahren von 1911 bis 1913 auf fast 1, 7 Millionen Reichsmark. Davon entfielen achtzig Prozent auf Lithografiesteine, wobei der Anteil der gelben und graublauen Steine fast gleich hoch war. Im Detail sieht die Verteilung differenzierter aus. Zu den wichtigsten Kunden des Solenhofer Aktien Vereins gehörten mit etwa gleich großem Umsatz St. Petersburg und Paris. Nach St. Petersburg setzten sich die Lieferungen zu 65 Prozent aus gelben und zu 35 Prozent aus graublauen Lithografiesteinen zusammen. Mit siebzig Prozent graublauer Steine ist dieses Verhältnis bei den Lieferungen nach Paris fast umgekehrt. Daraus lässt sich entnehmen, dass in Paris auf besonders hohe Druckqualität Wert gelegt wurde, die nur mit graublauen Lithografiesteinen erreichbar ist.

Fakturen-Ausgangsbuch des Solenhofer Aktien Vereins für die Jahre 1911 bis 1913.

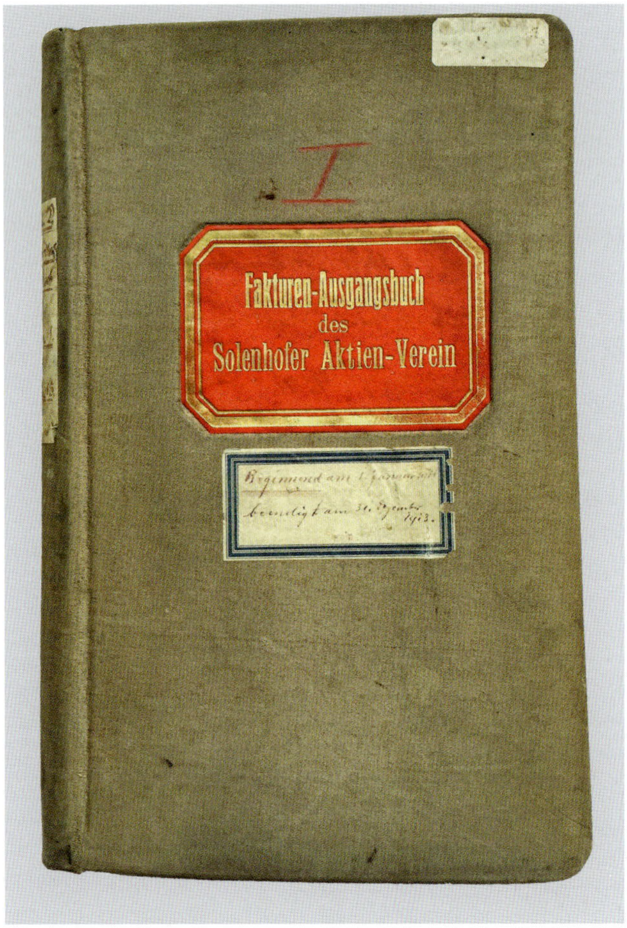

Umsätze der Firma Solenhofer Aktien Verein von 1911 bis 1913 in Reichsmark

Litho blau	682.560
Litho gelb	664.516
Bodenplatten	231.018
Rest	110.961
Gesamtumsatz	1.689.055

Lithografiesteinumsätze des Solenhofer Aktien Vereins von 1911 bis 1913 in Reichsmark

	St. Petersburg	Paris
Litho blau	46.381	90.343
Litho gelb	85.520	38.165

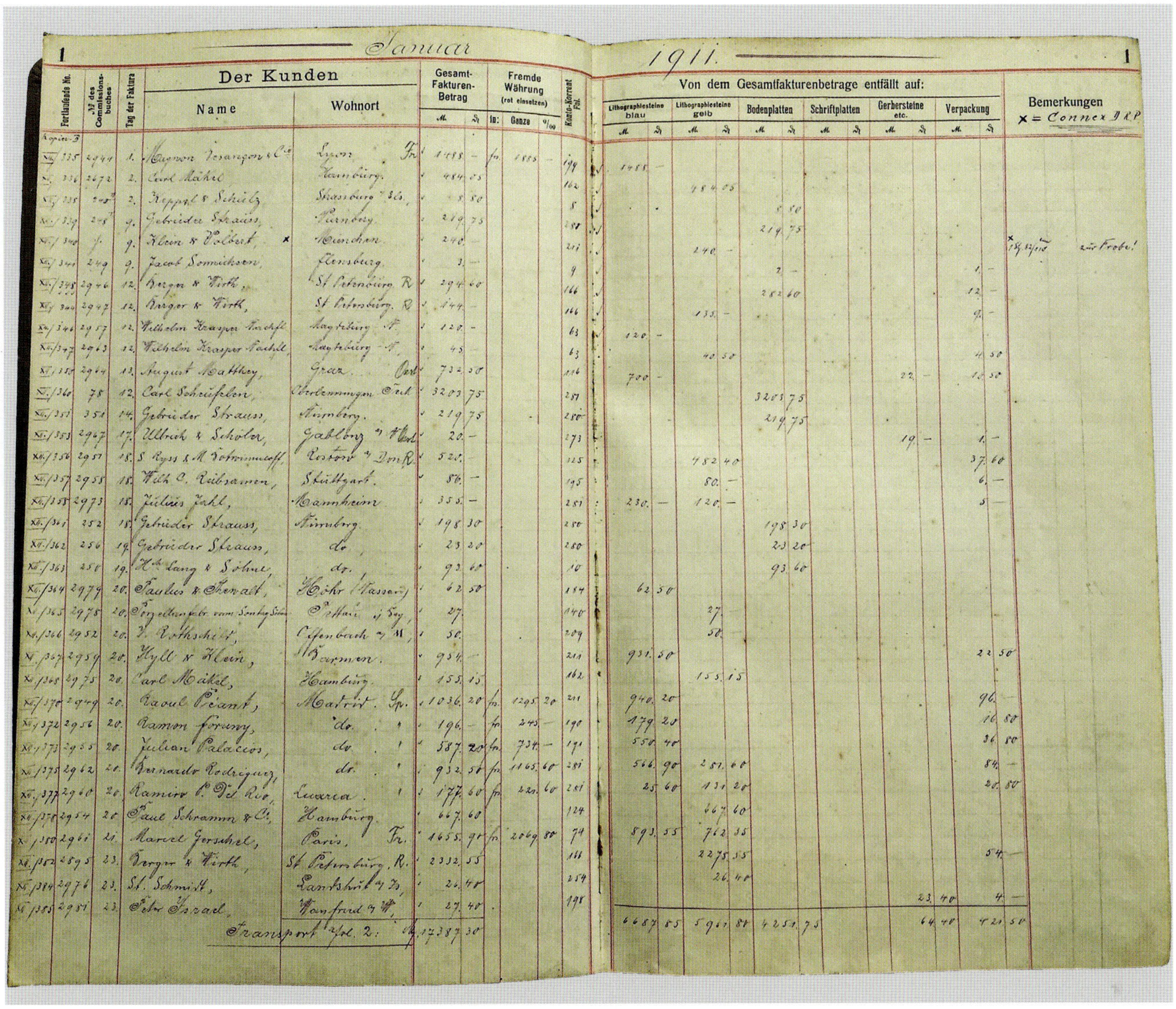

Erste Seite des Fakturen-Ausgangsbuchs.

Nach dem Ersten Weltkrieg begann der Siegeszug des Offsetdrucks, der dem Lithografiedruck große Konkurrenz machte und ihn verdrängte. Deshalb ist es umso erstaunlicher, dass die Steinfirmen noch in den 1920er und 1930er Jahren das Lithografiesteingeschäft betrieben, es sogar intensivierten und weiter weltweit betrieben. Die Exportbemühungen konzentrierten sich auf den ostasiatischen und indischen Markt. Das spiegelt sich in den entsprechenden Preislisten wider.

Bereits 1920 legten die Lithoexporteure, verbandsmäßig zusammengeschlossen, Preislisten für China, die Mandschurei, Japan und Indien vor. Um die Farbunterschiede der Steine deutlich zu machen, wurden die Preislisten für gelbe Steine auf gelbem, für graue (»best class of stones found in the Bavarian quarries«) auf grauem Papier gedruckt. Das Angebot bestand aus 53 Formaten, aufgeteilt in zwei Qualitätsklassen, die höhere mit der Bezeichnung »American«, die niedrigere mit »English«. Offensichtlich ging man davon aus, dass die asiatische Kundschaft den amerikanischen Qualitätsanspruch höher einschätzte als den englischen. Dem indischen Markt trauten die Exporteure wenig zu. Deshalb legten sie nur eine gelbe Preisliste auf, in der sie lediglich eine dritte Qualitätsklasse aufführten, die sie »Indien« nannten. In den Geschäftsbedingungen wurde darauf hingewiesen, die Steine der indischen Qualität eigneten sich nur »for the printing of newspapers and ordinary lithographic prints«. Deshalb werde keine Beschwerde über die Qualität dieser Steine angenommen. Dennoch waren die »indischen« Steine preislich nicht weit entfernt von den gelben

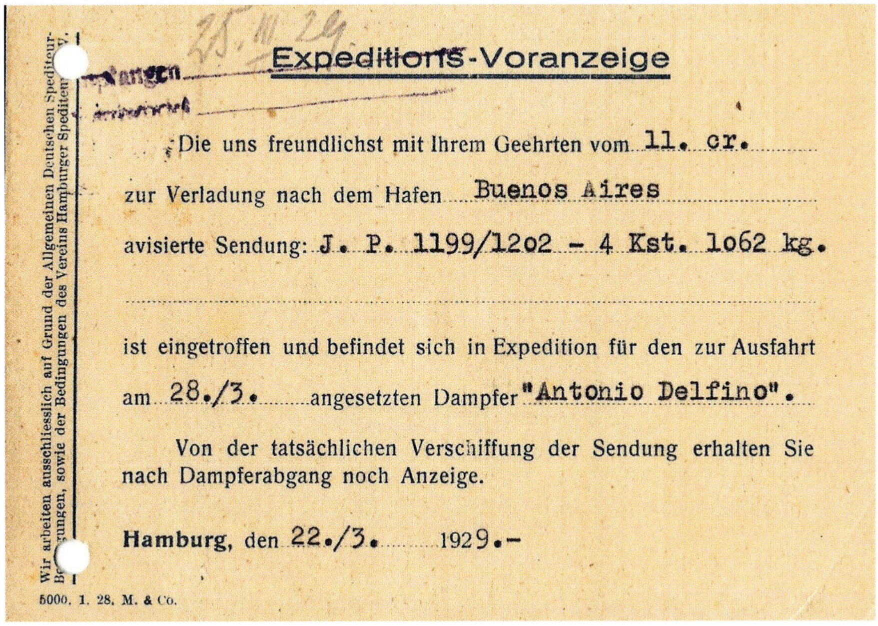
25. III. 29

Expeditions-Voranzeige

Die uns freundlichst mit Ihrem Geehrten vom 11. cr.

zur Verladung nach dem Hafen Buenos Aires

avisierte Sendung: J. P. 1199/1202 - 4 Kst. 1062 kg.

ist eingetroffen und befindet sich in Expedition für den zur Ausfahrt

am 28./3. angesetzten Dampfer "Antonio Delfino".

Von der tatsächlichen Verschiffung der Sendung erhalten Sie nach Dampferabgang noch Anzeige.

Hamburg, den 22./3. 1929.-

Wir arbeiten ausschliesslich auf Grund der Allgemeinen Deutschen Spediteur-Bedingungen, sowie der Bedingungen des Vereins Hamburger Spediteure.

5000. 1. 28. M. & Co.

Versandanzeige der Hamburger Spedition Lassen an Fischer & Kluge für den Transport von Lithografiesteinen nach Buenos Aires (1929).

Gelbe Preisliste für den ostasiatischen Markt. BayHStA MWi 16236.

No. 121 (valid since 20th May 1920)

Wholesale-pricelist of Bavarian Lithographic-stones

suitable for the Chinese-Manchurian-Japanese-market

Sheet No.................. for: .... date: ....

Size in inches.	Average thickness in inches.	Number in each case.	Average weight per case net Kos.	gross Kos.	Measurements per case in inches.	Yellow "American" I st single faced for quantities less than *) 5000 Kos.	more than *) 5000 Kos.	Yellow "English" II nd single faced for quantities less than *) 5000 Kos.	more than *) 5000 Kos.
8×10	2—3	30	275	300	44×20×14	—. 7. 7	—. 7. 4	—. 6. 6	—. 6. 3
9×11	”	25	275	300	38×22×15	—. 8. 4	—. 8.—	—. 7. 4	—. 6.11
9×12	”	22	275	300	36×22×15	—. 9. 2	—. 8. 9	—. 7.10	—. 7. 6
10×12	”	20	280	310	32×24×15	—.10.—	—. 9. 8	—. 8. 4	—. 8.—
10×13	”	19	280	310	32×24×17	—.10. 6	—.10. 2	—. 8.11	—. 8. 6
10×14	”	18	280	310	32×24×18	—.11. 8	—.11. 3	—. 9. 9	—. 9. 4
11×15 / 12×14	”	16	290	315	32×26×19 / 29×28×18	—.13. 7	—.13. 2	—.11. 1	—.10. 8
12×15	2¼—3¼	14	290	315	28×27×19	—.15. 3	—.14. 8	—.12. 1	—.11. 6
12×16	”	12	290	315	28×23×20	—.16.11	—.16. 4	—.13. 6	—.12.11
12×18	”	10	290	315	36×22×16	—.18. 8	—.18.—	—.15. 2	—.14. 6
13×19 / 14×18	2½—3½	9	290	315	33×23×17 / 33×23×18	1.—. 4	—.19. 7	—.16.10	—.16. 1
14×20	”	8	300	330	31×24×18	1. 2. 5	1. 1. 6	—.18.10	—.17.11

Graublaue Preisliste für den ostasiatischen Markt.

No. 122 (valid since 20th May 1920)

Bluegrey

Wholesale-pricelist of Bavarian Lithographic-stones

suitable for the Chinese-Manchurian-Japanese-market

Sheet No. .... for: .... date: ....

Size in inches.	Average thickness in inches.	Number in each case.	Average weight per case. net Kos.	gross Kos.	Measurements per case in inches.	Bluegrey "American" Ist single faced, for quantities less than *) 5000 Kos.	more than *) 5000 Kos.	Bluegrey "English" IInd single faced, for quantities less than *) 5000 Kos.	more than *) 5000 Kos.
8×10	2—3	30	275	300	44×20×14	—.10. 4	—.10. 1	—. 8.10	—. 8. 7
9×11	”	25	275	300	38×22×15	—.11.11	—.11. 7	—.10. 2	—. 9.10
9×12	”	22	275	300	36×22×15	—.12.10	—.12. 6	—.11.—	—.10. 8
10×12	”	20	280	310	32×24×16	—.14. 3	—.13.11	—.12. 2	—.11.10
10×13	”	19	280	310	32×24×17	—.15. 2	—.14.10	—.12.11	—.12. 7
10×14	”	18	280	310	32×24×18	—.17. 3	—.16.10	—.14. 8	—.14. 3
11×15 / 12×14	”	16	290	315	33×26×19 / 29×28×18	—.19. 9	—.19. 4	—.15. 7	—.15. 2
12×15	2¼—3¼	14	290	315	28×27×19	1. 1.10	1. 1. 2	—.17.—	—.16. 4
12×16	”	12	290	315	28×23×20	1. 3. 9	1. 3. 1	—.19. 1	—.18. 6
12×18	”	10	290	315	36×22×16	1.10.—	1. 9. 4	1. 1. 5	1.—. 9
13×19 / 14×18	2½—3½	9	290	315	33×23×17 / 33×22×18	1.12. 9	1.11.11	1. 3. 4	1. 2. 7
14×20	”	8	300	330	31×24×18	1.15. 6	1.14. 7	1. 7. 2	1. 6. 2

Gelbe Preisliste für den indischen Markt.

No. 141 (valid since 20th May 1920)

Wholesale-pricelist of Bavarian LITHOGRAPHIC-STONES,

suitable for the Indian market

Sheet Nr. .... for: .... date: ....

Size in inches	Average thickness in inches	Number of stones in a case	Average weight per case net Kos.	gross Kos.	Measurements per case in inches	YELLOW IIIrd "INDIAN" for quantities less than *) 5000 Kos.	more than *) 5000 Kos.
8×10	2—3	30	275	300	44×20×14	—. 5. 9	—. 5. 6
9×11	”	25	275	300	38×22×15	—. 6. 6	—. 6. 2
9×12	”	22	275	300	36×22×15	—. 6. 11	—. 6. 7
10×12	”	20	280	310	32×24×16	—. 7. 6	—. 7. 2
10×13	”	19	280	310	32×24×17	—. 7.11	—. 7. 7
10×14	”	18	280	310	32×24×18	—. 8. 8	—. 8. 3
11×15 / 12×14	”	16	290	315	33×26×19 / 29×28×18	—. 9.11	—. 9. 6
12×15	2¼—3¼	14	290	315	28×27×19	—.10.11	—.10. 3
12×16	”	12	290	315	28×23×20	—.12. 1	—.11. 6

»Englischen«, gegenüber den grauen »Amerikanischen« jedoch fast um die Hälfte preiswerter. Bei Abnahme von mehr als 5000 kg Steinen gab es Mengenrabatte, die allerdings sehr gering waren.

Auch in den 1930er Jahren betätigte sich die Lithografiesteinindustrie noch im ostasiatische Raum. In einer Aufstellung der für diese Gebiete ab 1.1.1930 geltenden Rabatt-Höchstsätze sind ab Hamburg folgende Zielhäfen aufgeführt:

Japan	China	Sowjetunion
Osaka	Dairen (Dalian)	Wladiwostok
Tokio	Hankow (Hankou-Wuhan)	
	Tientsin (Tianjin)	
	Tsingtau (Qingdao)	

Nach einem Preiskampf und dem dadurch verursachten Preisverfall gründeten die nach Ostasien exportierenden Firmen unter Mithilfe des Verbandes der Jurakalkschiefer-Industrie 1931 ein Kartell mit dem Ziel, mit einheitlichen Preisen und Lieferbedingungen das weitere Absinken der Preise zu verhindern. Um dem Reich die notwendigen Devisen zu sichern, durften die Steine nur in englischer Währung verkauft werden.

Auch heute werden noch Lithografiesteine nachgefragt, aber nur noch von Künstlern und das nach wie vor weltweit.

Soziales

Um die Wende zum 20. Jahrhundert begannen die Steinbrecher, die sich des Wertes ihrer Arbeit durchaus bewusst waren und ein entsprechendes Selbstbewusstsein hatten, sich zu organisieren. Sie gründeten Arbeitervereine und

Lithos versandfertig für Chicago. Solenhofer Aktien Verein (2021).

schlossen sich Gewerkschaften an. Zur Durchsetzung ihrer Forderungen blieben Streiks nicht aus.

Trotz der Bismarck'schen Sozialgesetzgebung (ab 1883) war der Sozialstaat noch nicht so weit ausgebaut, dass er den Beschäftigten umfassende Hilfe bei Ausfall durch Krankheit und Unfall leisten konnte. Daher schlossen sich die Steinbrecher zu Selbsthilfevereinen zusammen. In Mörnsheim ging die Initiative von der katholischen Kirche aus. Mit deren Hilfe gründeten die Steinbrecher 1882 zur gegenseitigen Unterstützung einen Arbeiterverein, der 1896 in den »Christlichen Steinbrucharbeiter- Kranken-Unterstützungs-Verein« übergeführt wurde.[35] Mitglied konnten unselbständige Steinbrecher bis zum 40. Lebensjahr werden. An der Gründung des Vereins beteiligten sich 70 Steinbrecher. Zwei Jahre später hatte der Verein schon 125 Mitglieder und erreichte 1939 mit 222 Mitgliedern den Höchststand. Um 1900 betrug

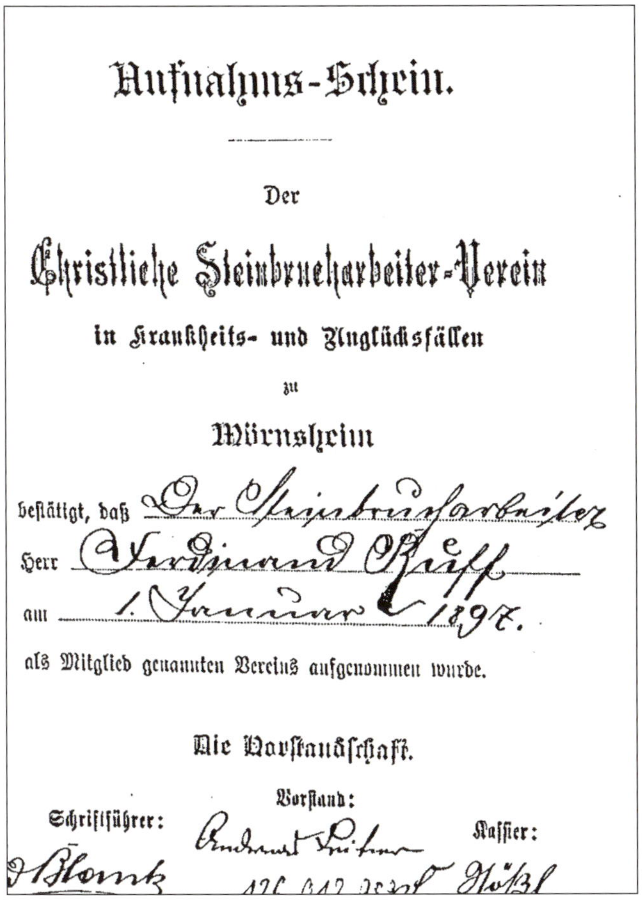

Aufnahms-Schein.

Der

Christliche Steinbrucharbeiter-Verein

in Krankheits- und Unglücksfällen

zu

Mörnsheim

bestätigt, daß Der Steinbrucharbeiter

Herr Ferdinand Ruff

am 1. Januar 1897.

als Mitglied genannten Vereins aufgenommen wurde.

Die Vorstandschaft.

Vorstand:

Schriftführer: Kassier:

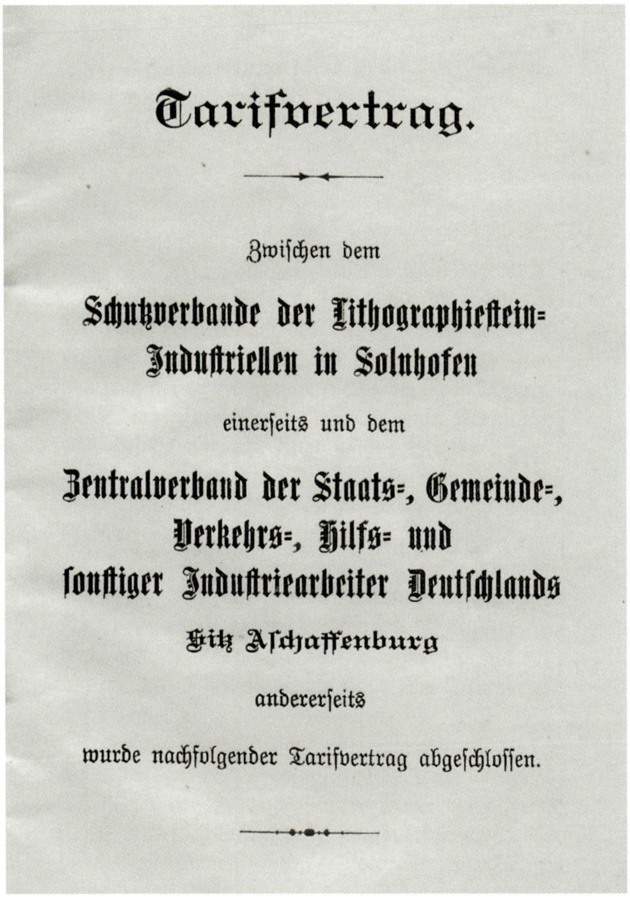

Tarifvertrag.

Zwischen dem

Schutzverbande der Lithographiestein-Industriellen in Solnhofen

einerseits und dem

Zentralverband der Staats-, Gemeinde-, Verkehrs-, Hilfs- und sonstiger Industriearbeiter Deutschlands

Sitz Aschaffenburg

andererseits

wurde nachfolgender Tarifvertrag abgeschlossen.

◀◀ Aufnahmeantrag in den Steinbrucharbeiterverein Mörnsheim.

◀ Tarifvertrag 1909 für das Solnhofer Steingewerbe.

Eine schneidige, selbstbewusste Steinbrechergruppe.

Tarifvertrag 1909. Entlohnung Abspitzer.

— 14 —

	mit Aufmerken (pro 100 Stück)	ohne Aufmerken (pro 100 Stück)
15" W	M. 1.20	M. —.90
18" B	„ 1.50	„ 1.10
18" W	„ 1.60	„ 1.20

Für **Abspitzen von Bodenplatten** wird bezahlt:

	mit Unterschlagen (pro 100 Stück)	ohne Unterschlagen (pro 100 Stück)
12" B und 13" B	M. 4.—	M. 1.50
13 1/2" B „ 14" B	„ 5.—	„ 2.—
15" B „ 16" B	„ 7.—	„ 3.—
18" B „ 18" W	„ 8.—	„ 4.—

Für **Hacken von Lithographiesteinen mit Aufmerken** wird bezahlt:

	unter 5 cm (pro 100 Stück)	von 5 cm aufwärts (pro 100 Stück)
bis einschließlich 10/12	M. —.90	M. 1.20
von 10/14–12/16	„ 1.50	„ 2.—

Die stärkeren Lithographiesteine müssen eventuell auf beiden Seiten gehackt werden.

Für **Pickeln** wird bezahlt: pro Quadratmeter M. 1.—.

2. Abspitzen gelber Steine.

	pro Stück
5/6 — 8/10	M. —.10
9/11— 9/12	„ —.15
10/12—10/14	„ —.18
12/14 – 12/16	„ —.20
12/18	„ —.25
14/18	„ —.30
14/20	„ —.33

— 15 —

	pro Stück
16/20	M. —.35
16/22	„ —.40
18/22	„ —.45
18/24	„ —.50
19/25	„ —.55
20/26	„ —.60
20/28	„ —.65
22/28	„ —.70
22/30	„ —.75
24/30	„ —.85
24/32	„ —.90
24/34	„ —.95
24/36	„ 1.—
26/36	„ 1.10
26/38	„ 1.20
28/38	„ 1.30
28/40	„ 1.40
30/40 und 82/110	„ 1.50
87/115	„ 1.65
90/120	„ 1.75
93—95/125	„ 1.90
100/130	„ 2.—
110/140—115/145	„ 2.40
120/160	„ 3.—
125/170	„ 3.20

Für blaue Steine wird ein Zuschlag von 5 % gezahlt.

der Monatsbeitrag 40 Pfennig. Mit der 1970 eingeführten gesetzlichen Lohnfortzahlung spielte das Krankentagegeld des Vereins von 1 DM keine Rolle mehr. Dennoch lehnten die Mitglieder 1974 die Auflösung des Vereins ab und beschlossen, ihn für kameradschaftliche Bindung, Geselligkeit und Hilfsbereitschaft aufrecht zu erhalten.

Bereits bei der Gründung des Solenhofer Aktien Vereins 1857 wurde zu einer Zeit, in der es noch keine gesetzliche Sozialversicherung gab, eine »Kranken-Unterstützungs-Pensionskasse« errichtet, die sowohl Krankheit und Invalidität absicherte als auch einen Rentenanspruch schuf. Eine Betriebskrankenkasse gab es auch bei Fischer & Kluge und der Mörnsheimer Lithographiestein-Genossenschaft. Zu einem sozialrechtlich und arbeitsorganisatorisch bedeutenden Schritt kam es 1897 im Solenhofer Aktien Verein durch Umstellung des Zeitlohns auf Akkordlohn.

1907 führten die gewerkschaftlichen Aktivitäten erstmals zu einem Tarifvertrag. Geschlossen wurde er zwischen dem Schutzverband der Lithographiestein-Industriellen in Solnhofen und der Abteilung »Steinarbeiter« des Christlichen Zentralverbandes der Hilfs- und Transportarbeiter in München. Ein neuer Tarifvertrag mit einer anderen Gewerkschaft beendete 1909 eine längere Streikphase. Im Solenhofer Aktien Verein stand die Arbeit in den Brüchen und im Werk von Juni bis Ende September still.[36] Auch in der Mörnsheimer Lithographiestein Genossenschaft kam es zu Streiks. Auslöser war ein von den Arbeitgebern vorgelegter Tarifvertrag, der nach Auffassung der Streikenden unannehmbare Lohnkürzungen enthielt. Nach längeren Verhandlungen einigten sich im September der Schutzverband der Lithographiestein-Industriellen in Solnhofen und der Zentralverband der Staats-, Gemeinde-, Verkehrs-, Hilfs- und sonstiger Industriearbeiter Deutschlands mit Sitz in Aschaffenburg auf einen neuen Tarifvertrag. Die darin vereinbarten Regelungen haben eine erstaunliche Ähnlichkeit mit den Arbeitsbedingungen im 18. Jahrhundert.[37]

Die reine Arbeitszeit betrug zehn Stunden von sechs Uhr morgens bis sechs Uhr abends mit einer Stunde Mittagspause und je einer halbe Stunde Frühstücks- und Vesperpause. Der Arbeitstag dauerte also zwölf Stunden. In den Herbst und Wintermonaten richtete sich die Arbeitszeit nach dem Tageslicht, jedoch mit einer Mindestdauer von sieben Stunden ohne Frühstücks- und Vesperpause. Diese Regelung hatte wohl nur für die Brucharbeit Bedeutung, denn die Verarbeitungsbetriebe waren zu dieser Zeit schon mit elektrischem Licht ausgestattet. An Samstagen war ohne Lohnabzug um fünf Uhr Arbeitsschluss. Die normale wöchentliche Arbeitszeit betrug somit 59 Stunden, die gesamte Anwesenheitszeit 71 Stunden. Von einer extremen Detailbessenheit waren in den Tarifverträgen die Differenzierungen bei den Akkordlöhnen. Für das Abspitzen (Abschwächen der starken Lithografiesteine auf Normalstärke mit der Spitzhacke – eine ausgesprochen diffizile und anstrengende Arbeit) und das Handschleifen von Lithografiesteinen richtete sich die Entlohnung nach 32 unterschiedlichen Steingrößen.

Zum sozialen Leben der Steinbrecher gehörten die ab Anfang des 19. Jahrhunderts entstehenden Schankwirtschaften in den Bruchgebieten.[38] Grund war, dass die Steinbrecher in den Talsiedlungen Solnhofen und Mörnsheim wohnten, die Arbeitsstätten jedoch auf der Jurahöhe lagen. Zwar nahmen die Steinbrecher ihre Speisen und Getränke mit oder Familienangehörige brachten sie, dennoch regte sich bald das Bedürfnis, Schankstätten einzurichten, aus denen sich wirtshausgleiche Schankwirtschaften für Steinbrecher entwickelten. Im Laufe der Zeit wurden sie zu öffentlichen Gaststätten, die an Wochenenden und Feiertagen aufgesucht wurden und mit Tanz und Unterhaltung Publikum anlockten.

Entlohnung der Steinbrecher ab 1960.

Lohntafel

gültig ab 1.4.1960

für die Jurakalkschiefer-Industrie in Bayern

-pe	Beschäftigt als	nach vollend. 20.Lebensjahr	bis zum vollendeten 20.L.J.	18.L.J.	17.L.J.	15.L.J.
		DM	DM	DM	DM	DM
	Hilfsarbeiter im ersten Jahr ihrer Tätigkeit	1.78	1.60	1.42	1.07	-.89
	Hilfsarbeiter nach einjähriger Tätigkeit sowie Arbeiter, die nicht in den Gruppen 3-5 ausdrücklich genannt sind	1.85	1.67	1.48	1.11	-.93
	Grubenspezialarbeiter, Lithographiesteinschleifer, Absprenger, Fertigmacher, Säger, Schurer,- in den ersten 1 1/2 Jahren ihrer Tätigkeit	1.94	1.75	1.55	1.16	-.97
	Kraftwagenführer und Arbeitnehmer der Lohngruppe 3 - nach 1 1/2 jähriger Tätigkeit	2.02	1.82	1.62	1.21	1.01
	In ihrem Fachgebiet tätige Facharbeiter mit abgeschlossener Lehre (Handwerker), z.B. Schlosser, Maurer, Schreiner, Zimmerleute usw.	2.07 -.15 2.22	1.Gehilfenjahr: DM 1.66 + -.15 2.Gehilfenjahr: DM 1.86 + -.15 3.Gehilfenjahr: DM 2.07 + -.15			
	Für leichte Arbeiten: Transport- u.Sortierarbeiten, sowie leichtere Wand- u. Bodenplatten-Schleifarbeiten, - im 1. Jahr der Tätigkeit	1.50	1.35	1.20	-.90	-.75
	wie vor, nach 1-jähriger Tätigkeit	1.59	1.43	1.27	-.95	-.80
	Vorarbeiter	2.38				

Anmerkungen

[1] Zu Marktbreit als Mainlände für die Solnhofer Steine Kapitel V 4 Auf dem Main.

[2] Zu den großen Steinfirmen Kapitel IV 1. Von der einstmals bedeutenden Firma Fischer & Kluge sind erstaunlicherweise keine Quellen mehr vorhanden, weder in Pappenheim, wo die Firma ihren Sitz hatte, noch im Bayerischen Wirtschaftsarchiv.

[3] Die Schreibweise »Solenhofen« hängt damit zusammen, dass Solnhofen zur Gründungszeit des Aktienvereins so geschrieben wurde.

[4] Zur Geschichte des Solenhofer Aktien Vereins von Breunig 1948, der lange Zeit Bilanzprüfer des Unternehmens war. Die sachlichen Ausführungen sind immer wieder mit sehr persönlichen Ansichten und Auseinandersetzungen mit dem Leitungspersonal durchmischt; Henle 2018, 177 ff.

[5] Die Königliche Bank ist Vorläuferin der Bayerischen Staatsbank, die 1971 mit der Bayerischen Vereinsbank fusionierte, 1999 in der Hypo-Vereinsbank aufging und heute zur italienischen Bankengruppe UniCredit gehört.

[6] Bayerische Staatszeitung mit Bayerischer Staatsanzeiger Nr. 5/1930.

[7] Zur Mörnsheimer Lithographiestein Genossenschaft Nieberle 1999 und Henle 2018, 183 ff.

[8] Nieberle 1999, 40 und 48

[9] Zu den Steingewerbefamilien Arauner und Schindel Kapitel III 5 Solnhofer Steinfamilien.

[10] Dazu Wild 2019, 281 ff.

[11] Ferdinand Arauner war von 1900 bis 1918 auch Solnhofer Bürgermeister

[12] Von Breunig 1948, 68.

[13] Vereinfacht beschrieben verläuft das Druckverfahren so: Mit einer Wachskreide oder einer Fetttusche wird die Zeichnung spiegelverkehrt auf den Stein aufgetragen, dann der Stein genässt, wobei die nicht gezeichneten Stellen das Wasser aufnehmen, die gezeichneten dagegen trocken bleiben. Nun kann die Zeichnung mit fetter Farbe eingewalzt werden, wobei die Farbe von den nassen Stellen abgestoßen wird und auf den gezeichneten Stellen bleibt. Mit der Presse wird das Papier (Druckträger) auf den Stein gedruckt.

[14] Zu anderen Lithografiesteinen Kapitel IV 2 Konkurrenzlose Lithografiesteine.

[15] Das Solnhofer Denkmal stammt aus der 1901 aufgelösten Druckerei Lemercier in Paris. Es wurde unter Initiative des Direktors des Solenhofener Aktienvereins von Förderern und der Gemeinde in einer Auktion ersteigert und 1904 aufgestellt.

[16] In Mörnsheim gibt es einen, heute allerdings nicht mehr ausgebeuteten Bruch, der wegen der vielen graublauen Steine den Namen »Blauberg« erhielt.

[17] Zur Rolle Engelmanns in der Lithografie Kapitel XIII. Engelmann Kapitel XII 2.

[18] Engelmann 1824, 39.

[19] Bautz 1831, 8 f.

[20] Hafner 2005, 468 f.

[21] Ebd., 188.

[22] Ebd., 468.

[23] Zu den ausländischen Lithografiesteinen Viohl 2024.

[24] Nach dem Beitrag »Der Solenhofer Aktien-Verein in München und Solnhofen« in der Veröffentlichung »Industrielle Welt«, soll es auch in Süditalien und Polen einen dem Solnhofer lithografischen Plattenkalk ähnlichen Stein gegeben haben, S. 2, München 1930.

[25] Reinhard 1933, 13.

[26] Engelmann 1824, 39/40.

[27] Amann 1908, 126.

[28] 23894 Steine sind Katastersteine (Bayern 18019, Sachsen-Meiningen 2727, linksrheinische Pfalz 2582, Sachsen-Coburg 566) und 2740 Steine für Topografische Karten und Formblätter.

[29] Mit der neuen Gebietseinteilung Bayerns im Jahre 1837 kam Solnhofen (heute Landkreis Weißenburg-Gunzenhausen) zum Kreis (damals identisch mit Regierungsbezirk) Schwaben und Neuburg. Das Rentamt Monheim war Teil des Landgerichts Monheim, eine Unterteilung, die heute dem Landkreis entspricht. Mörnsheim wurde in den Kreis Oberpfalz und Regensburg eingegliedert, Langenaltheim in den Kreis Mittelfranken.

[30] Müller-Burger 1926, 96 ff. Zweck war, eine Grundlage für eine angemessene Besteuerung zu bekommen.

[31] Eder 1928, 38.

[32] Zur Rolle Marktbreits als Hafen für den Transport der Solnhofer Steine in die von Main und Rhein erschlossenen Gebiete Kapitel V 4.

[33] Archiv der Marktgemeinde Mörnsheim.

[34] Sammlung Emil Meier, Mörnsheim.

[35] Zur Geschichte dieses Vereins Festschrift Mörnsheim 1982, 15 ff.

[36] Von Breunig 1948, 38 f.

[37] Kapitel III Verlegekosten, Lohnnebenleistungen und Arbeitszeiten.

[38] Gründlich erforscht hat die Solnhofer Schankwirtschaften, ihre Rolle und Bedeutung Leonhard Schauer, Schauer 2001–1, 2001–2 und 2006. Zu den Schankwirtschaften im Langenaltheimer Bruchgebiet Wild 2019.

V Steintransporte

Der Steintransport stellte bis weit in das 20. Jahrhundert hinein besondere Herausforderungen, die auf zwei Ebenen bewältigt werden mussten. Wesentlicher Faktor war das Gewicht.[1] Die gebrochenen und die unbrauchbaren Steine sind innerhalb des Bruchs und aus dem Bruch zu den Verarbeitungsbetrieben zu transportieren. Um die fertigen Steine zu den Bestellern zu bringen, waren unter den schlechten Bedingungen, die bis in die zweite Hälfte des 19. Jahrhunderts herrschten, Ferntransporte zu organisieren, die vom westlichen Bodensee bis Budapest reichten.

1 Transport in und aus den Steinbrüchen

In der Geschichte des Transports der Steine in und aus den Steinbrüchen sind drei Phasen zu unterscheiden: traditioneller Transport mit Karren, Transport auf gleisgebundenen Rollwagen und Transport auf mobilen Kraftfahrzeugen.

Die längste Zeit, die bis zum Ersten Weltkrieg reicht, erfolgte der Steintransport auf von Pferden gezogenen »Schnappkarren« und »Folterkarren«, wie die Steinbrecher sie nannten.[2] Mit den Schnappkarren wurden die brauchbaren Steine zu den Verarbeitungsstätten transportiert, vor allem aber die vielen unbrauchbaren Steine auf die teils riesigen Schutthalden (»Schütten«) gebracht (Abb. S. 31). Ein Pferd, das links und rechts an einer Deichsel eingespannt war, zog den Karren auf steilen und holprigen Wegen aus dem Bruch und das unbrauchbare Material auf die noch steileren Schütten. An der Ausladestelle angekommen, drehte der Fuhrknecht das Gespann und führte es rückwärts bis an den Rand der Schütte, wo er die Schließklappe öffnete und den Karren hochschnappen ließ, so dass der Schutt herausrutschte. Der Folterkarren, der am Haken der Deichsel des Pferdes angehängt wurde, diente dem Transport großer und schwerer Platten. Deshalb war er mit zwei kräftigen Rädern und einer kräftigen Achse ausgestattet. Weil die Deichsel beim Transport stark ausschlug, musste sie von einem rechts und einem links positionierten Mann geführt werden.

Nach dem Ersten Weltkrieg stellten die Steinbrecher auf den Gleistransport um. Den Schutt luden sie auf Rollwagen mit einem Holzkasten, später auf Rollwagen mit abkippbarer eiserner Mulde, die das Abladen des

▲ Schnappkarren für den Transport der Steine aus dem Bruch.

▼ Folterkarren für den Transport von schweren Steinen.

▶ Holzkasten- und Kippmuldenrollwagen.

▶▶ Gleisaufzug über eckiges Gleis.

Schutts sehr erleichterte. Die Gleisanlage spiegelte die Anteilsstruktur wider.[3] Im Solnhofer Hummelberg führte vom Hauptgleis weggehend je ein eigenes Gleis zu den einzelnen Steinbruchanteilen, die über eine Drehscheibe angefahren werden konnten. Anfänglich schoben die Steinbrecher die Rollwagen, dann übernahm diese Arbeit eine Lokomotive. Um die steinbeladenen Rollwagen gleisgebunden aus dem Bruch zu bringen, waren beachtliche Höhenunterschiede zu überwinden, in Extremfällen bis zu 40 bis 50 m. Das geschah mit Hilfe einer motorgetriebenen Seilwinde.

Die Wende kam in den 1960er Jahren. Die Steinfirmen stellten den Transport auf Gabelstapler und sogenannte »Robuster« um. Robuster waren Sonderfahrzeuge, die eine Plattform hatten, auf die Container mit Schutt und Paletten mit Steinen für die Weiterbearbeitung in den Betrieben geladen werden konnten. Gabelstapler brachten die Paletten zum Robuster. Diesem Transportsystem

▶ Gleise zu den einzelnen Bruchanteilen im Solnhofer Hummelberg (um 1960).

▶▶ Gleisaufzüge in der Langenaltheimer Haardt.

Gabelstapler- und Robustereinsatz im Mörnsheimer Hartbruch (1963).

schloss sich im März 1963 der Bergrat der Marktgemeinde Mörnsheim für den Hartbruch der Gemeinde an. Interessant ist, welche Gründe dafür angeführt wurden. Wegen der veralteten Anlage und des Mangels an Arbeitskräften sei der Gleisbetrieb, für den fünf Arbeitskräfte tätig sein mussten, unrentabel geworden. Der Robusterbetrieb benötige dagegen nur eine Arbeitskraft. Mit der Umstellung auf diesen Betrieb war die traditionelle Ausbeute nach Anteilen zugunsten einer gemeinsamen Ausbeute überwunden und damit der Wegfall der Anteilsgrenzen endgültig besiegelt.

2 Landtransport

Obwohl die Solnhofer Steine über Jahrhunderte in zahlreiche und auch weit entfernte Gebiete gelangten, ist die Quellen- und Forschungslage zum Transport der Steine an die Bestimmungsziele recht dürftig. Das gilt vor allem im Hinblick auf den Landtransport, wie dieser organisiert, finanziert und durchgeführt wurde und welche Probleme damit verbunden waren. Nachfolgend wird der Versuch unternommen, dennoch einige Aspekte darzustellen.

Der Landtransport so schwerer Güter wie Steine war in der Barock- und Rokokozeit aufwendig, teuer, langwierig und von geringer Frachtkapazität. Er stellte hohe Anforderungen an das Zuggerät, die Zugtiere und die Fuhrleute. Die Durchführung des Transports hing von drei Faktoren ab: Konstruktion des Fuhrwerks, Zustand der Straßen sowie Häufigkeit und Grad der Steigungen. Zudem waren große Entfernungen zu bewältigen, beispielsweise bis in das weit entfernte Zisterzienserkloster Salem am westlichen Bodensee.[4]

Fuhrwerk

Wegen des schweren Frachtgewichts von Steinen brauchte es besonders stabil gebaute Fuhrwerke, die deswegen im Leergewicht schon schwer waren.[5] Beim Transport von Solnhofer Steinen wurden sie mit einem Gewicht von 2,5 bis 3 Tonnen beladen.[6] Bestand die Ladung aus Platten einer mittleren Stärke von 4 cm, wie sie damals Bodenplatten hatten, konnten rund 25 qm verladen werden. Nimmt man als Rechenbeispiel Quadratplatten der häufig vorkommenden Größe von 14 und 17 bayerischem Zoll (34 und 42 cm), bestand eine Ladung aus 215 beziehungsweise 142 Platten. Für den Fußboden eines Saals von 200 qm waren mindesten acht Fuhren erforderlich.

Zeitgenössische Quellen gehen von einem größeren, aber auch geringerem Ladegewicht aus. Als der Ottobeurer Abt Petrus Kimmicher 1666 in Solnhofen 3000 Steine bestellte,[7] teilte er im Entwurf eines Zollbefreiungsschreibens mit, die Steine lasse er *mit 13 Unsers Gottshaußes und Unserer Underthanen beraiths abgeschickhter Fuehren* von Augsburg *ab- und allhero fuehren*.[8] Um welche Plattenformate es sich handelte, geht aus der Quelle nicht hervor. Waren es 14 Zoll-Platten mit einer Stärke von 4 cm betrug das Ladegewicht pro Fuhre etwa 2,7 Tonnen, bei 17 Zoll-Platten schon etwa 4,2 Tonnen. 1731 transportierten Fuhrleute 2100 Solnhofer Platten von Günzburg nach Ottobeuren, für die nach dem Tagebuch des Abtes Rupert Ness 15 Wagen zum Einsatz kamen.[9] Unter denselben Annahmen wie vorher betrug das Ladegewicht bei 14 Zoll-Platten 1,6 Tonnen, bei 17 Zoll-Platten 2,5 Tonnen. Ein Durchschnittsgewicht von 2,5 Tonnen pro Fuhre war also durchaus realistisch.

Das Ladegewicht hing wesentlich von der Konstruktion des Fuhrwerks ab. Eine wichtige Rolle spielten dabei die Achsen. Bis weit in das 18. Jahrhundert hinein bestanden sie aus Holz. Waren sie zu dick, erhöhte sich die Reibung zwischen Achse und Radnabe. Für eine Steinlast von 2,5 Tonnen mussten die Achsen verstärkt sein, insbesondere im Ferntransport. Die Räder waren eisenbereift und hinterließen auf den meist schlecht befestigten Straßen tiefe Spurrillen. Die Platten wurden lose

Am gefährlichsten waren starke Gefälle, weil die Rückhaltekraft der Zugtiere oft nicht mehr ausreichte, um die Schubkraft zu bremsen. Daher mussten zusätzliche Bremsvorrichtungen eingesetzt werden. Die einfachste war die Kratzbremse, die allerdings große Schäden an den Straßen verursachte. Mit einem Hebel oder einer Kurbel wurde eine Stange aus Eisen oder Holz mit einer Eisenspitze in den Straßenboden gedrückt. Eine andere Bremsmethode bestand darin, die Hinterräder durch Einlegen einer Stange in die Radspeichen zum Stillstand zu bringen. Wegen der Gefahr eines Speichenbruchs scheuten die Fuhrleute den Einsatz dieser Bremse. Sie bevorzugten vielmehr die Anbringung eines Bremsbaums vor den Hinterrädern, der mit einer Handkurbel gegen die Radreifen gepresst wurde.

Die gängigste Methode, die weniger, aber immer noch genügend Schaden anrichtete, war das Anbringen eines eisernen Hemmschuhs, den die Fuhrleute an der Achse oder am Langbaum aufgehängt mitführten. Der Hemmschuh wurde vor das rechte Hinterrad gelegt, mittels einer Kette mit dem Wagen verbunden und dann das Rad unter Straffung der Kette auf den Hemmschuh gerollt. Damit war das Hinterrad blockiert. Das rechte Hinterrad wurde deswegen beschuht, damit der rechts sitzende Fuhrmann den Hemmschuh im Blick hatte. Das linke Hinterrad übernahm die Spurführung. An besonders abschüssigen Strecken forderte ein Schild dazu auf, den Hemmschuh anzulegen. Die Reibungsbremse aus Holzklötzen, die auf die Vorder- und Hinterräder gepresst wurden, kam erst Ende des 18. Jahrhunderts auf. Deren Bremswirkung reichte bei starkem Gefälle meist nicht aus, um gerade bei Steintransporten die enorme Schubkraft unter Kontrolle zu bringen. Deshalb wurde zusätzlich der Hemmschuh eingesetzt. Dennoch passierte es immer wieder, dass Gespanne von der Straße abkamen, Wagen und Fracht zu Bruch gingen und Fuhrleute verunglückten.

▲ Ein Fuhrwerk auf dem Weg zum Beladen mit Steinen.

▼ Ein Fuhrwerk wird mit Steinen beladen. Die vorderste Kette ist bereits gespannt.

▶ Ein Fuhrwerk geht mit Steinen beladen auf Fahrt.

verladen und zur Vermeidung von Bruchschäden lag zwischen den Platten und auf dem Wagenboden dichtes Stroh. Die Seitenwände verspannte man mit Ketten, damit die Ladung nicht ausbricht. Da die Straßen holprig und die Wagen nicht gefedert waren, kam es immer wieder vor, dass Platten zerbrachen, gelegentlich auch der Transportwagen. Die Bruchgefahr war so groß, dass die Lieferverträge dazu eigene Vorkehrungen enthielten, die durchwegs zu Ungunsten der Steinlieferanten oder Transporteure ausfielen.[10]

Einhemmstelle mit einem kleinen und großen Hemmschuh.

Zugkräfte

Beim Landtransport entscheiden die Zugkräfte der Tiere, wie viel Gewicht transportiert werden konnte und wie lange der Transport dauerte. Die Leistung der Zugtiere hängt von der Zuggeschwindigkeit, der Zugdauer, den Steigungen und der Beschaffenheit der Straßenoberfläche ab.

Generell kann davon ausgegangen werden, dass Pferde und Ochsen im 18. und 19. Jahrhundert bei ausdauernder Leistung mit ungefähr einem Fünftel ihres Gewichts zogen.[11] Gemeint ist das Gewicht, mit dem das Zugtier das Fuhrwerk auf gerader und guter Straße ohne zusätzliche Muskelkraft dauernd in Bewegung halten kann. Bei einem Pferd liegt dieses Gewicht bei 60 kg. Mit Muskeleinsatz war ein 300 kg schweres Pferd in der Lage, je nach Straßenzustand das 10- bis 30fache Gewicht zu ziehen, allerdings unter Verminderung der Tagesleistung. Auf einer gut ausgebauten und gut unterhaltenen Straße waren das um 1800 kg, auf einer durchschnittlich unterhaltenen um 1200 kg und auf einem einfachen Fahrweg lediglich um 600 kg.[12] Ein Viertel bis ein Drittel des Gesamtgewichts entfällt dabei auf das Fuhrwerk. Bei einer Steinlast von zwei Tonnen hätte unter der Annahme einer durchschnittlich unterhaltenen Straße ein Doppelgespann ausgereicht, bei zweieinhalb Tonnen schon nicht mehr.

In Wirklichkeit scheinen die Verhältnisse schlechter gewesen zu sein. 1725 schrieb der Ottobeurer Abt Rupert Ness in sein Tagebuch, die Marmorpostamente für die Kaiserfiguren im Kaisersaal seien so schwer gewesen, dass *ein Wagen mit 4,* [bis] *5 Pferdten nur ein Postament* transportierte und damit hätten die Fuhrleute und die Pferde *gnug zu thun* gehabt.[13] Ein anderer Hinweis aus Ottobeuren kommt zu einem ähnlichen Ergebnis. Aus einer Zahlung der Großkellerei vom 20. Januar 1757 geht hervor, dass *Aichstetter Stain von Augsburg* mit 5 Closter Mähren abgeholt wurden.[14] Das könnte bei welligem bis bergigem Gelände der Normalfall gewesen sein.

Die eigentlichen Zugschwierigkeiten traten in den Steigungsstrecken auf. Bei großen Steigungen mussten zusätzlich Tiere vorgespannt werden. Je nach Steigungsgrad und Streckenlänge war die Zugkraft zu verdoppeln oder zu verdreifachen. Dafür gab es entlang der Transportwege lokale Hilfen für den Vorspann, die meist Bauern als Nebenerwerb ausübten. Zusätzlich musste das Fuhrwerk gegen Rückwärtsrollen gesichert werden, wenn sich abzeichnete, dass die Zugkraft der Tiere aussetzte.

Vorgespannt wurden Pferde oder Ochsen, deren Zugleistung trotz annähernd gleichen Gewichts unterschiedlich ist. Mit dem um den Hals gelegten Kummet können Pferde mehr Zugkraft entfalten als Ochsen mit ihrem an der Stirn angebrachtem Joch. Die maximale Streckenleistung an einem Transporttag von acht Stunden liegt bei einem Pferdegespann in ebenem Gelände und bei mittlerer Straßenqualität zwischen 3,2 und 4 km pro Stunde, bei einem Ochsengespann zwischen 2,2 und 3,2 km.[15] Ein Pferdegespann kam also an einem Tag bis zu 32 km voran, ein Ochsengespann bis zu 26 km. Da Ochsen Wiederkäuer sind, brauchen sie Rast, eineinhalb Stunden zum Fressen und eineinhalb Stunden zum Wiederkäuen. Ochsen können zudem nicht vom Wagen aus gelenkt werden, da ihnen keine Trense anlegbar ist. Müssen die Zugtiere schneller oder stärker ziehen, nimmt die Tagesleistung

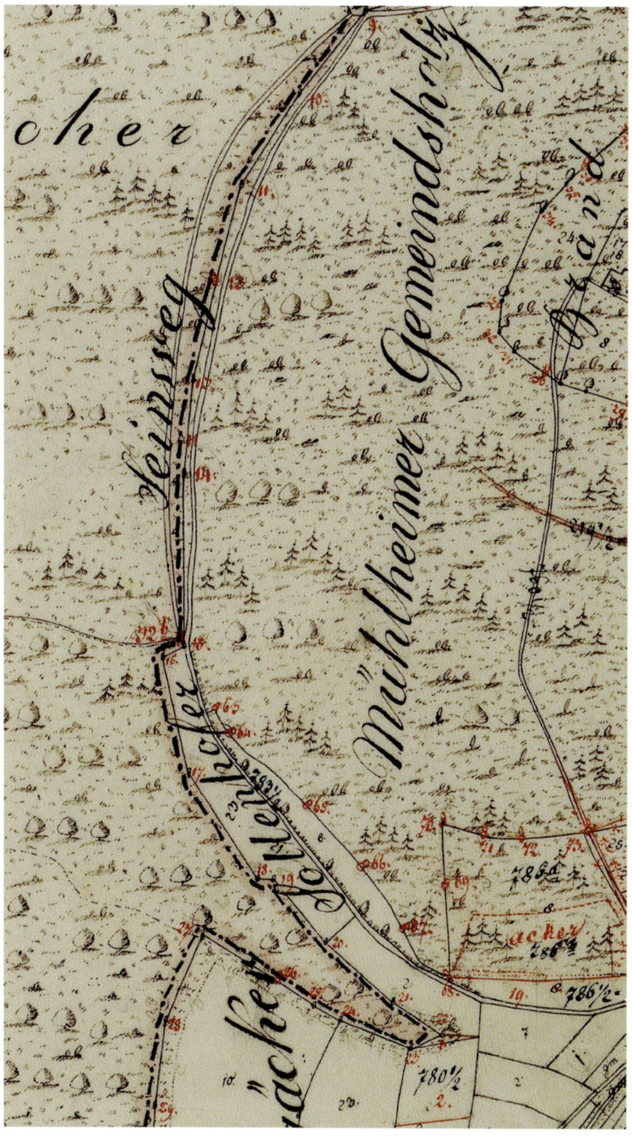

»Sollenhofer Steinweg« im Urkataster von 1814. Bayernatlas.

stark ab,[16] ebenso bei schlechten und durch Regen oder auftauendem Schnee aufgeweichten Straßen. Die stärkste Abnahme der Zugleistung stellt sich bei Steigungen durch schnelle Ermüdung der Zugtiere ein.[17] Daher ist davon auszugehen, dass die Fuhrleute lieber einen Umweg in Kauf nahmen, als über große und vor allem lange Steigungen zu fahren.

Werden diese Fakten unter Annahme von durchschnittlichen Straßen-, Wetter- und Steigungsverhältnissen auf die Steintransporte von Solnhofer Platten nach Augsburg (80 km) in das Zwischenlager der Benediktinerabtei Ottobeuren übertragen, dauerte der Transport je nach Zugtieren drei bis vier Tage. An die Mainlände in Marktbreit (140 km) waren fünf bis sechs Tage anzusetzen. Besonders bemerkenswert ist die Übertragung der angeführten Erkenntnisse auf die zahlreichen Transporte von Solnhofer Platten an die Donaulände in Stepperg zum Weitertransport auf Flößen. Danach waren sie mit Hin- und Rückfahrt nicht an einem Tag zu bewältigen, gleich ob die Fuhrleute den kürzeren aber steigungs- und gefällreichen Weg von rund 22 km über Tagmersheim, Ammerfeld und Rennertshofen nahmen oder den längeren, durchgehend flachen von rund 32 km über das Altmühltal bis Dollnstein und dann durch das Wellheimer Trockental bis Stepperg. In beiden Fällen war zudem ein starkes Gefälle von den hochgelegenen Steinbrüchen in das Gailachtal bei Mühlheim zu bewältigen (150 Höhenmeter). Spuren dieser noch in den Karten des 19. Jahrhunderts als »Sollenhofer Steinweg« eingetragen Strecke sind im Gelände nach wie vorsichtbar.

Wintertransport

Im Winter war der Transport mit Fuhrwerken weitgehend eingestellt. Dazu zwangen die Unvorhersehbarkeit der Wetterbedingungen, die Unpassierbarkeit einzelner Straßenabschnitte, der erhöhte Widerstand durch das tiefere Einsinken der Räder auf den durchnässten Straßen und die durch die Nässe aufgequollenen Achsen. Das klingt in einem Tagebucheintrag des Ottobeurer Abtes Rupert Ness an. Im Frühling sei das Wetter zwar sehr angenehm, *aber aus Mangel der harten* (vom abgetauten Schnee noch durchweichten) *Strass nit dienlich*,[18] um Holz und Stein herbeizuschaffen. Der Widerstand den Fuhrwerke im Winter zu überwinden hatten, lag um 10 bis 20 Prozent höher als in der übrigen Zeit.[19] Weniger aufwändig, schneller und auch preiswerter war dagegen der Wintertransport auf Schlitten.

Die Schlitten für Steintransporte waren niedrige Sonderkonstruktionen. Sie hatten lenkbare Vorderkufen und starre Hinterkufen, die 20 cm hoch und 15 cm breit waren.[20] Beladen werden konnten sie bis zu einer Höhe von 70 bis 80 cm, wobei die Seiten-, Vorder- und Hinterwände durch Ketten zusammengehalten wurden. An steilen Stellen wurden die »Reißer« eingelegt.[21] Diese Bremse an den Hinterkufen bestand aus einer etwa 2,5 cm starken Eisenstange (»Reißer«), die von den Fuhrleuten mit einer Kurbel auf die Straße gedreht wurde, wodurch Schnee und Eis »aufgerissen« wurden.

Wegen des gegenüber der Straße geringeren Reibungswiderstandes lässt sich ein beladener Schlitten mit weniger Kraftaufwand ziehen als ein entsprechend beladenes Fuhrwerk. Deshalb verlagerte man die Steintransporte gerne in die Winterzeit. Am 3. Januar 1579 richtete der bayerische Herzog Albrecht V. eine Anweisung an seine Kammerräte, die für seine Münchner Residenz in der Umgebung von Reichenhall gebrochenen Steine seien im Winter nach München zu bringen, *weil mann sy* [sie] *bei waerender Winter Pan* [Bahn] *viel leichter alls zu anderer Zeit* [...] *hierher bringen kan*.[22] Um für den Bau des neuen Klosters genügend Hausteine zu haben, ließ Abt Rupert Ness im März 1714 zahlreiche Nagelfluhstücke heranschaffen, *weilen die Bahn vom gefallnen Schnee guett* sei.[23] Auch im 19. Jahrhundert bevorzugte man für den Steintransport noch den Winter. Der reiseschriftstellende Pfarrer Karl August Böhaimb stellte fest, auf der Donaulände in Steppberg würden die Solnhofer Platten »besonders zur Winterzeit auf Schlitten« angeliefert.[24] Diese Transporte dienten der Auffüllung der Lagerhütten mit Steinen, um für den Weitertransport auf Flößen im Frühling gerüstet zu sein. Der Floßbetrieb ruhte von Ende November bis Anfang März, ähnlich wie der Steinbruchbetrieb ab Martini (11. November).

Welche Rolle die geringeren Kosten des Schlittentransports spielten, belegt ein Schreiben des Abtes der Füssener Benediktinerabtei St. Mang, das er im Oktober 1713 an seinen Mitbruder Abt Rupert in Ottobeuren richtete. Es ging um eine Lieferung von Fensterbänken aus Füssener Rotmarmor. Der Füssener Abt versicherte nicht nur den *leichtisten Preis* für die Steine, auch für die Fuhrkosten müsse er sich keine Sorge machen, denn zur *Winters Zeit gethraue* ich *mirs umb ein Pagatell zu liffern*.[25] Kostenmindernd war auch der Umstand, dass die Landwirte ihre Zugtiere im Winter kaum brauchten und sie deshalb ihre Zugleistungen mit niedrigeren Preisen als sonst anbieten konnten.

Der Winter behinderte den überregionalen Steintransport stärker als den regionalen. Dennoch gab es auch Ferntransporte. Das zeigen die Lieferungen von 1691 bis 1696 an die Zisterzienserabtei Ebrach, die überwiegend von November bis März erfolgten.[26] Winterlieferungen waren auch beim Neubau der Ottobeurer Abtei keine Ausnahme. Die ersten vom Solnhofer Hans Georg Bühnle gelieferten 5000 Steine transportierten Fuhrleute Ende November 1712 nach Augsburg in das Ottobeurer Zwischenlager.[27] Mitte November 1721 verpflichtete sich der Mörnsheimer Joseph Ottinger, noch *disen Winter* 5800 große Platten und 77 Simse ebenfalls nach Augsburg zu bringen.[28] Als sein Mörnsheimer Kollege Johann Hänle am 29. Dezember 1721 vom Heilig Kreuz Kloster in Donauwörth den Auftrag für 2000 Platten erhielt, versicherte er, *bei gueten Wündter* [Winter]*weg etliche Fuhren dahin abgehen* [zu] *lassen*.[29] Um Hausteine für Mauern und Wände zu haben, eröffnete die Abtei Ottobeuren einen eigenen Steinbruch in dem zum Territorium gehörenden Egg an der Günz. Zum Steintransport nach Ottobeuren stellte Abt Rupert Ness in seinem Tagebuch im Februar 1731 zufrieden fest, *nunmehro* können *alle bis anhero* [bisher] *gebrochene Stein* [...] *auf den Schlitten* [heran]*geführt* werden.[30]

Mangels einschlägiger Quellen verbleibt beim Transportthema eine Reihe offener Fragen. Wer führte den Transport durch? Wer war Transporteur, wenn – wie häufig – die Lieferanten verpflichtet waren, die Steine auf eigene Kosten zur Baustelle oder zu einem Baulager zu bringen? Waren es die Lieferanten selbst oder ein von ihnen beauftragter Transporteur? Anders als die geistlichen und weltlichen Territorialherrscher konnten sie nicht

So kann ein Wintertransportschlitten aussehen.

auf Spanndienste der Untergebenen zurückgreifen. Welche Fuhrwerke wurden eingesetzt? Blieben die Steine auf dem Fuhrwerk bis zum Zielort oder wurden sie in Etappen auf andere Fuhrwerke umgeladen? Ein Hinweis, dass auf langen Strecken auch umgeladen wurde, ergibt sich aus einer Steinlieferung an die Wallfahrtskirche in Gößweinstein. Der Mörnsheimer Lieferant Johann Michael Zinsmeister hatte die bestellten Steine bis Nürnberg zu transportieren. Dort übernahm ein Gößweinsteiner Gastwirt die Fracht mit eigenem Fuhrwerk.[31] Ob dieser Wechsel bei langen Strecken die Regel war, muss wegen der defizitären Quellenlage im Unklaren bleiben. Wenn nicht umgeladen wurde, was geschah mit dem Fuhrwerk am Zielort? Gab es Rückfracht? Unabhängig von diesen Fragen beweist die Tatsache der zahlreichen Steintransporte vom Solnhofer Bruchgebiet in zum Teil weit entfernte Gegenden, dass im Barock und Rokoko eine funktionierende Logistik existierte, die unter schwierigen Bedingungen in der Lage war, Transportketten zu organisieren, zu realisieren und zu finanzieren.

3 Kosten des Landtransports

Die Kosten für den Landtransport der Steine fielen auf beiden Seiten spürbar ins Gewicht, sowohl bei den Steinlieferanten als auch den Steinbestellern. Je nachdem wer diese Kosten zu tragen hatte, minderte sich der Erlös beim Lieferanten oder es erhöhten sich die Ausgaben beim Besteller. Mit ihrer größeren Verhandlungsmacht waren die Bauherren sehr darauf bedacht, die Transportkosten durch Abwälzung auf die Steinlieferanten zu minimieren. Entweder hatten diese die Kosten für den gesamten Transport zu tragen oder die Kosten wurden aufgeteilt, so dass es wenigstens zu einem gewissen Ausgleich zwischen Belastung und Entlastung kam. Zerbrachen Steine beim Transport oder ging die Fracht ganz unter, hatten die Lieferanten dieses Risiko als Ausfall zu tragen.

Kostenaufteilung

Wer den Steintransport durchzuführen und dafür die Kosten aufzubringen hatte, unterlag einer sehr unterschiedlichen Handhabung. Mal verpflichtete ein Vertrag die Steinlieferanten zur Übernahme der gesamten Transportkosten, mal kam es zu einer Aufteilung der Transportstrecke, die jedoch sehr unterschiedlich war.

Ein Beispiel für die Übernahme der gesamten Transportkosten bietet der Kauf von Adneter Marmor für den Goldenen Saal im Augsburger Rathaus.[32] Mit diesem Geschäft beauftragte die Stadt zwei Augsburger Steinmetzmeister, die den Handel und den Transport zwischen 1616 und 1619 abwickelten. Sie verpflichteten sich, die benötigten *Pflasterstuckh auf all ir wagnis, cossten und gefahr* zu liefern.[33] Der Transport erfolgte auf dem Wasser von Hallein über die Salzach und den Inn und dann von Passau auf der Donau bis Marxheim, wo der Lech in die Donau mündet.

Als Georg Hänle 1670 den Auftrag erhielt, den Fußboden des Chors der Pfarrkirche St. Martin in Amberg mit Solnhofer Platten auszustatten, enthielt der Vertrag die Verpflichtung, die Steine *uf seine Cossten* [...] *nacher Ingolstatt zulifern* habe.[34] *Für Hänle war das eine günstige Aufteilung, denn der Wassertransport über die Donau, Naab und Vils wäre ihm viel teurer zu stehen gekommen.* Sehr ungünstig verhielt es sich dagegen mit den Steinlieferungen seines Sohnes Johann für die Zisterzienserabtei Ebrach. Nach Ziffer 1 des im Januar 1691 geschlossenen Vertrages musste er die Steine *auf aigenen Costen und ohne einigen fernern* [weiterem] *Entgeld des Closters, wie es auch Nahmen haben mag, anhero liefern und abladen*.[35] Bei einem Lieferpreis von 15 fl pro 100 Platten und einer Transportstrecke von ungefähr 150 km wirkten sich die Transportkosten stark erlösmindernd aus.

Besser erging es Johann Hänle als er sich 1705 mit dem Ulmer Pfleger der Zisterzienserabtei Salem handelseinig wurde. Er hatte die Fuhrkosten bis an die Donaulände in Ulm zu tragen. Ab Ulm übernahm Salem den Steintransport auf seine Kosten. Im Ergebnis war es eine hälftige Aufteilung, denn beide Streckenteile waren etwa gleich lang (115 km). Als Johann Kelz 1759 Steine für die Bibliothek der Prämonstratenser Reichsabtei Schussenried lieferte, hatte er sie ebenso wie Johann Hänle auf seine Kosten nach Ulm zu bringen. Wie viel die Abtei Schussenried für den Weitertransport aufzuwenden hatte, ist urkundlich belegt.[36] Die reinen Fuhrkosten betrugen 66 fl 48 x. Dazu kamen die Kosten von 41 fl 45 x für Zehrung (Verpflegung) und Trinkgeld der Fuhrleute.

In den langjährigen Geschäftsbeziehungen mit der Reichsabtei Ottobeuren hatten die Solnhofer und Mörnsheimer Steinlieferanten von Anfang an die Kosten für den Transport in das Ottobeurer Zwischenlager in Augsburg zu tragen. Den Weitertransport in das Zentrallager in Sontheim und von dort in das nahe Ottobeuren übernahm die Abtei. Schon die erste Lieferung im Jahre 1666 war nach Augsburg in ein Zwischenlager zu *N. Eysenhut, bürger und bierprew daselbsten* zu bringen.[37] Bevor 1714 die großen Lieferungen einsetzten, musste Hans Georg Bühnle aus Solnhofen 1712 die Steine sogar *über Augsburg* hinaus bis Mindelheim transportieren. Anders als später zahlte ihm Ottobeuren dafür allerdings 5 fl pro 100 Steine.[38] Als der barocke Neubau der Abtei richtig in Gang kam, errichtete die Benediktinerabtei Ottobeuren für die gesamte Bauzeit von Kloster und Kirche ein Zwischenlager in der Augsburger Benediktiner Reichsabtei St. Ulrich und Afra. Ab 1714 bis 1764 waren die Steine auf eigene Kosten *bis nachher Augspurg zu liferen* zu bringen und zwar *alle gantz und vollkommen, ohne Abgang* [ohne dass etwas fehlt].[39]

Von Augsburg bis in das Zentrallager Sontheim (70 km) übergab die Abtei den Steintransport Fuhrunternehmern aus Mindelheim und Türkheim. Pro 100 Steine zahlte sie 6 fl und 30 x pro Sims.[40] Bei ungefähr gleicher Entfernung lässt sich aus diesem Aufwand annäherungsweise entnehmen, wie hoch wahrscheinlich die Transportkosten von Mörnsheim nach Augsburg waren. Bei den meisten Transporten wurde nach Größe der Platten unterschieden. Für 100 *größere* Platten gab es einen Fuhrlohn von 6 fl, für *kleinere* von 3 fl.[41] Ein Jahr später zahlte Ottobeuren für die kleinen Steine jedoch schon 5 fl pro 100 Stück.[42] Im August 1731 holten Fuhrleute mit 15 Wagen Solnhofer Platten in Günzburg ab und transportierten sie in den zu Ottobeuren gehörenden Ort Egg an der Günz (50 km). Von dort brachten sie Egger Bauern im Hand- und Spanndienst nach Ottobeuren (20 km). Die Abtei zahlte den Bauern 1 fl pro Wagen neben Kost für die Fuhrleute und Futter für die Zugtiere.[43]

Der Transport der Steine für die Wallfahrtskirche Gößweinstein war so organisiert, dass der Lieferant Johann Michael Zinsmeister sie bis Nürnberg zu bringen hatte. Den Weitertransport übernahm ein Gößweinsteiner Wirt, der neben den Fuhrkosten auch ein Übernachtungs- und Verpflegungsgeld von 5 fl erhielt. Bemerkenswert ist, dass Zinsmeister für die Kosten der Umladung der Steine aufkommen musste.[44] Darin liegt der Hinweis eines Fuhrwerkwechsels, der bei langen Strecken die Regel sein konnte, auf den in den Quellen nicht eingegangen wird.

Haftung für Transportschäden

In den Lieferverträgen waren die Steinbesteller sehr auf eine Regelung bedacht, dass bei Transportschäden nicht sie, sondern die Lieferanten die Folgen zu tragen hatten.

Das bekam Georg Hänle bereits 1670 bei einem seiner ersten großen Aufträge zu spüren, den er von der Pfarrkirche St. Martin in Amberg bekam. Sollte sich in Ingolstadt bei der Verladung auf die Salzschiffe herausstellen, dass beim Transport *vill oder wenig* Steine *zerstossen oder zerprochen* sind, war er verpflichtet, sie mit *neuen und gueten widerumben zuersezen*.[45] Eine etwas andere Regelung hatte sich 1691 die Zisterzienserabtei Ebrach im Vertrag mit Johann Hänle ausgedacht. Brachen beim Transport Platten so, dass sie noch zu gebrauchen waren, wurden *2 Stein für einen gerechnet*.[46] Für zwei zerbrochene, aber noch brauchbare Platten, musste die Abtei also nur den Preis für eine zahlen.

Unterschiedlich ging Ottobeuren vor. Im Liefervertrag vom Oktober 1714 mit Johann Hänle räumte sich die Abtei das Recht ein, *alle verbrochne Stein* [...] *ohnengellt* zu behalten, auch wenn sie noch brauchbar waren.[47] Von 1718 bis 1726 beauftragte sie einen Fuhrunternehmer aus Türkheim für den Transport der Steine von Augsburg nach Sontheim. *Was aber durch seine Schuldt* beim Transport *verrisen* wurde, zog ihm die Abtei vom Fuhrlohn ab.[48] Eine besondere Regelung enthielt der mit Joseph Ottinger im November 1721 geschlossene Liefervertrag. Obwohl vereinbart war, dass der Transport von Augsburg nach Ottobeuren von Fuhrleuten im Auftrag und auf Kosten der Abtei erfolge, trug Ottinger dennoch auch für diesen Transport eine Verantwortung. Wenn *dabei so einige im Führen brechen*, hatte er die Folgen zu tragen, weil es ihm oblag, die Fuhrleute anzuleiten, *daß sie die Stein* [...] *gantzer*, also unzerbrochen liefern.[49] Dazu kam die weitere Verpflichtung, dafür zu sorgen, dass der Transport *in billichem* [angemessenen] *Fuhrlohn* durchgeführt wird. Heute sehen die Allgemeinen Geschäftsbedingungen der Steinlieferanten vor, dass der Versand allein auf Kosten und Gefahr des Bestellers erfolgt. Für zerbrochene Steine wird folglich kein Ersatz geleistet.

Maut- und Zollkosten

Bis 1871 hatte der Steintransport im territorial arg zersplitterten Deutschland noch ein anderes stark kostentreibendes Transporthindernis zu überwinden. Jedes Territorium verlangte für die Durchfahrt Zoll und Maut. Den kirchlichen und weltlichen Bauherren war daher sehr daran gelegen, von diesen Kosten befreit zu werden. Dazu verfassten sie Freistellungsbitten, die sie den Transporteuren mit auf den Weg gaben. Neben Maut- und Zollkosten fielen Brückenzoll und Straßenzoll für besonders beanspruchte, insbesondere gepflasterte Wegstrecken an.[50]

Als Pfalzgraf Ottheinrich von 1534 bis 1538 sein Neuburger Schloss um einen neuen Nordflügel erweiterten ließ, kam auch Adneter Marmor aus dem Hochstift Salzburg zum Einsatz. Dieser wurde auf der Salzach und dem Inn bis Passau transportiert und dann auf der Donau bis Neuburg getreidelt.[51] Weil auf der Donau elf bayerische Maut- und Zollstellen zu passieren waren,[52] bat der Pfalzgraf seinen Verwandten, Herzog Ludwig X. von Bayern, um Ausstellung eines Zollfreibriefes.[53] 1583 erwirkte Herzog Wilhelm V. von Bayern einen Zollfreibrief für den Transport von Solnhofer Bodenplatten, die er für die Jesuitenkirche St. Michael in München hatte bestellen lassen. Sein Ansuchen richtete er an den Solnhofer Landesherrn Markgraf Georg Friedrich I. von Brandenburg-Ansbach, er möge diese Lieferung *ohne Zoll, Maut und dergleichen Beschweren* passieren lassen.[54] Allerdings

Wir Ludovicus von Göttlicher Verhängnus [von Gotte Gnaden] Abbt und Prälat des Closters und Gotteshaus Ebrach uffm Steigerwald gelegen etc. entbieten allen Zöllnern und Zolleinnehmern unsern G[nä]d[igsten] Grues, und geben ihnen hierbey zuvernehmen, daß wir zu Reparirung unsers Closters und Gotteshauß Beüen [Gebäuden] durch den Ehrsamen Hanns Jörg Hänlein Steinbrechern von Mörnsheim in die sechstausent Stückh weiß gemarbelte Pflasterstein bis anhero zuüberführen bestellen lassen. Weiln nun solches Werckh förderiß [förderlich] zu Gottes Ehren angesehen als gelangt an alle und iede unser gd.[gnädigstes] Gesinnen, ermelte [bestellte] solche Steinfuhren an ihren Zollstätten frey und ungehindert passiren zu lassen. Gestalten wir ein solches uff andere Begebenheiten zuerwideren so erbietig als willig verbleiben. Geben in Unserm Gotteshaus Ebrach den 23.ten Januarij 1691.

Ludovicus Abb. Ebrach m.p.

Zollfreibrief der Zisterzienserabtei Ebrach, 1691. StA Würzburg, KL Ebrach D8 488

nützte die Zollbefreiung nur für den Eintritt in das nahe gelegene Hochstift Eichstätt.

Schon 1666 musste Lorenz Lotter die Steine für die alte Ottobeurer Klosterkirche und die nahegelegene Wallfahrtskirche Eldern auf eigene Kosten nach Augsburg bringen.[55] Für den Transport der Steine stellte Abt Petrus Kimmicher zwei wortreiche, inhaltlich aber weitgehend gleichlautende Zollfreibitten aus, eine für die Fuhr von Solnhofen nach Augsburg, die andere für die Fuhr von Augsburg nach Ottobeuren.[56] Die Bitte richtete sich *an alle Mauthner, Zoller und Zollknecht, der Zollstellen durch welche angeregte* [erwähnte] *Stain gefüehrt werden müeßen*. Verbunden war damit das *freündl*[ich] *anlangen* [Anliegen] *und gesinnen* [Ansuchen], *Sie wollen dieselbigen Stain zue* [be]*sonderem unserem danckhnemen* [Dankbarkeit] *gefallen, aller orten frey und ohnbeschwerth* [unbelastet] *einigen Zolls oder Gelaithgelts ohnverhinderet fürgehen* [unbehindert durchgehen] *und Passieren laßßen*.[57] Um der Zollfreibitte Eindruck und Nachdruck zu verschaffen, hob der Abt vor seinem Siegel und seiner Unterschrift den Status als Reichsabtei hervor: [Ge]*Geben in* […] *Unserem Freyen Reichs-Gotteshauß Ottenbeüren*.

Bei der 1670 durchgeführten Lieferung von Solnhofer Platten an die Pfarrkirche St. Martin in Amberg, kam es wegen der Maut- und Zollkosten sowie des Fuhrlohns zu mehreren Schreiben zwischen der Stadt Amberg, der kurfürstlichen Regierung Amberg und der kurfürstlichen Hofkammer in München. Der Rat der Stadt machte bei der Regierung geltend, das *arme Gottshaus* brauche die Steine, Zoll, Maut und Fuhrlohn würden sie aber überfordern. Deshalb möge die Regierung bei der Hofkammer darauf hinwirken, dass die Steine mit Salzzillen *ohne Fuhrlohn, auch befreuther* [befreit] *von Mauth und Zoll von gedachtem Ingolstatt nacher Regenspurg yperbracht* werden können.[58] Das Vorhaben sei doch *zur grösseren Ehren Gottes*. Ähnlich argumentierte die Zisterzienserabtei Ebrach in einem im Januar 1691 ausgestellten Zollfreibrief für den Steinlieferanten Johann Hänle. Abt Ludwig teilte darin mit, die Steine seien für die *Reparirung unsers Closters und Gotteshauß* bestimmt. Weil es sich um *ein Werckh* […] *zu Gottes Ehren* handle, bat er die Zoll- und Mauteinnehmer, die Steinfuhren *frey und ungehindert passiren zu lassen*.[59] Es handelte sich jedoch keineswegs um eine *Reparirung*, vielmehr um einen vollständigen Neubau.

Wie hoch Zoll- und Mautbeträge waren, verdeutlicht eine Abrechnung der Benediktinerabtei Weltenburg über eine 1739 durchgeführte Steinlieferung von Thomas Zinsmeister aus Mörnsheim, die auf der Donau von Stepperg bis Weltenburg geflößt wurde. An Mautkosten waren zu zahlen: in Neuburg (Fürstentum Pfalz-Neuburg) 1 fl 25 x, dazu noch ein Stadtzoll von 45 x, in Ingolstadt 1 fl 15 x und in Neustadt 1 fl 17 x (beide Kurfürstentum Bayern). Zusammen mit dem Fuhrlohn zu Wasser von 9 fl kostete der Transport 13 fl 42 fl.[60] Im territorial besonders zersplitterten Franken durchquerten die Mainflößer von Bamberg bis zur Mündung in den Rhein *über 30 Zollstellen*. Das war nicht nur teuer, sondern auch zeitraubend.

Die Freistellungsbitten für Maut und Zoll waren wortreich. Als der Solnhofer Hans Georg Böhnlein 1721 Steine an das Zisterzienserkloster Schöntal lieferte, händigte ihm das Kloster den Zollbrief mit folgender Einleitung aus: *Alle Hochfürstlichen Eichstätter und Hochfürstlichen Ansbachischen wie auch die Hochgräflichen Hohenlohischen Herren Zollbeamten werden hiermit dienstfreundlich ersucht, dem Böhnlein und seiner Fuhr mit Marmorsteinen überall umso mehr zollfrei passieren zu lassen, als ihnen die geistliche Immunität bekannt ist und das hiesige* [reichs]*freie Gotteshaus kraft seiner vom Reichskammergericht bestätigten Sonderprivilegien*.[61] Wie schon im Ottobeurer Zollfreibrief legte das Kloster Wert darauf, die Reichsfreiheit zu betonen, um die Chance auf Zollfreiheit zu erhöhen.

4 Floßtransport

Bis zum Aufkommen der Eisenbahn und dem Ausbau der Straßen im Industriezeitalter waren die Flüsse von jeher ein den schlecht ausgebauten und unterhaltenen Straßen überlegener Transport-, Verkehrs- und Handelsweg, insbesondere für so schwere Massengüter wie Steine. Daher nutzten die Steintransporteure den Wasserweg, wo immer es möglich war, selbst dann, wenn es nur Etappen waren oder die Fracht mühsam stromaufwärts getreidelt werden musste. Das für Steine geeignetste Mittel des Flusstransports war eindeutig das Floß.

Für die Steinfracht hatte das Floß einige gewichtige Vorteile gegenüber der Landfracht mit Fuhrwerken. Mit ihm konnte ein Vielfaches an Steinen in Menge und Gewicht transportiert werden. Flussabwärts benötigt der Wassertransport kein Zuggespann. Vom Wasser durch die Strömung fortbewegt erfordert die Talfahrt (auf der Donau Naufahrt genannt) keinen Energieaufwand und in der Fahrgeschwindigkeit übertraf das Floß den Landtransport deutlich, die auf der Donau bis zu 12 km/Stunde betrug. Der wichtigste Fluss für die Steinflößerei war die Donau, der Main folgte erst mit großem Abstand.

Auf der Donau

Um für den Transport der Solnhofer Steine einen Wasserweg zu nützen, lag es eigentlich nahe, sich der Altmühl zu bedienen, an der Solnhofen liegt. Da die Altmühl in Kelheim in die Donau mündet, hätte der Donauraum für den Steinabsatz direkt erschlossen werden können. Für einen Steintransport war die Altmühl jedoch nicht geeignet.[62] Deshalb kam es zu Verladestellen an der Donau, zuerst in Ingolstadt und dann lange Zeit in Stepperg, etwas stromaufwärts von Neuburg/Donau.

Der Floßtransport von Solnhofer Steinen auf der Donau begann schon in der ersten Hälfte des 17. Jahrhunderts. Anzunehmen ist, dass die Lieferungen aus den 1636 und 1644 von den Solnhofer Steinmetzen mit dem Regensburger Handelsmann Heinrich Wilhelm eingegangen Vereinbarungen,[63] über die Donauverladung in Ingolstadt abgewickelt wurde. Dafür sprechen auch nachfolgende Lieferungen. Als Georg Hänle 1670 den Auftrag erhielt, den Fußboden des Chors der Pfarrkirche St. Martin in Amberg mit Solnhofer Platten auszustatten, regelte der Vertrag, dass er sie *uf seinen Cossten* [...] *nacher Ingolstatt zulifern* habe.[64] Um Kosten zu sparen ersuchte der Rat der Stadt Amberg die kurfürstliche Amberger Regierung um Zustimmung, die Fracht in Ingolstadt auf *Salzschöfzillen* abzuwickeln, die im Sommer ohnehin von dort leer nach Regensburg zurückfahren. Die kurfürstliche Regierung stimmte zu. Auch der Weitertransport von der Lände in Regensburg erfolgte *mitls der Schiffarth* bis Amberg. Die Steinfracht wurde über die Naab und die Vils bis Amberg getreidelt.[65] Auf dieselbe Weise kamen 1710 die Platten für den (nicht mehr existierenden) Rosenspitzboden der Amberger Wallfahrtskirche Maria Hilf an.[66] Auch nach dem 1672 geschlossenen Vertrag der Solnhofer Steinbrecher mit dem Linzer Steinmetz und Steinhändler Peter Spaz war die Lände in Ingolstadt der Donauverladeort. Das galt ebenso für die Lieferungen, die Solnhofer Steinmetze 1677 mit dem Regensburger

Stepperg, der Donauverladeort für Solnhofer Steine in einem Gemälde von 1856 (Privatbesitz).

Modell eines Lechfloßes (Museum der Stadt Füssen).

Kaufmann Dollnsteiner vereinbart hatten.[67] Vor diesem Hintergrund ist anzunehmen, dass 1669 die erste große Steinlieferung aus dem 1668 eröffneten Mörnsheimer Bruch für das Karmelitenkloster in Regensburg auch in Ingolstadt auf Salzzillen verladen wurde.

Weil nach Ingolstadt ein Weg von über 40 km zurückzulegen war, suchten die Mörnsheimer und Solnhofer Steinlieferanten nach einem näheren Verladeort an der Donau. Die Wahl fiel auf den kleinen, einige Kilometer flussaufwärts von Neuburg gelegenen Ort Stepperg, der nicht nur wegen der kürzesten Entfernung zur Donau (22 oder 32 km je nach Route) dafür geradezu prädestiniert war. In Stepperg mündet der kleine Fluss Ussel in die Donau, die ihn aufstaut. Dadurch gewährt »das stillstehende, breite Wasser dieses Flüsschens einen sehr guten Landungsplatz, in dem die Flöße einfahren«.[68] In diesem ruhigen Wasser konnten die vom Lech und der Iller kommenden Flöße zu größeren Einheiten für die Donaufahrt zusammengestellt und darauf eine Unterkunftshütte für die lange Fahrt errichtet werden.

Wann Stepperg zum Verladeort für Solnhofer Platten wurde, ist mangels Quellen nicht genau feststellbar, aber bereits für das frühe 18. Jahrhundert gesichert. 1715 nahm der Lechbrucker Flößer Hans Ott in Stepperg Steine für das Benediktinerstift Melk auf und im Februar 1726 unterzeichneten die Mörnsheimer Steinmetzen Scheurer und Zinsmeister einen Vertrag mit der Benediktinerabtei Weltenburg über die Lieferung von Bodenplatten, die sie *bis uf Stellperg* [Stepperg] *an die Lendt* [Lände] *uf ihre Unkosten zu lifern* hatten.[69] Diese Bedeutung nahm im 19. Jahrhundert erheblich zu. Stepperg war das Tor für den Transport der Solnhofer Steine in den weiten Donauraum.[70]

Die Stepperger Lände gewann eine solche Bedeutung, dass »längs dem Gestade der Donau bis zum Fuße des Antonibergs lange hölzerne Hütten« errichtet wurden,

Steinfloß vor Stepperg. Zeichnung von Jakob Alt (1789–1872).

Lagerhütten für Solnhofer Steine in Stepperg (Gemäldeausschnitt).

»in denen sich ungeheure Niederlagen solcher [Solnhofer] Steine befinden«.[71] Darin schlägt sich nieder, dass »selten ein Wochentag vergeht, an dem nicht mehrere Steinfuhren anlangen«. Diese Steinfuhren bestanden aus »Lithographie-, Kirchen- und Grabsteinen, Gesimsen, Tischplatten und Dachschieferplatten«, die aus den »Steinbrüchen von Solnhofen, Mörnsheim, Mühlheim oder von den Eichstätter Brüchen« hergebracht wurden.[72] Das rege Floßfrachtgeschäft mit Solnhofer Steinen fand Widerhall in einem 1818 schon in zweiter und erweiterter Auflage erschienenen Reiseführer für Donaufahrten von Ulm bis Wien: »In die Gegend von Stettenberg werden die bekannten und berühmten Sollenhofer=Steinplatten auf die Donauschiffe gebracht, und von da als Tischplatten und Kirchenpflaster nach Wien und selbst bis nach Ungarn verfahren«.[73] Ähnlich sah das zur gleichen Zeit auch der Wissenschaftler, Reiseschriftsteller und königlich-bayerische Hofrat J. A. Schultes: »Das Dörfchen Stepberg ist der Stapelplatz für die bekannten Solenhofer=Steine, die auch unter dem Nahmen Kellheimer=Platten gehen, und jetzt so trefflich zur Lithographie verwendet werden.«[74]

Das Steingeschäft an der Lände erbrachte der Gemeinde Stepperg zahlreiche Einnahmen. Bei jeder Anlandung mussten die Flößer ein Ländegeld zahlen. Weitere Einnahmen erzielte die Gemeinde aus der Verpachtung der Lagerhütten an die Steinlieferanten.[75] Auch die Flößer leisteten einen Beitrag. Einen Teil der aus dem Allgäu mitgeführten Waren wie Gips, Bretter und Käse verkauften sie in Stepperg. Dafür kauften sie zusätzlichen Proviant für die Weiterfahrt ein, vor allem Bier von der Stepperger Gräflich Moy'schen Brauerei. Bei einer im Juni 1855 durchgeführten Fahrt nach Wien luden sie 69 Maß Bier auf ihr Floß.[76]

Die maßgebenden Transporteure der Steinfracht waren die Lechflößer aus den Lechgemeinden Apfeldorf und Lechbruck.[77] Im Ruhegewässer der Ussel stellten sie in Stepperg bis zu sechs Lechflöße zu einem Donaufloß

Steinlieferungen der Flößer- und Steinhändlerfamilie Ott (Beiname »Student«) aus Lechbruck nach Österreich.

Lieferzeit	Lieferant	Verlegeort
Benediktinerstift Melk		
1715	Hans Ott	Sakristei, Archiv, Kreuzgang
1720/21	Hans Ott	Marmorsaal
Benediktinerstift Göttweig		
1722	Hans Ott	unbekannt
1729	Georg Ott	Sommerrefektorium
1731	Georg Ott	Altmani Saal
Augustiner Chorherrenstift St. Florian		
1723	Hans Ott	unbekannt
1725	Hans Ott	Sala terrena
1726	Hans Ott	Marmorsaal
1727	Hans Ott	unbekannt
1728	Hans Ott	unbekannt
1730	Hans Ott	Marmorsaal
1747	Georg Ott	Bibliothek
1747	Karl Ott	Bibliothek
1748	Georg oder Karl Ott	unbekannt

zusammen, das eine Länge bis zu 65 m und eine Breite bis zu 15 m hatte.[78] Die Chefs der Flößergruppen waren zwar auch Flößer, in erster Linie aber Transportunternehmer und Kaufleute, die Waren auf eigene Rechnung verfrachteten und Frachtaufträge entgegennahmen. Auf Solnhofer Steine bezogen betätigten sie sich in erster Linie als Steinhändler, die in Stepperg die Steine kauften und diese entlang der Donau verkauften.[79] Nur ein Teil des Transports erfolgte für direkte Kunden der Solnhofer und Mörnsheimer Steinunternehmer. Wie sehr die Floßchefs Steinhändler und dafür entlang der Donau bekannt waren, belegt eine 1737 direkt an den Lechbrucker Felix Knappich gerichtete Bestellung der Barmherzigen Brüder in Wien. Diese brauchten *2500 steinernen Bladten zum Pflastern der neuen aufgerichteten Krankehn zimmer*. Es waren Solnhofer Platten, dafür sprechen zwei Gründe. In Lechbruck gab es nur für Krankenzimmer ungeeignete Sandsteinplatten und zur Bestellzeit waren die Lechbrucker Flößer bereits intensiv im Geschäft mit den Solnhofer Platten tätig.

Unter den Floßunternehmern hatten sich Familien gebildet. Eine besonders rege Geschäftstätigkeit entfaltete die Lechbrucker Flößer- und Steinhändlerfamilie Ott entlang der Donau. Abnehmer der Steine fand sie insbesondere in Österreich, dort die großen Stifte St. Florian, Melk und Göttweig. Hans Ott erhielt 1696 das Schiffmeisterrecht, mit dem die Schiff- und Floßmeisterfreiheit verbunden war. In Lechbruck war er unter der kleinen Zahl von Steuerzahlern der einzige Floßmeister, dessen Vermögen über 500 Gulden betrug.[80] Für die Anlieferung der für den Neubau erforderlichen Baumaterialien ließen die Stifte St. Florian und Göttweig an der Donau eigens Anlegestellen für die Flöße herrichten, eine 15 km von St. Florian entfernt in Asten[81] und eine flussaufwärts in Stein bei Krems.[82] Neben der erwähnten, 1737 erfolgten Steinlieferung an die Barmherzigen Brüder in Wien, belieferten die Lechbrucker 1754 das Piaristenkloster in Wien mit Solnhofer Platten und 1760 kamen sie damit bis nach Preßburg (Bratislava) und Ofen (Budapest).[83]

Höhepunkt der von Stepperg ausgehenden Steinflößerei war das 19. Jahrhundert. Zum Transport von Bodenplatten, die auch in dieser Zeit weiterhin stark nachgefragt wurden, gesellten sich die exportträchtigen Lithografiesteine, die das Druckerwesen revolutionierten. Die Firma Fischer & Kluge lieferte von 1842 bis 1865 zahlreiche Lithografiesteine nach Linz, nach Wien, wo sie 29 Kunden hatte, und nach Budapest. Im Auftrag des Solnhofer Steinunternehmens G. Schindel transportierten Lechflößer 1869 und 1870 Lithografiesteine für die königliche Staatsdruckerei nach Budapest.[84] Von 1855 bis 1857 unternahm der Floßmeister Matthias Baur aus Apfeldorf von Stepperg aus sechs Fahrten nach Wien, jeweils mit Bodenplatten und Lithografiesteinen, die er den Solnhofer Steinbruchbesitzern Peter Arauner, Friedrich Güllich, Friedrich Ottmann und Matthias Strauß abgekauft hatte.[85] Karl Filser hat für diese Fahrten die Ausgaben für den Kauf der Solnhofer Steine und die Einnahmen bei Verkauf eruiert und dabei festgestellt, dass hohe Gewinne erzielt wurden. Als Beispiel führt er die 1857 unternommene Fahrt. Von den Solnhofer Lieferanten Arauner und Ottmann hatte er 3807 Steine für 451 fl gekauft und für 705 fl in Passau, Aschach und Linz mit einem Erlös von 56 Prozent verkauft.[86] Manchmal war der Verkaufserfolg so groß, dass bei einer Fahrt nach Wien in Stein bei Krems schon alle Steine verkauft waren. In Wien war dann nur noch

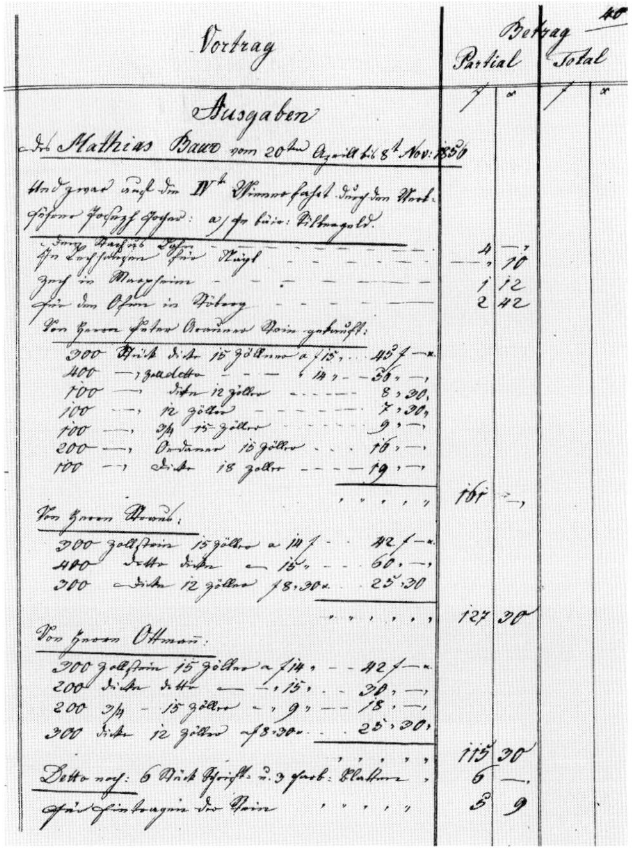

Auszug aus der Seite 40 des Einschreibbuchs Bd. II von Mathias Baur mit Aufzeichnungen zur IV. Wienfahrt 1856: Einkauf unterschiedlicher Steine von den Steinbruchbesitzern Arauner, Strauß und Ottmann. (Filser 2018, S. 200)

Transkription der Ausgaben von Mathias Baur 1856 (Seite 5).

Vortrag	Betrag Partial		Total	
Ausgaben	f	x	f	x
des Mathias Baur vom 20ten April bis 8ten Nov 1856				
Und zwar auf der IVten Wienerfahrt durch den Werkführer Joseph Jocher: a) In baier[ischem] Silbergeld				
Franz Stachus Lohn	4	–		
In Lechhausen für Nägl	–	10		
Zech in Marxheim	1	12		
Für den Ofen in Stöberg [Stepperg]	2	42		
Von Herrn Peter Arauner Stein gekauft:				
300 Stück dicke 15 Zöllner a f 15 … 45 f – x				
400 — Zoll detto . . . . . 14 . . . 56 " – "				
100 — dicke 12 Zöller . . . . 8 " 30 "				
100 — 12 Zöller . . . . 7 " 30 "				
100 — ¾ 15 Zöller . . . . 9 " – "				
200 — Ordaner 15 Zöller . . . . . . 16 " – "				
100 — dicke 18 Zöller . . . . 19 " – "	161	–		
Von Herrn Straus:				
300 Zollstein 15 Zöller a 14 f . . . 42 f – "				
400 detto dicke a 15 " . . . 60 " – "				
300 dicke 12 Zöller f 8, 30 x . . . 25 " 30 "	127	30		
Von Herrn Ottmann:				
300 Zollstein 15 Zöller a f 14 . . . 42 f – "				
200 dicke detto - " 15 . . . 30 " – "				
200 ¾ 15 Zöller - " 9 . . . 18 " – "				
300 dicke 12 Zöller a f 8,30 x . . . 25 " 30 "	115	30		
Detto noch: 6 Stück Schrift- u. 3 Farb-Blatten	6	–		
Für Eintragen der Stein	5	9		

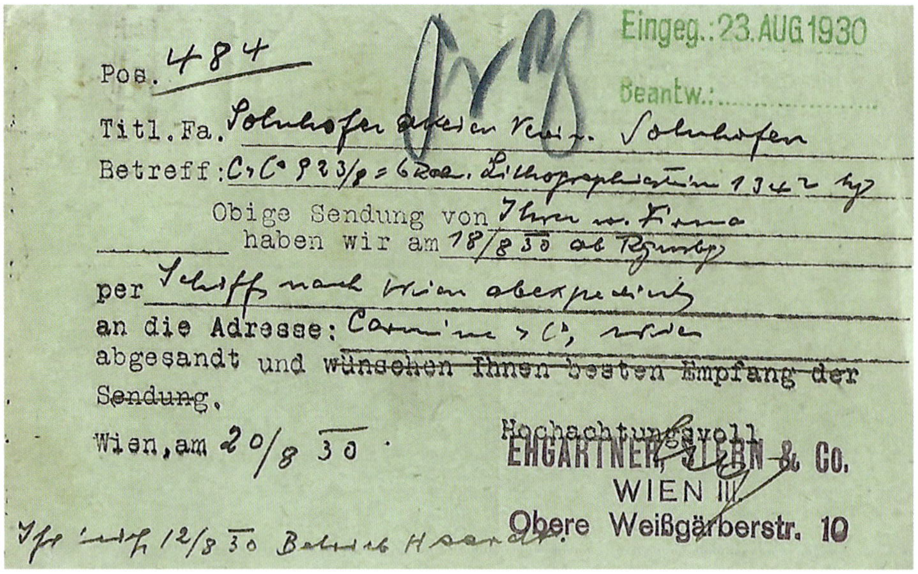
Eingeg.: 23. AUG 1930
Beantw.:
Pos. 484
Titl. Fa.
Betreff:
Obige Sendung von
haben wir am 18/8 30
per Schiff nach Wien
an die Adresse:
abgesandt und wünschen Ihnen besten Empfang der Sendung.
Wien, am 20/8 30.
Hochachtungsvoll
ENGARTNER, STERN & Co.
WIEN III
Obere Weißgärberstr. 10

Anzeige vom 20. August 1930 für die Verschiffung von Lithografiesteinen des Solenhofer Aktien Vereins von Regensburg nach Wien.

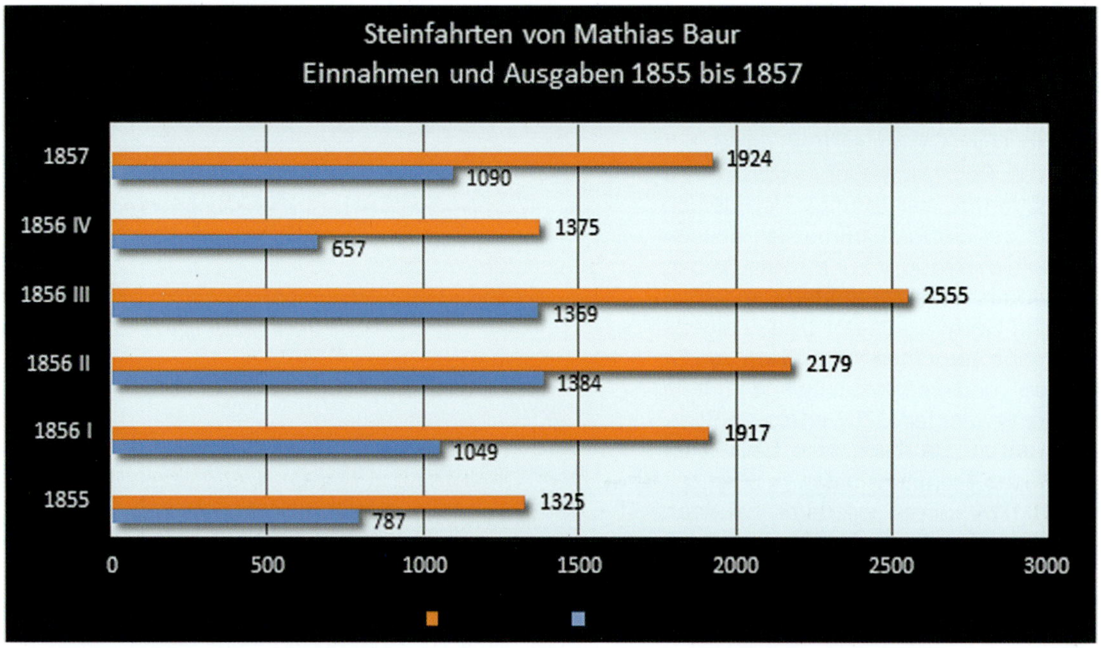

Ausgaben und Einnahmen von Mathias Baur bei Steinfahrten. Filser 2018, 201 und 2020, 50.

Steinlieferungen des Floßunternehmers Josef Schwaller nach Österreich und Ungarn von 1877 bis 1887. Filser 2018, 203.

Die windungs- und seitenarmreiche Donau nach der Lechmündung bei Marxheim bis Stepperg auf einer Karte von 1600 (BayHStA PlS 10006).
Die rote Linie ist die Grenze zwischen den pfalz-neuburgischen Ämtern Graisbach und Neuburg.

der Verkauf der Holzstämme der Flöße und der darauf stehenden Holzhütten zu erledigen.[87]

Das höchste Transportvolumen an Solnhofer Steinen fiel von 1877 bis 1887 an. Der Apfeldorfer Floßmeister, Holz- und Steinhändler, Gastwirt und Landwirt Josef Schwaller, Schwiegersohn von Mathias Baur, flößte und verkaufte in diesem Zeitraum 526.317 Solnhofer Steine, Bodenplatten, Simse und Lithografiesteine nach Österreich und Ungarn.[88] 1879 erwarb er von den Solnhofer Steinbruchbesitzern Adam Schindl, Kaspar Späth, Christof Strauß und Ludwig Listl sowie von den Mörnsheimern Michael Hiemer, Melchior Böheim, Xaver Meth, Willibald Steff und Johann Stößl insgesamt 60.021 Steine. Das nachfolgende Jahr 1880, in dem er einmal nach Wien und fünfmal bis Budapest fuhr, war mit 75.318 Steinen sein erfolgreichstes. Auf dem Weg nach Budapest verkaufte er die Steine in Vilshofen, Passau, Engelhartszell, Aschach, Linz, Zwettl, Melk, Spitz, Stein, Krems, Klosterneuburg, Wien, Preßburg (Bratislava), Raab (Györ), Gran (Esztergom) und Budapest.[89] Die in Budapest abgeladenen Steine wurden von einem anderen Flößer bis Kollotschau (Kolosca) in Südungarn und Belgrad weiter transportiert.

Diese Floßtransporte erfolgten, obwohl bereits ab 1870 eine durchgehende Eisenbahnverbindung von Solnhofen nach Österreich und Ungarn bestand. Jedoch ging die Steinflößerei so weit zurück, dass sie sich nicht mehr rentierte und Schwaller den Schlussstrich zog. Am 25. Oktober 1887 fuhr er ein letztes Mal mit 6600 Solnhofer Steinen nach Wien.[90] Der Versuch einer Wiederaufnahme im Jahre 1892 scheiterte symbolhaft an einem Unglück in Linz.[91] In sein Notizbuch schrieb Schwaller resignierend: »Die Welt ist eine andere geworden«. Ein wohl letztes Zeichen eines Donautransportes von Solnhofer Steinen war die Versendung von Lithografiesteinen des Solenhofer Aktien Vereins nach Wien, die am 18. August 1930 in Regensburg auf ein Schiff verladen wurden.

Die Steinflößerei war mit Risiken und Gefahren und mit zeitlicher Beanspruchung verbunden. Die unkanalisierten Flüsse mäandrierten stark und hatten ein vielfältiges Geflecht von Inseln, Nebenarmen und Altwässern. Es war nicht immer leicht den Hauptwasserarm auszumachen. Wegen zahlreicher natürlicher und sich ständig verändernder Hindernisse wie Sand- und Kiesbänke bestand die Gefahr des Auffahrens, das viel Zeit und Mühe kostete, bis die Naufahrt fortgesetzt werden konnte. Weitere Gefahren waren Brückenpfeiler und insbesondere starke Strömungen, Strudel und Wirbel wie an der österreichischen Donau in der Schlögener Schlinge und im Strudengau, wo ortskundige Lotsen helfen mussten, diese berüchtigten Passagen zu bewältigen. Von Stepperg brauchten sie bis Wien durchschnittlich zehn Tage, nach Budapest noch weitere sechs Tage. In diese Zeitspanne sind die Aufenthalte für das Entladen der Steine an den Verkaufsorten und die Nachtaufenthalte enthalten, weil nachts nicht geflößt wurde. Die konkrete Fahrdauer war jedoch abhängig vom Wasserstand, der Strömung und den Wetterverhältnissen. Am Zielort angekommen, wurden die Flöße und die darauf stehende Hütte für den Holzwert verkauft. In der Hütte kochten und schliefen die Flößer, in ihr bewahrten sie die Ess- und Trinkvorräte auf.

Auf dem Main

Im Gegensatz zu Stepperg existieren zu Länden an Main und Rhein für die Lagerung und den Weitertransport der Solnhofer Steine fast keine Quellen, nur wenige allgemeine Hinweise. Genannt werden Marktbreit und Kitzingen am Main und Mannheim am Rhein.[92] Kitzingen wird gelegentlich ohne weiteren Nachweis erwähnt. Was Mannheim betrifft, ist davon auszugehen, dass dort Lithografiesteine erst in der Eisenbahnzeit für den Weitertransport zu den Seehäfen verladen wurden, weil für Fuhrwerke der Landweg (259 km) zu weit gewesen wäre. Ein Stapelplatz für Solnhofer Steine existierte nachweislich jedenfalls in Marktbreit.

Die Mainflößer kamen aus dem Frankenwald (nördliches Oberfranken), wo die Flößerei bis in das 20. Jahrhundert hinein ein wichtiger Wirtschaftszweig war. Sie transportierten vor allem dort geschlagenes Holz. An der Mündung der Rodach in den Main bei Schwürbitz (Gemeinde Michelau) verbanden sie die Floßböden und setzten sie dann bei Bamberg zu einem bis zu 11 m breiten Mainfloß zusammen.[93]

Marktbreit, eine kleine Stadt zwischen Kitzingen und Ochsenfurt, war im 18. Jahrhundert und bis weit in das 19. Jahrhundert hinein ein überregional bedeutender Umschlaghafen am Main, der über einen großen Verladekran mit Tretantrieb verfügte. Wichtigste Umschlaggüter waren Kolonialwaren aus Holland, daneben aber auch Solnhofer Steine für den Transport in das Rheingebiet und weiter zu den Seehäfen. Die Wahl fiel auf Marktbreit, weil der Main dort seinen südlichsten Punkt erreicht und damit die kürzeste Entfernung zum Solnhofer Steinbruchgebiet aufweist. Dennoch betrug der Landweg nach damaligen Verhältnissen etwa 140 km, eine Entfernung die vier bis fünf Transporttage in Anspruch nahm.

Im Staatsarchiv Nürnberg befindet sich ein Schreiben des Solnhofer Klosterverwalters vom 12. April 1733, in dem es um ein Attest geht, das im Zusammenhang mit Marktbreit steht. Darin wird darauf Bezug genommen, dass die Solnhofer Steinmetzen Hanns Wolff Kaspar und Caspar Thomas Bubmann im vergangenen Herbst und Winter *uff Marktbreit* Steine für den Orangeriesaal im Hofgarten der Residenz des Fürstabtes in Fulda geliefert hatten. Daraus kann entnommen werden, dass bereits in dieser Zeit eine Art Lager für Solnhofer Steine in Marktbreit existierte, die von dort auf dem Main oder wie im Falle Fulda auf dem Landweg weitertransportiert wurden. Den großen Aufschwung nahm Marktbreit im 19. Jahrhundert als Lager- und Verladeplatz für den Transport der Lithografiesteine in die Seehäfen zur Verschiffung nach Übersee. In der um 1830 (auf Lithografiestein) gedruckten Preisliste (*Preis Courant*) der Solnhofer Firma Friedrich & Wilhelm Arauner ist eigens vermerkt: *Fracht per Lent* [Lände] *bis Marktbreit 48 fl* (Abb. S. 84).

Um die Mitte des 19. Jahrhunderts führte die gestiegene Rolle von Marktbreit als Mainlände für Solnhofer Steine zu einem umgekehrten Vorgang. Die Marktbreiter Bürger Fischer und Kluge errichteten 1840 in der Langenaltheimer Haardt das erste große, industriell geführte Unternehmen mit Steinbrüchen in Solnhofen, Mörnsheim und Langenaltheim sowie einer modernen Betriebsstätte. Sowohl Fischer als auch Kluge waren bereits in den 1830er Jahren in Marktbreit im Abbau von Muschelkalk tätig und darin so erfolgreich, dass sie in den 1840er Jahren mit Abstand die größten Nettozollschuldner in Marktbreit waren.[94] Für die mit Steinen erfahrenen Unternehmer lag es nahe, dass sie in Marktbreit mit den dort gelagerten und verladenen Solnhofer Bodenplatten und Lithografiesteinen in Berührung kamen und sich entschlossen, ihre Aktivitäten auf das Solnhofer Bruchgebiet auszudehnen und an dem Geschäft mit diesen Steinen teilzuhaben.[95]

5 Floßtransport schlägt Landtransport

Um bei Steintransporten den mühevollen Landweg zu vermeiden, bestand das nachdrückliche Interesse, diese immer dann auf dem Wasser durchzuführen, wenn es irgendwie möglich war.

Ein Beispiel für die Bevorzugung des Wassertransports selbst für kurze Strecken lässt eine Zahlung der fürstbischöflichen Hofkammer Bamberg vom 16. Juli 1704 erkennen. Ein Bamberger Schiffer erhielt den Lohn für den Transport von *Marmolsteiner Platten und ander in Neüen Hoffhaltungsbau gehörige waren* [Waren], die er *von Fürth uf dem Wasser anhero* [Bamberg] gebracht hatte.[96] Sehr wahrscheinlich waren es Solnhofer Platten, die in der Neuen Residenz an mehreren Stellen verlegt wurden, insbesondere im Kaisersaal.[97] Für diese Annahme spricht die relative Nähe Fürths zum Solnhofer Bruchgebiet. Die Platten wurden nach Fürth gebracht und von dort auf der Regnitz, die schon im Mittelalter und wahrscheinlich bereits seit Karl dem Großen als Schifffahrtsweg genutzt wurde, nach Bamberg weiter transportiert, wo sie in den Main fließt.

Der Steintransport auf dem Landweg war so beschwerlich, dass der Wasserweg nicht nur flussabwärts (Naufahrt), sondern auch flussaufwärts (Gegenfahrt), also gegen die Stromrichtung bevorzugt wurde, mitunter selbst dann, wenn die Treidelstrecke länger als der Landweg war.[98] Das ist umso erstaunlicher, als das Treideln einer Fracht sehr aufwändig und bei den damals unregulierten Flüssen sehr kompliziert war. Ein aus mehreren Schiffen gezogener Verband (Gegenzug) wurde von bis zu 60 Pferden gezogen. Der Zug kam zwar nur langsam voran, dafür konnten die Schiffe aber mit dem doppelten Gewicht beladen werden, da Schiffe, noch mehr Flöße mit hoher Last bei der Naufahrt in der Strömung nur schwer zu beherrschen waren. Am Treidelzug waren zahlreiche Personen beteiligt: Schiffsleute, Treidler, Reiter, Reitknechte, Treiber und Seilaufleger. Immer wieder mussten die Zugseile gewechselt und die Zugtiere auf die andere Flussseite überführt werden, wenn es nur dort einen Treidelweg gab.[99] Dennoch zogen die Transporteure bei langen und teils sogar bei kurzen Strecken die Gegenfahrt auf dem Wasser dem Landweg vor. Das belegen schon im 16. und 17. Jahrhundert die Transporte des Adneter Marmors aus dem Salzburger Hochstift.

Als der Neuburger Pfalzgraf Ottheinrich von 1534 bis 1538 einen neuen Nordflügel (»Neuer Bau«) in seinem Schloss errichten ließ, beauftragte er seine Leute, zur Ausstattung Fußbodenplatten, Simse und massive

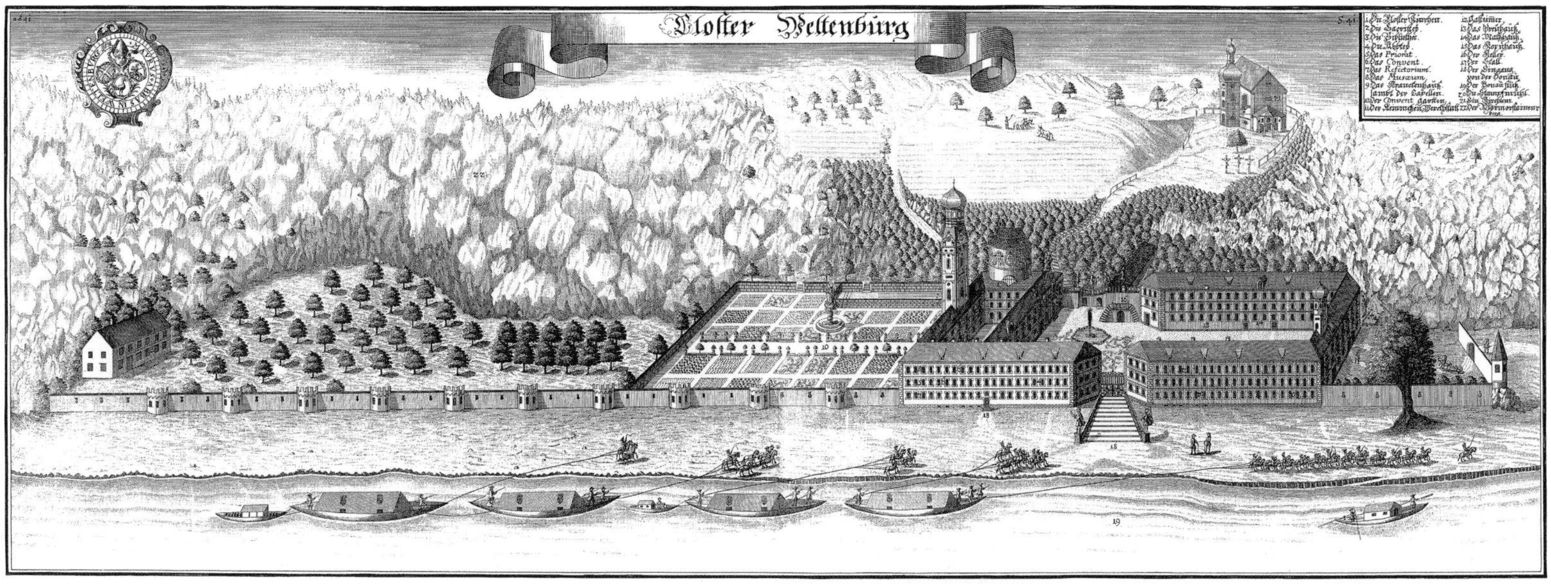

Treidelzug auf der Donau vor dem Kloster Weltenburg. Stich von Michael Wening, 1726.

Stücke für die Tür- und Fenstergewände aus Adnet zu beschaffenen. Dieses schwere Material kam nicht auf dem Landweg an. Vielmehr wurde es von Adnet nach Hallein an die Salzach gebracht, dort auf Plätten verladen, dann über den Inn bis Passau transportiert und von dort auf der Donau bis Neuburg getreidelt. Dieser Vorgang wiederholte sich mehrmals.[100]

Vergleichbares geschah beim Bau des Augsburger Rathauses, einem Meisterwerk der deutschen Renaissancebaukunst. Der Baumeister Elias Holl bestellte zwischen 1616 und 1619 in Adnet roten und gesprenkelten Marmor und weißen in Untersberg für das Pflaster des Goldenen Saals sowie für Gesimse und Säulen.[101] Mit der Abwicklung beauftragte er örtliche Steinmetzmeister, die sich verpflichteten die *pflasterstuckh von Salzburg aus bis nach Marxhaim* [Marxheim, Mündungsort des Lechs in die Donau] *bey under Schönenfeld* [Niederschönenfeld] zu liefern.[102] Der in mehreren Fahrten organisierte Transportablauf war derselbe wie achtzig Jahre zuvor nach Neuburg, nur mit dem Unterschied, dass die Fracht auf der Donau noch um rund 20 km weiter getreidelt werden musste. Der Transport nach Augsburg erfolgte mit Fuhrwerken. Nach heutigem reguliertem Flussverlauf waren die Steine rund 420 km unterwegs.[103] Die Talfahrt auf der Salzach von Hallein über den Inn bis Passau betrug 151 km. In Passau begann die 265 km lange Treidelstrecke auf der Donau bis Marxheim an der Lechmündung. Unter normalen Umständen, das heißt kein Niedrigwasser, kein Hochwasser und kein starker Gegenwind, betrug die Transportzeit über drei Wochen.[104]

Wie sich der Treidelkonvoi zusammensetzte, das vermittelt der Bericht des Augsburger Bauschreibers Leonhard Halaicher, der dabei war, als am 18. August 1616 der erste Treidelzug aus Passau in Marxheim ankam.[105] Der Konvoi bestand aus vier großen Zillen, vier Plätten, 40 Personen und 27 Zugpferden. Weil es bei der Ankunft bereits *abents umb 6 uhrn* war, wurde das *stainwerckh* erst am nächsten Tag ausgeladen. Wegen der großen Menge an Steinen begann man damit schon um vier Uhr morgens. Der Bericht macht deutlich, wie schwierig es war, die schwer beladenen Zillen und Plätten an Land zu ziehen. Wer das gesehen habe, vermerkte der Bauschreiber, könne sich darüber *nit gnuegsam verwundern*.

Auf ähnliche Weise kam der Adneter Marmor auch nach München, genauer gesagt im Treidelzug von Passau über den Inn nach Wasserburg und dann auf Fuhrwerken nach München. Über diesen Transport informiert ein Schreiben von Herzog Wilhelm V. an den Leiter des Salzamtes in Reichenhall mit dem Betreff: *Wegen der bestellten Marbelstain zu Attnit im Stift Salzburg*.[106] Darin wird mitgeteilt, die Steine seien bereits nach Hallein an die Salzach gebracht worden. Ein herzoglicher Obersteinmetz werde deshalb nach Hallein geschickt, um zu beurteilen, ob die Bestellung auftragsgemäß durchgeführt wurde. Dann solle dieser *auch alsdann mit ein Schifmann aufs genauist und best wie er zu tun weiß* [ver]*handeln, wie das Steinwerch* am schnellsten nach *Wasserburg an den Heftstechen* [?] gebracht werden kann. Wasserburg war Münchens Umschlagshafen für alle auf dem Inn flussab und flussauf transportierten Waren. Dort kam nicht nur der hochstiftlich-salzburgische Marmor aus Adnet und Untersberg an, auch der aus Südtirol und Italien, der von Salzfuhrwerken als Rückfracht nach Innsbruck oder Hall gebracht und von dort auf dem Inn bis Wasserburg transportiert wurde.[107]

Dass bei Ferntransporten die Steinfracht auch nur in einer kurzen Etappe auf dem Wasser getreidelt wurde, darauf könnte ein Steinlieferungsvertrag hindeuten, den die Zisterzienserabtei Salem im Juli 1705 mit dem Mörnsheimer Steinlieferanten Johann Georg Hänle abgeschlossen hatte. Die Steine musste er auf seine Kosten an *die Ländte in Ulm* bringen und zwar so, dass *mans ohne weiterer Costen* [...] *gleich aufladen und abführen* kann.[108] Der Umladeort *Ländte* lässt annehmen, dass die Steine auf der Donau von Stepperg bis Ulm getreidelt wurden, nach heutigem Flussverlauf auf einer Strecke von rund 100 km. Der Landweg entlang der Donau wäre mit 115 km nicht viel länger gewesen. Gleichfalls organisiert war der Transport von Steinlieferungen an die Benediktinerabtei Weingarten, der über den Salemer Pfleger in Ulm abgewickelt wurde. Einer 1720 erfolgten Zahlung der Abtei ist zu entnehmen, dass *Fuhren nacher Ulm* erfolgten, um dort die *Blatten* abzuholen.[109]

Verlademannschaft (weiße Steinbrecherschürzen »Fleck«) mit Fuhrmann im Bahnhof Solnhofen (um 1925).

▼
Verladen der Steine zur Bahnverladung in Solnhofen (um 1930).

6 Bahntransport

Im April 1870 ging die Bahnstrecke zwischen Ingolstadt und Treuchtlingen, die Altmühlbahn in Betrieb. Damit war das gesamte Solnhofer Steinbruchgebiet an das europäische Eisenbahnnetz angeschlossen.[110] Die Steine aus den Solnhofer und Mörnsheimer Brüchen konnten nun in Solnhofen und die Steine aus den Langenaltheimer Brüchen in Pappenheim auf Eisenbahwaggons verladen werden.

Nach dem Ersten Weltkrieg kam die Idee auf, das Steinbruchgebiet direkt mit der Altmühlbahn zu verbinden. 1924 gründete sich ein »Verein zur Förderung der Erbauung einer Bergbahn ab Solnhofen«, dessen Vorsitzender Hugo Gutmann wurde, Direktor des Solenhofer Aktien Vereins, des größten Unternehmens der Branche. Beim Bayerischen Staatsministerium für Handel, Industrie und Gewerbe reichte der Verein 1925 die Planung einer »normalspurigen Lokalbahn Solnhofen-Langenaltheim-Mörnsheim« ein.[111] Die Normalspur wurde gewählt, damit die beladenen Waggons direkt auf das Gleis der Altmühlbahn gesetzt werden konnten, ohne dass die Fracht wie bei einer Schmalspurbahn umgeladen werden musste. Das Projekt war anspruchsvoll, da ein Höhenunterschied von 170 m zu überwinden war. Im steilsten Teil sollte daher eine Standseilbahn der Art errichtet werden, dass der abwärtsfahrende Zug den aufwärtsfahrenden über ein Seil hochzog. Weil die Gemeinde Langenaltheim einen Beitritt zur Lokalbahngesellschaft ablehnte, wurde das Projekt aufgegeben. Eine echte Realisierungschance hatte es nie.

Bis in die frühen 1950er Jahre wurden die Solnhofer Steine noch auf die Eisenbahn verladen. Zuerst mussten die Steine im Betrieb auf einen Lastwagen verladen werden, der sie nach Solnhofen oder Pappenheim brachte. Dort wurden sie entladen entweder direkt in einen Güterwaggon geladen, wenn einer zur Verfügung stand oder in einer am Gleis gemieteten Bahnhütte gelagert, was zu einem zweiten Ladevorgang führte. Da es damals noch keine Paletten gab, musste bei jedem Lade- und Entladevorgang jeder Stein, jedenfalls jeder schwere einzeln in die Hand genommen werden. Der Bahntransport hatte den großen Nachteil, dass beim Rangieren der Waggons viele Steine zu Bruch gingen.

Anmerkungen

1 Als 1710 in Ottobeuren die Vorbereitungen für den barocken Neubau begannen, richtete die Abtei im nahen, zum Territorium gehörenden Sontheim das Baulager ein. Wegen der zu erwartenden Steintransporte wurde die Brücke über die Günz verstärkt. Dischinger I 2011, 42.

2 Arauner 1975, 63.

3 Zu dieser Anteilsstruktur Kapitel III 5 Zusammenarbeit.

4 Zur Zisterzienserabtei Salem Kapitel VIII 4 Baden-Württemberg.

5 Heinz Arauner spricht von überschweren Steinfuhrwerken, die von örtlichen Wagnern angefertigt wurden, Arauner 1975, 70.

6 Ebd., 69.

7 Russ 2004, 409; Kapitel VIII 3 Schwaben.

8 KlA Ottobeuren, L. Reg. 16, fol.10r; Russ 2004, 409.

9 Dischinger III, 758 pag. 1013.

10 Dazu Kapitel V 3 Transportschäden.

11 Schiedt 2010, 122.

12 Ebd., 122 und 129.

13 Dischinger III 2011, 737 pag. 854. Als 1866 ein 20 Tonnen schwerer Steinbrunnen von Solothurn nach Gebweiler (Guebwiller) im Elsass transportiert wurde, sollen für die Überquerung des Hauensteinpasses 36 Pferde und vier Stiere vorgespannt worden sein. Mitteilung von Peter H.R. Studer, Langendorf (Kanton Solothurn).

14 Dischinger 2011, 879 (20.1.1757).

15 Schiedt 2010, 124.

16 Schiedt 2010, 124.

17 Schon bei einer längeren Steigung von fünf Prozent ist ein zusätzlicher Vorspann erforderlich. Die Zugkräfte der Tiere lassen sich nicht einfach addieren, Schiedt 2010, 132.

18 Dischinger III 2011, 732 pag. 796.

19 Schiedt 2010, 129.

20 Schauer 2003, 16.

21 Arauner 1975, 70.

22 Grimm 1987, 81.

23 Dischinger III 2011, 692 pag. 879.

24 Böhaimb 1856, 98.

25 Dischinger III 2011, 944 Qu 5.4.1.

26 Zu diesen Lieferungen Kapitel VIII 3 Franken.

27 Dischinger III 2011, 844.

28 Ebd., 720 pag. 705.

29 Fürstl. Oettingen Wallerstein'sches Archiv, Schloss Harburg, VI, 117, 3.

30 Dischinger III 2022, 756 pag. 995.

31 Kettner 1993, 187.

32 Zum Goldenen Saal Kapitel IX 3 Kaisersäle Süddeutschland.

33 www.augsburg.de/kultur/stadtarchiv-augsburg/das-historische-dokument/salzburger-steine-fuer-die-pracht-des-augsburger-rathauses, abgerufen 22.04.2024.

34 StA Amberg, Fürstentum Obere Pfalz, Regierung, Amtsbücher und Akten 1057, Schreiben des Bürgermeisters und Rates Amberg vom 26. Juni 1670 an die Regierung Amberg.

35 StA Würzburg, KL Ebrach D8 488–5 Ziff.1; S. 164.

36 Kasper 1960, 271 Fn. 250.

37 KlA Ottobeuren, L. Reg. 16 fol.10r; Russ 2004, 409.

38 Dischinger III 2011, 948.

39 Dischinger III 2011, 720 pag. 705.

40 Ebd., 721 pag. 707. Manchmal erhielten die Fuhrleute auch nur 5 fl 30 x für 100 Platten, ebd. 861 (21.10.1724)

41 Ebd. 854 (23.2.1718).

42 Ebd., 856 (21.11.1719)

43 Ebd., 758 pag. 1013.

44 Kettner 1993, 187.

45 StA Amberg, Fürstentum Obere Pfalz, Regierung, Amtsbücher und Akten 1057. Schreiben des Bürgermeisters und Rates Amberg vom 26. Juni 1670 an die Regierung Amberg.

46 StA Würzburg, KL Ebrach D8 488 Ziff. 3.

47 Dischinger III 2011, 693 pag. 900.

48 Ebd., 854 (31.1.1718).

49 Ebd., 720 pag. 706.

50 Der in Solnhofen von den Steinbrüchen in das Altmühltal hinabführende Weg war im Ort gepflastert. Dafür erhob die Gemeinde einen Pflasterzoll, Arauner 1975, 70.

51 Kapitel V 5.

52 Zusätzlich gab es noch zwei weitere Maut- und Zollstellen, eine des Hochstifts Passau und eine der Freien Reichsstadt Regensburg.

[53] BayHStA, Geheimes Hausarchiv, Korrespondenzakten 976a; Horn/Meyer 1958, 178; Seitz 2002, 104.
[54] Kraft 1926, 5; Eder 1928, 7 (StA Nürnberg, Rep. 224/25 Nr. 1534).
[55] Zu dieser Lieferung S. 164.
[56] Russ 2004, 409; Klosterarchiv Ottobeuren, L.Reg.16 fol. 11ʳ uns 10ʳ. Russ bezeichnet diese Zollfreibitten als Entwürfe. Sie wurden aber tatsächlich genutzt, da am 15. Mai 1666 die *Fuerleithen so die Stain von Augsburg zue Unser lieben Frauwen in Eldern gefiehrt* [geführt] haben, ebd., 145 Fn. 651.
[57] Ebd., L.Reg.16 fol. 11ʳ.
[58] StA Amberg, Fürstentum Obere Pfalz, Regierung, Amtsbücher und Akten 1057 (Schreiben des Bürgermeisters und Rates Amberg vom 27. Juni 1670 an die Regierung von Amberg).
[59] StA Würzburg A D8 488–5.
[60] BSB, Clm 1485, pag. 305.
[61] StA Ludwigsburg Findbuch B 503 II Bü 52
[62] Dazu S. 24.
[63] Kraft 1926, 6.
[64] StA Amberg, Fürstentum Obere Pfalz, Regierung, Amtsbücher und Akten 1057, Schreiben des Bürgermeisters und Rates Amberg vom 26. Juni 1670 an die Regierung Amberg.
[65] StA Amberg, Fürstentum Obere Pfalz, Regierung, Amtsbücher und Akten 1057, 27. Juli 1670. Die Amberger Schiffslände lag unmittelbar neben der Pfarrkirche St. Martin. Schon im Mittelalter war die Vils der Transportweg für die in der Oberpfalz hergestellten Eisenwaren, um sie nach Regensburg zu verfrachten. Die getreidelte Rückfahrt bestand meist aus Salz und gelegentlich eben auch aus Solnhofer Steinen. Die Vilsplätten hatten einen nach oben gebogenen Schnabel, waren 24 m lang und 3,3 m breit. Mit 400 Zentner war ihre Transportlast nicht sehr hoch. Wie sehr dieser Wasserweg genutzt wurde, zeigt die 1598 gefertigte Hauptkarte des Pflegamtes Laaber von Vogel und Stang, die auf der Naab einen Treidelzug zeigt (BHStA, Pl. 3650).
[66] Schmidt 1980, 93.
[67] Dazu S. 53.
[68] Böhaimb 1856, 97.
[69] BSB Clm 1485. S. 170.
[70] Keine Konkurrenz war Marxheim an der Mündung des Lechs in die Donau. Zwar liegt Marxheim ungefähr gleichweit vom Solnhofer Bruchgebiet entfernt wie Stepperg, doch ist der Weg dahin reich an Steigungen und Gefällen. Ein weiterer Nachteil war, dass es dort kein Ruhigwasser gibt, in dem die Lechflöße einfahren und zu Donauflößen zusammengesetzt werden konnten. Die Auffassung, mit dem Ende der Marxheimer Zollstation Anfang des 19. Jahrhunderts sei die dortige Lände bedeutungslos geworden und Stepperg habe die Funktion als Stapelpatz übernommen, so Thiele 1979, 132, lässt sich angesichts der Bedeutung nicht halten, die Stepperg schon im 18. Jahrhundert als Stapel- und Verladeplatz für Solnhofer Steine hatte.
[71] Böhaimb 1865, 98.
[72] Ebd., 97.
[73] Donaureise 1818, 55.
[74] Schultes 1819, 175.
[75] 1850/51 zahlten die Mörnsheimer und Solnhofer Steinlieferanten 211 Gulden für die Pacht, die 1860 auf 286 Gulden stieg; Filser 2018, 197.
[76] Filser 2020, 46.
[77] Dazu Dussler 1970 (Lechbruck) sowie Filser 2016 und 2018 (Apfeldorf).
[78] Filser 2011, 40.
[79] Ausführlich ist diese Steinflößerei bei Filser 2016 und 2018 aufgearbeitet und beschrieben.
[80] Dussler 1970, 60.
[81] Czerny 1886, 158.
[82] Ritter 1970, 449.
[83] Filser 2011, 24.
[84] Filser 2016, 37.
[85] Filser 2018, 199 f.
[86] Ebd., 201.
[87] Ebd., 201.
[88] Filser 2016, 19 und 2018, 203.
[89] Filser 2016, 60 f und 2018, 203.
[90] Filser 2016, 83 und 2018, 206.
[91] Ein Floß zerschellte an einem Brückenpfeiler in Linz. Die gesamte Fracht ging verloren. Die Flößer überlebten jedoch das Unglück.
[92] Lidl 1975, 40; Arauner 1975, 70.
[93] Kat. Ausst. Main und Meer 2013, 257 und 270.
[94] Mitteilung von Pfarrer a.D. Hans Schlumberger in Uffenheim.
[95] Zur Geschichte von Fischer & Kluge Kapitel IV 1.
[96] Dümler 2001, 443.
[97] Zum Bamberger Kaisersaal Kapitel IX 3.
[98] Zur Nau- und Gegenfahrt auf der Donau Thiele 1979, 76–86.
[99] Gezogen wurden die Schiffe von schweren Arbeitspferden. Besonders geeignet waren die Traunrösser aus dem Salzburger Land, die gegen die Stiche der Mückenschwärme weitgehend immun waren. War Treideln auf einer bestimmten Strecke nicht möglich, wurde erst versucht mit Stacheln (Stecken) der Schiffsleute weiterzukommen. Gelang das nicht, wurde die Fracht ausgeladen und auf dem Landweg bis zur nächsten treidelfähigen Stelle gebracht.
[100] BHStA, Geheimes Hausarchiv, Pfälzer und Pfalz-Neuburger Akte 2643; Seitz 2002, 104; Horn/Meyer 1958, 178.
[101] Die dorischen Säulen wogen einzeln 3,8 Tonnen und die korinthischen 2,8 Tonnen, Kat. Ausst. Elias Holl 1985, 313 f.
[102] www.augsburg.de/kultur/stadtarchiv-augsburg/das-historische-dokument/salzburger-steine-fuer-die-pracht-des-augsburger-rathaus; abgerufen am 23.08.2023.
[103] Da damals weder die Salzach noch der Inn und die Donau begradigt waren, ist die tatsächliche Gesamtstrecke höher anzusetzen.
[104] Eine schier unglaubliche Wasser- und Landstrecke legten acht Adneter Marmorblöcke zurück, die der polnische König Sigmund Augustus 1552 für das Grabmal seiner zwei verstorbenen Frauen im Dom von Vilnius (Litauen) bestellt hatte. Der erste Teil führte auf dem Wasser über die Salzach, den Inn und die Donau bis Hainburg (Niederösterreich). Dort wurden die Blöcke auf der March bis Kremsier (Ostmähren) getreidelt, dann bis Krakau über Land transportiert und von dort auf der Weichsel bis Danzig. Dann kam der lange Landweg von Danzig über Königsberg bis zur Memel, auf der die Blöcke bis zu dem Nebenfluss Neris getreidelt wurden, an dem Vilnius liegt. Dazu Kieslinger 1964, 255 f und Kretschmer 2002, 137 f.
[105] Ein Bauschreiber war von einem Bauamt mit der Rechnungsführung eines Bauvorhabens beauftragt.
[106] Grimm 1987, 67/68.
[107] Kieslinger 1964, 258; Grimm 1987, 68.
[108] GLA Karlsruhe 98/647, Bl. 9.
[109] HStA Stuttgart, B 522 Bü 461 c.
[110] Im August 1892 wurde die Strecke zweigleisig.
[111] Erstmals ausführlich beschrieben ist das Bergbahnprojekt bei Meier 2014, 300 ff. Dazu auch Henle 2018, 235 ff.

SOLNHOFER STEINE IN BAUTEN

VI Solnhofer Steinfußböden

Als Werkstein für bauliche Zwecke hat der Solnhofer Stein vielfältige Verwendungsmöglichkeiten. Sie reichen von Fenstersimsen, Treppenstufen, Sockelleisten und Wandplatten, zeitweise sogar bis zu Malztennenplatten, Gerbertafeln und Schalttafeln. Entscheidendes Produkt in überragender wirtschaftlicher Bedeutung und Reputation sind in der langen Geschichte dieses Steins jedoch die Bodenplatten. Im Barock und Rokoko wurden in den Kirchen, Klöstern und Residenzen Fußböden mit einer nie wieder erreichten Vielfalt an Formen und Mustern verlegt. Noch heute zeugen sie von der hohen Wertschätzung des Solnhofer Steins und von der hohen handwerklichen Kunstfertigkeit in Herstellung und Verlegung.

1 Aussehen und Wertschätzung

Im Gegensatz zu Italien, wo klimatisch bedingt Steinfußböden in sakralen und profanen Bauten die Regel sind,[1] kamen sie in Deutschland erst in der Renaissance auf. Frühe Beispiele sind die St. Anna-Kirche und der Goldene Rathaussaal in Augsburg.[2] Kirchenböden bestanden zuvor meist aus leicht sich abnutzenden Ziegeln oder aus Tonfliesen, die Böden in Innenräumen aus Holz. Das hatte auch einen Grund, denn Ziegelböden und Holzböden sind preiswerter als Steinfußböden.

In Neresheim ließ die Benediktinerabtei den Ziegelboden der Kirche erst 1692/93 durch einen Steinbelag aus Solnhofer und Wittislinger Platten aus der Umgebung ersetzen.[3] Bei der 1711 erfolgten Grundsteinlegung der Hl. Dreifaltigkeitskirche in München ging man davon aus, dass die Ziegel pro tausend Stück neun Gulden kosten werden, 100 Pflastersteine dagegen 15 fl.[4] 1736 ließ die Benediktinerabtei Ottobeuren in der in ihrem Herrschaftsgebiet gelegenen Wallfahrtskirche Eldern *ein neües Pflaster von Eystätter Steinen* […] legen und *zwar anstatt der Ziegelblatten,* die *darinnen schon ausgetreten* waren.[5] Im Augustiner Chorherrenstift St. Florian, wo an vielen Stellen Solnhofer Platten verlegt sind, hat das Stift 1750 in einem Saal *anstatt das vorhinigen ziegl pflaster vor und auf beeden Seithen desselbigen mit rauhen stainern* pflastern lassen.[6] Das für die Eichstätter Bistumsgeschichte bedeutende Münster St. Wunibald in Heidenheim am Hahnenkamm hatte bis 1730 einen Ziegelfußboden. Bei der Barockisierung wurde er entfernt und gegen Solnhofer Platten ausgetauscht. Die Renovierung in den Jahren 1967/68 brachte die Umkehrung. Die Solnhofer Platten wurden ausgebaut und wieder ein Ziegelboden eingebaut.

Maßgeblichen Einfluss auf das Aussehen eines Steinfußbodens und seine Wirkung haben folgende Faktoren: Farbe, Format, Oberfläche, Verlegeart und Fugenbild.

Farbe bedeutet beim Solnhofer Stein ein Zweifaches: hell (gelblich) und dunkel (grau, graublau).[7] Die Zweifarbigkeit, die erst bei geschliffenen Platten hervortritt, ermöglicht einen Hell-Dunkel-Kontrast, der die Wahrnehmung und Lebendigkeit der Böden steigert. Im Barock und Rokoko verlangten die Bauherren den Farbwechsel für das Kirchenpflaster, für repräsentative Räume, selbst für Gänge. Fußböden wurden aber auch mit bruchrauen Solnhofer Steinen verlegt, deren Oberfläche mit der Intensität und Varietät der Farben, den Dendriten und dem feinen Korn einen eigenen Reiz hat. Den ersten Auftrag, den der Mörnsheimer Johann Hänle 1714 von Ottobeuren erhielt, umfasste auch die Lieferung von *ohnpalierte 2500 St.* [Stück] Platten.[8] Die Bestellung bruchrauer Platten setzte sich fort. 1721 hatte sein Nachfolger Joseph Ottinger *2200 raue Stain* zu liefern, die für *den underen Gang von der Porten* [Pforte] *an bis an die Stiegen* vorgesehen waren und im ersten Obergeschoss für das Gangpflaster *bis zu der Apotek*.[9]

Prägend für das Aussehen eines Fußbodens sind auch die standardisierten Plattenformate (z. B. Quadrat, Sechseck, Raute oder Kreis), die in sich wiederholender Fortsetzung große Flächen bedecken. Durch Sternmuster werden diese Flächen auf eine neue und höherwertige Aussehensstufe gehoben. Figürlich-ornamentale Formate (z. B. Palmetten) sind der Höhepunkt des Formenreichtums in Solnhofer Stein. Daneben hat die Verlegerichtung, orthogonal oder diagonal, Einfluss auf das Aussehen. In orthogonaler Verlegung verlaufen die Linien horizontal und vertikal, in der diagonalen steigen sie von links nach rechts und von rechts nach links. Das Auge nimmt nur eine Richtung wahr, je nachdem für welche man sich entscheidet. Fugen haben vorwiegend eine technische Funktion, beeinflussen aber auch das Erscheinungsbild des Fußbodens. Schmale Fugen machen die Fußböden flächiger, breite dehnen sie.

Alte Solnhofer Bodenplatten aus der Kirche des ehemaligen Klosters Heidenheim in Franken.

Steinfußböden entsprachen dem hohen Repräsentationsbedürfnis im Barock und Rokoko. Dieses Bedürfnis erfüllte auch der Solnhofer Stein, sonst wäre er von den Bauherren nicht so umfangreich nachgefragt worden. Das außergewöhnliche Pflaster im Ottobeurer Kaisersaal beindruckte Abt Rupert Ness so sehr, dass er 1727 in sein Tagebuch schrieb, es sei *etwas schönes*, das *den gantzen Saal besonders ausziehret* und zu seiner *Vollkommenheit* beitrage.[10]

Gegen den Solnhofer Stein konnte auch der Abt der Füssener Benediktinerabtei St. Mang trotz benediktinischer Verbundenheit nicht ankommen. Zu dieser Abtei gehörte ein Steinbruch bei Hohenschwangau, in dem ein Rotmarmor abgebaut wurde. Der Füssener Abt war nachhaltig daran interessiert, mit diesem Stein in Ottobeuren ins Geschäft zu kommen. Im Oktober 1713 bot er ihn seinem Ottobeurer Amtsbruder lobpreisend an, indem er zugleich den Solnhofer Stein herabsetzte: *Gegen den unbeständigen Sollhofferischen* [Stein], *wie Euer Hoch*[würden] *mir erzölt hatten* [dafür, dass Abt Ness den Solnhofer Stein für unbeständig gehalten hat, liegen keine Belege vor] *sollen die unsere wolfeill* [preiswert] *khomen*.[11] Schon einige Tage darauf ließ der Füssener Abt zwei Mustersimse kommen. Er nutzte die Gelegenheit, nochmals die Unbeständigkeit des Solnhofer Steins hervorzuheben und betonte, dieser sei mit dem *schönen* [Füssener] *Marmor auf keine Weis zu vergleichen.*[12] Trotz dieser intensiven akquisitorischen Bemühungen blieb Abt Rupert Ness beim Solnhofer Stein, obwohl dieser teurer war und wegen der gegenüber Füssen weit größeren Entfernung höhere Transportkosten verursachte. In Türgewänden, Postamenten und Kleinteilen im Kaisersaal kam der Füssener Rotmarmor dennoch zum Zuge.

2 Verlegemuster

Wie andere Platten werden auch Solnhofer Bodenplatten in unterschiedlichen geometrischen Mustern verlegt. Sie lassen sich in lineare Muster, Sterngebilde, ornamentale Muster sowie Sonder- und Kleinmuster einteilen. Zur Fläche werden die Muster erst in fortlaufender Wiederholung, Rapport genannt.[13] Für alle gibt es römische oder mittelalterliche Vorläufer. Die Steigerung des Aussehens der Fußböden durch Farbwechsel bezieht sich nicht nur auf den hellen und dunklen Solnhofer Stein, noch wirkungsvoller ist er im Wechsel mit Rotmarmor. Häufigster Rotmarmor war im südlichen Bayern und in Österreich der Adneter Marmor, der in den Brüchen des zum Hochstift Salzburg gehörenden Ortes Adnet bei Hallein abgebaut wurde und teils noch abgebaut wird. Der Adneter Marmor ist ein dichter, rot bis grau und auch gemischtfarbiger, geschichteter und massiver Kalkstein, der auch für Tür- und Fenstergewände, Epitaphe und Säulen verwendet wurde.[14]

Orthogonales Quadratpflaster (55 × 55 cm) im Mittelgang der Münchner Theatinerkirche nach kriegsbedingtem Wiederaufbau.

Lineare Muster

Lineare Verlegemuster sind das monochrome Quadrat- und Rechteckraster,[15] das Schachbrett, der Rosenspitz, das Achteck mit Einlegern, das Sechseck, die Raute und die Springraute.

Das monochrome orthogonale Quadratraster mit hellen Solnhofer Platten (mit grauen und graublauen Platten existiert es nicht) macht den Fußboden flächig und leicht monoton, insbesondere bei großen Flächen mit großen Formaten. Das zeigt sich in München nach dem Wiederaufbau der kriegszerstörten Theatinerkirche und der Jesuitenkirche St. Michael. Im breiten Mittelgang Theatinerkirche bewirken die großformatigen hellgelblichen und hellgrauen unsytematisch verlegten Solnhofer Platten (55 × 55 cm) eine gewisse Leere. Ungewöhnlich ist zudem, dass dieses Pflaster in der Vierung ohne jede Änderung fortgeführt wird, obwohl sich darüber eine großartige Kuppel erhebt, die sich in Ausmaß und Mitte, wie in anderen Kirchen, im Pflaster vorbildlich hätte abbilden lassen. Das war jedoch schon bauzeitlich nicht vorgesehen. Beim Wiederaufbau von St. Michael verzichtete man im Langhaus auf den historischen diagonalen Rosenspitzbelag.[16] Verlegt wurde ein Fußboden wie in der Theatinerkirche, nur noch großformatiger (65 × 65 cm) und ebenfalls farblich unsystematisch gemischt. Sowohl in St. Michael als auch in der Theatinerkirche steht die Schlichtheit des Steinfußbodens in keinem Verhältnis zur Architektur und reichen Ausstattung des Innenraums.

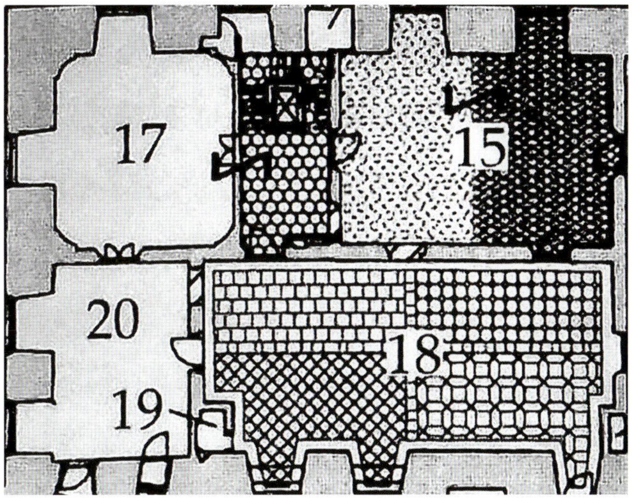

◀◀ Großformatiges diagonales und fugenversetztes Pflaster im Ottheinrichsbau des Schlosses Neuburg/Donau (um 1555).

◀ Pflaster im Fletz des Ottheinrichsbaus im Neuburger Schloss (Nr. 18) mit vier Verlegearten.

Die orthogonale Verlegung hat eine Ausrichtung auf den Chor. Optisch aufgewertet wird sie durch versetzte Fugen und gesteigert durch diagonale Verlegung. Ein Beispiel für eine fugenversetzte Verlegung, dazu noch eines mit besonders großen Rechteckplatten (85 × 41 cm), ist das monochrome Pflaster im Fletz des Ottheinrichsbaus im Pfalzgrafenschloss Neuburg/Donau. Mit einer Verlegezeit um 1555 ist dieses Pflaster eines der ältesten, wenn nicht gar das älteste noch vollständig erhaltene aus Solnhofer Stein. Die Bedeutung ist noch größer, weil es wie in einem Musterkatalog durch die Aufteilung mit einem Streifen in Adneter Rotmarmor in vier Quadranten vier präzise Muster enthält: fugenversetztes Quadratraster, diagonales Quadratraster, Rosenspitz und Achteck mit Einlegern.[17] Die diagonale Verlegung wurde 1678 in einer Präsentationszeichnung für die Kapelle und das Vorhaus des Landshuter Ursulinenklosters vorgeschlagen.[18] Umgesetzt ist sie im Langhaus der großen Barockkirche des Augustiner-Chorherrenstifts St. Florian in Oberösterreich.[19] Unter Reduzierung des Eindrucks der Flächigkeit kann die diagonale Verlegung den Blick mehr in die Seiten als in den Chor lenken.

Zum linearen Musterkatalog gehört das auf Quadratplatten im Farbwechsel aufbauende Schachbrettmuster. Es wird fast nur diagonal verlegt, weil diese Verlegerichtung eine optische Spannung erzeugt. Am Anfang und Ende jeder Diagonalbahn liegt eine aus der diagonalen Teilung einer Quadratplatte sich ergebende Dreiecksplatte, »Spitze« genannt. Das Schachbrettmuster hat eine große Verbreitung für gehobene sakrale und profane Räume gefunden. Verlegungstechnisch bereitet es keine besonderen Schwierigkeiten. Den stärksten Farbkontrast erreicht das Schachbrettmuster mit hellen Solnhofer Platten und Rotmarmorplatten. Schon im 16. Jahrhundert

◀◀ Plattierungsvorschlag (1678) für das Kirchenpflaster des Ursulinenklosters in Landshut. BayHStA PlS 21429.

◀ Diagonales Quadratraster (61 × 61 cm) in der Stiftskirche St. Florian.

Schachbrettfußböden

▶ Klosterkirche der Benediktinerabtei Weltenburg.

▶▶ Klosterkirche des Zisterzienserstifts Lilienfeld mit Ambo..

wählte man diese Kombination mit 60 × 60 cm Platten für die Schlosskapelle und die Große Dürnitz im Neuburger Pfalzgrafenschloss.

Eine besondere Rolle spielt das Rosenspitzmuster. Für sakrale wie profane Bauten des Barocks war es sehr gefragt, wahrscheinlich das beliebteste unter den damals üblichen Verlegemustern. Überwiegend war es ein Kirchenpflaster, das auch in Synagogen verlegt wurde.[20]

Der Rosenspitz ist ein aus zwei Elementen und fünf Teilen bestehendes Kombinationsmuster. Das Zentrum bildet eine Quadratplatte, die auf jeder Seite von einer schmalen längsrechteckigen Platte eingefasst wird, deren beide Enden ein gleichseitiges Dreieck bilden, das über die Seitenlänge der Quadratplatte hinausreicht. Wegen der Formähnlichkeit mit einem Webschiffchen werden diese Platten »Schiffchen« oder nach dem französischen Wort auch »Navetten« genannt.[21] Weil das Rosenspitzmuster mit den vier Schiffchen äußerlich ein Achteck bildet, wird es mitunter in Unkenntnis des Begriffs Rosenspitz auch als Achteckmuster bezeichnet.[22]

Erste Rosenspitzmuster erschienen schon im 11. und 12. Jahrhundert in Plattenmosaiken (opus sectile) italienischer Kirchen. In Venedig liegen Rosenspitze im Fußboden des Markusdoms und in der Kirche St. Maria

▶ Handbekanteter und maschinengesägter Rosenspitz. Kirche des ehemaligen Benediktinerklosters Kühbach (Lkr. Aichach-Friedberg).

▶▶ Rosenspitzmuster des 12. Jahrhunderts. Kirche St. Maria Assunta auf der venezianischen Insel Torcello.

▶▶ Großformatiges Pflaster im Ottheinrichsbau des Neuburger Schlosses. Achtecke mit Einlegern und Rosenspitze. Um 1555 verlegt.

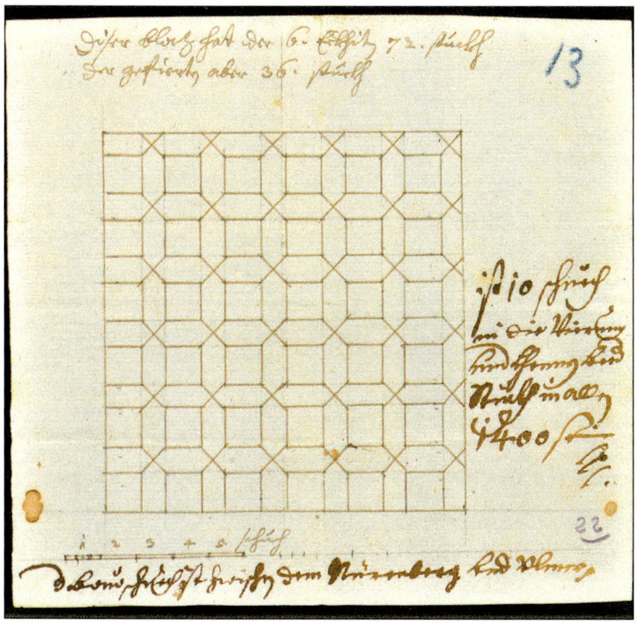

◄◄
Präsentationszeichnung für einen Rosenspitzbelag im Gang vor dem Kaisersaal in Salem. GLA Karlsruhe 98/103–23.

◄
Vierung und Chor der Benediktiner Reichsabtei St. Ulrich und Afra in Augsburg. Stich von Wolfgang Kilian nach Johann Matthias Kager (1627).

Assunta auf der venezianischen Insel Torcello, ebenso in St. Maria della Piazza in Ancona und in St. Stefano in Carrara. In Deutschland kommen sie erst im Laufe des 16. Jahrhunderts auf. Das wahrscheinlich früheste Beispiel eines Rosenspitzmusters mit Solnhofer Stein bietet das um 1555 verlegte Pflaster im Fletz des Ottheinrichsbaus im Neuburger Pfalzgrafenschloss.[23] Die für die damalige Zeit sehr großen Platten machen es etwas disproportioniert.[24] Die Baurechnung der Münchner Jesuitenkirche St. Michael aus dem Jahre 1584 enthält eine Steinlieferung von *1000 langen* und *500 gevierten weiss Marblstein Pflasterplatten aus Solnhoven*.[25] In der Lieferung von 500 Quadratplatten und 1000 Schiffchen äußert sich die Besonderheit des Rosenspitzes.

Im Rapportverbund braucht dieses Muster nur zwei Schiffchen, eines an der vertikalen und eines an der horizontalen Seite der Quadratplatte, da die beiden anderen Seiten gleichzeitig auch die Schiffchen der benachbarten Quadratplatten sind. Deshalb hat das Rosenspitzmuster im Verbund doppelt so viele Schiffchen wie Quadratplatten. Exemplarisch verdeutlicht das eine Präsentationszeichnung, die der Steinmetz *Johannes Härle* [Hänle] *Steinh*[auer] aus *Mersheimb* [Mörnsheim] 1705 der Zisterzienserabtei Salem für einen Rosenspitzbelag im Gang vor dem Kaisersaal vorlegte. Den Bedarf an Platten in der aufgeführten Zeichnung beschrieb er so: *Dieser blatz hat der 6 Eckhiten* [Schiffchen] *72 Stückh der gefierten* [viereckigen] *aber 36 Stückh*.[26]

Wie beliebt der Rosenspitzbelag war, belegen viele Quellen. Ein Stich aus dem Jahre 1627 zeigt Rosenspitze im 1605 vollendeten Chor und in der Vierung der Kirche des Benediktiner Reichsstifts St. Ulrich und Afra in Augsburg. Ein besonders schönes Beispiel des

Entwürfe für einen Rosenspitzbelag.

◄◄
Chor der Wallfahrtskirche Birnau am Bodensee. GLA Karlsruhe 98/72.

▼
Farbwechselnder und monochromer Vorschlag für die Münchner Franziskanerkirche (1684). BayHStA PlS 19458.

Rosenspitze mit hellen und dunklen Zentralpatten.

▶ Ehemalige Jesuitenkirche in Mindelheim.

▶▶ Stiftskirche St. Vitus in Ellwangen.

Rosenspitzmusters entfaltet die 1747 angefertigte Entwurfszeichnung für den Bodenbelag im Chor der Wallfahrtskirche Birnau am Bodensee, der allerdings nicht zur Ausführung gekommen ist.[27]

Monochrom wurde das Rosenspitzpflaster selten verlegt und dann nur mit hellen Solnhofer Steinen, weil graue und graublaue nicht genügend geliefert werden konnten. Seine besondere Wirkung entfaltet der Rosenspitz im

Farbwechselnde Rosenspitze mit Adneter Rotmarmor.

▶ Seitenkapelle von St. Michael in München.

▶▶ Mittelgang der Kirche des Stifts Melk.

Farbwechsel. Das zeigt der 1684 entstandene Entwurf für einen Bodenbelag in der Münchner Franziskanerkirche, der im Zusammenhang mit dem Bau der kurfürstlichen Oberkapelle stehen wird.[28] Im Hell-Dunkel-Kontrast hat der Farbwechsel zwei Seiten: eine helle Zentralplatte und dunkle Schiffchen oder umgekehrt eine dunkle Zentralplatte und helle Schiffchen. Es ist schwer auszumachen, welche Kombination überwiegt. Beide sind häufig vertreten. Einen gesteigerten Farbwechsel ergeben Solnhofer Platten und Adneter Rotmarmor. Diese Zusammensetzung haben die um 1595 verlegten Fußböden in den Seitenkapellen der Jesuitenkirche St. Michael in München, die von der Bombardierung verschont geblieben sind. In der Kirche der Benediktinerabtei Melk ist der Farbwechsel umgekehrt: die Quadratplatten sind aus Adneter Rotmarmor, die Schiffchen aus hellem Solnhofer Stein.

Mitbestimmend für das Aussehen des Rosenspitzbodens ist auch das Größenverhältnis zwischen Zentralplatte und Schiffchen. Breite Schiffchen betonen die Fläche, verursachen aber eine etwas stauchende Optik, schmale strecken die Fläche, weil die Quadratplatte stärker hervortritt. Die Größe der Zentralplatten variiert von 28 bis 44 cm, wobei Seitenlängen um 40 cm (16 Zoll) am häufigsten vorkommen. Bei den Schiffchen bewegt sich die Breite zwischen 19 cm und 29 cm, die Länge zwischen 48 cm und 86 cm. Eine ausgeglichene Proportion hat das Rosenspitzmuster, wenn die Breite der Schiffchen etwa ein Drittel der Seitenlänge der Zentralplatte beträgt.

Das Rosenspitzmuster hat Varianten ausgebildet. Eine besteht darin, dass an den vier jeweils von zwei Schiffchen gebildeten Ecken kleine Quadrate oder kleine Kreisplatten als Einleger angefügt werden.

Der Mörnsheimer Steinmetz Georg Hänle schlug diese Variante 1697 der Zisterzienserabtei Fürstenfeld vor, wahrscheinlich für den Churfürstensaal.[29] Diese Konfiguration haben, um Beispiele zu nennen, die Fußböden in den Provinzialbibliotheken Amberg und Neuburg/Donau, in den Wallfahrtskirchen Gößweinstein und Wemding. Überwiegend erscheint sie im kontrastierenden Farbwechsel. Die Quadratplatte und die Einleger haben dieselbe Farbe und heben sich dadurch von den Schiffchen ab. Dadurch wird diese Konfiguration erst richtig sichtbar.

In der ehemaligen fürstbischöflichen Residenz in Freising verbindet der Fürstengang mit dem Dom. Davor liegt die Marienkapelle mit einem Fußboden, bei dem die Einleger kreisförmig und die Schiffchen horizontal geteilt sind. Im Fürstengang ist die Zentralplatte durch ein Achsenkreuz in vier gleich große Quadratplatten aufgeteilt und die Schiffchen sind vertikal geteilt. Im Magdalenen Saal der ehemaligen Benediktinerabtei Wessobrunn erfährt dieses Muster eine zusätzliche Variante durch farbwechselnde horizontale Teilung der Schiffchen. In einem kurzen Seitengang der Abtei Ottobeuren ist die Teilung des Rosenspitzmusters mit 24 Teilen auf die Spitze getrieben. Die Quadratplatte und die Schiffchen sind schachbrettartig viergeteilt und die Mitte der Schiffchen der Konfiguration wird mit einer hellen ovalen Platte hervorgehoben. Ein ganz rares Verlegemuster entsteht, wenn vom Rosenspitzmuster nur die Schiffchen verlegt werden. In der am Rande des Klostergevierts Wessobrunn gelegenen Pfarrkirche ist in einem Teil ein Fußboden verlegt, der nur aus aneinandergereihten Schiffchen besteht. Wo sie aufeinander stoßen, füllen kleine über Eck gestellte Quadratplatten die Fläche.

▲ Vorschlag für die Pflasterung (wahrscheinlich des Churfürstensaals) in der Zisterzienserabtei Fürstenfeld. BayHStA PlS 11004.

Farbwechselnde Rosenspitze mit quadratischen Einlegern.

Provinzialbibliothek Neuburg/Donau.

Provinzialbibliothek Amberg.

Varianten des Rosenspitzes mit runden Einlegern.

▶ Marienkapelle. Fürstbischöfliche Residenz Freising.

▶▶ Magdalenensaal. Benediktinerabtei Wessobrunn.

▶ Fürstengang. Fürstbischöfliche Residenz Freising.

▶▶ Gang in der Benediktinerabtei Ottobeuren.

Achteckplatte mit quadratischen Einlegern. Ursulinenkirche Landsberg.

Werden die Ecken einer Quadratplatte abgeschrägt, wird sie zu einer Achteckplatte. An diese vier Schrägen können wie beim Rosenspitz ebenfalls Einleger angefügt werden. Daraus ergibt sich das Muster der Achteckplatte mit Einlegern.

Das früheste Beispiel liefert erneut der um 1555 verlegte Fußboden im Fletz des Neuburger Ottheinrichsbaus, dessen Einleger sehr groß dimensioniert sind (Abb. S. 120) Die Größe der Einleger hängt vom Maß der Abschrägung ab, das wiederum in Abhängigkeit zur Größe

Schiffchenfußboden in der Pfarrkirche Wessobrunn.

Achteckplatte mit dreieckigen Einlegern in der Residenz München (Neuschöpfung).

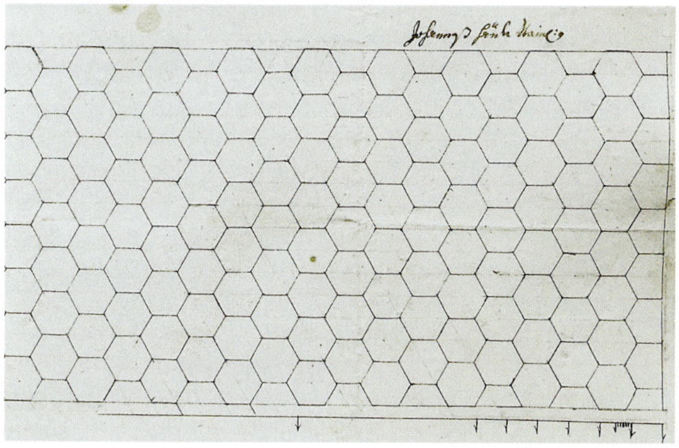

Präsentationszeichnung für einen Sechseckboden der Kirche des Hl. Geist Klosters in Donauwörth (1722). Fürstlich Oettingen-Wallersteinsches Archiv Harburg.

Das Sechseckmuster baut nicht auf dem Quadrat auf, vielmehr auf dem Zirkelschlag des Kreises. Es hat sechs gleiche Seiten und sechs gleiche Winkel von 120 Grad (regelmäßiges Sechseck). In Rapportform verlegt gleicht es einer Bienenwabe. Ein Sechseck-Fußboden vermittelt keine Ausrichtung. Für die Sechsecke gebrauchten die Steinbrecher auch den Namen »Rädle«.[31] 1712 erhielt der Mörnsheimer Steinmetz Johann Hänle von der Benediktinerabtei Neresheim den Auftrag, *600 Rädelein* für Gänge im Kloster zu liefern.[32]

Für den französischen Architekten und Architekturtheoretiker Augustin Charles Daviler (1653–1701) ist das Sechseck das beste Plattenformat, weil es »sich mit den meisten zusammensetzen lässet«.[33] Das gleichseitige Sechseck füllt den Raum lückenlos, weil es nur Nachbarn hat, die vollständig über Kanten verbunden sind. Das ermöglicht ein unkompliziertes Verlegen. Um an den Rändern der Belagfläche zu einem Abschluss zu kommen, wird entweder das Sechseck horizontal halbiert oder ein Fünfeck hergestellt, Bischofsmütze genannt, das wie ein Rechteck mit aufgesetztem Dreieck aussieht. Eine Kombination beider Möglichkeiten enthält der Entwurf, den Johann Hänle 1722 der Benediktinerabtei Hl. Kreuz in Donauwörth für den Fußboden der neuen Kirche vorschlug.[34] Die Langseiten schließen mit halbierten Sechsecken ab, die Schmalseiten mit Bischofsmützen.

Auffällig ist, dass der Sechseck-Fußboden in Eichstätt und Umgebung besonders häufig vorkommt. Die Eichstätter Kirchen, der Dom, die Benediktinerinnenabtei St. Walburg, die Schutzengelkirche (ehemalige Jesuitenkirche) und die Hl. Geist-Spitalkirche sind damit ausgestattet. In der näheren Umgebung liegen Sechseckfußböden in der Kirche des ehemaligen Benediktinerinnenklosters in Bergen bei Neuburg und in Neuburg in der

der Quadratplatte steht, die im Neuburger Fletz 60 × 60 cm (25 Zoll) beträgt und daher Einleger von 24 cx 24 cm noch nicht ganz disproportional macht. Das Achteckmuster mit Einlegern drängt geradezu auf einen Farbwechsel, wie es der Fußboden der Landsberger Ursulinenkirche mit grauen Einlegern verdeutlicht. Die umgekehrte Farbgebung würde den Fußboden zu dunkel machen. Weit deutlicher kommt der Farbwechsel mit Einlegern aus Rotmarmor zum Ausdruck. Das vermittelt der Fußboden im Langhaus der Stiftskirche Kremsmünster mit Einlegern aus Adneter Marmor. Eine reduzierte Variante ist die Achteckplatte mit Dreiecken als Einleger in der Größe der abgeschnittenen Ecken, so dass das Quadrat im Umriss erhalten bleibt.

Gegenüber dem Achteckmuster mit Einlegern gab es vereinzelt Vorbehalte. Im Juli 1733 wandte sich der Kammerrat Joh. Georg Schorer aus Meßkirch (Lkr. Sigmaringen) wegen eines Kirchenpflasters an das nicht weit von Solnhofen entfernte Deutsch Orden Schloss in Ellingen, dessen Gänge und Kirchenboden mit Solnhofer Rosenspitzen belegt sind. Scheinbar dachte man in Meßkirch an ein Achteckmuster mit Einlegern, denn aus Ellingen kam die Antwort, die *8.eckigte* könnten *wegen allzu vielen, und kleinen sich gar leicht lotter*[locker]*trettenden darzue bedürftigen zwickeln* nicht empfohlen werden.[30] Deshalb käme es zu *ungleicher und mühsamberer Arbeit* und überdies zu einem *ungleichem und differenten preiß*. Der Ratschlag hatte Erfolg. Man einigte sich auf ein singuläres Muster (Abb. S. 180).

Sechseckpflaster. Dom zu Eichstätt (gereinigt).

Sechseckpflaster Stadtpfarrkirche Landsberg.

Kirche des ehemaligen Ursulinenklosters.[35] Sechseck-Fußböden mit Solnhofer Platten liegen auch in der Kirche des Zisterzienserinnenklosters Oberschönenfeld, in der ehemaligen Prämonstratenser-Reichsabtei Obermarchtal und in der Kirche des niederösterreichischen Benediktinerstifts Seitenstetten. In der Stadtpfarrkirche in Landsberg hat das (wahrscheinlich überschliffene) Sechseckpflaster einen Farbwechsel, eine Seltenheit, die sonst nirgends auffindbar war.

Das Sechseckmuster hat wenige Varianten ausgebildet, die zudem wahrscheinlich solitär sind. Eine befindet sich im Chor der ehemaligen Zisterzienserinnenkirche Kirchheim am Ries (Ostalbkreis). Dort gruppieren sich sechs helle Sechsecke um eine graue mittige Kreisplatte, die durch den Farbwechsel zum optischen Zentrum wird.

Zu den linearen Mustern gehören auch das Rautenmuster und das Springrautenmuster. Die Raute (Rhombus), ein Viereck mit vier gleich langen Seiten, die gegenüberliegend parallel verlaufen, ist umso schmäler, je spitzer der kleine Winkel ist.[36] Wegen ihrer Keilförmigkeit werden die Rauten in den Quellen auch als »Wecken« bezeichnet.[37] Eine besondere Bedeutung haben Rauten für die vielfältigen und kunstvollen Sternmuster, deren Zacken sie bilden.[38] Das Springrautenmuster besteht dagegen aus Parallelogrammen.

Solnhofer Steinfußböden mit Rautenmuster sind höchst selten. Zwei sehr frühe Beispiele (um 1555) sind in Neuburg/Donau erhalten. Einmal wiederum im Ottheinrichsbau des Schlosses, diesmal im Schlafgemach der Pfalzgrafen. Die Rauten sind in Form des bayerischen Wappens verlegt, allerdings nicht weiß und blau gerautet, vielmehr weiß (durch Putzen leicht vergraut) und rot (Adneter Marmor). Hätte es zu dieser Zeit schon die graublauen Solnhofer Platten gegeben, wäre es wohl ein weißblaues Muster geworden. Etwa zur selben Zeit erhielt auch das nahegelegene Jagdschloss Grünau der Pfalzgrafen einen Rautenfußboden. In sakralen Räumen findet er sich meist diagonal verlegt, wie in der Münchner Asamkirche St. Johann Nepomuk. 1724 lieferte der Mörnsheimer Steinmetz Simon Scheurer *halb weiss und halb graue* Solnhofer Platten in Form von *Weckhen* an die Benediktinerabtei Weltenburg.[39] Für das Pflaster der Kirche St. Anna des Hieronymitenklosters im Münchner

▶ Variante des Sechseckpflasters in der ehemaligen Zisterzienserinnenabtei Kirchheim am Ries.

▶▶ Rautenfußboden im Jagdschloss Grünau bei Neuburg (um 1555).

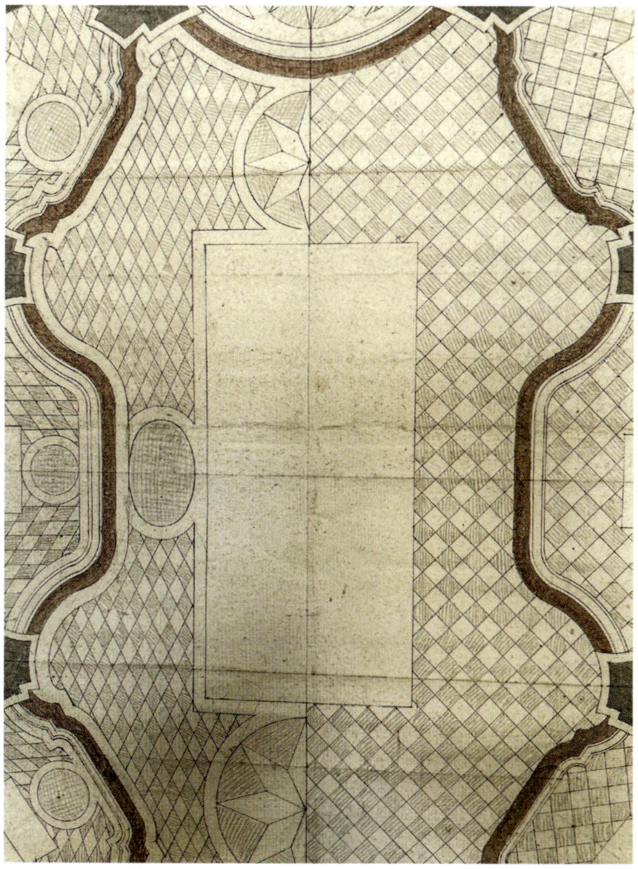

◀◀
Alternativer Plattierungsvorschlag für die Kirche des Hieronymitanerklosters in München-Lehel (1754). BayHStA PlS 8489.

◀
Springrautenpflaster Prälatengang der Benediktinerabtei Wessobrunn (um 1710).

Stadtteil Lehel (heute St. Anna Klosterkirche) legte der Münchner Steinmetz Michael Mattheo 1754 einen Entwurf mit zwei Alternativen vor: Rautenmuster oder diagonales Schachbrettmuster.[40] Realisiert wurde das einfachere Schachbrettmuster, das auch beim Wiederaufbau der im Krieg bis auf die Außenmauer zerstörten Kirche beibehalten wurde, allerdings mit Betonplatten.

Anders als die gleichseitigen Rauten haben die Parallelogramme im Springrautenmuster nur jeweils die gegenüberliegenden Seiten dieselbe Länge.[41] Vereinfacht ausgedrückt besteht das Springrautenmuster aus schiefwinkeligen Vierecken. Die Parallelogramme, auch Stäbe genannt, sind folglich nicht wie beim Fischgrätmuster, das für Parkettböden charakteristisch ist, im 90 Grad-Winkel angelegt. In Rapportform wirkt das Springrautenmuster dynamisch und richtungsweisend. Durch einen Farbwechsel, der die Regel ist, werden diese Eigenschaften gesteigert. In der Reihung kann der Farbwechsel auf zweifache Weise erfolgen.

Der einfache Farbwechsel besteht in fortlaufend verlegten hellen und dunklen Stäben. Diese Verlegeart wählte man im Benediktinerkloster Wessobrunn im Gang des mit 88 m wohl längsten Gästetrakts eines Klosters und im anschließenden 64 m langen Prälatentrakt. Aufwändiger ist der Farbwechsel mit zwei Stäben, einem hellen und dunklen, gefolgt von einem dunklen und hellen, die sich fortlaufend wiederholen. In einer Präsentationszeichnung schlug Johann Hänle aus Mörnsheim 1705 der Zisterzienserabtei Salem einen Springrautenfußboden für den Kaisersaal und den Eintritt in den Saal vor, die jedoch nicht zur Ausführung kamen. In Salem weisen zwei Räume noch ein bauzeitliches Springrautenmuster auf. Einmal die Sakristei, wo der 1699 gelegte Fußbodenbelag 1722/23 durch Solnhofer Platten ersetzt wurde,[42]

Rautenfußboden im Schloss Neuburg/Donau (um 1555).

Entwurf eines Springrautenpflasters für den Kaisersaal der Zisterzienserabtei Salem und das Audienzzimmer des Abtes, vorgelegt von *Johanneß Hänle Stainh.* [auer] *In Mörnsheimb* (1705). GLA Karlsruhe 98/103–23.

Seitenaltar der Heilig Kreuz Kirche in Landsberg (um 1755).

Kreismuster

Von den seltenen Musterböden in Solnhofer Stein sind die seltensten die, die nur aus Kreisplatten bestehen. In der Recherche fand sich nur ein Beispiel. Der Grund ist naheliegend. Das damalige händische Formen einer Kreisplatte erforderte einen weitaus größeren Arbeitsaufwand als er bei linearen Formaten auftritt. Zudem ist der Verschnitt größer. Besonders aufwendig ist die Herstellung und das Verlegen der kleinen Zwickel, die erforderlich sind, um die Zwischenräume zu füllen, die bei der Verlegung der Kreisplatten im Verbund entstehen.

Erneut kommt der Ottheinrichsbau des Neuburger Pfalzgrafenschlosses ins Spiel. In einem Flur und in einer Kammer hat sich ein bauzeitlicher Fußboden mit hellen Solnhofer und rötlichen Adneter Kreisplatten aus der Zeit um 1555 erhalten. Dafür wurden etwa 320 Kreisplatten (Durchmesser 60 cm) und rund 500 Zwickel angeliefert und so kunstvoll verlegt, dass der Eindruck von hellen und dunklen Wellenbewegungen entsteht.[44]

Sternmuster

Sternmuster bilden eine große eigene Kategorie, die sich je nach Art in drei Unterkategorien aufteilen lässt: Rapportsterne, Solitärsterne und raumgreifende Sterne. Rapportsterne füllen im Verbund die Flächen. Solitärsterne liegen als Einzelstücke in einem linear gemusterten Verbund, meist von einem oder mehreren Kreisringen gefasst. Raumgreifende Sterne strahlen von einem Mittelpunkt in Teile des Fußbodens oder in den ganzen aus.

zum anderen im heute von der evangelischen Kirchengemeinde als Betsaal genutzten Sommerrefektorium (Abb. S. 179).[43] In der ehemaligen Jesuitenkirche Heilig Kreuz in Landsberg haben einige Seitenkapellen einen Springrautenboden. Großflächig verlegt ist er im ausgedehnten Presbyterium der Klosterkirche Ottobeuren und in den Gängen des Gäste- und Prälatentrakts der ehemaligen Benediktinerabtei Wessobrunn.

Rapportsterne

Das Rapportsternmuster hatte in Italien schon im 12. Jahrhundert eine Blüte. Anschauliche Beispiele sind in

▶ Fußboden aus Kreisplatten im Ottheinrichsbau des Pfalzgrafenschlosses Neuburg.

▶▶ Frühe Rapportsternmuster Dom von Cefalu. Sizilien (um 1210).

Frühe Rapportsternmuster Scrovegni-Kapelle (Giotto-Kapelle) in Padua (um 1310).

Rapportsterne mit Solnhofer Steinen wurden im Farbwechsel verlegt, entweder den Stern mit hellen Steinen und grauen Füllrauten wie im Betsaal Maria de Victoria in Ingolstadt um 1735 verlegt oder in Umkehr mit grauen Sternen und hellen Füllrauten wie im Kaisersaal der Zisterzienserabtei Salem 1706/06 verlegt.

Im Barock und Rokoko fand das sechszackige Rapportsternmuster großen Anklang in sakralen und profanen Räumen. Dafür ließen sich viele Beispiele anführen. 1705 schlug es Johann Hänle in einer Präsentationszeichnung als Pflaster für den Kaisersaal der Zisterzienserabtei Salem mit hellen Sternen und graublauen Füllrauten vor (Abb. S. 206).[45] Ähnlich gestaltete er 1720 das Pflaster für den Kaisersaal in der Zisterzienserabtei Kaisheim, jedoch mit der Abwandlung, dass in die Mitte des Pflasters ein diese betonender Solitärstern eingefügt ist.[46] Im Gang vor dem Kaisheimer Kaisersaal liegt ein seltenes sechszackiges Rapportsternmuster, weil es sich aus den drei Solnhofer Steinfarben zusammensetzt. Vier Zacken sind aus graublauen, zwei aus hellgrauen und die sechs Füllrauten aus hellen Steinen.

Das sechszackige Rapportsternmuster hat eine besonders auffällige Eigenschaft. Visuell können mehrere Konfigurationen gesehen werden. Beim Betrachten

Sizilien der Fußboden im Dom von Cefalù und in der Palastkapelle in Palermo. In Venetien zeigt sich dieses Muster vollendet in Padua in der berühmten Scrovegni-Kapelle mit den Fresken Giottos.

Der Rapportstern setzt sich aus sechs Rautenzacken mit einem spitzen Winkel von 60 Grad zusammen. Um ein fortlaufendes Muster zu bilden, wird der Raum zwischen den Zacken mit ebenfalls sechs 60 Grad-Rauten gefüllt, so dass sich im Umriss ein regelmäßiges Sechseck ergibt.

Fußbodenaufnahme des Kaisersaalbodens in Kaisheim. Staatliches Bauamt Augsburg.

◀◀ Rapportsternmuster im Kaisersaal der Zisterzienserabtei Salem.

Die drei Solnhofer Steinfarben in einem sechszackigen Rapportstern. Zisterzienserabtei Kaisheim.

Kippeffekte des Rapportsternmusters im Fußboden des Betsaals Maria de Victoria (Asamkirche) in Ingolstadt.

Verschiebungseffekte des sechseckigen Sternmusters.

Würfel-Treppen-Effekte.

verwandelt sich dieses Muster in ein dreidimensional wirkendes Würfelmuster. Dieses Phänomen wird als Kippeffekt beschrieben. Eine Figur »kippt« unwillkürlich sich verwandelnd in eine andere um. Das sechszackige Rapportsternmuster kann auf mehrfache Art und Weise wahrgenommen werden, vor allem als Würfelmuster. In kunsthistorischen Abhandlungen wird dieser Effekt beschrieben. Das Pflaster der ehemaligen Klosterbibliothek in Wiblingen könne auch »wie räumlich angeordnete Würfel gesehen werden«[47] oder als ein »mit Solnhofer Platten in raffiniertem, dreidimensionale Wirkung erzielendem Würfelmuster«.[48]

Solitärsterne

Eine herausgehobene Stellung, Bedeutung und Sichtbarkeit erlangen Sterne, wenn sie als Einzelobjekt in die Fläche eines umgebenden linearen Verlegemusters eingebunden sind. Für solche Sterne eignet sich der Begriff Solitärstern, weil er nicht in Rapportform auftritt. In der Zahl der Zacken und in der Gestaltung weisen sie eine große Fülle und durchgehend einen Farbwechsel auf. Gesteigert wird das Aussehen, wenn der Solitärstern, wie meistens, von einem Kreisring eingefasst wird. So entstehen kunstvoll figurierte Sterngebilde. Solitärsterne haben oft auch raumgliedernde Funktion und stellen eine Boden-Decke-Beziehung her.

Besteht der Solitärstern aus 45 Grad-Rauten, entsteht ein achtzackiger Stern. Setzt er sich aus 30 Grad-Rauten zusammen, werden daraus zwölf Zacken. Die Zahl der Zacken verdoppelt sich, wenn in die Zwischenräume die gleiche Zahl an Zacken eingefügt wird. Dann entstehen 16zackige, sogar 24zackige Sterne, die äußerst seltenen Höchstzahl an Zacken. Ab den 12zackigen Sternen heben sich die Hauptzacken in der Größe von den Zwischenzacken ab. Bei 24zackigen Sternen werden die Hauptzacken zu Drachenvierecken (Abb. S. 168).

In einem Kreisring gefasst, werden die Zackenzusammengehalten und der Stern erhält eine höhere optische Wirksamkeit. Manche Solitärsterne haben mehrere Kreisringe. In der Kirche der ehemaligen Zisterzienserabtei Ebrach besteht das Sterngebilde aus einem inneren Ring, in den entsprechend der Zackenzahl 16 graue Rauten eingelassen sind und einem geschlossenen äußeren Ring aus grauen Platten (Abb. S. 170). Das mit einem Durchmesser von 10,60 m außerordentlich große Sterngebilde im Chor der Klosterkirche Dießen besteht aus drei Kreisringen (Abb. S. 168). Die Ringfassung kann auch rosettenartig ausgebildet sein, wie im Presbyterium der Klosterkirche in Ottobeuren (Abb. 177).

Vereinzelt gibt es in Fußböden Solitärsterne, die an Radfenster in romanischen und gotischen Kirchen erinnern. Die Abtei Ottobeuren bietet dafür zwei Beispiele. Im Umgehungsplatz des Kaisersaals symbolisiert eine mittige Kreisplatte die Radnabe, von der in grauem Solnhofer Stein vier Speichen zu einem Radkranz ausgehen. In dieses Gebilde sind im Radkranz an vier Stellen über Eck gestellte Quadratplatten eingefügt, die wirken, als ob sie die vier Himmelsrichtungen andeuteten. Die Radkonfiguration im Vorplatz der Abtskapelle weist sogar acht Speichen auf. Ein beeindruckendes Beispiel weist in der Amberger Provinzialbibliothek die mittlere Radkonfiguration mit sechs Speichen und vier Kreisringen auf (Abb. S. 196 linke Spalte).

Solitärsterne

8 zackiger Stern. Kaisersaal der Zisterzienserabtei Kaisheim.

12 zackiger Stern. Klosterkirche Altomünster.

16 zackiger Stern. Sakristei der Benediktinerabtei Ettal.

24 zackiger Stern. Taufkapelle der Klosterkirche Dießen.

Auf wenige Fälle beschränkt ist ebenfalls der Typus eines sehr kunstvollen Sterngebildes. Es lässt sich als raumgreifendes Sternmuster bezeichnen, weil es nicht solitär in ein umgebendes lineares Pflastermuster eingebunden ist, sondern sich flächig auf Teile des Fußbodens oder den ganzen Fußboden ausbreitet. Solche Konfigurationen erforderten hohes Können im Entwurf, in der aufwändigen Herstellung einer großen Zahl von ganz unterschiedlichen Steingrößen und im Verlegen der Steine, das einen genauen Konfigurationsplan erforderte.

Radkonfiguration in der Abtei Ottobeuren. Umgehungsplatz des Kaisersaals.

◀ Radkonfiguration in der Abtei Ottobeuren. Vorplatz der Abtskapelle.

◀◀ Raumgreifendes Sternmuster. Festsaal der Abtei Neresheim.

Der Farbwechsel erhöhte zusätzlich die an die Steinmetze und ihre Gehilfen gestellten Anforderungen. Für dieses auffallende und raumgreifende Sternmuster haben sich zwei Benediktinerabteien entschieden. In Neresheim liegt es im Festsaal, in Ottobeuren im Salettl.

Ornamentale Muster

Im Gegensatz zu geometrischen Mustern können sich ornamentale Muster frei entfalten. Daher existieren sie in großer Vielfalt. Dennoch gibt es bestimmte Grundmuster wie Rosetten, Palmetten, Muscheln oder Bandwerk.[49] Weil ornamentale Muster in Stein nur mit viel Aufwand, Können und Erfahrung herzustellen, zu verlegen und damit auch teuer sind, kommen sie selbst im formenbeschwingten Barock und Rokoko nicht häufig vor. Heute werden ornamentale Muster mühelos in jeder beliebigen Form mit Wasserstrahltechnik aus dem Stein geschnitten. Die frühesten Beispiele eines ornamentalen Schmuckfußbodens in Deutschland, an dem Solnhofer Platten beteiligt sind, finden sich in Augsburg im Fußboden der Fuggerkapelle in der St. Anna-Kirche (um 1515 verlegt) und im Fußboden des Goldenen Saals im Rathaus (um 1620 verlegt). Das Ornamentale zeigt sich in den Rosetten, denen unterschiedliche Steinsorten eine besondere Lebendigkeit und Farbigkeit verleihen. In keinem Fußboden aus Solnhofer Stein hat die Ornamentik einen solchen Niederschlag gefunden wie im Kaisersaal der Benediktinerabtei Ottobeuren (Abb. S. 206).[50] Wie beschwingt eine nichtlineare Treppe mit hellem und dunklem Solnhofer Stein aussehen kann, zeigt im Detail die Treppe zum Chor der Klosterkirche Ottobeuren.

Ornamentale Formen in der Abtei Ottobeuren. Detail der Treppe zum Chor der Kirche.

Palmette im Kaisersaal.

Fußbodenrosetten in Augsburg.

▲ Goldener Saal im Rathaus.

▶ Fuggerkapelle in der St. Anna Kirche.

Sondermuster und Kleinmuster

Immer wieder gibt es Steinfußböden mit Muster, die sich von den geometrischen Standardmustern abheben und meist solitär sind. Eine besondere Formenvielfalt zeigt sich in einer Vielfalt von Kleinmustern.

Ein ausgesprochen schönes, gut erhaltenes und gepflegtes Sondermuster liegt im Gang des in der ersten Hälfte des 18. Jahrhunderts erbauten Barockschlosses Schillingsfürst (Lkr. Ansbach). In drei Längsreihen betonen helle vierpassige Rosetten mit grauer mittiger Kreisplatte die Längsrichtung des Ganges. Dazwischen verläuft jeweils eine Reihe mit hellen Quadratplatten, die mit den Ecken an vier Rosetten anstoßen, die horizontal und vertikal mit grauen Platten verbunden sind, deren Form einem Schienenprofil gleicht, das auch im Tassilosaal des ehemaligen Benediktinerklosters Wessobrunn anzutreffen ist (Abb. S. 124). Der Fußboden der 1844 geweihten Pfarr- und Universitätskirche St. Ludwig in München enthält ein Muster, das in den Umrissen Ähnlichkeit

Sondermuster aus Solnhofer Stein. Schloss Schillingsfürst.

Sondermuster aus Solnhofer Stein.

◀◀ Universitätskirche St. Ludwig in München.

◀ Wallfahrtskirche »Maria End« in Altendorf (Mörnsheim).

Altarantritte und Kleinmuster

Klosterkirche Andechs.

Abtei Ottobeuren.

mit dem Mittelstern im Kaisersaal der Bamberger Neuen Residenz hat (Abb. S 133, 208). Sondermuster sind nicht auf große und repräsentative Bauten beschränkt. Im Chor der kleinen Wallfahrtskirche »Maria End« im Mörnsheimer Ortsteil Altendorf liegt ein Pflaster aus gekreuzten und farbwechselnden, in einen Quadratrahmen eingebunden Schiffchen, das Alleinstellung beanspruchen kann.[51]

Kleinmuster in Solnhofer Stein sind in großer Vielfalt entstanden. Ihr Platz sind Türschwellen, Treppenpodeste, Nischen und Wandabschlüsse, Stellen, in denen sie sich ohne Verlegeplan vom umgebenden Standardmuster abheben konnten. Besonders häufig kommen sie in Altarantritten vor. Beim Betrachten der Kleinmuster kommt der Gedanke auf, als hätten die Steinmetze Lust gehabt, aus den geordneten und vorgeschriebenen Musterbahnen auszubrechen, um zu zeigen, welche Ideen sie haben und was sie können.

Raumanzeigende Funktion

In vielen Kirchen und Sälen erhält die Konfiguration von Fußböden eine architektonische Bedeutung. Sie verdeutlicht die Raummitte, die Raumstruktur und gibt Hinweise auf die Decken- und Kuppelstruktur. Dabei nehmen die Solitärsterne als Fixpunkte eine besondere Rolle ein.

Im Festsaal der Benediktinerabtei Neresheim zeigt ein kreisgefasster achtzackiger Solitärstern die Raummitte an. Ein 16zackiger Stern übernimmt diese Aufgabe in der Bibliothek der ehemaligen Prämonstratenserabtei Schussenried, der zugleich in das Zentrum des Deckenfreskos verweist, in dem das Wirken der göttlichen Weisheit in den Wissenschaften und der Dichtkunst verherrlicht wird (Abb. S. 197). Im Goldenen Saal des Augsburger Rathauses stellen drei Rosetten eine direkte Verbindung mit den Gemälden der prachtvollen Decke her (Abb. S. 205).

Klosterkirche Dietramszell. Die Mitte des 16zackigen Sterns im Chor befindet sich genau unter dem Scheitelpunkt der darüber liegenden Kuppel mit Darstellung der Hl. Dreifaltigkeit.

Von der mittleren Rosette führt der Blick nach oben auf die »Sapientia« (Weisheit) im Triumphwagen als Mahnung an die darunter versammelten Herrscher mit dieser wichtigsten Tugend zu regieren. Über der westlichen und östlichen Rosette stellt sich die Reichsstadt in einem Rundgemälde einmal mit der Göttin der Baukunst als Bauherrin des Rathauses, zum anderen mit der Göttin Minerva als wehrhafte Stadt dar. Weil der Kaisersaal der Neuen Residenz in Bamberg sehr großflächig (295 qm), zugleich aber auch sehr niedrig ist (7 m), kommt dem Mittelstern die wichtige Rolle zu, die Raummitte zu unterstreichen (Abb. S. 208).

In besonderer Weise steht das Kirchenpflaster in architektonischer Beziehung zu den Malereien in den Kuppeln. Im Presbyterium des ehemaligen Augustiner Chorherren Stifts Dietramszell befindet sich im Pflaster ein kreisgefasster zwölfzackiger Stern aus grauem Solnhofer Stein, dessen Mitte eine helle Kreisplatte betont. Direkt darüber entfaltet sich in der Kuppel die Darstellung der Heiligen Dreifaltigkeit. Ließe man vom Scheitelpunkt der Kuppel ein Lot ab, träfe es genau die Mitte der Kreisplatte. In der Klosterkirche Ottobeuren befindet sich in der Mitte des Springrautenpflasters im weiträumigen Chor ein 16zackiger Solitärstern, Professstern genannt, der genau unter der Kuppel mit dem Gemälde platziert ist, in dem Gottvater inmitten von neun Engelchören thront (Abb. S. 177). Auch hier steht der Mittelpunkt des Professsterns, dargestellt durch eine graue Kreisplatte, in direkter Beziehung zum Scheitelpunkt der Kuppel.

Ein besonderes Ausmaß erreicht das Beziehungsgeflecht von Solitärstern und Kuppel im ehemaligen Augustiner Chorherrenstift Dießen. Über dem groß dimensionierten Solitärstern des Presbyteriums (Abb. S. 168) breitet sich in der Kuppel der sogenannte »Dießener Himmel« aus, in dem Christus und 28 Heilige und Selige versammelt sind. Weitere Beispiele sind die Wallfahrtskirchen in Freystadt und Gößweinstein. Sehr anschaulich wird die Boden-Decke-Beziehung in den Vierungen der Kirchen, wenn der Bodenbelag Ausmaß und Zentrum der Vierungskuppel widerspiegelt. Besonders ausgeprägt bildet sich diese Wechselbeziehung in der Vierung der Klosterkirche Ottobeuren in einem einzigartigen Formengebilde aus hellen, grauen und graublauen Solnhofer Steinen ab (Abb. S. 177 unten).

3 Steinfußböden verlegen

Steinfußböden zu verlegen erfordert gewisse Fertigkeiten, Geschick und Erfahrung, erst recht, wenn es sich um kompliziertere geometrische und vor allem ornamentale Muster handelt. Je anspruchsvoller die konfigurative Anordnung in Form und Farbe ist, desto mehr nähert sich die Verlegearbeit einem Kunsthandwerk. Vor Einführung des metrischen Systems erschwerte eine Vielzahl regionaler Längen- und Flächenmaße die Herstellung und das Verlegen der Steine. Ein weiteres Problem war früher das Gewicht der Steinfußböden auf Balkendecken.

Verlegearbeit

Das Verlegen von Fußböden, gleich ob aus Holz oder Stein, gehört zu den letzten Arbeiten in der Ausstattung eines Raumes. Von wenigen Ausnahmen abgesehen begannen daher die Verlegearbeiten erst nachdem alle Beteiligten, die Maler, die Stuckateure, die Schreiner und Glaser ihre Arbeit beendet hatten.

In den Quellen wird das Verlegen als »Abrichten« bezeichnet. Ausgedrückt ist damit, die Steine »in die erforderliche Richtung und Lage bringen«.[52] Abrichten bedeutete aber auch »herrichten« und »zurichten« im Sinne einer letzten Feinarbeit an den Steinen, so dass sie danach ohne weiteres Zutun verlegbar waren. Das Zurichten der Bodenplatten an der Baustelle war damals nicht ungewöhnlich und ist es auch heute nicht, denn die baulichen Gegebenheiten stimmen oft nicht mit den Verlegeplänen überein, die es im Barock und Rokoko nur bei komplizierten Böden gegeben haben wird.

Das Abrichten klang schon im Oktober 1714 in einer Bestellung der Ottobeurer Abtei bei Johann Hänle in

Unterbau des Steinfußbodens im Kaisersaal Salem. Estrich und Mörtelbett.

Ausbesserung des Mörtelbetts mit Zementmörtel (hellgraue Raute).

Mörnsheim an. Die Steine mussten entweder *alle abgericht* sein oder Hänle müsse einen *Gesellen zum Abrichten* stellen.[53] Das heißt, entweder mussten die Steine schon bei der Lieferung so abgerichtet sein, dass sie direkt verlegbar waren oder sie mussten auf der Baustelle in diesen Zustand gebracht werden. Als der Ottobeurer Kaisersaal 1727 so weit ausgestattet war, dass die Fußbodenleger an die Reihe kamen, vermerkte Abt Rupert Ness in seinem Tagebuch, das könne umgehend geschehen, weil die Steine *schon hier und darzue abgerichtet* seien.[54] In der Benediktinerabtei Weingarten waren 1722/23 die Mörnsheimer Steinmetze Matthias Kelz und Andreas Hänle beim *hauen und besetzen* tätig.[55] Das *hauen* ist hier so zu verstehen, dass die gelieferten Steine noch stärker bearbeitet werden mussten, um sie *besetzen* zu können, ein weiterer Begriff für verlegen oder pflastern. Diese Arbeit war und ist immer noch anstrengend. Als Abt Rupert Ness Zeuge der Verlegearbeiten des besonders anspruchsvollen Steinfußbodens im Kaisersaal wurde, erkannte er, wie *sehr müehesamb* diese Arbeit ist und wie *vile Zeit* es braucht, um *alles wohl zu fiegen* [fügen].[56]

Worauf und wie man die Steinfußböden im 17. und 18. Jahrhundert verlegte, das erbrachte eine Untersuchung des 1705 mit Solnhofer Platten belegten Fußbodens des im zweiten Obergeschoss gelegenen Kaisersaals der ehemaligen Zisterzienserabtei Salem.[57] Untergrund war ein einfacher, nur mit Nägeln an den Deckenbalken befestigter Dielenboden. Darauf brachten die Steinverleger einen weichen, mehrere Zentimeter dicken Estrich auf, dem sie Holzspäne, Holzkohle, Ziegelmehl und Tierhaare beimischten. Der Estrich hat die Aufgabe, Schwingungen des Bodens aufzufangen, um zu verhindern, dass die Steine und Fugen brechen. Für jede einzelne Platte wurde ein eigenes Kalkmörtelbett angerichtet, damit Bewegungen im Boden die Haftung der Platten auf dem Mörtelbett nicht beeinträchtigen. Die Fugen zwischen den Platten goss man mit einem Kalkmörtel aus. Dieser war so fein und weich, dass er bei nicht mehr ausgleichbaren Bewegungen aus den Fugen gedrückt wurde.[58]

Worauf Solnhofer Steine verlegt wurden, zeigt auch die Untersuchung des 1715 mit großen 24 Zoll-Platten (58 cm) verlegten Fußbodens im Bürgerpalais Weveldhaus in Neuburg/Donau. Die Platten liegen in einem Mörtelbett, das auf einen direkt auf die Balkenlage montierten Blindboden aufgetragen ist.[59] Bei späteren Ausbesserungen und Renovierungen verwendeten die Steinverleger für das Mörtelbett und die Fugenfüllung einen härteren Mörtel. Folge war, dass die darauf festgemachten Platten sich bei Bewegungen im Boden lockerten und lösten. Dabei wurden die benachbarten alten, mit weichem Kalkmörtel verlegten Platten in Mitleidenschaft gezogen. Häufiger Fehler bei Reparaturen und Sanierungen war lange Zeit die Verlegung in einem Zementmörtel, weil der Zement durchschlägt und zu Ausblühungen führt. Schon die Lieferbedingungen der frühen 1920er wiesen ausdrücklich darauf hin, Solnhofer Platten dürften deswegen nur in gutem Kalkmörtel verlegt werden (z. B. Trasszementmörtel). Die möglichst engen Fugen seien nachträglich mit dünnflüssigem und verlängertem Roman-Zement auszugießen.

Unsystematische Verlegung

Bei vielen Verlegungen, Ausbesserungen, Erneuerungen und Neuverlegungen wurde und wird immer noch das Solnhofer Pflaster durch unsystematischen Farbwechsel in Aussehen und Wirkung beeinträchtigt. Es ließe sich eine große Fülle von alten und neuen Beispielen anführen. Deshalb können nur einige beispielhaft herausgegriffen werden. Von unsystematischer Plattenverlegung sind selbst UNESCO-Welterbestätten nicht verschont. In der berühmten, von den Brüdern Johann Baptist und Dominikus Zimmermann erbauten Wieskirche sind helle und graue Solnhofer Quadratplatten diagonal so willkürlich erscheinend verlegt, dass nicht einmal der Anklang eines Schachbrettmusters erreicht wird, sollte das gewollt gewesen sein. Nicht viel anders sieht das nach dem Wiederaufbau im Gartensaal der kriegszerstörten Würzburger Residenz verlegte Pflaster aus, ebenfalls eine UNESCO-Welterbestätte.

Weitere Beispiele sind der Fußboden in der Bibliothek der ehemaligen Benediktiner Reichsabtei Ochsenhausen und in der ehemaligen Residenz der Eichstätter Fürstbischöfe. Beim Wiederaufbau der Nachkriegszeit scheint die Steinfußbodenordnung mit Solnhofer Platten in Unordnung geraten zu sein. Die ehemalige Reichsabtei St. Ulrich und Afra hat einen Rosenspitz-Fußboden, in dem die Zentralplatten und Schiffchen farblich völlig ungeordnet durcheinander liegen.

Unsystematisch verlegte Fußböden.

Gartensaal der Würzburger Residenz (neues Pflaster)

◀◀ Wallfahrtskirche in der Wies

◀ Gang in der Abtei Ottobeuren (neues Pflaster)

Unsystematisch verlegter Fußboden. Landratsamt Eichstätt (ehemalige fürstbischöfliche Residenz).

Maße und Gewichte

Bis zur Einführung des metrischen Längenmaßes (1871 in Österreich, 1872 in Deutschland) war die maßgebende Einheit für die Berechnung der Größe von Steinplatten der »Schuh«, von dem der Zoll mit einem Zwölftel abgeleitet wurde.

Zollmaße in Preislisten. Firma Arauner 1925 und Solenhofer Aktien Verein 1936 (Frankreichpreisliste).

August Arauner, Steinbruchbesitzer, Solnhofen 108.

Gültig ab 6. Juni 1925

Preis-Liste über Solnhofener Bodenplatten.

Stärke in cm	Größe in bayer. Zoll	Größe in Millimeter	Stückzahl per qm	Flächeninhalt von 100 Stück in qm	Durchschnitts-lademenge auf 10 Tonnen	Preis per qm für: bruchrauh	Preis per qm für: halbgeschliffen	Preis per qm für: feingeschliffen gelblich
2—5	9	218 × 218	21,00	4,75	140 qm	4.70	5.-	10.-
	10	243 × 243	16,93	5,90				
	11	268 × 268	13,92	7,18				
	12	292 × 292	11,72	8,52				
	13½	328 × 328	9,29	10,75				
	15	365 × 365	7,50	13,32				

Dimensions: Pouces	Dimensions: Centimètres	Poids approximatif par pierre de 1 c/m d'épaisseur en kilos	Épaisseur normale de chaque format en c/m	Grises: Ier choix	Grises: IIe choix	Jaunes: Ier choix	Jaunes: IIe choix	Dressage	Doublures
				Rmk.	Rmk.	Rmk.	Rmk.	Rmk.	Rmk.
5×6	14×16	0,6	4 à 8½	4.25	—	2.40	—	—	—.75
6×8	16×22	0,9	»	5.25	—	3.20	—	—	—.80
7×9	19×24	1,2	»	6.50	—	3.60	—	—	—.85
8×10 6×12	22×27 16×33	1,6	»	8.—	—	4.—	—	—	—.95
9×11	24×30	1,9	»	9.—	—	5.20	—	—	1.—
9×12	24×33	2,1	»	10.—	—	5.60	—	—	1.15
10×12	27×33	2,3	»	11.—	—	6.—	—	—	1.35
10×13	27×35	2,5	»	12.—	—	6.40	—	—	1.75

Der Schuh variierte von Region zu Region, sogar von Ort zu Ort, zwar nicht allzu stark, aber dennoch so, dass die Uneinheitlichkeit zu Problemen auf der Baustelle führen konnte, wenn das Maß nicht genau festgelegt war. So betrug der bayerische Schuh 29,18592 cm nach der amtlichen Festsetzung im Jahre 1809, der für Lieferungen von Solnhofer Platten in das österreichische Absatzgebiet maßgebende Wiener Schuh dagegen 31,60 cm. Stärker noch unterschieden sich lokale Fußmaße: 29,05 in Aschaffenburg, 30,37 in Nürnberg und 32,40 in Landshut.[60]

Die bedeutende Rolle Nürnbergs als wichtige Wirtschafts- und Handelsstadt des Reichs verlieh ihrem Maßsystem eine weit über die Stadt hinausgehende Bedeutung, die bis in die Zisterzienserabtei Salem im westlichen Bodenseegebiet reichte. Um für den Neubau der Klosteranlage ein für alle Gewerke einheitliches Längenmaß zu haben, erklärte die Abtei den Nürnberger Schuh für verbindlich. In einem Protokoll vom 5. Januar 1701 wies sie darauf hin, schon am 28. März 1692 ein *baw* [Bau] *und Veldtmaß für allhiesiges Stüfft undt dessen Herrschaft* den *gemeine*[n] *Nürenberger: oder alt römische Schouch* [Schuh] *angenommen, undt darbey anbefohlen* zu haben.[61] Es ging der Abtei darum, *alle ungelegenheit undt Verwirrung im bawwesen oder oder Veldtmessen zwischen Maurer, Zimerleuth, Schreiner undt anderen* zu vermeiden, *wie es bishero öffters geschehen ist*. Mit der Festlegung auf ein einheitliches Maß wurden gezielt auch die Steinmetze angesprochen, damit *nicht ein jeder, insonderheit die steinhawer bey disem weitschichtigen Bauwesen ein Schuoch nach belieben nicht ohn vortheill brauchen dörfften*. Trotz dieser Festlegung schuf sich der Mörnsheimer Steinlieferant Johann Hänle 1705 einen eigenen, *zwischen dem Nürnberger und Ulmer* liegenden Bauschuh[62] in einer Präsentationszeichnung für den Salemer Bauherren, in der er darstellte, wie der Fußboden im Gang vor dem Kaisersaal mit einem Rosenspitzmuster aussehen könne (Abb. S. 121).

Das metrische System hat die 1809 in Bayern eingeführten Maße bis über den Ersten Weltkrieg hinaus nicht verdrängt, weder im Steinhandel noch in vielen anderen Gewerben. In ihren Preislisten wiesen die Steinunternehmen die Formate von Bodenplatten und Lithografiesteinen auch in Zoll aus, im Bayerischen, Pariser und Londoner Zoll. Das übertrug sich sogar auf die für die Herstellung der Platten verwendeten Maßstäbe.

Das Gewicht spielt bei Steinfußböden eine größere Rolle als bei Holzfußböden. Ein Quadratmeter des Solnhofer Steins wiegt bei einer Stärke von 1 cm rund 25 kg.[63] Um die Bruchgefahr zu minimieren, hatten die Bodenplatten im Barock und Rokoko eine Stärke um 4 cm. Damit wog ein Quadratmeter 100 kg. Von Bedeutung war das Gewicht bei den großen barocken Festsälen und Bibliotheken, die in Obergeschossen, oft im zweiten Obergeschoss untergebracht sind und eine ausgedehnte Bodenfläche haben, die von 275 qm (Kaisersaal Ottobeuren) über 450 qm (Marmorsaal im Stift St. Florian) bis 570 qm reicht (Goldener Saal im Augsburger Rathaus).

Als das Hochstift Passau 1690 bei Johann Hänle in Mörnsheim Steine für den Dom bestellte, war ausdrücklich ausbedungen, dass sie *in der dickhen von Siben Viertl bis zway Zohl Passauer Mässerey* [Passauer Maß] sein müssen.[64] Der Passauer Zoll betrug wie später der bayerische 2,43 cm. Die Platten mussten also eine

Maßstab mit Pariser Zoll und Londoner Zoll.

Stärke zwischen 4,2 cm und 4,8 haben. 1699 erwarb das Ursulinenkloster in Neuburg/Donau von Johann Hänle Platten, die *zway Zoll dickh* sein mussten.[65] Geht man bei diesen Bodenplatten von einer durchschnittlichen Stärke von 4,5 cm aus, wiegen sie im Ottobeurer Kaisersaal 31 Tonnen[66], im Marmorsaal des Stifts St. Florian 51 Tonnen und im Goldenen Saal des Augsburger Rathauses 64 Tonnen. Dazu kommt das Gewicht des Unterbaus (Mörtelbett, Estrich, Bretterboden) und wie im Ottobeurer Kaisersaal das von sechzehn übermannshohen Kaiserfiguren, die auf hohen massiven Postamenten aus Füssener Marmor stehen. Das auf dem Boden lastende Gewicht ist so stark, dass bauliche Vorsorge getroffen wurde, damit die *Schwäre der Stein nicht schaden solle,* wie Abt Rupert Ness anmerkte.[67] Zwei Postamente wurden *in Eisen gehenckht, und an die Maur festgemacht*, also mit Eisenstäben in der Wand verankert und die Säulen auf *aichene*, in die Mauer eingelassene *Pfosten* gestellt, *damit das pundus* [Gewicht] *nit zu schwär werde*.

In den letzten Jahrzehnten wurden viele Fest- und Kaisersäle der Öffentlichkeit und für Veranstaltungen zugänglich gemacht. Wegen der damit verbundenen zusätzlichen Last erhielten die Steinfußböden eine statische Verstärkung. Das erste Beispiel mit Solnhofer Platten ist wohl die Schussenrieder Klosterbibliothek, die 1966 durch den Einbau von Stahlträgern zwischen den Balken eine Verstärkung des Fußbodens erhielt. Bei der 1968 erfolgten vollständigen Erneuerung des Steinfußbodens im Ottobeurer Kaisersaal wurden ebenfalls Stahlträger mit den Balken verschraubt. Bei der Sanierung des Kaisersaals der ehemaligen Zisterzienserabtei Kaisheim belief sich das Gesamtgewicht der eingebauten Stahlträger auf 60 Tonnen.

4 Steinfußböden erhalten

Alte Steinfußböden weisen zwangsläufig Abnutzungsspuren auf: lockere und gebrochene Platten durch Abnahme der Unterfütterung oder Bewegung des Unterbaus, aufgeplatzte Oberflächen, offene Fugen und starke Verschmutzung. Diese Fußböden benötigen eine Sanierung. Vereinzelt werden bestehende Fußböden teilweise oder ganz erneuert. Die Zerstörung von Kirchen, Klöstern und Profanbauten im Zweiten Weltkrieg hat zur Rekonstruktion von nicht mehr existierenden Fußböden geführt.

Sanieren

Einen Steinfußboden sanieren heißt, ihn entweder durch Ausbesserung schadhafter Stellen und Auswechslung von Platten wieder in einen intakten Zustand zu bringen oder ihn ganz abzulösen, zu reparieren und ihn anschließend wieder originalgetreu einzubauen. Dabei wird die Gelegenheit genutzt, Leerrohre für elektrische Leitungen und Heizungsrohre einzubringen.

Wie bei einer Teilsanierung vorgegangen wird, in welchen Schritten sie abläuft und welche Arbeiten dabei anfallen, lässt sich beispielhaft an der gut dokumentierten Generalsanierung der Kirche St. Jakob der ehemaligen Benediktinerabtei in Ensdorf darstellen.[68] Der Kirchenboden aus Kelheimer Platten der Größe *12 Regensburger Zoll* wurde 1696 von zwei Kelheimwinzer Steinmetzen geliefert und verlegt.[69] Oberstes Ziel der Bodensanierung war, möglichst viel vom bauzeitlichen Belag zu erhalten. Die Trassen für die Beheizung des Kirchengestühls wurden daher in Bereichen angelegt, in denen der Boden bereits stark geschädigt war und die Platten daher ohnehin herausgenommen werden mussten. Die Sanierungsschritte bestanden zuerst in der Sicherung des Untergrunds durch Haftfüllung, dann im Ausbauen, Verkleben, Reinigen und Wiedereinbau gebrochener Platten an derselben Stelle. Ein weiterer Schritt war das Entfernen von schadhaften Fugen, Ergänzen von Schadstellen mit

Wiedereinbau des reparierten und gereinigten Pflasters in der ehemaligen Klosterkirche Ensdorf.

Sanierung des Fußbodens im Kaisersaal Kaisheim. Staatliches Bauamt Augsburg.

einem speziellen, auf den Belag abgestimmten mineralischen Mörtel, die Erneuerung der Fugen sowie das Reinigen aller Platten und behutsames Schleifen der Oberflächen. Die Sanierung erstreckte sich auf einen 450 qm großen Fußboden mit 4500 Einzelplatten.

Ein anderes Vorgehen wählte man bei der Sanierung des Steinfußbodens aus Solnhofer Platten und Adneter Rotmarmor der Großen Dürnitz im Schloss Neuburg/Donau. Die Bayerische Schlösserverwaltung verzichtete auf den Aus- und Wiedereinbau des Belags, um die gebrochenen Platten in ihrem Schachbrettverbund zu erhalten. Große Fehlstellen wurden mit aufwändiger Inlay-Technik ergänzt, die darin besteht, dass in die Fehlstellen neue Steine mit gleicher Form, Färbung und Oberfläche eingeklebt werden.[70]

Wie gründlich bei der Sanierung von Steinfußböden vorgegangen werden kann, veranschaulicht die Sanierung des Fußbodens im Chor der Marienkirche auf der Veste Marienberg in Würzburg.[71] Bei der schweren Bombardierung der Stadt in der Nacht vom 16. auf den 17. März 1945 stürzte das Netzgewölbe auf den Fußboden aus Solnhofer Steinen. Die Platten waren so stark und an so vielen Stellen zerbrochen, dass eine Herausnahme zu einer Nichtwiederherstellbarkeit geführt hätte. Das Staatliche Bauamt Würzburg beauftragte daher 2018 ein Planungsbüro für Naturstein und Denkmalpflege mit einer Kartierung des Baualters und des Schadenszustandes. Diese Kartierung wurde plattengenau vorgenommen und alle Schadensaspekte wie Bruch, Risse, Ausblühungen, lückenhafte Fugen und schlechter Oberflächenzustand aufgenommen. Die Sanierung erstreckte sich dann darauf, die Fugen zu schließen, Risse und Fehlstellen zu kitten und Platten nur dort auszutauschen, wo es unbedingt erforderlich war.[72]

Mit der Sanierungsmaßnahme der Ertüchtigung der Tragkraft eines Steinfußbodens durch Einbau von Stahlträgern ist der vollständige Ausbau und Wiedereinbau des Fußbodens verbunden. In der Bibliothek des ehemaligen Jesuitenkollegs Amberg (1984–1986), heute Provinzialbibliothek, mussten exakt 2077 Solnhofer Steine herausgenommen und wieder eingebaut werden.[73] Zur Wiederherstellung des Originalzustandes ist eine genaue planerische Aufnahme jeder einzelnen Platte und Nummerierung erforderlich. Beispielhaft ist das bei der Renovierung des Kaisersaals in der ehemaligen Zisterzienserabtei Kaisheim geschehen (1979–1989). Das Land- und Universitätsbauamt Augsburg ließ den Steinfußboden plattengenau aufnehmen (Abb. S. 129).[74] In einer Zeichnung beschrieb das Bauamt in der zur Sanierung herausgegebenen Festschrift nicht nur den Konstruktionsaufbau des Bodens bis zur Ebene des Pflasters, es veröffentlichte auch die Planaufnahme des Pflasters, das dadurch in seiner Konfiguration sehr gut erfassbar ist.

Aufbau des Fußbodens im Kaisersaal Kaisheim nach Verstärkung der Tragkraft, Land- und Universitätsbauamt Augsburg.

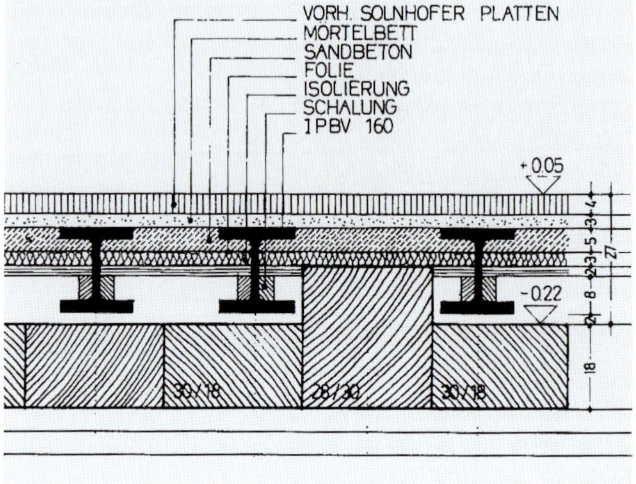

Marienkirche auf der Veste Marienberg in Würzburg. Staatliches Bauamt Würzburg. Durch Bombardierung beschädigter Fußboden.

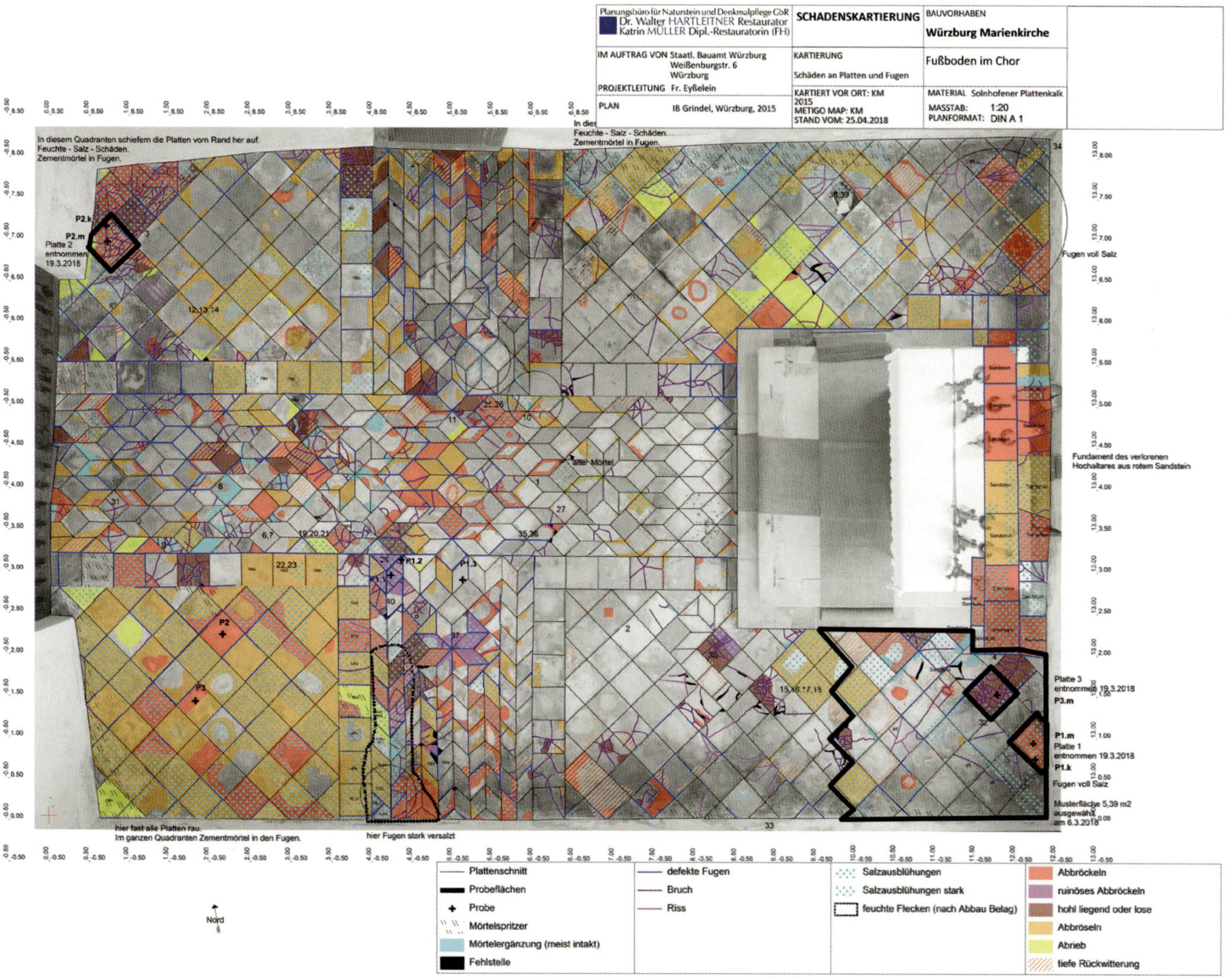

Marienkirche auf der Veste Marienberg in Würzburg. Staatliches Bauamt Würzburg.

Kartierung der Schäden an Platten und Fugen.

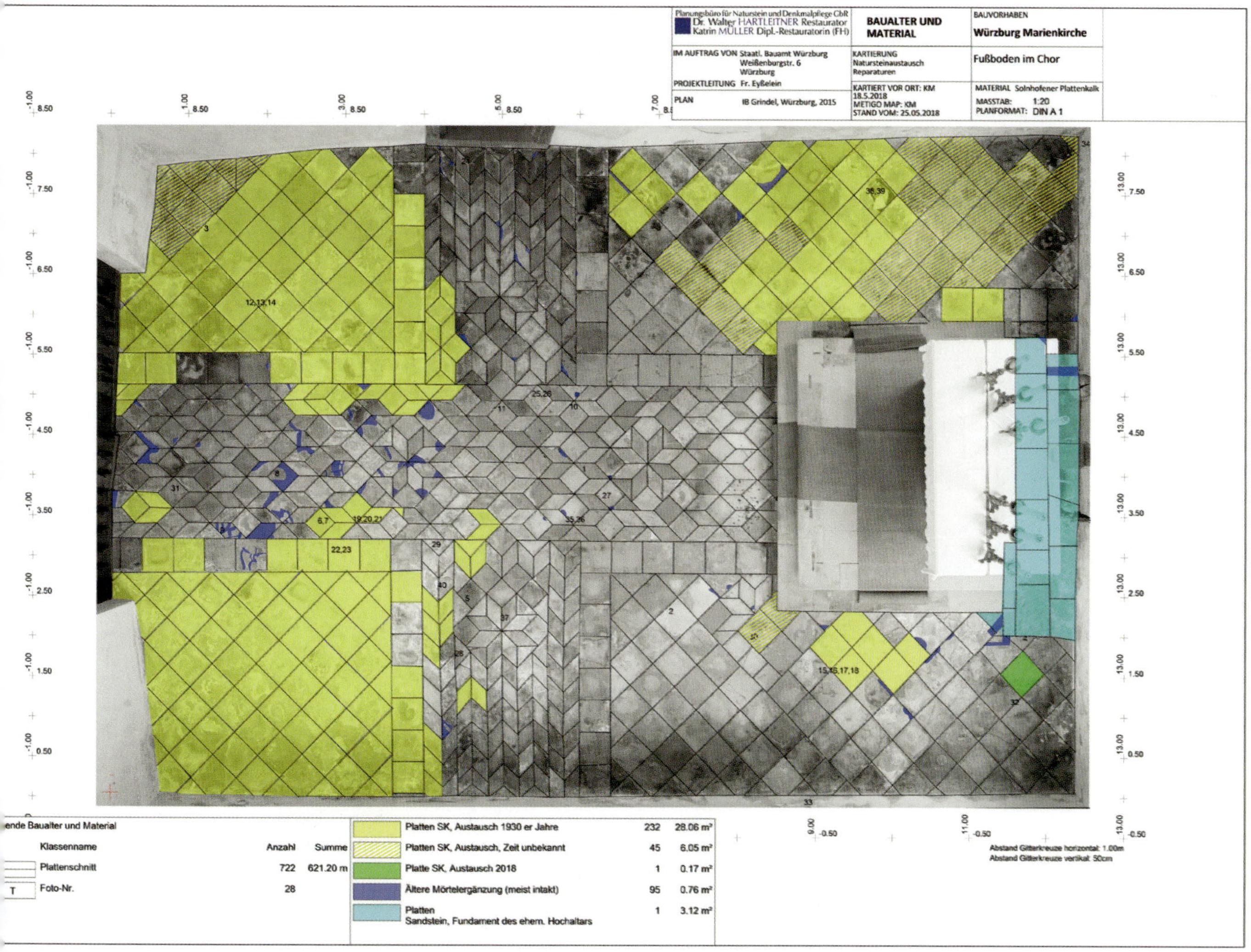

Kartierung des Steinaustausches und der Fugen.

Kaisersaal der Abtei Ottobeuren. Vorbereitende Arbeiten für die Verlegung der neuen Steine 1968. Fotos: Hermann Bauer, Solnhofen.

Erneuern

Von der Sanierung ist der Fall zu unterscheiden, dass ein noch vorhandener Fußboden vollständig durch einen identisch neuen ersetzt wird, weil er zu abgenutzt, zu schadhaft oder aus baulichen Gründen zu ersetzen ist. Das geschah 1968 mit dem Fußboden im Kaisersaal der Abtei Ottobeuren.

Viele Platten dieses wertvollen Fußbodens waren so brüchig,[75] dass sich das Landbauamt Memmingen im Rahmen einer Generalsanierung entschloss, den alten Boden aufzugeben und einen identisch neuen legen zu lassen.[76] Mit der Herstellung des neuen Fußbodens betreute das Amt das größte Unternehmen der Solnhofer Steinbranche, den Solenhofer Aktien Verein, der mit anspruchsvollen Steinfußböden in langer Tradition vertraut ist.[77] Die Zeit für die Herstellung der Platten bezifferte das Unternehmen auf neun Monate.[78] Im Werk wurden die einzelnen Platten nach genauen Zeichnungen angefertigt und Stück für Stück im Werk auf einen eigens dafür hergerichteten Sandboden gelegt, bis der Fußboden vollständig nachgebildet war.[79] Insgesamt wurden 6400 Platten unterschiedlicher Größe, Form und Farbe hergestellt und verlegt.

Der Abbau des alten Fußbodens und die Verlegung des neuen begann im März 1968 und zog sich mit fünf Plattenverlegern des Solenhofer Aktien Vereins über mehrere Monate hin. Wie diese dabei vorgingen, beschrieb Hermann Bauer aus Solnhofen, der an der Herstellung und der Verlegung des Pflasters beteiligt war.[80] Zuerst entfernten sie den Steinboden, das Mörtelbett und den Fehlboden, um die Balken für eine Verstärkung mit Stahlträgern freizulegen. Auf die verstärkten Balken kam ein neuer Bohlenbelag und darauf ein mit Baustahlmatten armierter Mörtel, auf dem sie die neuen, mit den alten identischen Platten verlegten. Die Verlegung erfolgte von der Mitte aus mit Setzlatte, Wasserwaage und Spannschnüren.[81] Zur Erinnerung an diesen singulären Steinfußboden ließ der Solenhofer Aktien Verein eine kleinformatige Nachbildung anfertigen, die im Fossilien- und Steindruck-Museum in Gunzenhausen ausgestellt ist.[82]

Kleinformatige Nachbildung des erneuerten Fußbodens im Kaisersaal der Abtei Ottobeuren. Fossilien- und Steindruck-Museum Gunzenhausen.

Rekonstruieren

Rekonstruieren bedeutet, einen ursprünglichen, aber nicht mehr vorhandenen Zustand durch Nachbildung anhand von verfügbaren Zeugnissen wieder herzustellen. Zu solchen unter Architekten und Kunsthistorikern umstrittenen Nachschöpfungen kam es in der Nachkriegszeit beim Wiederaufbau kriegszerstörter Bauten von geschichtlicher und kunstgeschichtlicher Bedeutung.

Ein signifikantes Beispiel mit Beteiligung Solnhofer Platten liefert die Rekonstruktion des Goldenen Saals im Augsburger Rathaus. Zur Entstehungszeit war er einer der spektakulärsten Renaissancesäle nördlich der Alpen. Seine goldene Kassettendecke, seine Decken- und Wandmalereien und sein großartiger Steinfußboden sind Zeugnisse von hohem künstlerischem und kunsthandwerklichem Rang.[83] In der Bombennacht vom 25. auf den 26. Februar 1944 erlitt das Rathaus so schwere Zerstörungen, dass vom Goldenen Saal nur noch die Umfassungsmauern blieben. Die Rekonstruktion der Innenausstattung ist gut dokumentiert, ebenso die damit verbundene lange Debatte, ob überhaupt rekonstruiert werden soll und wenn ja, wie.[84] Für eine originalgetreue Rekonstruktion gab es befürwortende und ablehnende Reaktionen.[85] 1980 beschloss der Stadtrat die vollständige Wiederherstellung des Goldenen Saals, der bis dahin nur notdürftig wiederaufgebaut war. Den Fußboden rekonstruierte der Wiener Architekt und Denkmalpfleger Alois Machatschek, der auch den Verlegeplan ausarbeitete (Abb. S. 205).

Besonderer Wert wurde darauf gelegt, dasselbe Steinmaterial wie damals zu verlegen. Für den Solnhofer Stein stellte das kein Problem dar, weil er noch abgebaut wird. Um den Rotscheckmarmor und Grauschnöllmarmor aus Adnet im Salzburger Land zu bekommen, mussten Brüche erst reaktiviert werden. Die Gewinnung dieses Materials dauerte fast eineinhalb Jahre. Bei der Auswahl der Solnhofer und Adneter Platten lag ein Schwerpunkt auf einer möglichst gleichmäßigen Färbung.[86] Um die für alte Steinfußböden charakteristische weiche und leicht diffuse Lichtbrechung zu erzielen, wurden die 4 cm starken Platten mit einer Wandarmschleifmaschine überschliffen,

▶ Verlegung des Fußbodens im Goldenen Saal des Augsburger Rathauses (1983).

▶▶ Wiederhergestellter Kaisersaal der Residenz München. Neuschöpfung eines Fußbodens mit hellen Solnhofer Platten.

die Kanten gefast und die Platten dann in einem 3 cm starken Mörtelbett aus Trasskalk verlegt. Für die Wiederherstellung des Steinfußbodens genehmigte der Augsburger Stadtrat 360.000 DM.[87]

Beim Wiederaufbau der im Zweiten Weltkrieg weitgehend zerstörten Münchner Residenz ging die Bayerische Schlösserverwaltung einen gemischten Weg, der sich sowohl in der Rekonstruktion als auch in der freien Neuschöpfung von Steinfußböden nach Vorbildern des 17. Jahrhunderts niederschlug. So sind diese Böden teils aus bauzeitlich verschiedenen Epochen, teils Rekonstruktionen und teils Neuschöpfungen.[88] An fast allen neuen Fußböden haben Solnhofer Platten einen Anteil. Im Antiquarium, dessen mittleres Gewölbe bei der Bombardierung einstürzte, bestehen Teile des Fußbodens aus im frühen 17. Jahrhundert verlegten Kelheimer Platten. Der mittlere, im Zerstörungsbereich liegende Fußboden wurde mit Solnhofer Platten erneuert. Unterschiedliche Farbigkeit und Abnutzungszustand machen beide Bereiche deutlich erkennbar. Beispiele für Neuschöpfungen alter Muster sind die Böden der um 1615 errichteten Trier- und Steinzimmer, die im späten 18. Jahrhundert durch Holzböden ersetzt und beim Wiederaufbau auf den ursprünglichen Belag zurückgeführt wurden. Der Kaisersaal und der Vierschimmelsaal (kaiserliche Tafelstube), die das Kurfürstenpaar 1799 zu Wohnräumen umbauen ließ, erhielten einen wiederhergestellten Steinfußboden, soweit das auf der Grundlage von Quellen möglich war.

5 Solnhofer Steinfußböden im 20. Jahrhundert

Solnhofer Bodenbelag der Frankfurter Standardküche (1925–1930).

In der ersten Hälfte des 20. Jahrhunderts und in der Zeit des Wiederaufbaus nach dem Zweiten Weltkrieg erfuhr der Solnhofer Stein eine gesteigerte Nachfrage als Boden- und Wandbelag im individuellen Hausbau und im Siedlungsbau. Bei Architekten gewann er an Wertschätzung, so dass Solnhofer Bodenplatten auch in Banken, Museen, Kirchen und anderen repräsentativen öffentlichen Räume verlegt wurden.

Ein Grund liegt in der Hinwendung der Ende des 19. Jahrhunderts entstandenen Bewegung zum Schutz der Heimat und der Tradition, die auch das Bauwesen in Stil und Material erfasste. Die Süddeutsche Bauzeitung schrieb 1911: »Aus grundsätzlicher Stellungnahme des Heimatschutzes muss es begrüßt werden, dass man in neuester Zeit als Bodenbelag für Kirchen und ähnliche Monumentalgebäude fast ausschließlich Solnhofer Platten verwendet«.[89] Im Haus- und Siedlungsbau setzten sich Solnhofer Platten als Wandverkleidung durch.

In diese Bewegung passte in den Jahren zwischen 1925 und 1930 als Beispiel die genormte Frankfurter Küche, die die Stadt Frankfurt in den neuen städtischen Wohnungen zum Standard machte. Dieser Küchentypus,

◂◂ Wandverkleidung mit bruchrauen Solnhofer Platten.

◂ Haus der Kunst, München. Ausstellungssaal.

Vorläufer der Einbauküche, wurde in über 10 000 Wohnungen eingebaut. Als Fußbodenbelag entschied man sich für Solnhofer Platten. Im Frankfurter Museum Angewandte Kunst ist eine 1929 entstandene und bis zu ihrem Einbau im Museum genutzte Küche ausgestellt. Der Fußboden besteht aus bruchrauen Platten des Formats 22,5 × 22,5 cm mit einer Stärke zwischen 1,5 und 2, 5 cm.[90]

Ende der 1920er Jahre kam es zur Übernahme der Heimatschutzziele durch den Nationalsozialismus, die dem Solnhofer Stein eine besondere Aufmerksamkeit als Heimatstein verschaffte, die sich in einem Aufschwung niederschlug. 1936 setzte sich der Solnhofer Stein beim Bau des Hauses der Deutschen Kunst in München gegen die starke Konkurrenz großer Steinfirmen durch. Weil keine der im Solnhofer Bruchgebiet tätigen Firmen allein in der Lage gewesen wäre, die Bodenplatten des Formats 62 × 62 cm für eine Fläche von 4500 qm zu liefern, schlossen sich die Steinunternehmen unter Führung des Solenhofer Aktien Vereins zu einer Liefergemeinschaft zusammen. Um eine einheitliche Plattengröße zu gewährleisten, forderte sie den Auftraggeber auf, für jedes Lieferunternehmen ein Stahlmaß zur Verfügung zu stellen. Da 20 Stahlmaße benötigt wurden, ergibt sich daraus die Zahl der in der Liefergemeinschaft verbundenen Lieferanten. Die Auftragssumme belief sich auf 45 000 Reichsmark. Eine Bedingung der Auftragserteilung war, dass die Liefergemeinschaft sich verpflichtete, dem Haus der Deutschen Kunst einen Betrag zu spenden, der einem Sechstel des Betrages der gesamten Lieferung entspricht. Weitere 1500 qm Solnhofer Bodenplatten kamen hinzu: 50 × 50 cm-Platten für das erste Obergeschoss mit den Ausstellungssälen, 40 × 40 cm-Platten für den Luftschutzkeller und 30 × 30 cm-Platten für den Heizungskeller.[91] Alle gelieferten Platten liegen noch heute im Haus der Kunst.

In der Nachkriegszeit wurden kriegsbeschädigte Kirchen bei der Wiederherstellung mit Solnhofer Stein ausgestattet, ebenso viele in diesen ersten Jahrzehnten entstandenen neuen Kirchen. Zwei bedeutende Beispiele sind der Berliner Dom und der Dom in Linz/Donau. Der Berliner Dom wurde in den Jahren um 1900 erbaut, im Zweiten Weltkrieg schwer beschädigt und ab 1975 bis

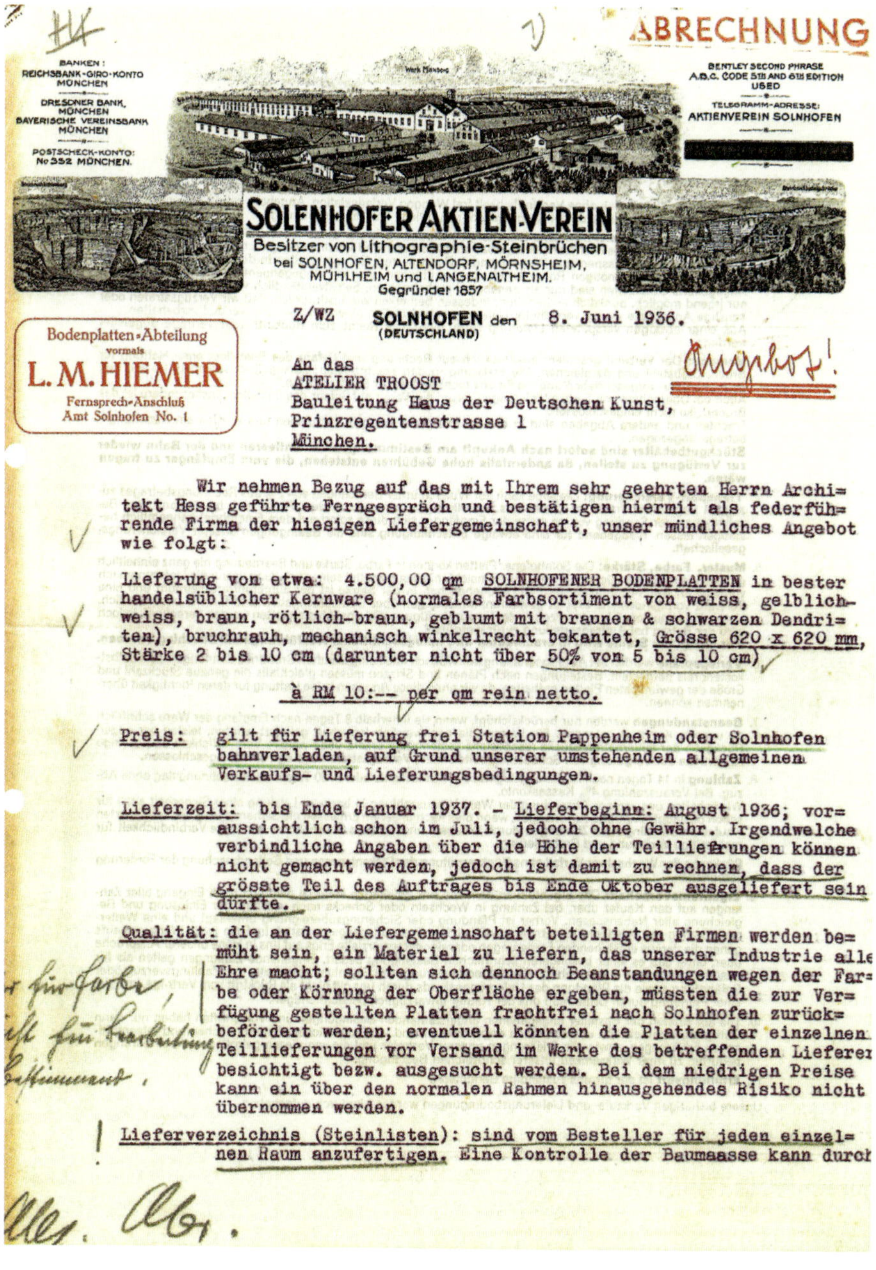

ABRECHNUNG

BANKEN:
REICHSBANK-GIRO-KONTO MÜNCHEN
DRESDNER BANK, MÜNCHEN
BAYERISCHE VEREINSBANK MÜNCHEN
POSTSCHECK-KONTO: No 352 MÜNCHEN.

BENTLEY SECOND PHRASE
A.B.C. CODE 5TH AND 6TH EDITION USED
TELEGRAMM-ADRESSE: AKTIENVEREIN SOLNHOFEN
[redacted]

SOLENHOFER AKTIEN-VEREIN
Besitzer von Lithographie-Steinbrüchen
bei SOLNHOFEN, ALTENDORF, MÖRNSHEIM, MÜHLHEIM und LANGENALTHEIM.
Gegründet 1857

Bodenplatten-Abteilung
vormals
L. M. HIEMER
Fernsprech-Anschluß
Amt Solnhofen No. 1

Z/WZ SOLNHOFEN (DEUTSCHLAND) den 8. Juni 1936.

An das
ATELIER TROOST
Bauleitung Haus der Deutschen Kunst,
Prinzregentenstrasse 1
München.

Wir nehmen Bezug auf das mit Ihrem sehr geehrten Herrn Archi= tekt Hess geführte Ferngespräch und bestätigen hiermit als federfüh= rende Firma der hiesigen Liefergemeinschaft, unser mündliches Angebot wie folgt:

Lieferung von etwa: 4.500,00 qm SOLNHOFENER BODENPLATTEN in bester handelsüblicher Kernware (normales Farbsortiment von weiss, gelblich-weiss, braun, rötlich-braun, geblumt mit braunen & schwarzen Dendri= ten), bruchrauh, mechanisch winkelrecht bekantet, Grösse 620 x 620 mm, Stärke 2 bis 10 cm (darunter nicht über 50% von 5 bis 10 cm)

à RM 10:-- per qm rein netto.

Preis: gilt für Lieferung frei Station Pappenheim oder Solnhofen bahnverladen, auf Grund unserer umstehenden allgemeinen Verkaufs- und Lieferungsbedingungen.

Lieferzeit: bis Ende Januar 1937. - Lieferbeginn: August 1936; vor= aussichtlich schon im Juli, jedoch ohne Gewähr. Irgendwelche verbindliche Angaben über die Höhe der Teillieferungen können nicht gemacht werden, jedoch ist damit zu rechnen, dass der grösste Teil des Auftrages bis Ende Oktober ausgeliefert sein dürfte.

Qualität: die an der Liefergemeinschaft beteiligten Firmen werden be= müht sein, ein Material zu liefern, das unserer Industrie alle Ehre macht; sollten sich dennoch Beanstandungen wegen der Far= be oder Körnung der Oberfläche ergeben, müssten die zur Ver= fügung gestellten Platten frachtfrei nach Solnhofen zurück= befördert werden; eventuell könnten die Platten der einzelnen Teillieferungen vor Versand im Werke des betreffenden Lieferer besichtigt bezw. ausgesucht werden. Bei dem niedrigen Preise kann ein über den normalen Rahmen hinausgehendes Risiko nicht übernommen werden.

Lieferverzeichnis (Steinlisten): sind vom Besteller für jeden einzel= nen Raum anzufertigen. Eine Kontrolle der Baumaasse kann durch

Lieferangebot für die Ausstattung des Hauses der Deutschen Kunst mit Solnhofer Platten (1936).

Berliner Dom.
Tauf- und Traukirche.

1984 im Äußeren und dann bis 2002 im Inneren wiederhergestellt. Der gesamte Fußboden der Kirche ist mit hellen und grauen Solnhofer Platten belegt, ebenso die Hohenzollerngruft unter der Kirche.[92] In Linz an der Donau steht die größte Kirche Österreichs: der Linzer Dom. Erbaut ab 1862 wurde er 1924 geweiht, aber erst 1935 fertiggestellt. 2017 erfolgte ein Umbau des Innenraums. Es entstanden zwei Inseln mit Solnhofer Platten, eine mit dem Bischofssitz und dem Ambo aus Juramarmor, die andere mit dem neuen Hauptaltar in der Vierung, ebenfalls aus Juramarmor. Das Pflaster um die Inseln ist mit Solnhofer Steinen ebenfalls neu verlegt, die bauzeitlich mit Ausnahme des Chors und des Altarbereichs auch in den übrigen Teilen des Mariendoms liegen.

Noch immer findet der Solnhofer Stein Berücksichtigung auch in repräsentativen öffentlichen und privaten Bauten. In Linz haben nicht nur viele Kirchen einen Solnhofer Boden, auch das bedeutendste profane Gebäude der Stadt, das Landhaus, Sitz des Landtages und der Regierung Oberösterreichs, ist damit ausgestattet. Die alten Böden wurden im Rahmen einer Renovierung Ende 2008/09 durch neue ersetzt. Der 1564 für Sitzungen der oberösterreichischen Landesstände errichtete Steinerne Saal erhielt einen neuen Rosenspitzfußboden. Er wird für Ausschusssitzungen und offizielle Empfänge genützt. Bei der Wiederherstellung eines Schlosses in Stechau (Kreis Elbe-Elster) nach der Wende wurde der Fußboden in der Halle mit Solnhofer Platten belegt, den ein Sonnenrad aus grauem Juramarmor und Strahlen aus Solnhofer Stein zentriert. Der Fußboden im Saal hat ein diagonales Schachbrettmuster aus Solnhofer Stein und Veroneser Rotmarmor.

▶▶ Schloss Stechau in Brandenburg. Eingangshalle.

▼ Linzer Dom. Solnhofer Pflaster um neuen Volksaltar in Juramarmor.

Steinerne Saal im Landhaus der oberösterreichischen Landesregierung in Linz.

Anmerkungen

1 Der bedeutende Mailänder Kardinal Carlo Borromeo (1538–1584) verlangte für Kirchenneubauten seiner Diözese, dass die Fußböden nur mit Marmor oder anderem kostbarem Steinmaterial ausgestattet werden dürfen.
2 Kapitel VIII 2 und IX 3 Kaisersäle-Süddeutschland.
3 Weißenberger 1934, 44.
4 Popp 1906, 12.
5 Dischinger III 2011, 767 pag.838.
6 Korth 1975, 326 Nr. 56.
7 Zur Schwierigkeit der Farbbestimmung des Solnhofer Steins, der Steine überhaupt, Kapitel I 1 Helle und dunkle Steine.
8 Dischinger III 2011, 693 pag. 900.
9 Ebd., 720 pag 705 und 707, 724 pag. 764.
10 Dischinger III 2011, 747 pag. 817.
11 Ebd., 944 QU 5.4.1.
12 Ebd., 945 QU 5.4.3.
13 Der Begriff Rapport ist im Textilgewerbe ein Ausdruck für ein ständig in einem Stoff sich wiederholendes Muster.
14 Zum Adneter Marmor Kretschmer 2002; Uhlir 2011; Henle 2021, 34 ff.
15 Rechteckplatten spielten im Barock und Rokoko keine Rolle. Heute sind Muster mit Rechteckplatten sehr beliebt, auch als sogenannte Überlängenplatten, die bei gleicher Breite unterschiedlich lang sind, wobei die Verlegebahnen eine unterschiedliche Breite haben können.
16 Kapitel VIII 2.
17 Zu diesem Pflaster Seitz 2005.
18 BayHStA PLS 21430.
19 Der Chor weist dagegen ein Schachbrettmuster aus hellem Solnhofer Stein und Adneter Rotmarmor auf, die Sakristei ein Solnhofer Schachbrettmuster.
20 Die 1938 zerstörte Synagoge in Harburg (Lkr. Donau-Ries) hatte einen Rosenspitzboden (abgebildet in Horn 1951, 316). Die Synagogen in Ansbach und Memmelsdorf (Lkr. Bamberg) haben einen einfachen quadratgerasterten Fußboden.
21 Der Name Rosenspitz leitet sich aus dem Metzgerhandwerk ab. Er bezeichnet die Spitze der in die Hüfte eines Rinds reichenden Unterschale, aus der beispielsweise der Tafelspitz entnommen wird. Bezogen auf das Steinmuster wird beim Rosenspitz also nicht die quadratische Zentralplatte angesprochen, sondern die Dreiecksspitzen der Schiffchen. In der ersten Hälfte des 20. Jahrhunderts war auch der Begriff »Egerer Muster« in Gebrauch. Wie diese Bezeichnung zu verstehen ist, einzieht sich einer Erklärung. Mit der tschechischen Stadt Eger (Cheb) wird sie nichts zu tun haben. Im Heimatbuch Solnhofen wird der Rosenspitzbelag als »Maulatschenbelag« bezeichnet, Arauner 1975, 67. Dabei kann es sich um einen Buchstabendreher handeln. Gemeint ist wahrscheinlich »Maultaschenbelag«, ein Bezeichnung, die eine Ähnlichkeit mit dem Rosenspitzformat aufweist, die unter den Steinbrechern aber kaum gebräuchlich ist.
22 So Kier 1976, 50 und 73, die für das Rosenspitzmuster die ungebräuchliche Bezeichnung »verschlungenes Achteck« verwendet.
23 Zu diesem Fußboden Kapitel IX 1.
24 Die Zentralplatten haben eine Seitenlänge von 60 cm, die Schiffchen sind 45 cm breit und 105 cm lang. Obwohl monochrom wirkt der Rosenspitz mit diesen Dimensionen etwas plump, weil die Schiffchen die nur wenig größere Zentralplatte drücken. Bei farbigen Schiffchen wäre das noch augenfälliger.
25 Gmelin 1890, 36.
26 GLA Karlsruhe 98/103–22.
27 GLA Karlsruhe 98/72 Bl. 7; Knapp 1989, 102. Der Bodenbelag der Entwurfszeichnung kam nicht zur Ausführung.
28 Das Franziskanerkloster wurde Anfang des 19. Jahrhunderts im Zuge der Säkularisation zusammen mit zwei weiteren Klöstern abgebrochen. Aus der frei gewordenen Fläche entstand der Max-Joseph-Platz mit den neuen Residenzbauten und dem Nationaltheater.
29 BayHStA, Fürstenfeld KL, Plansammlung 11004. Nach der Säkularisation wurde der Saal baulich mehrfach verändert, so dass die bauzeitliche Fassung des Fußbodens nicht mehr feststellbar ist und diese sich auch nicht aus Quellen erschließt. Zum Saal Kapitel IX 3 Kaisersäle-Süddeutschland.
30 Sauer 1921, 32 f.
31 Arauner 1975, 67.
32 Weißenberger 1934, 84.
33 Zitiert nach Kier 1976, 42.
34 Fürstlich Oettingen Wallersteinsches Archiv Harburg, VI, 117,3–1711–30.05.
35 Einen Sechseckboden hatte auch die von Johann Michael Fischer erbaute Kirche des Klosters der Augustinereremiten in Ingolstadt. Bei einem Luftangriff wurde sie schwer zerstört und nach dem Krieg abgerissen.
36 Beträgt der spitze Winkel 45 Grad, hat der breite Winkel 135 Grad. Die benachbarten Winkel summieren sich auf 180 Grad. Die Summe aller Winkel beträgt 360 Grad.
37 Wecken oder Wecke hat sich in der Gegenwartssprache für ein keilförmiges Weizenbrötchen erhalten.
38 Zu den Sternmustern Kapitel VI 2 Sternmuster.
39 BSB, Clm 1485, pag. 304.
40 Dischinger/Karnehm 1997, 202 f. Kirche und Kloster gingen nach der Säkularisation auf die Franziskaner über.

[41] Der Begriff Springraute stammt aus dem Gewölbebau.
[42] GLA Karlsruhe 62/8818, Bursamt 1722/23, 70; Knapp 2004, 356/57.
[43] GLA Karlsruhe 62/8838, Bursamt, 1742/43, fol. 204.
[44] Dazu Seitz 2002, 127 f; Henle 2021, 51.
[45] GLA Karlsruhe 98/647–9. Zum Salemer Kaisersaalpflaster S. 206 ff.
[46] Zum Kaisheimer Kaisersaal Kapitel IX 3 Kaisersäle-Süddeutschland.
[47] May 2002, 31.
[48] Volz 1983, 69.
[49] Die Rosette ist die stilisierte Blütenform einer Rose, die Palmette die Stilisierung eines Palmenwipfels.
[50] Der Fußboden im Goldenen Saal und im Kaisersaal Ottobeuren ist zweimal entstanden: der Goldene Saal 1984/85 nach Kriegszerstörung als Rekonstruktion, der Kaisersaal 1966 als originale Erneuerung.
[51] Verlegt wurde das Pflaster bei einer Restaurierung in den Jahren 1864 bis 1866. In seiner »Chronik der Gemeinde Altendorf« berichtet der Benefiziant Bernhard Eder, der die Kirche und die Wallfahrt betreute, die Kosten des Pflasters und des Verlegens habe ein Protestant getragen.
[52] Stichwort »abrichten«, in: DWDS – Digitales Wörterbuch der deutschen Sprache; //www.dwds.de/wb/Haus. Abgerufen am 17.10.2024.
[53] Dischinger III 2011, 693 pag. 900.
[54] Ebd., 746 pag. 801.
[55] HStA Stuttgart, B 522 Bü 68, fol. 250.
[56] Dischinger III 2011, 746 pag. 807.
[57] Knapp 2013, 26 und 28.
[58] So werden Solnhofer Platten auch noch heute verlegt. Da sie in der Stärke variieren, kommt dem Einbringen des Mörtels zur Unterfütterung besondere Bedeutung zu. Für jede einzelne Platte wird über dem Estrich ein dieser Stärke entsprechendes sattes und vollgefülltes Mörtelbett gehäuft und darauf die Platte festgeklopft. Um eine plane Oberfläche zu erhalten, muss die Platte immer wieder mal weggenommen und die Mörtelmenge angepasst werden, damit sie vom Mörtelbett voll umschlossen wird. Das Festklopfen verbindet die Platte so stark mit dem Mörtelbett, dass sie sich auch bei stärkeren Schwankungen des Bodens nicht löst. Die dabei zwischen den Fugen aufquellenden Mörtelreste werden abgestrichen und die Fugen sofort ausgekratzt, damit der dann einzubringende Ausfugmörtel genügend Platz zum Haften hat. Der Ausfugmörtel muss so fein sein, dass er bei Schwankungen, die das Mörtelbett nicht mehr auffängt, aus den Fugen gedrückt wird.
[59] Unterkircher 1999, 105.
[60] Entsprechend betrug der Zoll 2,42 cm, 2,53 cm, 2, 63 cm und 2,70 cm.
[61] GLA Karlsruhe 61/13389, Ordinari Verhörsprotokoll, fol. 144; Knapp 2004, 337 Fn. 43.
[62] GLA Karlsruhe 98//103–22, Knapp 2004 Katalog, S. 30 Nr. 40.
[63] Das genaue spezifische Gewicht des Solnhofer Steins beträgt 2,58 g/cbcm, Grimm 2018 Teil II, 462. Von geringfügigen Abweichungen abgesehen gilt dieser Wert für alle Kalksteine.
[64] Archiv Bistum Passau, Ordinariatsarchiv, Generalakten 412, Spaltzettel vom 6. September 1690.
[65] StA Augsburg, Akte Seminar Neuburg, Nr. 2178, »Bau des Ursulinenklosters 1699«, Baurechnung 1699–1703, pag. 12v-13v.; Gabor 2000. 121; Kaps 2018, 55.
[66] Der 1968 durch einen neuen identischen Fußboden ersetzte alte Fußboden hatte nach Auskunft von Hermann Bauer in Solnhofen, der an der Neuverlegung beteiligt war, eine Stärke von 4 bis 5 cm.
[67] Dischinger III 2011, 743 pag. 306.
[68] www.pfarrei-ensdorf.de/kirchenrenovierung, abgerufen am 23.09.2024, Sollfrank 2017, 54 ff und 84. Die umfassende Instandsetzung der Kirche erhielt 2018 die Denkmalschutzmedaille des Bayerischen Staatsministeriums für Wissenschaft und Kunst.
[69] StA Amberg, Kloster Ensdorf 67. Hinweis von Dr. Peter Morsbach, Regensburg.
[70] Häfner 2005, 60. Diese Technik ist so teuer, dass auf sie im selben Schloss bei der Sanierung des Fußboden im Fletz des Ottheinrichsbaus verzichtet wurde.
[71] Zu diesem Fußboden Kapitel VIII 3 Franken.
[72] Mitteilung von Frau Marion Eyßelein vom Staatlichen Bauamt Würzburg.
[73] Lipp 2005, 22; Gieß 1992, 62. Zu diesem Fußboden Kapitel VIII 4 Altbayern.
[74] Zu dieser Restaurierung Brunner/Weigel 1989, 30 ff. Zu diesem Fußboden Kapitel IX 3 Kaisersäle-Süddeutschland.
[75] Die Einquartierung von französischen Truppen 1806 und die spätere Nutzung als Strafgefangenenlager hatten viele Schäden im Fußboden hinterlassen.
[76] Zu diesem Boden, seiner Geschichte und seinem Aussehen Kapitel VIII 4 Ottobeuren. Das Landbauamt Memmingen leitete die erforderlichen Maßnahmen erst ein, nachdem die Vereinigung der Freunde der Benediktinerabtei Ottobeuren einen Betrag von 171.000 DM aufgebracht hatte.
[77] Zum Solenhofer Aktien Verein Kapitel IV 1. Henle 2018, 177 ff.
[78] Schreiben des Landbauamtes Memmingen vom 12.10.1967 an die Benediktinerabtei Ottobeuren.
[79] Mitteilung von Harry Lasch, Solnhofen, der an der Herstellung der Bodenplatten beteiligt war.
[80] Gespräch mit Hermann Bauer im Juli 2021.
[81] Hermann Bauer bezeichnete dieses Vorgehen als »Herzblatt-Methode«.
[82] www.fossilien-und-steindruck-museum.de, abgerufen am 25. Mai 2024.
[83] Zum Fußboden des Goldenen Saals Kapitel IX 3 Allgemeine Festsäle.
[84] Ausführlich dargestellt ist die Debatte um die Wiederherstellung bei Kießling 1985 und 1997.
[85] Zu den ablehnenden Personen gehörten der Generalkonservator des Bayerischen Landesdenkmalamtes und der Leiter der Augsburger Kunstsammlungen.
[86] Kießling 1985, 217.
[87] Kießling 1997, 247.
[88] Mitteilung von Oberkonservator Dr. Christian Quaeitzsch von der Bayerischen Schlösserverwaltung.
[89] Süddeutsche Bauzeitung 21 (1911), 67.
[90] Weitere Informationen unter www.museumangewandtekunst.de/de/besuch/ausstellungen/2017/frankfurter-kueche.
[91] Auskunft von Dr. Sabine Brantl vom Haus der Kunst.
[92] Huth 2001, 42.

VII Frühgeschichtliche Phase

Die frühesten Zeugnisse einer Verwendung von Solnhofer Platten stammen aus römischer Zeit. Schon im frühen Mittelalter wurden Solnhofer Platten in Kirchen verlegt, wofür Solnhofen mit der Sola-Kirche ein besonderes Beispiel zu bieten hat. Entgegen dem immer wieder anzutreffenden Hinweis wurde der Fußboden der Hagia Sophia-Kirche in Konstantinopel nicht mit diesen Platten ausgestattet.

1 Solnhofer Stein in römischen Bauten

In römischer Zeit befanden sich die Lagerstätten des Solnhofer Steins im Grenzland des rätischen Limes. Die römische Militärverwaltung stattete dort ab Mitte des 2. Jahrhunderts n. Chr. die zur Sicherung der Nordgrenze errichteten Kastelle mit Bädern aus, deren Becken mit Solnhofer Platten ausgekleidet wurden.[1] Die Badeanlagen konnte auch die römische Zivilbevölkerung aufsuchen. In mehreren ausgegrabenen Thermalanlagen haben sich diese Platten erhalten. Eine neue Forschung nimmt an, dass der Solnhofer Stein in Bauten auch südlich der Donau in der Provinz Raetien verbreitet war.

Als 1977 in Weißenburg unweit des Kastells Biriciana der Boden für eine Reihenhaussiedlung abgehoben wurde, traten massive Grundmauern hervor. Nach einer systematischen Ausgrabung kam eine der größten römischen Badeanlagen in Süddeutschland ans Tageslicht (65 × 42 m), die mit einer zeltartigen Dachkonstruktion überwölbt und zu einem Museum ausgebaut wurde. Die durch einen Brand zerstörte Anlage wurde um 180 n.Chr. größer wieder hergestellt und um 210 n. Chr. nochmals vergrößert. In dieser dritten Bauphase wurden in den wichtigsten Räumen und Wasserbecken Solnhofer Platten an Boden und Wänden angebracht. Im Fundzustand waren die meisten Platten beschädigt. Die Bruchstücke wurden an originaler Stelle zusammengesetzt und anschließend geklebt, so im kleinen Laubadbecken (tepidarium). Im daneben gelegenen Kaltwasserbecken (frigidarium) waren die Bodenplatten und Teile der Wandplatten aus geschliffenen und fast fugenlos versetzten Solnhofer Platten weitgehend unzerstört erhalten. Der Umkleideraum (apodyterium) erfuhr eine große Erweiterung. Weitgehend intakte Plattenbelage wurden an schadhaften

Römische Thermen in Weißenburg.

◀◀ Kleines Laubadbecken (tepidarium).

◀ Umkleideraum (apodyterium).

◀◀ Kaltbadbecken (frigidarium) neben dem kleinen Laubadbecken nach Ausgrabung.

Römisches Spielbrett aus dem Kastell Sablonetum bei Ellingen. Archäologische Staatssammlung München.

Stellen mit neuen Platten ergänzt, um einen Gesamteindruck zu vermitteln.[2] Nach den Alamanneneinfällen verfiel die stattliche Anlage ab 230 n. Chr.

Unweit von Weißenburg errichteten die Römer in Ellingen ein weiteres Kastell mit dem Namen Sablonetum. Von 1980 bis 1982 kam es bei Ausgrabungen zu einem bemerkenswerten Fund, der Aufschluss über römische Unterhaltungsspiele brachte. In eine Solnhofer Platte mit einer Seitenlänge von 38 cm war ein schachbrettartiges Spielbrett mit quadratischen Feldern geritzt, dessen Entstehung in das 2. bis 3. Jahrhundert n. Chr. datiert wird.[3] Auf die quadratischen Felder wurden im Spiel vermutlich runde Spielmarken gesetzt.

Zwischen Weißenburg und Gunzenhausen lag das 1820 entdeckte Kastell Theilenhofen (Iciniacum). Um das Jahr 150 n. Chr. wurde es zum Steinkastell ausgebaut und wegen der Zunahme der Germaneneinfälle zwischen 200 und 250 n. Chr. aufgegeben. Etwa 250 m südwestlich befand sich das zur selben Zeit errichtete Kastellbad, das 1969/70 umfangreiche Ausgrabungen freilegten.[4] Boden und Wand des Kaltwasserbeckens (frigidarium) waren mit Solnhofer Platten unterschiedlichster rechteckiger und quadratischer Formate ausgelegt.[5] Darunter befanden sich auch große Platten, die größte misst 84 × 63 cm. Wo diese Originalplatten verblieben sind, ist unklar. Das Fossilien- und Steindruck Museum in Gunzenhausen beherbergt eine maßstabsgetreue Rekonstruktion des Wasserbeckens. Das Museum behauptet, der Fußboden des Beckens sei der ausgegrabene Originalboden und stellt ihn als besondere Attraktion dar.[6] Der Archäologe Czysz ist dagegen der Ansicht, dass diese Platten nicht aus dem Originalbefund stammen.[7].

Auch im Militärbad des Kastells Pfünz (Vetoniana) bei Eichstätt waren Räume und Becken mit Solnhofer Platten belegt.[8] Bei neuen Grabungen wurden im etwas weiter östlich gelegenem Kleinkastell Böhming bei Kipfenberg ebenfalls Solnhofer Platten entdeckt, die wahrscheinlich zu einem Bad gehörten.[9] Vermutlich kamen die Platten aus dem nicht weit entfernten Pfalzpaint, wo Solnhofer Schichten anstehen. Zwischen Gunzenhausen und Dinkelsbühl lag das Kastell Dambach. Bei Grabungen traten 1988 Inschriftenfragmente auf Solnhofer Stein zu Tage, die der Regierungszeit des Kaisers Severus Alexander (222–235 n.Chr.) zugeordnet werden.[10]

Kaum zu beurteilen ist, welchen Umfang der Abbau von Solnhofer Plattenkalken in römischer Zeit hatte. Es wird keine reguläre Bruchtätigkeit gegeben haben, wohl aber einen einfachen Abbau an Berghängen, wo die Schichten entweder offen zutage traten oder nur unter einem geringen Abraum lagen. Neue Forschungen belegen, dass die Steine in römischer Zeit nicht nur im Nahraum verbreitet waren.

Nach Untersuchungen des Archäologen Wolfgang Czysz sind in der römischen Provinz Raetien Solnhofer Platten bis in das oberschwäbische Bodenseegebiet und in das Gebiet um das heutige München gelangt.[11] Funde aus der Tätigkeit von Czysz, die im Depot der Bayerischen Archäologischen Staatssammlung aufbewahrt sind, belegen diese Feststellung.[12] Im Abbruchschutt eines Brunnens in einem Gutshof in Kirchheim-Heimstetten (Lkr.

Kaltwasserbecken (frigidarium) des Kastells Theilenhofen.

▼ Apsis des Kaltwasserbeckens.

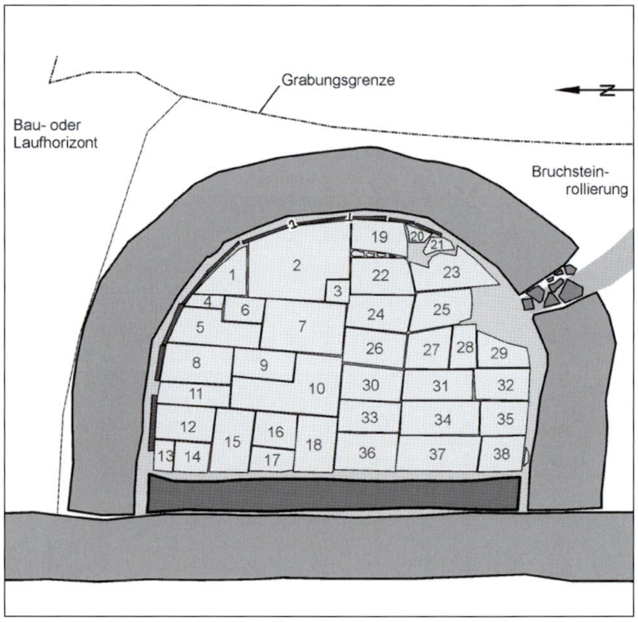

▶ Planaufnahme des Fußbodens der Apsis.

Kaltwasserbecken (frigidarium) des Kastells Theilenhofen.

Rekonstruktion der Apsis im Fossilien- und Steindruck-Museum Gunzenhausen.

Solnhofer Steinfragmente aus Kirchheim-Heimstetten bei München, daneben zwei Platten mit Halbrundstab. Archäologische Staatssammlung München.

München) fanden sich Bruchstücke von Solnhofer Platten. Die Bearbeitung einiger Funde mit Halbrundstab könnte die Vermutung rechtfertigen, dass sie Abdeckungen einer Mauer oder Zierleisten in Wandverkleidung waren. Jedenfalls handelt es sich um eine besondere Bearbeitung. Die an den Rändern zerbrochene Platte aus Denning (Ortsteil von München) könnte Teil eines formatierten Fußbodens gewesen sein. Nach Czysz haben auch Grabungen in Oberndorf am Lech (Lkr. Donau-Ries), in Stadtbergen (Lkr. Augsburg) und in Großsorheim (Lkr. Donau-Ries) Solnhofer Steine aus römischer Zeit zu Tage gefördert, ein gutes Stück weiter entfernt auch in Herrgottsfeld (Lkr. Ravensburg).[13]

2 Sola-Basilika in Solnhofen

Für die Verwendung des Solnhofer Steins in einem frühen mittelalterlichen Stadium liefert Solnhofen mit dem verbliebenen Rest der Sola-Basilika ein gutes und wissenschaftlich gründlich untersuchtes Beispiel. Diese Kirche gehörte zum Solnhofer, in der Reformation aufgelösten Benediktinerkloster, das zu den ältesten Klostergründungen in Bayern zählt.

Im Rahmen der Christianisierung schickte der Missionar Bonifatius Mitte des 8. Jahrhunderts seinen angelsächsischen Landsmann Sola an die Altmühl nach »Husen«, wie Solnhofen damals hieß und später nach ihm benannt wurde. Sola errichtete dort eine schlichte Behausung mit Zelle und einem Bethaus. Vor seinem Tod im Jahre 794 vermachte er das ihm von Kaiser Karl dem Großen geschenkte, aus zahlreichen Gütern bestehende Besitztum in Solnhofen und Umgebung der Abtei Fulda, die eine Benediktiner Propstei errichtete. Mit der feierlichen Bestattung Solas in einem Hochgrab im Jahre 833, die damals einer Heiligsprechung gleichkam, wurde die bestehende Propsteikirche nach und nach zu einer dreischiffigen Kirche mit Winkelgangkrypta umgebaut und ausgebaut. Im ausgehenden 10. oder frühen 11. Jahrhundert wurde dann die noch heute in Resten vorhandene Basilika errichtet, in der die Tumba Solas erhalten ist.[14]

In den Jahren 1961 bis 1966 und 1974 bis 1979 unternahm das Institut für Ur- und Frühgeschichte der Universität Heidelberg umfangreiche Ausgrabungen in der verbliebenen Basilika. Dabei stieß man auch auf Solnhofer Platten. Umfassend untersucht hat die Baugeschichte der Basilika neuerdings der Archäologe Christian Later.[15] Er unterscheidet baugeschichtlich sechs unterschiedliche Kirchenbauten. Der sechste Bau ist die Solabasilika. In ihr kam es im 11. Jahrhundert im Rahmen einer flächigen Erneuerung des Fußbodens zur Verlegung von Solnhofer Platten. Im Chor entstand mit quadratischen Platten (Seitenlänge 15 bis 19 cm) und kreisrunden Platten (Durchmesser 15 bis 16 cm) eine einfache Art eines Schmuckfußbodens, von dem noch einige Teile in situ erhalten sind.[16]

Obwohl das Verlegemuster im Chor nicht mehr genau rekonstruierbar ist, hob der Fußboden vor allem mit den Kreisplatten die liturgische Bedeutung des Chors hervor und setzte ihn zugleich von dem übrigen Kirchenraum ab, wo Rechteck- und Quadratplatten ein einfaches Verlegemuster bilden. Angesichts der zu den Wänden hin

▼ Solabasilika Solnhofen. Säulen und bauplastische Elemente des 11. Jahrhunderts (Kopien), dahinter die Sola Tumba.

▶▶ Bodenbelag der Solabasilika im 11. Jahrhundert mit Solnhofer Platten. Fundzustand der Platten nach Ausgrabung.

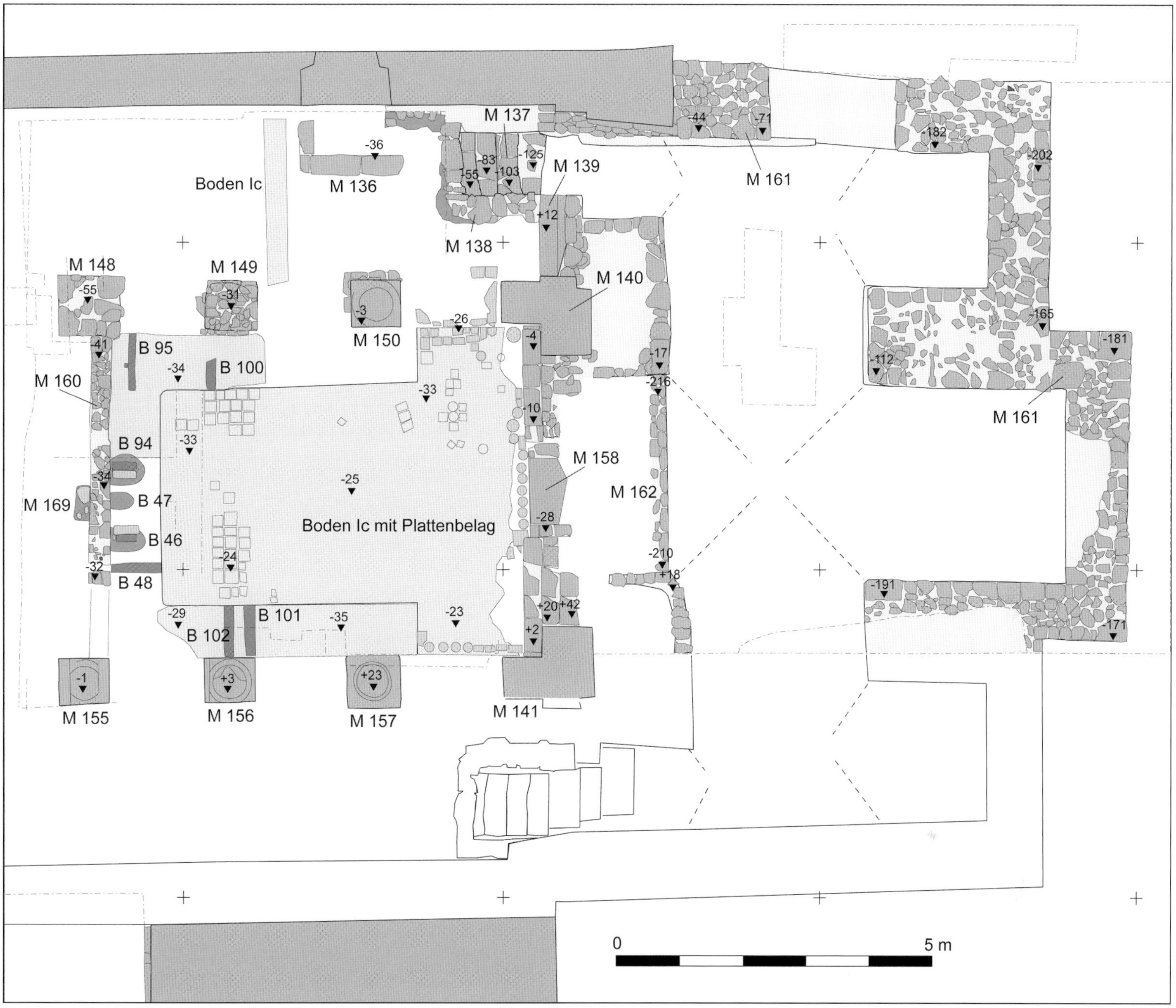

aufgefundenen runden Bodenplatten könnte das Verlegemuster so ausgesehen haben, dass diese als Bordüre den aus linearen Formaten bestehenden Fußboden gerahmt haben. Kreisplatten wurden und werden sehr selten verlegt, weil der Herstellungsaufwand groß ist und kleine Zwickel entstehen, die gefüllt werden müssen.[17] Im Zuge spätmittelalterlicher Umbauten kam es in der Sola-Basilika unter Mitverwendung von Teilen des vorhandenen Bodens zur weiteren Verlegung von Solnhofer Platten.

Die zu unterschiedlichen Zeiten im Mittelalter verlegten Fußböden sind ein Indiz, dass in Solnhofen bereits im 11. Jahrhundert jedenfalls ein Steinabbau von lokaler und wohl auch regionaler Bedeutung existierte und die Steinbrecher neben den gewöhnlichen quadratischen und rechteckigen Formaten auch Kreisplatten herstellten. Beim barocken Umbau im 17. und 18. Jahrhundert wurde der im östlichen Kirchenraum durch Flickungen und Ausbesserung stark angegriffene gotische Fußboden durch einen neuen im Rosenspitzformat ersetzt.[18]

▲
Bodenbelag der Solabasilika im 11. Jahrhundert mit quadratischen und runden Solnhofer Platten. Planaufnahme des Fußbodens und der Umgebung. Grafik: Christian Later.

◀
Beim barocken Umbau erhielt die Solabasilika einen Rosenspitzboden.

3 Legende Hagia Sophia

Mit der Kirche Hagia Sophia (Göttliche Weisheit) in Konstantinopel, heute Istanbul, verbindet sich seit dem 19. Jahrhundert die Erzählung, der Fußboden sei einst mit Solnhofer Platten belegt worden. In unterschiedlichsten Publikationen wird diese nicht belegbare Aussage von der örtlichen Solnhofen-Literatur[19] bis in die wissenschaftliche Literatur und vor allem in touristischen Flyern und Informationsblättern unentwegt und ungeprüft übernommen.[20] Solnhofer Steine in der Hagia Sophia hat es nie gegeben. Sie sind eine Legende,[21] eine Fiktion, die sich hartnäckig hält. Wäre es je zu diesem einmaligen, höchst prestigeträchtigen Geschäft gekommen, hätte es sich umfangreich in Quellen niedergeschlagen, die es aber nicht gibt.

Die Legendenbildung geht sogar so weit, dass nach Solnhofer Hörensagen, wie Arauner berichtet,[22] Solnhofer Bodenplatten nicht nur geliefert, sondern auch von Solnhofer Steinbrechern verlegt worden sein sollen. Weil Christen damals keinen Zutritt in eine Moschee hatten, habe man die Stellen an denen gerade verlegt wurde, mit einer Zeltplane überdacht. Nach muslimischer Auslegung sei somit ein vom sakralen Raum abgetrennter profaner Einzelraum geschaffen worden. So treiben Legendenbildungen ihre Blüten.

Bis zur Eroberung Konstantinopels durch die Osmanen im Jahre 1453 war die im 6. Jahrhundert errichtete Hagia Sophia die größte Kirche der Christenheit. Schon Mitte des 13. Jahrhunderts soll der Fußboden mit »Kelheimer Platten« alias Solnhofer Platten belegt worden sein. Das suggeriert jedenfalls Werner Barthel, der sich dabei auf die Aussage eines Chronisten stützt, ohne dessen Namen zu nennen und einen Quellenbeleg anzuführen.[23] Richtig in Gang kam diese Legende Anfang des 19. Jahrhunderts durch publizistische Belebungen. In der 1819 erschienenen Beschreibung einer Reise entlang der Donau schrieb der Autor, Solnhofer Platten seien von Stepperg bei Neuburg auf der Donau nach Österreich, Ungarn und »selbst bis in die Türkey verfahren« worden.[24] Der Pfarrer, Historiker und Reiseschriftsteller Karl August Böhaimb übernahm 1856 nicht nur diese Aussage, er wagte sich in eine noch entferntere Region vor, denn Solnhofer Platten seien sogar bis Russland gekommen.[25] Einen Beleg für diese kühne Annahme führte er nicht an.

Die größte Verbreitung und Verfestigung der Hagia-Sophia-Legende bewirkte ein 1858 erschienener Bericht in der damals viel und deutschlandweit gelesenen Leipziger »Illustrirte Zeitung«.[26] Darin wird erstmals eine Zeit genannt, in der das Pflaster verlegt worden sein soll. Das sei vor 400 Jahren geschehen, also zwischen 1450 und 1460. Zu dieser Zeit war die oströmisch-byzantinische Hauptstadt Konstantinopel bereits der Belagerung durch die Osmanen ausgesetzt, denen es gelang, die Stadt im

Fußboden der Hagia Sophia aus Prokonnesos-Marmor. Istanbul.

»Die lithografischen Steinbrüche von Solnhofen und seiner Umgegend«. Leipziger »Illustrirte Zeitung« Nr. 806 vom 11. Dez. 1858.

Die lithographischen Steinbrüche von Solenhofen und seiner Umgegend.

Gesteine und Mineralien überhaupt sind auf der Erde nicht gleich den Thieren und Pflanzen in den verschiedenen Erdgürteln und Klimaten nach abweichenden Gattungen und Arten vertheilt; Granit, Gneiß, Kalkschiefer, Bleiglanz, Schwefelkies ꝛc. finden sich ganz von dem nämlichen Aussehen und derselben Zusammensetzung ebenso in den eisigen Polargegenden wie unter den brennenden Tropen. Doch aber sind manche Länder dadurch von der Natur bevorzugt, daß gewisse nutzbare mineralische Produkte in ihnen entweder allein oder in größerer oder besserer Qualität vorkommen. Bestimmte Abänderungen sonst sehr ver-

Der Maxbruch.

breiteter Mineralien erscheinen selbst zuweilen nur auf gewisse Lokalitäten hingewiesen, sodaß sie anderwärts gar nicht wieder aufgefunden werden. Kalzedon, welcher als Schmuckstein geringerer Art geschliffen wird, ist z. B. ziemlich allgemein und vielfach zu finden, aber seine schöne, lieblich apfelgrün von Nickeloxyd gefärbte Varietät, welche Chrysopras genannt wird, ist bis jetzt nur in Schlesien angetroffen werden, sodaß man den Chrysopras den schlesischen Nationalstein nennen könnte. Ein anderes Beispiel dieser Art von weit größerm industriellen Werthe gibt der lithographische Stein ab, welcher von gleicher Vortrefflichkeit bisher nur in Bayern aufgefunden worden ist, obgleich er zu der Schichtenfolge des so sehr auf dem europäischen Kontinent verbreiteten Gebirges gehört, welches der Geolog die Juragruppe nennt. Der bayerische oder näher bezeichnet fränki-

Der Mörnsheimer Bruch.

sche lithographische Stein hat daher mit vollem Rechte einen Weltruf gewonnen, seitdem Sennefelder's einflußreiche Erfindung der Lithographie ihre Ausbreitung überall erhalten hat, wo irgend die Kultur wurzelt. Tausende von Versuchen wurden in den verschiedensten Ländern mit anderen sehr ähnlichen Steinarten angestellt, um einen Ersatz für die bayerischen lithographischen Steine — pierres lithographiques de Munic, wie die Franzosen sie nennen — zu finden, selbst bedeutende Preise stellte man auf eine solche Entdeckung, und man suchte sogar das werthvolle Material künstlich nachzumachen. Alles dies blieb aber bis jetzt ohne Erfolg, denn von gleicher Güte wie das bayerische hat nirgendwo dieses Produkt nachgewiesen werden können. Die Natur selbst scheint die Umgegend von Solenhofen, in welcher diese Steine gewonnen werden, ausschließlich dafür monopolisirt zu haben. Denkwürdig ist es in der That, daß Bayern, das Land der Erfindung der Lithographie, bisher auch allein im Besitze von Steinbrüchen ist, welche das dazu geeignete Material in reicher Fülle darbieten.

Im Frankenjura zwischen der Altmühl, der Donau, der Ussel und dem Mährenbach bilden die Steinbrüche des Kalk- oder Marmorschiefers, welche die lithographischen Steine liefern, die Höhen der Berge. L. v. Buch sagt daher auch: „Darum sind aber gerade diese Steinbrüche überraschend für das Auge, schon aus einer Entfernung von mehren Stunden. Seit Jahrhunderten aufgeschlossen, um Steinplatten für ganz Europa und selbst einen Theil von Asien zu liefern, erscheinen jene Aushöhlungen und Schutthalden von weitem wie die Werke einer Festung von unermeßlicher Größe, welche die größten Höhen des Landes krönt.“ Wenn auch erst die Ausbreitung der Lithographie (erfunden 1796) dem Betriebe dieser Steinbrüche den wichtigsten und jetzt sehr umfangreichen Aufschwung verliehen hat, so waren doch ihre Steine bereits von Alters her unter dem Namen der kehlheimer Platten zum Belegen von Fußböden und zur Dachbedeckung bekannt und hatten ihren Hauptvertrieb ab-

Die Langenaltheimer Haardt.

wärts der Donau; selbst schon vor 400 Jahren ist die Sophienkirche zu Konstantinopel mit Platten von hier belegt. Die eigentlichen und guten lithographischen Steine kommen ausschließlich aus den Gemarkungen von Solenhofen, Langenaltheim, Mörnsheim, Lichtenberg und Mühlheim in den Landesgerichtsbezirken Pappenheim und Eichstädt. Dieses Areal liefert aber ebenfalls Dachbedeckungsmaterial und Fußbodenbelegplatten, gleich den kehlheimer und eichstädter Steinbrüchen.

B. Cotta in seinem interessanten Buche: „Deutschlands Boden, sein geologischer Bau und dessen Einwirkung auf das Leben der Menschen“, gibt folgendes allgemeine Bild jener Steinbrüche: „Kaum naht man sich einem dieser Steinbrüche, so hört man schon das hellklingende Hämmern der Arbeiter, die hier zu vielen Hunderten beschäftigt sind, die dünnen Schichten abzuhe-

Der solenhofer Schwarzbruch.

Mai 1453 zu erobern. Eine der ersten Maßnahmen war, die Hagia Sophia in eine Moschee zu verwandeln.

Unabhängig von diesem geschichtlichen Vorgang gibt es weitere Gründe, die dagegen sprechen, dass je Solnhofer Platten nach Konstantinopel gekommen sind. Wie sollte man in der weltstädtischen Metropole Konstantinopel ausgerechnet auf das weltentfernte, in abgeschiedener Provinz liegende Solnhofen mit seinem Produkt Solnhofer Platten gekommen sein? Umgekehrt fragt es sich, wie im 15. Jahrhundert die Kunde nach Solnhofen dringen konnte, in Konstantinopel würden Steine für einen neuen Fußboden in der Hagia Sophia gebraucht? Wäre es je zu einem kaum vorstellbaren Kontakt gekommen und gar zu einer Lieferung, stellt sich die Frage, ob die zu dieser Zeit noch reduzierten Steinbruchaktivitäten für die Erfüllung eines Auftrages dieses Umfangs überhaupt ausgereicht hätten? Ebenso ist kaum vorstellbar, dass ein Transport in das 2000 km entfernte Konstantinopel organisiert und durchgeführt werden konnte. Die Kosten dieses Transports hätten zudem den Wert der Steine weit übertroffen und das Geschäft damit unwirtschaftlich gemacht, gleich wer sie zu tragen hatte und selbst wenn es eine anteilige Kostentragung gegeben hätte.[27]

Es gibt noch ein starkes Argument gegen die Hagia-Sophia-Legende. Konstantinopel brauchte keine Solnhofer Steine. Auf der nicht weit entfernten Insel Marmara, in deren Name schon der Marmor anklingt, stand der Prokonnesos-Marmor in großer Fülle zur Verfügung. Solnhofer Platten nach Konstantinopel zu bringen, wäre wie Eulen nach Athen tragen gewesen. Aus diesem Marmor besteht der Fußboden der Hagia Sophia, dessen Platten so verlegt sind, dass sie ein fortlaufendes Wellenmuster bilden.[28]

Eben so weit in der Entfernung des Lieferortes haben sich 1759 markgräfliche Ansbacher Räte bei einem Aufenthalt in Solnhofen verstiegen, als sie den neuen, 1738 in der Truhenleite eröffneten Gemeindebruch aufsuchten. Im dazu verfassten Reisebuch schrieben sie, die Steine würden bis »nach der Levante verführt werden«.[29] Dann wären sie bis in den Libanon und das heutige Syrien gekommen. Es fragt sich, wie die Räte zu dieser Information kamen, die bis heute nirgendwo aufgetaucht ist. Vielleicht wollten die Steinbrecher die Räte beeindrucken oder den hohen Herren einen Bären aufbinden.

Anmerkungen

1 Solnhofer Platten wurden in den Streckenabschnitten 13 (Mönchsroth-Gunzenhausen) und 14 (Gunzenhausen-Kipfenberg) des Limes gefunden.

2 Die originalen und die ergänzenden Platten erhielten eine neue Mörtelbettung. Nach einer genauen Vermessung kamen die originalen Platten wieder an ihren ursprünglichen Stellen zu liegen.

3 Prähistorische Staatssammlung München, Inv. Nr. 1983, 2768; Kat. Ausst. Limes 1992, 111.

4 Dazu Czysz 2021.

5 Ebd., 92 ff.

6 www. fossilien und -steindruck-museum.de, abgerufen am 2.9.2024.

7 Czysz 2021, 93 Fn. 22.

8 Schwertschlager 1908, 6; Rabold/Schallmayer/Thiel 2000, 120; Czysz 2021, 108 Nr. 21.

9 Gnade 2010, 217

10 Dietz 1989, 116.

11 Czysz 2021, 105. Etwas befremdlich spricht Czysz von »Solnhofer Schieferplatten«.

12 Der Autor dankt Dr. Bernd Steidl von der Archäologischen Staatssammlung, dass er die Funde mit ihm in Augenschein nehmen konnte.

13 Czysz 2021, 106 ff.

14 1783 wurde die baufällig gewordene Kirche abgebrochen und daneben eine evangelische Pfarrkirche errichtet. Stehen blieb der westliche Teil des nördlichen Seitenschiffs mit dem Hochgrab Solas.

15 Later 2011.

16 Ebd., 190 ff mit Beilage 16.

17 Anders als im Pfalzgrafenschloss Neuburg, Kapitel VI 2 Kreismuster, waren die Zwickel in der Sola-Basilika mit Mörtel gefüllt, Later 2011, 191.

18 Later 2011, 212 und 217.

19 Müller-Burger 1926, 18; Eder 1928; Lidl 1975, 33. Kraft 1926, 5, bezieht sich in einer Fußnote auf das 1908 in Leipzig erschienene Werk *Konstantinopel* des Architekten und Kunsthistorikers Cornelius Gurlitt, ohne eine Seitenangabe zu machen. Gurlitt preist in dem Werk den Innenraum der Sophienkirche als den schönsten der Welt, erwähnt jedoch an keiner Stelle, dass der Fußboden aus Solnhofer Stein war oder ist.

20 Im 2012 eröffneten Museum in der Burg von Dollnstein wird mitgeteilt, Solnhofer Platten seien schon früh weit gehandelt worden, wie es der im 15. Jahrhundert verlegte Boden in der Hagia Sophia zeige. Neuestes Beispiel ist der Bericht »Flüssehopping bei den Zwölf Aposteln – Kulturradeln im Altmühltal« in der Publikation Denkmal Information Bayern (Nr. 180/2023) des Bayerischen Landesamtes für Denkmalpflege. Darin wird ausgeführt, die Solnhofer Steine seien nicht nur in der Hagia Sophia verbaut worden, sondern auch im Wiener Stephansdom und im Royal Opera House in London. Auf keinen dieser drei Bauten triff das zu.

21 Ebenso Schauer 2001-1, 10 ff.

22 Arauner 1975, 69/70.

23 Barthel 1978, 79.

24 Schultes 1819, 175.

25 Böhaimb 1856, 98.

26 Erschienen ist der Bericht »Die Lithografischen Steinbrüche von Solenhofen und seiner Umgegend« in der Nr. 806 vom 11. Dezember 1858, 381 f (ohne Autorenangabe).

27 Der Wassertransport, der allein in Frage gekommen wäre, hätte auf der Donau nach heutigem reguliertem Flussverlauf 2500 km betragen. Anschließend hätte der Weitertransport auf dem Schwarzen Meer erfolgen müssen.

28 Freely/Sumner-Boyd 1986, 72, 84 und 101; Hanson 1970, 34.

29 Tröger 1987, 2.

VIII Solnhofer Stein in sakralen und monastischen Räumen

In Süddeutschland und in Teilen Österreichs sind viele, in Bayern wohl die meisten Dorfkirchen, Stadtkirchen, Wallfahrtskirchen, Klosterkirchen und Klöster mit einem Fußboden aus Solnhofer Stein ausgestattet. Das begann bereits im 16. Jahrhundert, setzte sich gesteigert mit beginnendem Barock in der zweiten Hälfte des 17. Jahrhunderts fort und erreichte im 18. Jahrhundert einen Höhepunkt, der bis in die Rokokozeit andauerte. Diese Entwicklung schlug sich insbesondere in den nach dem Dreißigjährigen Krieg entstandenen großen Kloster- und Kirchen bauten nieder.

1 Barocker Klosterbau

Durch Einquartierungen, Zerstörungen und Plünderungen hatte der Dreißigjährige Krieg den Klöstern schweren Schaden zugefügt. Zudem war die mittelalterliche Bausubstanz marode geworden. Nach Kriegsende und im Zuge der katholischen Gegenreformation setzte eine Aufbruchstimmung ein, die dazu beitrug, dass die Äbte und Äbtissinnen den Neubau einer Sanierung und Erneuerung der alten Gebäude vorzogen. So entstanden ab der zweiten Hälfte des 17. Jahrhunderts die prachtvollen barocken Kloster- und Kirchenbauten der Prälatenorden, der Benediktiner, Zisterzienser, Augustiner Chorherren und Prämonstratenser.[1] Es entwickelte sich eine Klosterbaukunst, die Spitzenwerke des Barocks und Rokokos hervorbrachte.[2]

Niedergelassen hatten sich die Prälatenorden auf dem Lande, anders als die Jesuiten, die auch Klostergroßbauten errichteten, diese aber in den Städten. Die Zisterzienser suchten ihren Platz im Tal und am Wasser,[3] die Benediktiner, Prämonstratenser und Augustiner-Chorherren oft in erhobener bis thronender Lage über der Umgebung. Diese Eindruck machende Lage, verstärkt durch die Größe und Architektur der Bauten, veranschaulichen eindrucksvoll die Klöster von Weingarten, Ochsenhausen, Ottobeuren und Neresheim bis St. Florian, Melk, Göttweig und Klosterneuburg in Österreich. Die äußere und innere Pracht der Bauten war groß, insbesondere die der Reichsklöster, die Klosterstaaten und deren Äbte zugleich weltliche Herrscher waren. Das Repräsentationsbedürfnis nahm Maß am Adel. Die bedeutendsten Baumeister, Künstler und Kunsthandwerker ihrer Zeit schufen Bauten und Räume, die aus Klosterbauten Klosterschlösser machten.

Der barocke Klosterneubau begann meist mit dem Kloster und endete mit der Klosterkirche als Krönung. In dem Umfang, in dem Teile des Neubaus fertiggestellt und beziehbar waren, wurden Teile des Altbaus abgerissen. Oft erstreckte sich die Bauzeit auf ein halbes Jahrhundert. In Ottobeuren begann 1711 der Bau der Klostergebäude und der Ökonomiegebäude, die 1726 vollendet waren. Der Bau der Klosterkirche vollzog sich in zwei Etappen, von 1737 bis 1743 und von 1748 bis 1766. Insgesamt vergingen also 55 Jahre bis das gesamte Vorhaben abgeschlossen war. Ähnlich erging es der Zisterzienserabtei Fürstenfeld. Was 1691 mit dem Klosterneubau begann, endete 1741 mit der Weihe der Klosterkirche, deren Bau allerdings ein Jahr nach der Grundsteinlegung vierzehn Jahre durch den Spanischen Erbfolgekrieg unterbrochen war.

Ehemalige Benediktiner-Reichsabtei Ochsenhausen. Der repräsentative, mächtige, bergerhobene Ostflügel.

Im Klosterbau sind drei Bereiche zu unterscheiden. In der nur den Mönchen oder Nonnen zugänglichen Klausur spielt sich das klösterliche Leben ab. In der Klausur befinden sich die Zellen und die Gemeinschaftsräume, das Refektorium (Speisesaal) und der Kapitelsaal, die Versammlungsstätte der Klostergemeinschaft (Kapitel). Dann gibt es den Bereich, in dem sich klösterliche und weltliche Nutzung mischen. Dazu gehören die Wohnräume des Abtes, seine Kapelle, die Sommer- und die Winterabtei sowie die Bibliothek. Der dritte Bereich ist der weltliche Teil des Klosters, in dem der Gästetrakt, das Theater und das Salettl liegen, in dem der Abt mit seinen Gästen speiste. Bestausgestatteter Raum dieses Bereichs war der Festsaal, in den Reichsabteien der Kaisersaal. Gänge, Refektorien, Kapitelsäle und Kapellen wurden mit einem Solnhofer Fußboden ausgestattet. In den Festsälen und Bibliotheken entstanden entsprechend dem hohen Anspruch des Raums bedeutende Fußbodenwerke. Der barocke Bauboom steigerte die Nachfrage nach Solnhofer Steinen, die im Bruchgebiet von Solnhofen und Mörnsheim einen wirtschaftlichen Aufschwung herbeiführte, der dank der Wertschätzung, die dieses Steinmaterial bei den Bauherren genoss, trotz gewisser Wechselfälle anhielt.

2 Bauten des 16. Jahrhunderts

Neben seiner Bedeutung für Epitaphe, Kleinplastiken, Plaketten und Medaillen sowie Ätzkunstwerke[4] hatte der Solnhofer Stein im 16. Jahrhundert schon einen weit über das Bruchgebiet und seine nähere und weitere Nachbarschaft hinausgehenden Absatz, insbesondere für Kirchenböden.

Im Westchor der Kirche des ehemaligen Karmelitenklosters in Augsburg, seit der Reformation die evangelische St. Anna-Kirche, ließ die mächtige, katholisch gebliebene Augsburger Kaufmannsfamilie Fugger eine 1512 vollendete Gedächtnisstätte mit Grablege errichten.[5] Zur Ausstattung der Kapelle gehört der um 1515 mit unterschiedlichen Steinen verlegte Fußboden, zu dieser Zeit ein nördlich der Alpen einmaliges Werk von hoher handwerklicher Steinbearbeitungs- und Verlegekunst, wie sie bis dahin nur in Italien anzutreffen war. Kunsthistoriker sprechen von einem Zeugnis europäischen Rangs, das weder unmittelbare Vorläufer noch Nachfolger hat.[6] Das Fußbodenpflaster sei für seine Zeit in Deutschland so einzigartig, dass man daran denken könne, es sei von italienischen Spezialisten hergestellt und verlegt worden.[7]

Die kleine quadratische Fußbodenfläche von 10,4 × 10,4 m strukturieren Bänder und Rosetten. In Längsrichtung verlaufen vier Bänder mit je drei Rosetten. Die beiden äußeren Bänder sind nur halbstreifig ausgebildet, ebenso die beiden mittleren, weil auf ihnen ein Altar mit einer Freigruppe steht. Wahrscheinlich wurden die Platten des Fußbodens nach einem Plan hergestellt, der nicht den baulichen Gegebenheiten entsprach, so dass die Steinleger mit der tatsächlichen Bausituation zurechtkommen mussten.[8] Die Rosetten, die dem Fußboden ein sehr farbig geprägtes Aussehen verleihen, setzen sich aus einer bunten Mischung von unterschiedlichen Steinarten zusammen. Um den Mittelpunkt, der den Stängel der Rosette symbolisiert, entfalten sich nacheinander drei sechspassige Rosettenringe. Der innerste Ring besteht aus unterschiedlichem Rotmarmor, teils mit Marmorbrekzien gemischt. Zwischen den Blättern liegen kleine zwickelartige Spitzen, die als Dornen gedeutet werden können. Den zweiten Ring belegen Solnhofer Steine. Im dritten wechseln sich wie im ersten Ring Rotmarmore und Marmorbrekzien ab. Umschlossen wird diese Rosettentriade von einem Kreisring aus hellem und grauem Solnhofer Stein, den ein dünner Kreisring aus Rotmarmor abschließt. Die Längsstreifen sind mit über Eck gestellten Rotmarmorquadraten verbunden, in die eine orthogonal positionierte Solnhofer Quadratplatte eingelassen ist, die ihrerseits ein über Eck gestelltes Brekzienquadrat aufnimmt. Zwischen den drei Querbändern sind die Fuggerschen Embleme eingefügt: Lilien und Dreizacke.

St. Anna Kirche in Augsburg.

Fußboden der Fuggerkapelle. Um 1515 verlegt.

Zwischen 1535 und 1540 ließ Pfalzgraf Ottheinrich sein Schloss in Neuburg an der Donau um einen Westflügel erweitern, in den auch die Hofkirche (heute Schlosskapelle) eingebaut wurde. Da Ottheinrich 1542 zum protestantischen Glauben übergetreten war, ist sie die erste und auch noch erhaltene protestantische Kirche in Bayern. Unterstrichen wird diese Bedeutung durch den reformatorisch ausgerichteten Freskenzyklus des Salzburger Kirchenmalers Bocksberger der Ältere mit Szenen aus dem Alten und dem Neuen Testament. Für die Kirche ließ Ottheinrich 1537 in Adnet Rotmarmorplatten bestellen, die 1538 ankamen.[9] Um diese Zeit wurden sie zusammen mit hellen Solnhofer Platten im Kirchenboden und der dazu gehörigen Fürstenempore im diagonalen Schachbrettmuster verlegt. Der Fußboden ist bauzeitlich erhalten.

1583 legte Herzog Wilhelm V. von Bayern in München als Stifter den Grundstein für die Jesuitenkirche St. Michael, die größte Kirche der Renaissance nördlich der Alpen und in ihrer Architektur beispielgebend und maßgebend für

Rosettendetails und Fuggerlilie im Fußboden der Fuggerkapelle.

viele Nachfolgebauten in Süddeutschland. Nach der Baubeschreibung in der Stiftungsurkunde verlangte er, *item Pflaster*, das *auch von Mermelstein sein* solle.[10] Umgesetzt wurde diese Anordnung mit der Lieferung von 1000 *langen* und 500 *gevierten weiss Marblstein Pflasterplatten aus Solnhoven*, wie die Baurechnung des Jahres 1584 ausweist.[11] Für diese Lieferung stellte die Regierung der Markgrafschaft Brandenburg-Ansbach, zu der Solnhofen gehörte, 1583 dem Herzog eine Erlaubnis zur Ausfuhr von *weißen Pflastersteinen* aus, *so er* [hat] *zu Solnhofen brechen lassen, ohne Zoll, Maut und dergleichen Beschweren*«.[12] Nach der Art der bestellten Steine war ein Rosenspitzmuster bestellt worden, weil dieses Muster bei 500 Quadratplatten genau die doppelte Zahl an langen Platten (Schiffchen) benötigt. Die Steinmetzen hatten die Aufgabe, damit *in der Kürchen* das *Lanck*[g]*haus zupflastern*, eine Arbeit, die sie erst im Frühjahr 1589 begannen.[13]

Schlosskapelle Neuburg/Donau. Pflaster um 1538 verlegt.

Ob die gelieferte Menge für das Langhaus (einschließlich der sechs Seitenkapellen) ausreichte, ist fraglich. Werden die Maße der Rosenspitze zugrunde gelegt, die in den sechs Seitenkapellen bei der Bombardierung unbeschädigt geblieben sind,[14] hätten 330 qm gepflastert

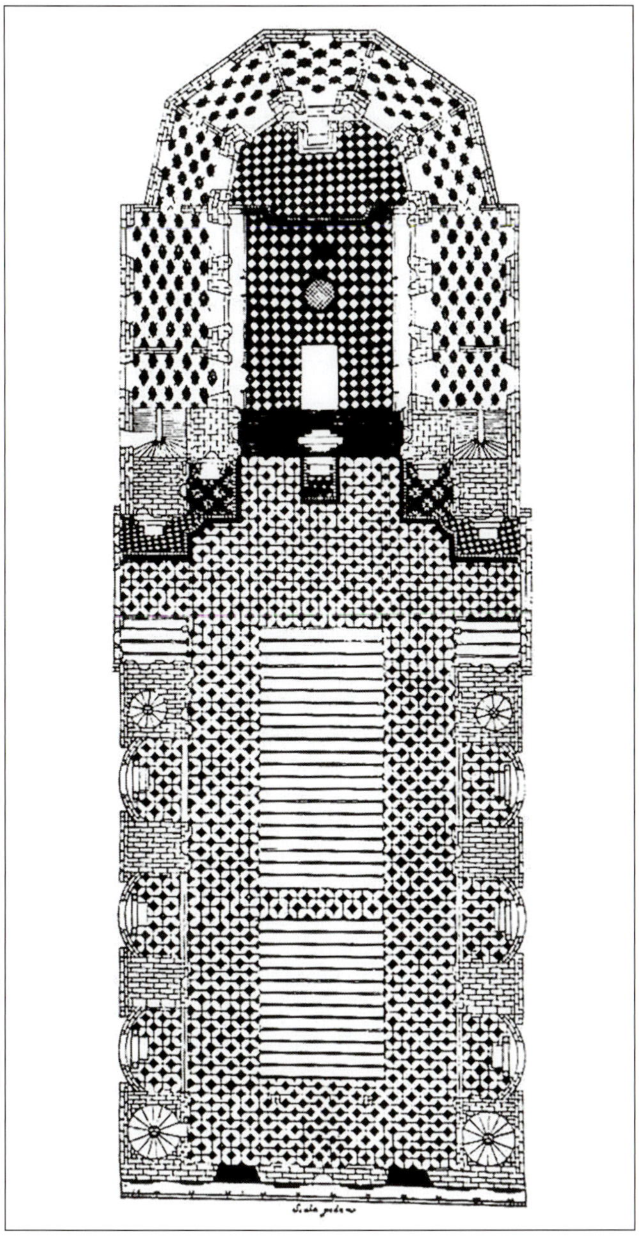

Jesuitenkirche St. Michael in München.

◀◀ Bodenbelag nach den Restaurierungen und Umbauten 1679/98. BayHStA Plansammlung Nr. 7860.

◀ Bauzeitliche Rosenspitze mit Adneter Schiffchen in den Seitenkapellen.

werden können.[15] Bis zur Kriegszerstörung im November 1944 hatte das Langhaus einen Rosenspitz-Fußboden aus Solnhofer Quadratplatten und roten Adneter Schiffchen. Diese Situation gibt eine lange dem Baumeister Friedrich Sustris für das Jahr 1590 zugeschriebene Grundrisszeichnung wieder, die nach der neueren Forschung jedoch eine Planzeichnung aus der Restaurierungsphase 1697/98 ist.[16] Im Langhaus und in den Seitenkapellen liegt danach ein Rosenspitzpflaster und im Presbyterium ein Pflaster mit Schachbrettmuster. So wurde der Fußboden auch in einem Reiseführer von 1803 beschrieben: »Das Pflaster ist von gevierten, rothen und weissen Marmorplatten«.[17]

3 Bauten des 17. Jahrhunderts

Im 17. Jahrhundert begann der Aufstieg des Solnhofer Steins als häufiges Pflaster in Kirchen und Klöstern. Anfänglich verlief diese Entwicklung etwas zögerlich, erhielt dann aber in der zweiten Hälfte dieses Jahrhunderts im Zuge der aufblühenden barocken Baubegeisterung einen kräftigen Schub.

Altbayern[18]

In Eichstätt kamen Solnhofer Steine ab der zweiten Hälfte des 17. Jahrhunderts bei Um- und Neubauten in die Kirchen. Bestellt werden mussten sie in Solnhofen, da in den Eichstätter Steinbrüchen, sollte es sie zu dieser Zeit schon gegeben haben, die Schichten mit der für Bodenplatten erforderlichen Stärke und Formate nicht vorhanden sind. In Mörnsheim konnten sie bis 1668 noch nicht bestellt werden, weil der Steinbruch erst in diesem Jahr aufmachte. 1660 ließen die Dominikaner in ihrer Kirche St. Peter und Paul den Lettner niederreißen, der das Langhaus vom Chor trennte, so dass die Kirchenbesucher den Gottesdienst nun direkt mitverfolgen konnten. Bei dieser Gelegenheit bestellte der Orden *400 Solnhofer Stain* für ein neues *Pflaster vor dem Chor-Altar*.[19] Altes Solnhofer Pflaster liegt in Eichstätt in einer Mischung von Rosenspitz-, Sechseck- und Quadratplatten in der Benediktinerinnenabtei St. Walburg. Eine Gedenkplatte im Pflaster für eine 1665 verstorbene Nonne kann ein Indiz für die Zeit sein, in der es verlegt wurde. Als das Eichstätter Heilig-Geist-Spital beschloss, eine neue Spitalkirche zu bauen, legte der aus Graubünden stammende, in Eichstätt, im Hochstift und im Bistum tätige Baumeister Jakob Engel (Jacomo Angelini) im Dezember 1698 einen detaillierten Bau- und Kostenvoranschlag vor. In Ziffer 10 führte er auf, das Kirchenpflaster solle aus *Mörnshaimber Pflasterstein 18 zöliger zu der Kürchen, Sacristey und böden Gäng bestehäen* und errechnete dafür einen Bedarf von 2300 Steinen, deren Kosten er auf 115 fl bezifferte.[20]

Benediktinerinnenabtei St. Walburg in Eichstätt. Gedenkplatte im Fußboden.

Bevor 1668 in Mörnsheim der Steinbruch eröffnete, der zur großen Konkurrenz der Solnhofer Steinbrecher wurde, waren diese erfolgreich in katholischen Gebieten tätig, die nach 1668 eine Domäne der Mörnsheimer Steinbrecher wurden. Ab 1661 kam es in der Münchner Stadtpfarrkirche St. Peter zu zahlreichen Projekten bei der weiteren barocken Umgestaltung des Innenraums. Es wird in diesem Rahmen gewesen sein, in dem *Hanns Christoph Pöhlein und Matthes Renner von Solenhofen* 1668 Steine an die *St. Peters Pfarr Kirchen* lieferten. Es war eine klassische Bodenplattenbestellung: 800 Stück 18-Zöller, 700 Stück 14-Zöller und 300 12-Zöller im Preisgefüge je 100 Stück von 23 fl, 16 fl und 14 fl.

Nachdem die Solnhofer Steinbrecher Matthias Kelz und Michael Erb sowie Georg Hänle aus dem benachbarten Dollnstein 1668 die Steinbruchaktivitäten in Mörnsheim begonnen hatten,[21] entfalteten sie umgehend eine rege Kundenakquisition, die innerhalb kürzester Zeit zu beachtlichen Aufträgen und einer überregionalen Absatzausweitung führte. Bereits 1669 lieferten sie *etlich tausend* Bodenplatten an das Karmelitenkloster in Regensburg.[22] Ein Jahr darauf folgte Amberg, wo das Innere der mächtigen, 1421 zur Hallenkirche umgebauten Stadtpfarrkirche St. Martin in Teilen neu gestaltet wurde. Im Zuge dieses Umbaus sollte der Altar neu gefasst und *zugleich auch nothwendig der Chor aufs wenigst* [zumindest] *gepflastert werdten*.[23] In einem Schreiben vom Juni 1670 teilte der Rat der Stadt der kurfürstlichen Regierung Amberg mit, man habe von *Georgen Hämla* [Hänle] *Burger zu Menzenhaimb* [Mörnsheim] *das* [zum] *Bisstumb Aichstett gehörig 500 plau- und weisse Stain* [...] *erkhaufft*.[24] Anlass des Schreibens ist die Bitte der Stadt, die kurfürstliche Regierung möge doch zustimmen, dass die Steine mit kurfürstlichen Salzzillen auf der Donau von *Ingolstatt nacher Regenspurg* ohne Fuhrlohn, Maut und Zoll *yberbracht* werden, um dem *armen Gottshaus* weitere Kosten zu ersparen.

Offenbar hatte man sich in der Liefermenge verrechnet, denn schon knapp drei Monate später wurden zusätzlich 100 Bodenplatten, ein Grabstein und eine Tischplatte bestellt. Auch dabei blieb es nicht, weil die Stadt beschloss, nun den gesamten Kirchenboden mit Solnhofer Platten zu belegen. Daher bestellte der Rat der Stadt im Juli 1671 zuerst 1200 Platten, im Juni 1672 nochmals 1300 und im März 1674 einen Rest von 200 Platten. Damit erreichten die Lieferungen einen Gesamtumfang von 3300 Platten.[25] 1710 folgte ein weiterer Auftrag für die Amberger Wallfahrtskirche Maria Hilf.[26] Hilfreich war sicherlich, dass Mörnsheim im *Bisstumb Aichstett* verortet wurde (womit aber nicht das Bistum, sondern das Hochstift gemeint war, denn Amberg war in dieser Zeit wieder katholisch geworden).

Georg Hänle gelang es recht bald, auch in der kurfürstlichen Residenzstadt München Fuß zu fassen. Am 19. Januar 1679 zahlte das Heiliggeistspital an *Georg Hämmer* [Hänle], *Bürger vnd Stainmetz von Merezhaimb bey Aichstett* 50 fl für *200 grosse Marmelstain* und 25 fl 30 x für *clainerne* Steine *zum neuen Chorpflaster in der Khirchen*[27] und im Juli nochmals einen Betrag für eine weitere Lieferung. Um 1680 kam es in der Klosterkirche der Klarissinen St. Jakob am Anger (ein weiblicher Zweig der

Franziskaner) zu Renovierungen und Umbauten. Im März 1681 schloss das Kloster mit *Geörg Hänl Steinmezen zu Merezhamb* einen Vertrag über die Lieferung von *600 geschlifne Stain* für den Kirchenboden und *30 Schuech Staffelstain*.[28] Die Steine kamen schon im Mai in München an und im Juni lieferte Hänle noch *96 schöne Rautten vund Blatenstain.* Die Platten verehrte er dem Kloster für den Fußboden der *Appodeggen* [Apotheke].[29]

Anfang Mai 1669 ging am Ostufer des Ammersees ein starkes Unwetter nieder. Ein Blitz setzte die Kirche des Benediktinerklosters Andechs in Brand, der auch das Kloster in Mitleidenschaft zog. Bei der Schadensaufnahme stellte Abt Maurus Rambeck fest, in der Kirche seien auch das *marbolstainene Platenpflaster und dergleichen Antritt vor den Altären ganz zersprungen*.[30] Der Wiederaufbau setzte unverzüglich ein. Der damit beauftragte Hofbaumeister Marx Schinnagl legte dem Abt eine Kostenschätzung vor, in der er auch aufführte, was an *Pflaster zu machen* ist.[31] Im Juni 1673 teilte der Augsburger Maurermeister Hans Reiser dem Kloster mit, bei ihm lägen viele Steine aus *weißem Marmor*.[32] Diese lieferte er nach Andechs, denn im April 1674 stellte er dem Kloster eine Rechnung von 109 fl für drei Steinfuhren von Augsburg nach Andechs.[33] Dass die Steine Solnhofer Platten waren, belegt ein Quelleneintrag vom 10. November 1677, in dem mitgeteilt wird, dass *Georg Händl*, *Steinbrecher in Mernsheimb*, zugesagt habe, Pflastersteine nach Augsburg zu liefern.[34] Das aktuelle Kirchenpflaster besteht im Schiff aus Rosenspitzen und in der Heiligen Kapelle aus einem diagonalen Schachbrett.

Ingolstadt war von 1472 bis 1800 Sitz der Universität des Herzogtums und späteren Kurfürstentums Bayern. Die dort lehrenden Jesuiten verschrieben sich insbesondere der Marienverehrung. Im Zuge dieser Bewegung schlossen sich 1612 Ingolstädter Bürger zu einer »Bruderschaft unserer Lieben Frau Maria de Victoria« zusammen. Die Benennung Maria de Victoria beruhte auf dem 1571 in Lepanto (Griechenland) von den christlichen Mittelmeermächten errungenen Sieg gegen die osmanische Flotte, der der Hilfe der Gottesmutter zugeschrieben wurde. Von 1617 bis 1619 errichtete die Bürgerkongregation gegenüber dem Münster einen Betsaal (Oratorium), an den sie 1679/80 ein Haus für die Sitzungen der Bruderschaft und zur Aufbewahrung wertvoller religiöser Gegenstände anbauen ließ. Dafür lieferte 1679 der Solnhofer Matthias Renner *500 unpallirte, schuchige* [einen Schuh große] Pflasterstain und *9 pallirte, lange Gsümbs-Stukh* [Fensterbänke] sowie 1680 zusätzlich 100 *unpallirte 14 zollige* Platten für das Pflaster im *oberen Flez*.[35] 1696 erweiterte die Kongregation das Oratorium. Steinlieferant der *weisse Pflasterstein* war diesmal *Johann Khelß* [Kelz] aus Mörnsheim[36] Er hatte schon zuvor 1680 die Steine für die Erneuerung des Fußbodens in der Kirche des Ingolstädter Hl. Geist Spitals geliefert und zwar *636 geschliffene Khürchenstain* und *52 schuech Stafflstein* [Treppen].[37] Die bestellten Steine reichten jedoch nicht aus. Darauf verweisen zwei Zahlungen im November an den *Stainbrecher von Mernzhaimb*, eine für 490 Steine und eine für 290 Steine.[38]

In Passau zerstörten 1662 und 1680 katastrophale Brände große Teile der Stadt, deren Wiederaufbau von 1668 bis 1693 der Stadt das barocke, italienisch anmutende Gepräge gegeben hat. Der Brand von 1680 zerstörte das Langhaus des St. Stephansdoms. Im

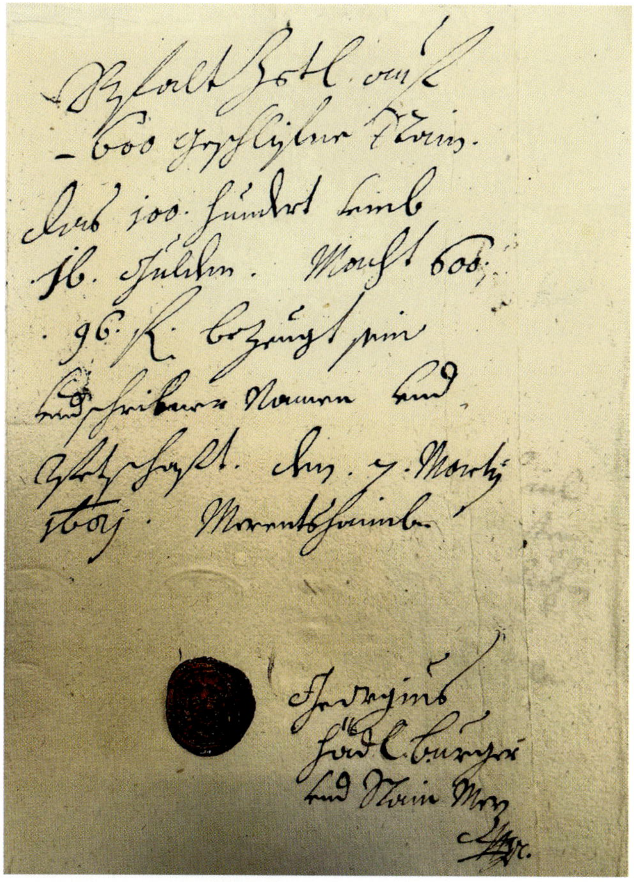

Kloster St. Jakob am Anger in München. Bestätigung einer Steinlieferung, 1681. BayHStA KL Fasz. 357 Nr. 27.

Spalt Zetl [Vertragsdurchschrift] auf 600 geschlifne Stain, das 100 hundert vmb 16 Gulden. Macht 600, 96 fl, bezeugt sein vnderschribner Namen vnd Petschaft [Siegel], den 7. Marty 1681, Merentshaimb [Mörnsheim]

Georgius Hädl [Georg Hänle] Burger vnd Stainmez

Inneres des Oratoriums der Ingolstädter Bürgerkongregation Maria de Victoria mit 1680 gelegtem Pflaster.

Rosenspitzboden im Passauer Dom. Ausbesserung der Schiffchen mit Untersberger Marmor (heller Stein).

September 1690 schloss Fürstbischof Johann Philipp Graf von Lamberg mit *Johann Georgen Hänle Stainmezen zu Mörshaimb in Eichstetter Bistum* einen Vertrag über die *Verfertigung- und anhero Liferung ainiger Anzahl weisser Pflaster Stain*.[39] Hänle verpflichtete sich, auf seine Kosten und Gefahr *zwölfhundert Stuckh schöne ganz durchgehents weisse Quater* [Quadratplatten] *und Rauttenpflaster* innerhalb von sechs Wochen zu liefern, ein Auftrag der auf Rosenspitze verweist. Wofür die Steine bestimmt waren, lässt sich der Quelle nicht entnehmen. Nach Lieferzeit und Lieferart könnten sie für die Seitenkapellen des Doms vorgesehen gewesen sein, die zu dieser Zeit im Entstehen waren.[40] Für mehr hätte die bestellte Menge nicht gereicht. Der heutige Domboden ist im Rosenspitzmuster mit Quadratplatten aus Adneter Rotmarmor und hellen Schiffchen aus Untersberger Marmor verlegt. Defekte Platten wurden Ende des 19. und Anfang des 20. Jahrhunderts mit Solnhofer Platten ersetzt.[41] In der Neuen Residenz des ehemaligen Fürstbistums Passau liegen im Treppenhaus Solnhofer Platten der ungewöhnlichen Größe von 95 × 91 cm.

Bei Bruck (heute Fürstenfeldbruck) entstand 1263 eine Zisterze, die sich Fürstenfeld nannte, weil sie auf einem Grund des Herzogs Ludwig des Strengen gegründet wurde, der das Kloster mit Ländereien und Privilegien ausstattete. Als landsässiges Kloster stand das bayerische Herrscherhaus in enger Verbindung mit der Zisterzienserabtei und umgekehrt die Abtei mit dem bayerischen Herrscherhaus. Die Abtei diente den Herzögen und Kurfürsten auch als Wohnsitz. Höhepunkt der herrscherlichen Ausstattung war der Festsaal, der »Churfürstensaal«.[42] Durch Besetzung, Brandschatzung und Plünderung erlitt die Abtei im Dreißigjährigen Krieg so schwere Schäden, dass ab 1690 zuerst die Abtei und dann die Kirche neu erbaut wurden.

Für das aufblühende Solnhofer Steingewerbe war Fürstenfeld ein Glücksfall. In Verhandlungen mit der Abtei erhielt Johann (Georg) Hänle aus Mörnsheim von 1691 bis 1699 mehrere umfangreiche Lieferverträge. Nach den Quellen belief sich die Liefermenge auf 21228 Steine, der Lieferwert auf 4245 fl. Diese Menge konnte Hänle nur durch Zukauf bei weiteren Mörnsheimer und Solnhofer Steinbruchrechtlern aufbringen.

Während die Lieferungen der Solnhofer Steine für den Neubau der Abtei in Quellen gut belegt sind, fehlen sie für den 1700 begonnenen Neubau der Abteikirche oder sie sind noch nicht aufgearbeitet. Der Spanische Erbfolgekrieg (1701–1704) und der Widerstand des Konvents unterbrach lange die erst 1716 wieder aufgenommenen Arbeiten. Die Weihe fand erst 1741 und zu einem Zeitpunkt statt, in dem die Innenausstattung noch längst nicht

Steinlieferung an die Zisterzienserabtei Fürstenfeld

Rechnungsjahr	Steine	Wert	Quellentext (BHStA, KL Fürstenfeld 317 1/94)
1691/92	5925	1185 fl	*für weisse Pflasterstain 5925 lautt Rapulars* für das 100 20 f. den *Stainmetzen von Solnhofen und Mereshaimb bezahlt 1185 f.* (fol. 2r)
1692/93	700	140fl	*für weisse Pflasterstain 700, das 100 per 20 f. dis*[e]*s Iahr ausgelegt 140 f.* (fol. 8 r)
1693/94	850	170 fl	*Dis*[e]*s Iahr laut Rapulars für eingeliferte 850 weisse Pflasterstain das 100 per 20 f. bezahlt 170 f.* (fol. 22r)
1697	3337	667 fl 24 x	*Von dem 9. Jenner* [Januar] *bis den 26 dises Iahrs habe laut Rapular die Stainmetzen von Möreshaimb in alle*[m] *geliferet 3337 Stain* für das 100 20 f. t[u]*t 667 f 24 x Stainmetz von Möreshaimb* (fol. 43r)
1697/98	3250 325	650 fl 65 fl	*für die stain auf den firsten Saal* [Churfürstensaal] *und solche zu legen dem Johann Hienl* [Hänle] *von Mershaimb den 6 septembris laut Rapulars bezahlt mit 650 fl* *dan absonderlich ihme Hienl* [Hänle] für 325 *pflasterstain daß hundert pro 20 f summa 65 fl* (fol. 50v)
1698/99	6841	1368 fl 12 x	*Denen Stainmötzen von Aichstett* für Pflasterstein *heür haben sie laut Rapulars in allem geliferet 6841 Stukh, das 100 per 20 f. macht zusam 1368 f. 12 x.* (fol. 56v)
Summe	21228	4245 fl 36 x	

Sechsecksteine, ein das Dompflaster und andere Eichstätter Kirchen kennzeichnendes Verlegemuster. Nach der Domrenovierung in den Jahren 1971–1976 wurde das gesamte Pflaster neu verlegt, wiederum mit Sechseckplatten.

Langhaus der ehemaligen Zisterzienserkirche Fürstenfeld.

Franken

Die Marienkirche in der Festung Marienberg in Würzburg, Residenz der Würzburger Fürstbischöfe bis sie im 18. Jahrhundert das monumentale Schloss in der Stadt errichten ließen, ist ein Bauwerk von geschichtlicher und kunstgeschichtlicher Bedeutung. Es besteht aus einer Rotunde und einem rechteckigen Chor, in dem ein außergewöhnlicher Fußboden in Solnhofer Stein liegt.

Die Solnhofen-Literatur nimmt an, das Pflaster sei 1536 bei einem Umbau gelegt worden.[45] Diese Annahme ist insofern unzutreffend, als sich der Umbau auf die Rotunde der Kirche bezog, nicht auf den Chor, der um diese Zeit noch gar nicht existierte. 1600 brach auf der Festung ein Brand aus, der auch die Marienkirche in Mitleidenschaft zog. Fürstbischof Julius Echter (reg. 1573–1617) ließ die Kirche wieder herstellen, einen Chor anfügen und konsekrierte sie 1604. Angenommen wird, das Chorpflaster sei bauzeitlich. An dieser zeitlichen Festlegung sind Zweifel angebracht. Sie beruhen darauf, dass das Pflaster zahlreiche graue bis graublaue Quadrate, Dreiecke und Rauten für die Bildung von mehrzackigen

Pflaster der Marienkirche auf der Festung Marienberg in Würzburg.

vollendet war, nicht einmal ein Hochaltar existierte. Das Kirchenpflaster in Solnhofer Stein legte 1736 im Rosenspitzmuster der Münchner Steinmetzmeister Johann Michael Mattheo.[43] Bei der umfassenden Instandsetzung der Kirche in den Jahren 1973 bis 1979 wurde das Pflaster überarbeitet und schadhafte Teile ersetzt. Im Chor und in den Seitenkapellen ist der Original-Rosenspitzboden noch erhalten. Die Sakristei weist ein Sechseckmuster auf. Angesichts der Größe des Kirchenraums (87 m lang, 32 m breit) handelte es sich wie bei der Abtei ebenfalls um einen Großauftrag.

Die Nähe zum Solnhofer Steinbruchgebiet und die Tatsache, dass bereits im 17. Jahrhundert in einigen Kirchen in Eichstätt Solnhofer Pflaster verlegt worden war, lässt vermuten, dass auch der Dom schon zu dieser Zeit ein solches Pflaster hatte. Einen Hinweis liefert der Baumeister Jakob Engel (Giacomo Angelini). Nach seinem Kostenvorschlag genehmigte Fürstbischof Johann Martin von Eyb 1700 fl für Renovierungsarbeiten im Dom. Ein Teil dieser Arbeiten bezog sich auf den Chor und Kreuzgang, die mit Steinen aus Mörnsheim neu gepflastert wurden.[44] Wahrscheinlich verlegte man schon damals

Sternen enthält. Solnhofer Platten dieser Färbungen gibt es erst seit der Eröffnung des Mörnsheimer Steinbruchs im Jahre 1668. Folglich kann es erst danach verlegt worden sein. Dafür spricht auch die Konfiguration des Pflasters, die um 1600 in dieser kunstvollen Art in Deutschland noch weitgehend unbekannt war. Fraglich ist zudem, ob die dafür erforderliche Herstellungs- und Verlegefähigkeit schon existierte. Ein zusätzlicher Aspekt ist, dass die im Dreißigjährigen Krieg verwüstete Kirche erst unter Fürstbischof Johannes Phillip von Greifenklau (reg. 1699–1719) ihre heutige Ausstattung erhielt.[46]

Unabhängig von der zeitlichen Verankerung ist das Pflaster der Marienkirche ein herausgehobenes Werk. Bei genauem Hinsehen offenbart es eine religiöse Symbolik. Die Gesamtkonfiguration bestimmt ein lateinisches Kreuz. Da der heutige Altar mit seinem ausladenden Podest weit in den Raum ragt, kommt das nicht mehr so einfach ablesbar zum Ausdruck, deutlich aber in der Aufnahme des Bodens (Abb. S. 141). Im Kreuzmittelpunkt befindet sich ein sechszackiger Stern, der auf beiden Seiten der Längs- und der Querachse des Kreuzes jeweils von einem achtzackigen Stern umgeben ist. In der Längsachse folgt dann in beide Richtungen wiederum ein sechszackiger Stern. Die gesamte Längsachse bietet ein verwirrendes Vexierbild von sechszackigen Sterngebilden in unterschiedlichsten Positionen, die mit Füllrauten sechseckig sind. Wie in der Kirche Maria de Victoria in Ingolstadt erzeugt das Pflaster Kippwirkungen (Abb. S. 130), besonders zwischen Sternmuster und Würfelmuster, je nachdem, ob man es in Längs- oder Querrichtung betrachtet. Das alles spricht für eine Verlegezeit nach 1700. Die freien Flächen um das Kreuz sind mit diagonal verlegten 16 Zoll-Platten belegt, die orthogonal verlegt das Fries bilden. Bei der Bombardierung Würzburgs im März 1945 wurde das Pflaster durch das herabstürzende Dach beschädigt und 2018 wieder hergestellt.

Nachdem sich die Jesuiten 1620 in Bamberg niedergelassen hatten, ließen sie nach einer Zwischennutzung des aufgegebenen Klosters der Karmeliten ab 1686 die Kirche St. Martin errichten. Damit beauftragten sie die bekannten Baumeister Georg und Leonhard Dientzenhofer. Dass in diese Kirche Solnhofer Platten kamen, erschließt sich aus einem (nachfolgend näher aufgeführten) 1691 geschlossenen Vertrag zwischen der Zisterzienserabtei Ebrach und Johann Hänle aus Mörnsheim. Eine Passage bezieht sich darauf, dass er der Abtei so viel an *ballirt- und geschliffenen Steinen* liefern solle, *gleichwie denen Herren Patres Jesuitern zu Bamberg*.[47]

Die zwischen Bamberg und Würzburg im Vorland des Steigerwalds gelegene Zisterzienserabtei Ebrach entspricht in ihrer Lage im Tal und am Wasser (Ebrach) dem zisterziensischen Ideal. Gegründet 1127 war sie die erste und zugleich bedeutendste Zisterze in Franken.[48] Nachdem die Abtei die Plünderungen und Zerstörungen des Dreißigjährigen Kriegs überstanden hatte, begann ab 1685 der Bau einer barocken Klosteranlage nach Plänen des Baumeisters Leonhard Dientzenhofer, der 1698 ins Stocken geriet und 1715 fortgeführt wurde. An der ersten Bauphase ab 1690 waren Mörnsheimer und Solnhofer Steinlieferanten mit umfangreichen Aufträgen beteiligt. Dass diese zustande kamen, kann wohl auch darauf zurückzuführen sein, dass Leonhard Dientzenhofer mit diesem Stein vertraut war, den er schon in Bamberg beim Bau der Jesuitenkirche St. Martin kennengelernt hatte.

Ausgangspunkt bildete in Ebrach ein Vertrag vom 23. Januar 1691 zwischen dem *Herrn P.*[ater] *Bursarius* und *Johann Görg Hänla Steinbrecher von Mernsheim wegen geschliffener und ballierter Stein zu dem allhisigen neüen Closters Baw* [Bau].[49] Welche Steine zu liefern waren, gab Dientzenhofer in zwei von ihm signierten *Bretter* vor.[50] Die Bestellung bezog sich sowohl auf *4.eckigten* als auch *langlechten* [länglichen] *Steinen*, die Beschreibung eines Rosenspitzmusters. Die Bezahlung betrug 10 rthl pro hundert Platten. Mit diesem Vertrag war zugleich eine Zollfreibitte des Abtes verbunden, aus der hervorgeht, dass Hänle für die *Reparirung unsers Closters und Gotteshauß Beüen* [Gebäuden] *in die sechstausent Stückh weiß gemarbelte Pflastersein* nach Ebrach zu bringen hatte. Schon Ende Juli traf eine erste Lieferung mit 957 Platten ein. Bis Ende des Jahres folgten sechs weitere Lieferungen, eine achte im Januar 1692 sowie eine neunte und zehnte im Januar und Februar 1693.[51] Insgesamt kamen 7200 Solnhofer Steine nach Ebrach, für die das Kloster 721 rthl ausgab.[52] Verlegt wurden sie im Arkadengang des Abteihofes sowie in den Kammern des Priorats und des Senoriats.[53] 1695/96 kam es zu einer Zusammenarbeit zwischen den Solnhofern Bartholomäus Schindler und Hans Wolfgang Keyser sowie dem Mörnsheimer Hans Trepp,[54] ein Beispiel, dass Konkurrenz Kooperation nicht ausschließt.[55] Sie lieferten 11750 Platten nach Ebrach und werden diese auch verlegt haben.[56] Im 18. Jahrhundert kam es in der zweiten Bauphase ab 1715 zu weiteren Bestellungen von Solnhofer Platten.

Schwaben

Im Gebiet des heutigen Regierungsbezirks Schwaben herrschte eine große monastische Vielzahl und Vielfalt von Orden und Orten wie kaum in einer anderen Region Deutschlands. Dieser Klosterreichtum führte schon in der zweiten Hälfte des 17. Jahrhunderts zu großartigen barocken Anlagen, in deren Ausstattung der Solnhofer Stein nicht fehlte.

Schon in dieser frühen Zeit ist die Benediktiner Reichsabtei Ottobeuren ein führendes Beispiel. Mit keinem Kunden hatte das Solnhofer Steingewerbe im Barock und Rokoko längere und umfangreichere Lieferbeziehungen als mit Ottobeuren. Diese begannen in einer ersten Phase um 1665[57] und setzten sich in einer zweiten von 1712 bis 1766 fort.

Um 1665/66 begannen in der alten, 1558 konsekrierten, nach Abt Kindelmann benannten Kirche Umbau- und Renovierungsarbeiten, ebenso in der nahe gelegenen kapellenartigen Wallfahrtskirche Zu Unserer Lieben Frau in Eldern. Aus im Februar und Mai 1666 verfassten Zollfreibriefen geht hervor, dass *Maister Lorentzen Lotter Steinbrecher zue Sulnhoffen an der Altmüh* […] *3000 Stukh angefrümbdter* [bestellter] *Balierter* [polierter] *Stainen auf Unser begern* [Begehren] nach Augsburg zu einem Bierbrauer zu liefern habe, wo die Abtei ein Lager unterhielt.[58] Zu dieser Zeit hatten die evangelischen Solnhofer Steinbrecher noch keine Konkurrenz der katholischen Nachbarn in Mörnsheim, denn diese begann erst 1668. Geliefert wurden die Steine, die für den Fußboden in der Sakristei der Abteikirche und in der Wallfahrtskirche vorgesehen waren, schon sehr bald. Unter dem 15. Mai enthalten Quellen den Eintrag, dass die *Fuhrleute die Stain von Augspurg zue Unser lieben Frauwen in Eldern gefierht* haben.[59] Zum Umbau der Kindelmannkirche vermerkte der Prior Albert Krez, die Sakristei sei *mit weißen Steinen gepflastert* worden.[60] Er äußerte sich auch (in Latein) zu Eldern, wonach 1666 der *hochwürdige Abt Peter diese schöne Kapelle vollständig mit kostbarem poliertem Stein* pflastern ließ.[61] Offenbar ergaben sich auch später noch weitere Lieferungen von Solnhofer Platten. Nach Aufzeichnung des Piors vom 28. April 1710 kam es zu einer *Pflästerung in der Kirchen mit grossen 4eckhiggen Stein*, *für die vorige langrechte* [rechteckige], *unnd schon wol* [voll] *abgetrettene* Steine.[62]

Deutlich wahrnehmbar liegt auf einer Anhöhe das ehemalige adelige Damenstift Edelstetten (Kreis Günzburg, Markt Neuburg a. d. Kammel). 1682 lieferte Georg Hänle *weise ballierte und unballierte Stein* […] *von Merzheim bey Eystet* Steine *bis hieher*.[63] Wofür sie bestimmt waren, ist nicht mehr feststellbar, weil in diesem Jahr der Abriss des mittelalterlichen und durch den Dreißigjährigen Krieg baufällig gewordenen Klosters begann. Der barocke Neubau setzte erst 1688 ein, der der Kirche noch später (1708–1712).[64] 1688 kam es zu einer Wiederaufnahme von Steinlieferungen, die sich 1690 bis 1696 fortsetzten. 1692 kamen die *weise Stein von Merezheim in die Gäng* und das Rechnungsbuch der Jahre 1695/96 weist eine letztmalige Zahlung für den *alhiesigen Stüfftspaw* aus.[65] Aus den getätigten Zahlungen lässt sich errechnen, dass in diesem Zeitraum etwa 5700 Solnhofer Steine im neuen Stift verbaut wurden. Der Kirchenboden wurde im Rosenspitzmuster verlegt. Bei einer Renovierung in den Jahren 1971–74 verzichtete man auf eine Erneuerung des Fußbodens mit Solnhofer Steinen und ersetzte sie mit Juramarmor.

Nur unweit nördlich von Edelstetten liegt in der Gemeinde Kammeltal (Lkr. Günzburg) das einst bedeutende Augustiner Chorherrenstift Wettenhausen. Die Bedeutung lässt sich daran ermessen, dass es 1566 Reichsunmittelbarkeit erlangte. Nach den Verwüstungen des Dreißigjährigen Krieges begann ab 1670 ein umfassender, sich länger hinziehender Um- und Erweiterungsbau des Stifts. Erste Baumaßnahme war der Neubau des Langhauses der Stiftskirche. In diese Zeit fällt 1680 eine Steinlieferung der Mörnsheimer Ursteinbrecher Matthias Kelz und Georg Hänle, die zu ihrem Zerwürfnis führte, so dass sie die Zusammenarbeit in der »compagnia« auflösten und getrennte Wege gingen.[66] Nach Franz Mayer sollen 1660 aus Eichstätt »Marmorsteine« bezogen worden sein, »viereckige und runde« und »26 Wägen führten je 100 Platten«.[67] Diese Mitteilung enthält mehrere Fehler. Die Lieferung erfolgte 1680, nicht 1660. Die Steine stammten nicht aus Eichstätt, es waren vielmehr sogenannte Solnhofer »Eichstätter Steine«, wie sie damals aus dem zu Eichstätt gehörenden Mörnsheim bezeichnet wurden.[68] Schließlich: viereckige und runde Steine sind Formate, die nicht zusammenpassen. Wahrscheinlich handelte es sich um Sechseckplatten, die noch heute in den Gängen des Konventgebäudes liegen. Mit dieser Lieferung waren die Steinbeziehungen zwischen Mörnsheim und Wettenhausen noch nicht beendet. 1694 nahm sie Johann Hänle, Sohn von Georg Hänle, im Zusammenhang mit der Errichtung eines Kaisersaals im Rahmen von Umbauten und Erweiterungen des Stifts wieder auf.[69]

Die schwäbische Linie mit Solnhofer Fußböden setzt sich in Dillingen fort. 1687 ließ der Augsburger Fürstbischof im Rahmen eines Umbaus seiner Dillinger Residenz auch die Hauskapelle barockisieren. Dazu gehörte ein neuer Steinfußboden. Die Steine lieferten Christoph Scheyrer aus Mörnsheim und Hans Kayser aus Solnhofen und zwar 1000 Platten, die sie auf ihre Kosten bis Berg bei Donauwörth zu transportieren hatten.[70] Es stellte sich, wie so oft heraus, dass die bestellte Menge nicht ausreichte, so dass vom Heiligen Pfleger in Donaualtheim bei Dillingen, der scheinbar Solnhofer Platten auf Lager hatte, 50 Stück für 3 fl 30 x zugekauft werden mussten. 1692 gründete der Kapuzinerorden eine Niederlassung in Dillingen, die bald zu einem Kloster mit Klosterkirche ausgebaut wurde. In den Baurechnungen erscheint *Johann Henlein* aus Mörnsheim als Steinlieferant.[71]

Chor der Kirche des ehemaligen Augustiner Chorherrenstifts Wettenhausen.

Baden-Württemberg

Über der Stadt Ellwangen (Ostalbkreis) erhebt sich der Schönenberg. Auf ihm gründeten Jesuiten 1638 ein kleines Marienheiligtum. Die Wallfahrt nahm einen solchen Aufschwung, dass der Fürstprobst von Ellwangen 1682 den Bau einer großen Wallfahrtskirche beschloss.[72] Trotz gottesdienstlicher Nutzung ab 1684 war der Innenausbau

Wallfahrtskirche Schönenberg.

erst 1696 abgeschlossen. Von 1685 bis 1687 lieferte Johann Georg Kelz *Solhofer Staffel- und Pflastersteine* für den Bau.[73] Zwischen Schönenberg und dem Bistum Eichstätt bestand eine besondere Beziehung. Der unermüdliche Initiator des Kirchenbaus und spätere Seelsorger der Wallfahrtsstätte, der Jesuitenpater Philipp Jeningen, war ein gebürtiger Eichstätter, der lange das Willibaldinum leitete.[74] Dieser Umstand veranlasste wohl den Eichstätter Fürstbischof Johann Euchar Schenk von Castell, 1692 zweimal Bodenplatten und Treppen als Geschenke nach Schönenberg bringen zu lassen. Für die 74 Treppen übernahm er auch die Fuhrkosten. Die Steine lieferte Johann Georg Hänle aus Mörnsheim, der sie 1692 und 1693 nach Schönenberg brachte.[75] Dieses Geschäft erledigte er zusammen mit seinem Mörnsheimer Konkurrenten Johann Georg Kelz von der Abtei Neresheim aus, wo beide mit Umbauten im Kloster und Verlegen eines neuen Fußbodens im Chor der Klosterkirche beschäftigt waren.

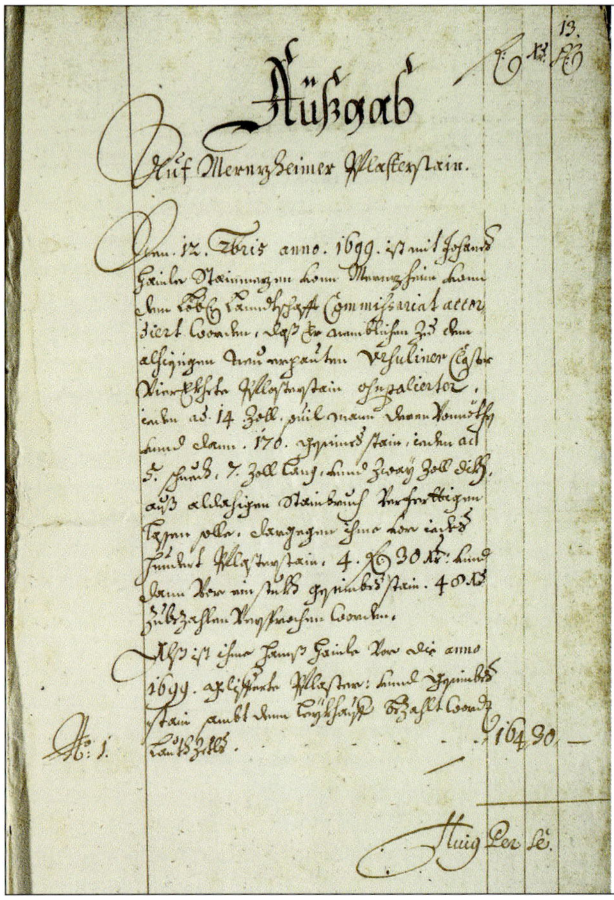

Steinbestellung des Ursulinenklosters in Neuburg, 1699. StA Augsburg, Seminar Neuburg, Akten 2178, 13.

Außgab

Auf Mernzheimer Pflasterstain

Den 12. 7bris [September] anno 1699
ist mit Johanes Hainle Stainmezen vonn
Mernzheim vonn dem Löbl. Lanndtschafft
Commissariat accordiert worden, daß
Er nemblichen zu dem alhiesigen neu
erpauten Vrsulliner Closter vierEckhete
Pflasterstain ohnpalierter, ieden ad 14 Zoll,
souil [soll] mann deren vonnöthen vnnd
dann 170 Gesimsstain, ieden ad 5 Schuech
7 Zoll lang, vnnd zway Zoll dickh, auß
aldasigen Stainbruch verferttigen lassen
solle, dargegen ihme vor iedes Hundert
Pflasterstain 4 fl 30 xr, vnd dann vor ein
Stukh Gesimbsstain 48 xr zu bezahlen
versprochen worden.
Alß ist ihme Hannß Hainle vor die anno
1699 gelifferte Pflaster- vnd Gesimbsstain
sambt dem Leykhauff bezahlt worden
Nr. 1 lauth Zetls 164 fl 30 xr

Betsaal Maria de Victoria in Ingolstadt.

Sechszackiges Sternmuster führt zum Altar.

4 Bauten des 18. Jahrhunderts

Was sich baulich im 17. Jahrhundert entwickelte, erreichte im 18. Jahrhundert einen Höhepunkt. Ein ganzes Jahrhundert war der Solnhofer Stein ein bevorzugtes Fußbodenmaterial in Klöstern und Kirchen.

Altbayern

Um die Wende zum 18. Jahrhundert ließen sich die Ursulinen in Neuburg/Donau nieder. 1699 begannen die Bauarbeiten für das Kloster, 1700 für die Kirche. Schon Ende 1702 waren sie im Wesentlichen vollendet. Bereits im September 1699 kam es zu einem Liefervertrag mit *Johannes Hainle Stainmezen vonn Mernzheim*, der sich auf Bodenplatten und Fenstersimse für das Kloster bezog. Weitere Lieferungen kamen 1701 hinzu, *worunder auch die Kürchenpflasterstein begriffen*.[76] Insgesamt betrug die *Ausgab auf Mernzheimer Pflasterstain* 563 fl 30 x. Im Chor der Kirche liegt ein Rosenspitzpflaster, im Langhaus sind es Sechsecke.

Ingolstadt beherbergt einen bedeutenden barocken Schatz, den Betsaal der Marianischen Studentenkongregationskirche Maria de Victoria. Neben der bürgerlichen Marianischen Kongregation[77] gab es an der Universität des Herzogs- und Kurfürstentums Bayern, die ihren Sitz in Ingolstadt hatte, auch eine akademische Marianische Kongregation. Diese ließ in den Jahren 1732 bis 1736 einen Betsaal errichten, in dem sich die Mitglieder zu geistlichen Übungen, Gebet, Predigten, Meditation und Gottesdiensten versammelten. Heute ist der sich als Einheitsraum darbietende Kongregationssaal besser als Asamkirche bekannt, weil Cosmas Damian Asam das großartige, den gesamten Saal einnehmende Deckenfresko schuf. Der Fußboden setzt sich aus hellen und graublauen, im sechszackigen Rapportsternmuster verlegten Solnhofer Platten zusammen. Um den Altar wechselt es in ein diagonales Schachbrettmuster, in dessen Mitte ein von einem Sechseck gerahmter sechszackiger

Besonderer sechszackiger Stern vor dem Altar.

Stern eingelassen ist. In einer Platte des Mittelgangs ist ein kleiner Kreis eingraviert, der dem Anrisspunkt im Deckenfresko entspricht, von dem aus das Fresko verzerrungsfrei betrachten werden kann.

Die Brüder Cosmas Damian (Maler, Freskant und Architekt) und Egid Quirin Asam (Stuckateur und Bildhauer) haben viele Kirchen ausgestattet, in denen Solnhofer Platten liegen. Wahrscheinlich ist es die Mehrzahl. Beispielhaft genannt seien die Wallfahrtskirchen Maria-Hilf in Amberg, Maria-Hilf in Freystadt und Herrgottsruh in Friedberg. In München hat die berühmte, touristisch stark heimgesuchte St. Johann Nepomuk Kirche, kurz auch nur Asamkirche genannt, einen Rautenfußboden aus Solnhofer Stein und die Dreifaltigkeitskirche wurde um 1715 mit »1300 Marmorplatten als Bodenbelag« ausgestattet,[78] die noch heute im Rosenspitzmuster liegen, da die Kirche als einzige in der Innenstadt im Krieg nicht zerstört wurde. Eine andere berühmte Asamkirche ist die Klosterkirche in Weltenburg. Die Asams betätigten sich

Freising. Fürstengang, der die ehemalige fürstbischöfliche Residenz mit dem Dom verbindet.

Ehemalige Klosterkirche Dießen.

Kirchenboden mit zwei Mustern.

Chorstern.

auch in Dorfkirchen. Egid Quirin Asam schuf 1747 den Hochaltar der Hofmarkskirche St. Peter in Sandizell bei Schrobenhausen. Das sechseckige Pflaster aus 1200 Platten lieferte 1735 der *Stainmetz und Kollmiller* [Kohlmüller] Johannes Kelz aus Mörnsheim.[79]

Um 1700 begann in Freising, damals noch alleiniger Bischofssitz, die Barockisierung des Doms. Fürstbischof Johann Franz Eckher veranlasste, den Fußbodenbelag der Krypta des Doms zu erneuern. 1710 vermerkte das fürstbischöfliche Hofbauamt unter der Überschrift *Ausgab an Gelt* zwei Zahlungen, die sich *sowohl umb erkhaufften, als selbst gebrochenen marmorstain* bezogen. Eine Zahlung ging an *Balthasar Hänle Stainmetzmaister in Zandt vnweith der Thonau, vor* [für] *290 anderthlalb Schüechige weisse Pflasterblatten*, die andere an *Johann Hänle Stainmetzmaister* aus Mörnsheim, *abermall* [noch einmal] für 600 *Pflasterblaten*.[80] Vermutlich war diese Lieferung für das Pflaster und die angebaute Kapelle vorgesehen.[81] Es müssen aber schon vorher Solnhofer Platten nach Freising gekommen sein, denn zwischen 1698 und 1702 ließ Fürstbischof Eckher den Fürstengang, der die Residenz mit dem Dom verbindet, mit einem besonders schönen Muster aus Solnhofer Steinen pflastern.[82] Im Dom liegen Solnhofer Steine an verschiedenen Stellen, insbesondere in den Seitenschiffen, dem Anschein nach wohl aber im 19. Jahrhundert verlegt und schlecht gepflegt.

Über dem Markt Dießen am Westufer des Ammersees liegt unübersehbar das ehemalige Augustiner Chorherrenstift. Baumeister der Kirche und des Stifts war der renommierte Architekt Johann Michael Fischer. Um 1740 war das Stift vollendet und der Neubau der hochbarocken Kirche begann. Am Stift- und Kirchenpflaster wirkten Mörnsheimer Steinmetze mit. Der Mörnsheimer Steinmetz Joseph Margraf, der 1722 in Ottobeuren war, begann 1739 mit dem Verlegen des Pflasters im Stift und das großartige Pflaster im Chor und Langhaus wird er auch verlegt haben, denn 1740 heiratete er eine Dießenerin und ließ sich endgültig in Dießen nieder.[83]

Die Klosterkirche Dießen ist ein Beispiel für ein dreifaches Muster im Kirchenboden. Das Langhaus hat ein Rosenspitzmuster, der vordere Teil des Chors ein sechszackiges Rapportsternmuster und der Teil vor dem Hochaltar ein 24zackiges Sterngebilde aus hellem und graublauem Solnhofer Stein sowie Rotmarmor, das in mehrfacher Hinsicht Einmaligkeit beanspruchen kann, in Ausmaß, Komposition, Farbgebung und Verarbeitung. Die Mitte des Chorsterns markiert ein deutlich wahrnehmbarer sechszackiger Stern aus Rotmarmor, der von einem hellen Kreisring aus Solnhofer Stein umschlossen wird. Ein breiter zweiter Kreisring schafft Platz für zwölf mächtige Zacken aus Rotmarmor in Form eines Drachenvierecks. Zwischen diesen Zacken liegen, ebenfalls als Drachenviereck geformt, zwölf Zwischenzacken aus hellem Solnhofer Stein. Die freien Flächen füllen graue Solnhofer Steine. Wie präzise dieses Sterngebilde konzipiert und verlegt ist, zeigt sich daran, dass die Zackenspitzen jeweils genau auf die Fugen der aus Quadratplatten bestehenden Kreisringe treffen. In der Taufkapelle der Vorhalle entfaltet sich um den Fuß des Taufbeckens auf kleinstem Raum ein Fußboden mit einem ebenfalls 24 zackigen Stern nach dem großen Vorbild im Chor ebenfalls in Form von Drachenvierecken (Abb. S. 131).

Die in alpiner Umgebung gelegene Benediktinerabtei Ettal erfuhr im ersten Drittel des 18. Jahrhunderts nach Plänen des Münchner Hofarchitekten Enrico Zuccalli eine durchgreifende barocke Umgestaltung in Kirche und Kloster. Der im Kern erhalten gebliebene zwölfeckige Zentralbau der Kirche wurde mit einer Kuppel überwölbt, in die später der Maler Johann Jakob Zeiler sein großartiges Fresko einfügte. Der Fußboden dieser Rotunde besteht aus 1874 wahrscheinlich zur Erneuerung des alten Pflasters verlegten Solnhofer Platten im Schachbrettmuster,[84] das den gesamten Kirchenraum durchzieht. Die 1714 begonnene Sakristei, aufgeteilt in eine Sommer- und eine Wintersakristei, wird wegen der Deckengewölbe mit seinen Stuckaturen und Malereien sowie des wertvollen Mobiliars als einer der schönsten Räume Bayerns des 18. Jahrhunderts gerühmt.[85] Außer Acht gelassen wird in den kunsthistorischen Betrachtungen der Fußboden aus Solnhofer Stein, gemischt mit Rotmarmorteilen. Er kann als einer der schönsten Sakristeifußböden nördlich der Alpen gelten. Verlegt wurde er wahrscheinlich um 1725, nachdem Franz Schmuzer die Gewölbestuckaturen vollendet hatte.

Wie in einem Musterkatalog weist der Sakristeiboden eine Vielzahl von Verlegemustern auf. Die flächigen Teile sind mit farbwechselnden Rauten belegt, im Übergang zwischen Sommer- und Wintersakristei mit sechszackigen Rapportsternen. Solitärsterne enthält der Fußboden in großer Zahl, allein zwölf in der Sommersakristei, wo beiderseits der mittigen, das Gewölbe tragenden Doppelsäule, jeweils ein 16zackiger Stern verlegt ist. Von diesen Sternen gehen Bänder zu einem längsrechteckigen, an den Ecken eingezogenen Rahmen aus. Die Längsbänder dieses Rahmens unterbrechen jeweils zwei achtzackige Kreissterne und die Querbänder jeweils ein achtzackiger Kreisstern. Etwas anders sieht die Konfiguration in der nicht säulengestützten Wintersakristei aus. Der Zentralstern, der von einem längsrechteckigen Streifenband eingefasst wird, ist solitär positioniert. Die Ecken bestehen aus zwölfzackigen Kreissternen und in das Band ist auf jeder Seite ein auf die Spitze gestelltes Quadrat mit einer rotscheckigen Platte eingefügt.

Nicht weit von Ettal entfernt liegt abwärts der Ammer das ehemalige Augustiner Chorherrenstift Rottenbuch, das von 1737 bis 1746 barock umgestaltet wurde. 1738 kaufte das Stift in Mörnsheim 2000 Platten für die Kirche zur Pflasterung des Chors und der Johanniskapelle, die bis zu dem zum Stift gehörenden Dorf Obermeitingen (zwischen Schwabmünchen und Kaufering gelegen) gebracht werden mussten.[86] Weil die bestellte Menge

Sakristei der Benediktinerabtei Ettal.

Blick in die Winterabtei.

Fußboden der Sommersakristei.

nicht ausreichte, um auch die Stephanskapelle zu pflastern, wurden noch 1741 Platten nachbestellt.[87] Lieferant war vermutlich Sebastian Hänle, der sich zu dieser Zeit in mehreren Klosterbauten der weiteren Umgebung betätigte.

In einem ganz anderen Teil Altbayerns befindet sich die Benediktinerabtei Weltenburg, bekannt wegen ihrer direkten Lage an der Donau vor dem Donaudurchbruch, ihrer Brauerei und ihrer von Cosmas Damian Asam ausgemalten Kirche, der nicht nur der Maler und Freskant

Klosterkirche Weltenburg.

Ebrach. Ehemalige Zisterzienserkirche mit Vierungsstern.

war, sondern auch baukundiger Gestalter der Architektur des Kirchenraums mit dem szenischen Hochaltar, in dem der Heilige Georg zu Pferd den Drachen bekämpft. Von 1714–16 wurde das Kloster neu gebaut, dann die Klosterkirche, die bei ihrer Weihe im Oktober 1718 noch längst nicht voll ausgestattet war. Das bezog sich auch auf das Pflaster. Erst im November 1723 ging die Abtei mit Simon Scheyrer [Scheurer] aus Mörnsheim einen Vertrag über die Lieferung von *2000 14zöhlige halb weiss und halb graue feine geschliffen und zuegerichtete Weckhen Steinpflaster* ein, das spätestens vier Wochen nach Pfingsten in Weltenburg sein musste.[88] Wofür die *Weckhen* [Rauten] vorgesehen waren, muss offen bleiben. Für die Kirche kommen sie nicht in Frage. Zum Lieferzeitpunkt waren noch nicht einmal alle Altäre aufgestellt und in der Kirche liegt kein Rautenfußboden, vielmehr diagonaler Schachbrettfuboden. Die Steine wurden daher in Räumen des Klosters verlegt.

Die Lieferbeziehungen mit Weltenburg erstreckten sich bis 1739. Im Februar 1726 kam es zu einem neuen Vertrag mit Simon Scheyrer und seinem Mörnsheimer Kollegen Michael Zinsmeister. Beide gingen die Verpflichtung ein, *Pflaster, so in hiesigen Saal gehörig* zu liefern, *abgerichtet, geschliffen und pallirt*, wahrscheinlich nach einem von Scheyrer vorgelegten *Riss*. Der Quelle ist nicht zu entnehmen, wofür die Steine bestimmt waren, wahrscheinlich für das im zweiten Obergeschoss gelegene saalartige Fürstenzimmer. Dafür könnte der Umstand sprechen, dass ein Riss vorgelegt werden musste, weil das nur für besonders repräsentative Räume verlangt wurde. 1730 lieferte Thomas Zinsmeister, Sohn von Michael Zinsmeister, *zu dem Saal* noch *1620 an spitzigen Steinen*.[89] Der Fußboden wurde also erst vier Jahre später gelegt. Mit *spitzigen Steinen* könnten sowohl Rauten als auch die an beiden Seiten spitzigen Schiffchen des Rosenspitzmusters gemeint gewesen sein. Zu vermuten ist, dass es Schiffchen waren. Das lässt sich aus den Kosten entnehmen. Die 1726 erfolgte Lieferung bestand aus Quadratplatten, die 4 fl 30 x pro 100 Stück kosteten, die spitzigen Steine dagegen 7 fl 26 x, weil die Herstellung von Schiffchen arbeitsaufwendiger ist als die von Quadratplatten und mehr Verschnitt verursacht. 1739 brachte Thomas Zinsmeisters letztmals Solnhofer Stein nach Weltenburg. Es waren 1050 *geschliff.*[ene] *14zöll. Stein*[e].[90] Wofür, ist wiederum nicht bekannt. Nach Art der Lieferung könnte damit der Fußboden der Klosterkirche belegt worden sein.

Im weiteren Verlauf der Donau liegen zwischen Regensburg und Passau zahlreiche ehemalige oder noch intakte Klöster des Barocks und Rokokos mit Solnhofer Fußböden in den Kirchen- und Klosterbauten. In Regensburg sind es die Kirchen der Benediktiner (St. Georg in Prüfening, St. Emmeram), der Dominikaner und der Karmeliter, in Passau des Frauenstifts Niedernburg, der Jesuiten und der Augustiner Chorherren sowie nördlich der Donau die Klöster Frauenzell, Oberalteich und Metten, südlich Osterhofen, Aldersbach und Fürstenzell.

Franken

Die Zisterzienserabtei Ebrach erlebte ab 1715 eine zweite Bauphase, in der Baumeister und Architekt Balthasar Neumann das Baugeschehen bestimmte und der Abtei das heutige Aussehen einer großen barocken Klosteranlage verlieh. Wie schon in der ersten Bauphase wurden in diesem Zeitraum Solnhofer Platten in Gängen und Räumen der Abtei verlegt, wahrscheinlich auch im Festsaal.[91]

Wallfahrtskirche Gößweinstein.

Ausgestattet ist damit der Fußboden der Klosterkirche, die mit ihrem ausladenden Querschiff eine der mächtigsten Kirchen des Zisterzienserordens in Deutschland ist. Verlegt ist er an vielen Stellen im ungenauen Schachbrettmuster, das wahrscheinlich durch nachlässige Ausbesserungen im Laufe der Zeit so entstanden ist. Im Mittelpunkt der Vierung liegt das große und außergewöhnlich gestaltete Sterngebilde. Aus den verfügbaren Veröffentlichungen geht nicht hervor, wann und von wem das Kirchenpflaster, vor allem das Sterngebilde verlegt wurde. Anzunehmen ist, dass es vor der 1773 begonnenen üppigen frühklassizistischen Neuausstattung des Kircheninneren geschah, die das heutige Aussehen der eigentlich gotischen Kirche im Wesentlichen bestimmt, weil es dazu nicht gepasst hätte.

In Gößweinstein im Wiesenttal entstand zwischen 1730 und 1739 nach Plänen des renommierten Architekten Balthasar Neumann die Wallfahrtskirche zur Hl. Dreifaltigkeit mit ihrer beeindruckenden doppeltürmigen Fassade und vorgelagerten Treppenanlage. Diese Stätte zieht auch heute noch Wallfahrer an. Der Fußboden besteht aus Rosenspitzen mit Einlegern und einem großdimensionierten sechzehnzackigen Stern in der Vierung. In diesem Stern weichen zwei helle Zacken von den übrigen grauen Zacken ab. Zusammen mit der hellen Kreisplatte übernehmen sie eine Zeigerfunktion. Ein Zacken weist in Richtung des Chors, der andere in das Langhaus.

Dieses Pflaster verbindet sich mit dem Steinlieferanten *Joh. Michael Zünßmeister* [Zinsmeister] *zu Mernsheimb*. 1735 bestellte die Hofkammer des Bamberger Fürstbischofs bei ihm 4000 *Pflastersteine*.[92] Eine erste Lieferung erfolgte bereits im selben Jahr, eine zweite 1736 und schon am 1. Januar 1736 nahm *Johann Hiermayer* aus Mörnsheim, ein Polier Zinsmeisters, eine Abschlagszahlung in Empfang.[93] Bemerkenswert ist in diesem Zusammenhang, dass sich Balthasar Neumann selbst um den Fußbodenbelag kümmerte. Er begab sich nach Mörnsheim, um den Stein in Augenschein zu nehmen und die vertraglichen Bedingungen zu vereinbaren. Das ist einer Zahlung von 6 fl an Neumann für Auslagen im Zusammenhang mit Auftragsverhandlungen in Mörnsheim zu entnehmen.[94] Weil die bisher gelieferten Steine nicht ausreichten, bestellte die Bamberger Hofkammer 1738 bei Zinsmeister nochmals 2461 Platten,[95] für die sie 364 fl 6 × 29 h zahlte und für das Verlegen 80 fl 1 × 19 h.[96] Auch diese zusätzliche Bestellung reichte für das Kirchenpflaster und die Sakristei nicht aus, so dass man die noch brauchbaren Steine aus der alten Kirche abschliff und wieder verwendete.[97] Das Verlegen der Steine scheint angesichts der Rosenspitze mit Einlegern und des komplizierten Vierungssterns Schwierigkeiten bereitet zu haben. Das könnte der Grund gewesen sein, dass Zinsmeister einmal eine Sonderreise nach Gößweinstein mit 20 fl vergütet bekam.[98]

Schwaben

Anfang des 18. Jahrhunderts betätigten sich Solnhofer und Mörnsheimer Steinmetze von Neresheim aus, wo sie in der Benediktinerabtei tätig waren. So kamen Solnhofer Platten in die schwäbischen Städte Friedberg und Mindelheim.

Am Rande von Friedberg bei Augsburg liegt die Kirche St. Afra im Felde, die zur Augsburger Reichsabtei St. Ulrich und Afra gehörte. Im Dreißigjährigen Krieg schwer beschädigt, wurde der Wiederaufbau erst Anfang des 18. Jahrhunderts in Angriff genommen. Zum 700-jähringen Stiftsjubiläum von St. Ulrich und Afra konnte die Kirche dann 1712 geweiht werden. Für die Antritte zu den Altären und den Fußboden lieferte Johann Hänle 1709 die Steine, die ihm mit 376 fl 20 x vergütet wurden, ein Hinweis auf eine größere Menge. Auch diese reichte nicht aus, so dass ein Jahr danach nochmals Steine für 292 fl 50 x nachbestellt wurden.[99] Diese hohen Zahlungen sind nicht erklärlich, weil damit bei dem zu dieser Zeit üblichen Preis um die 5000 Steine der gängigen 14-Zoll-Größe finanziert werden konnten, weit zu viele für den kleinen Kirchenbau. Vielleicht waren sie doch für die Abtei vorgesehen. Die prächtige Rokoko-Wallfahrtskirche Herrgottsruh am Rande von Friedberg hat ebenfalls einen Fußboden aus Solnhofer Stein. In Mindelheim war die Stadtpfarrkirche St. Stephan so baufällig, dass sie 1712/13 weitestgehend neu gebaut und im Oktober 1713 unfertig geweiht wurde. Das Pflaster lieferten und verlegten *Johann Hemle* (Hänle) aus Mörnsheim und *Hans Georg Bemle* (Böhnlein) aus Solnhofen.[100] Es könnte durchaus sein, dass beide etwa zehn Jahre später auch das Rosenspitzpflaster in der Jesuitenkirche gelegt haben, die um diese Zeit verlängert, erhöht und umgestaltet wurde (Abb. S. 122).

Am Steilufer der Donau liegt in Donauwörth das ehemalige Benediktinerkloster Hl. Kreuz. Der baufreudige Abt Amandus Röls ließ von 1694 bis 1700 ein neues Kloster und ab 1717 eine neue Klosterkirche errichten, deren Innenausbau 1722 begann. Im Fürstlich Oettingen-Wallersteinschen Archiv im Schloss Harburg (Lkr. Donau-Ries) gibt es ein Quellenkonvolut, das aufschlussreiche Einblicke in die Beziehungen zwischen dem Steinlieferanten Johann Hänle und dem Kloster gewährt.[101]

Hänle wandte sich in weihnachtlicher Zeit mit Schreiben vom 21. Dezember 1718 an den Abt, um sich für die Lieferung des Kirchenpflasters zu bewerben. Der Stil des Schreibens ist äußerst formelhaft, geschraubt und untertänig. Das beginnt schon damit, wie er den Abt mit *Hochwürdigen HochEd*[e]*l Gebohrnen Meinen Hochgebüethendten* [hochgebietenden] *Herrn* anspricht. Dann nimmt er *die durch die Gnade Gottes bereits celebrierte heylige Christferien* zum Anlass, sein Anliegen vorzutragen. Er leitet es mit dem Wunsch ein, der Kirchenbau möge *glücklich vonstatten gehen*, um dann sogleich den Abt zu bitten, *das Pflaster in die neu erpauthe Kürchen gegen mir* [mir gegenüber] *so gnedigt sein solches anzuverdrauen*. Bevor er den Auftrag *an einen andern zu verdienen* gebe, werde er sich *befleißen* die *gueten daurhaften Steinen* zu liefern, so dass *Ir.* [Ihre] *Hochwürd und Gnad ein gnediges Contento* [Zufriedenheit] daran haben werde. Damit die Sache nicht im Sande verläuft, kündigte Hänle an, im Frühjahr den *Abt persönlich undertänigst gehorsamllich* Auffwarthen, um *mehrers* mündlich *darvon* zu *sprechen und* zu *handlen*. Das geschah und dennoch kam das Geschäft nicht voran. Deshalb richtete er 1720, wiederum in der Weihnachtszeit und diesmal sogar mit dem Datum Heiliger Abend, erneut ein Schreiben an den Abt, in dem er sein Interesse an einem Auftrag nachhaltig bekundete. Er sei *gewisslich darauf bedacht wegen der weissen Pflasterstain in die neue Erbauthe Kürchen.* Er wünsche sich, dass Hochwürden und Gnaden *gnedtig bestellen thet, damit ich dero Liefferung kan gleich unterthänig aufffwarten* könne. Den Abt empfahl er *in Gottes und Maria Schuz* und verabschiedete sich mit: *Ir*[er]. *Hochwürdt*[en] *gehorsaml*[icher] *Diener*.

Auch Hänles Mörnsheimer Konkurrent Lorenz Kelz drängte in das Geschäft mit dem Hl. Kreuz-Kloster. Dem Abt hatte auch er schon *seine schuldige Aufwarthung* gemacht. In einem im Vergleich zu Hänle schlichter gehaltenen Schreiben vom 11. Januar 1721 bezog er sich auf diesen Besuch und legte dem Abt, wie von diesem gefordert, ein genaues Angebot vor. Für das Kirchenpflaster errechnete Kelz einen Bedarf von 4600 Steinen, die er geschliffen für 12 fl je 100 Stück und ungeschliffenen entsprechend für 11 fl unabgerichtet bis Donauwörth liefern werde. Die geschliffenen Stufen zum Chor setzte er mit 24 x pro Schuh an. Am Ende des Schreibens fragte Kelz den Abt, wann er ihm erneut seine Aufwartung machen könne und verabschiedete sich mit *Lorenz Kölz Kohlmiller* als *schuldigster Diener.*

Den Bieterwettbewerb gewann Johann Hänle. In einem Schreiben vom 29. Dezember 1721 an den Abt, verwies er auf die immer noch nicht abgeschlossenen Verhandlung über die Lieferung von 2000 *Stückh der starckhen Stain* für das Kirchenpflaster, das bereits in Bearbeitung sei. Daran knüpfte er die Frage, ob er auch die *Stafflstain* (Stufen) für den Antritt in den Chor liefern dürfe, deren Länge er mit etwa 200 laufende Schuh (um 55 m) bezifferte. Ob der Auftrag für Stufen zustande kam, ist fraglich, weil der Abt darauf bestand, so Hänle in einem Schreiben vom 19. April 1722, den Antritt aus alten Grabsteinen machen zu lassen. Dafür solle er drei Gesellen stellen. Da seine Gesellen aber *alle weith auf der Arbeit stehen*, sagte Hänle zu, wenn der Abt *wider alles Verhoffen* begehre, die *alten Pflasterstein ab und zuerichten* zu lassen, werde er jedenfalls einen Gesellen abstellen, *welcher der Arbeith vorstehen kann*. Weil sich die Bestellung sowohl der Steine als auch der Stufen hinzog, legte Hänle Ende Mai 1722 einen detaillierten Kostenvoranschlag mit einer von ihm signierten Zeichnung mit einem Sechseck-Bodenbelag vor.

Der Liefervertrag kam danach zustande. Seine Erfüllung löste jedoch Beschwerden des Klosters aus. Im Juli erhielt Hänle einen Beschwerdebrief, in dem es sich darüber beklagte, es sei nun schon zum zweiten Mal *ein*[e] *große Quantität* an Steinen angekommen, *welche unmäßig dick* waren. Dem *Gottshaus Heyhl. Creuz* sei dadurch ein *nit gringer Schaden* entstanden, weil deswegen zusätzliche Fuhren erforderlich wurden. Die dadurch verursachten Kosten müsse er *guetmachen* und zwar durch *Abzug* [...] *an dem accordierten Gelt*. Hänle wurde nachdrücklich ermahnt, künftig sicherzustellen, *die Dickhe betreffend die Stein accordmäßig* [vertragsgemäß] *abrichten* zu *lassen*. Es gab noch eine weitere Beschwerde des Klosters, weil bei der letzten Lieferung mehrere Steine *ziemmlich geschüffert* [zerkratzt] angekommen und diese daher sehr unansehnlich seien.

Der Weg der Solnhofer Steine führte auch nach Kempten. Die dortige Benediktinerabtei stieg 1548 zu einem bedeutenden Reichsfürststift auf. Nach dem Dreißigjährigen Krieg begann der Neubau einer mächtigen Klosteranlage und einer prunkvollen fürstäbtlichen Residenz, der sich bis in die Mitte des 18. Jahrhunderts hinzog. Ein Hinweis, dass auch Solnhofer Platten zum Einsatz kamen, ergibt sich aus einer Auseinandersetzung zwischen der Reichsabtei Ottobeuren und dem Solnhofer Steinlieferanten Hans Georg Bühnle (Böhnlein), die 1719 aktenkundig wurde. In einem Schreiben Ottobeurens vom 13. März 1719 an den Kastner von Türkheim teilte die Abtei mit, Bühnle habe 55 fl für die Fuhrleute des Transports von 1100 Steinen von Augsburg nach Mindelheim erhalten, diese aber nicht entlohnt.[102] Daran knüpfte sich die zusätzliche Beschwerde über nicht eingehaltene Lieferungen Bühnles. *Gleiche Clagen wider den Böhnle wegen Nitzuhaltung der versprochnen Stein* habe man auch *von dem hochfürstl. Stüft Kempten, und dem wohllobl*[ichen] *Gottshaus Waldsee* erhalten,[103] ein Beleg, dass Bühnle dort tätig war.[104] In Kempten liegen Solnhofer Platten im Rosenspitzformat sowohl in der Stiftskirche als auch in den Gängen der Residenz.

Oberschönenfeld. Vierungsstern in der Kirche der Zisterzienserinnen.

Oberschönenfeld bei Augsburg ist noch eine aktive Zisterzienserinnenabtei. Nach den Zerstörungen im Dreißigjährigen Krieg und im Spanischen Erbfolgekrieg begann die Abtei 1718 mit dem Neubau des Konventgebäudes und danach mit der Kirche, die 1729 geweiht wurde. Für diese Bauten bestellte die Abtei zahlreiche Solnhofer Steine. In einer Abrechnung ist festgehalten, für *weise Pflasterstein* seien insgesamt *2282 fl 30 x* bezahlt worden, hundert Stück für 18 fl und 52 fl einem Steinmetz, der *die stein obricht* [abgerichtet, d. h. verlegt] hatte.[105] Aus dieser hohen Ausgabe errechnet sich ein Liefervolumen von fast 12700 Steinen, zu viel für eine Klosteranlage mittlerer Dimension. Wahrscheinlich sind darin Transport- und Verlegekosten enthalten. Die Klosterkirche hat einen Solnhofer Fußbodenbelag mit Sechsecken, der in der kaum wahrnehmbaren Vierung einen mächtigen Solitärstern aus 8 hellen und 8 grauen Zacken einschließt (Abb. S. 172). In den Gängen des Konventbaus liegen Rosenspitze, die bei der Renovierung in den 1990er Jahren herausgenommen, im Kalkmörtelbett wiederverlegt und soweit erforderlich erneuert wurden.

Hingewiesen sei auf einige weitere schwäbische Klöster mit Solnhofer Platten, auf Buxheim, Irsee, Maria Medingen und Mönchsdeggingen. In der ehemaligen Reichskartause Buxheim erhielten die Kirche und das Kloster Solnhofer Fußböden, die zum Teil noch bauzeitlich sind, beispielsweise in der St. Anna-Kapelle. In der Klosterkirche ist zwischen dem einzigartigen Chorgestühl, das nach der Säkularisation vom Erben des neuen Besitzers nach England verkauft und 1979 von der öffentlichen Hand zurückgekauft wurde, ein neuer Fußboden im Rosenspitzmuster verlegt. Dieses Muster findet sich auch in vielen Räumen des Klosters. Die Benediktiner Reichsabtei Irsee ließ die 1703 eingeweihte, aber noch längst nicht vollendete Kirche mit Solnhofer Rosenspitzen ausstatten, ebenso das ab 1727 errichtete vierflügelige Kloster mit einem prächtigen Treppenhaus. Bei dem von 1974–1981 durchgeführten Umbau in ein Bildungs- und Tagungszentrum wurde auf die Sanierung der Fußböden besonderer Wert gelegt.[106] Das ehemalige Dominikanerinnenkloster Maria Medingen (Gemeinde Mödingen) und das ehemalige Benediktinerkloster Mönchsdeggingen, in der ersten Hälfte des 18. Jahrhunderts neu errichtet, weisen ebenfalls Rosenspitzböden auf.

Chorgestühl der ehemaligen Karthause Buxheim (neues Pflaster).

Abtei Ottobeuren

Ein besonderer und herausgehobener Fall ist die benediktinische Reichsabtei Ottobeuren in mehrfacher Hinsicht. Sie erlebte zwei Barockisierungsphasen. Die erste bezog sich ab 1665/66 auf die Klosterkirche,[107] die zweite ab 1711 auf den kompletten Neubau des Klosters und ab 1737 der Klosterkirche, die 1766 geweiht wurde. Umbau und Neubau erstrecken sich somit auf genau hundert Jahre.

Entstanden ist wahrscheinlich die größte Klosteranlage Deutschlands,[108] ein »absoluter Höhepunkt der kirchlichen Barockbaukunst«.[109] An allen Phasen des Baugeschehens waren Solnhofer und Mörnsheimer Steinlieferanten und Steinverleger beteiligt. Bei keinem Kloster ist die Bau- und Ausstattungsgeschichte, die sich von 1672 bis zur Säkularisation 1802 erstreckt, so intensiv erforscht wie im Falle Ottobeuren. Zu verdanken ist das zwei Umständen. Einmal einer umfangreichen Quellenlage durch erhaltene Rechnungsbücher der Großkellerei und den ausführlichen Tagebuchaufzeichnungen des Abtes Rupert Ness (reg. 1710–1740), zum anderen der umfassenden Aufarbeitung dieses Bestandes durch die Kunsthistorikerin Gabriele Dischinger[110] und das daran anknüpfende Gemeinschaftswerk über die Bildwelt der Malerei und Plastik in der Abtei.[111]

Der Einstieg in das große Solnhofer Steingeschäft beim Ottobeurer Abteineubau begann bereits ein Jahr nach der Grundsteinlegung. Am 1. Mai 1712 kam es zu einem Vertrag mit *Hanns Jerg Pöhnle* [Hans Georg Böhnlein] aus Solnhofen, dem Anführer der lutherischen Steinbrechergruppe, über die Lieferung von *5000 Stain* und *150 Gesimbsstain.*[112] Zuvor holte die Abtei Erkundigungen über Böhnlein und seine Lieferfähigkeit ein. Das geht aus einem Schreiben des Solnhofer Klosteramtsverwalters Heinrich Ludwig Müdl vom 12. Mai 1712 hervor, in dem er dem *löbl*[ichen] *Reichs Gotteshaus* Ottobeuren geflissentlich versicherte, dass Böhnlein *im Stand* sei, *den getroffenen Handel zu praestieren* [leisten] und *auch gute und gewährhafte Steine von der besten Arth* zu liefern*, als es hiesiger Orthen gibt*.[113] Um Böhnleins Reputation weiter zu stärken, hob der Klosteramtsverwalter hervor, *dergleichen Händel* [Handel] habe dieser nicht zum ersten Mal durchgeführt, sondern schon zahlreiche andere und noch größere Geschäfte und das zum *iedesmaligen Vergnügen* seiner Kunden. Mit diesem guten Leumund versehen kam das Geschäft zustande. Schon im Dezember holten von der Abtei beauftragte Fuhrleute die ersten Steine im Ottobeurer Zwischenlager in Augsburg ab. Böhnlein kam 1713 noch zu einer weiteren Lieferung von 1100 Bodenplatten, die er aber nach Mindelheim bringen musste.[114] Insgesamt erhielt er für seine Lieferungen 1360 fl.

Im Jahr darauf wandte sich Böhnleins Lieferglück. Am 31. Juni 1714 schloss die Abtei mit ihm einen neuen Vertrag. Bald danach erfuhr die Abtei jedoch, Böhnlein sei von Gläubigern *starckh angefochten* worden und wegen einiger Vorfälle *bey seiner Herrschaft ybel angeschriben*.[115] Er habe deshalb mehr damit zu tun, sich mit der Obrigkeit auszusöhnen und den Gläubigern Rede und Antwort zu stehen, als den *Contract ins Werckh zu richten*. Gleiche Klagen habe man wegen Nichteinhaltung vertraglicher Pflichten aus der Fürstabtei Kempten und dem Augustiner Chorherrenstift Waldsee vernommen. Weil man *auf die Stein nicht Jahr und Tag zuwahrten* könne *und das hiesige Bauwesen wegen Abmangel dieser Steinen* nicht *ins Stockhen gerathen* dürfe, sei es notwendig geworden *mit einem andern* […] *einen neuen Contract anzubinden,* der zudem bereits *mit Steinen auch genuegs versehen* sei. Dieser Andere war Johann Georg Hänle aus Mörnsheim. Damit begann in der Ottobeurer Baugeschichte die Hinwendung zum katholischen Mörnsheimer Steinbrecherlager, die bis 1764 andauerte.

Am 1. Oktober 1714 erfolgte der Vertragsschluss mit *H.* [Herr] *Hüenle von Mernsheimb*, der den Auftrag bekam, *2200 palirte* [geschliffene]und 2500 *ohnpalirte* [bruchraue] *Pflasterstein* nach Augsburg zu liefern.[116] Im März 1715 trafen dort bereits die ersten Steine ein und schon Ende Mai erhielt Hänle eine Abschlagszahlung von 500 fl.[117] Die genaue Bestellung nach Menge und Oberfläche spricht für bestimmte Vorhaben, die sich aber nicht aus dem Vertrag ergeben. Dischinger vermutet, mit diesen Steinen sollten wohl der Fußboden im Refektorium und in der Bibliothek belegt werden.[118] Beide Räume weisen eine ähnlich große Bodenfläche auf. Die geschliffenen Steine könnten für die Bibliothek vorgesehen gewesen sein, die bruchrauen für das Refektorium. An Bibliotheken wurde ein höherer Ausstattungsanspruch gestellt als an Refektorien. Für den Fußboden der Bibliothek legte Johann Hänle im März 1715 eine *Visier*, einen Entwurf mit einem genauen Verlegeplan vor. Für die Fensternischen und die Zwischenräume der Lesepulte schlug er ein Rautenmuster vor, für das Pflaster unter der Galerie und an den Schmalseiten ein Rautenmuster und für den Hauptboden ein farbwechselndes sechszackiges Rapportsternmuster. Einen ähnlich anspruchsvollen Fußboden erhielten später die Bibliotheken in Wiblingen und Schussenried.[119] Nach Dischinger kam der die Raumausstattung steigernde Fußboden entsprechend dem Verlegeplan zur Ausführung, wurde jedoch später herausgenommen und durch einen Holzfußboden ersetzt, vermutlich aus statischen Gründen. Das wertvolle Material wurde, so Dischinger, wieder verwendet, möglicherweise in der neuen Kirche.[120]

Ob die 2500 bruchrauen Platten tatsächlich in das 1716 gepflasterte Refektorium gekommen sind, ist nicht mehr feststellbar. Heute liegt dort ein Fußboden im Rosenspitzmuster, der ausgebessert, überschliffen und poliert wurde. Ob er bauzeitlich ist, lässt sich nicht beurteilen. Dem Anschein nach ist er jedoch älteren Datums. Die bruchrauen Platten könnten auch in Gängen verlegt worden sein, für die das Aussehen keine solche Rolle wie für die Bibliothek und das Refektorium spielt. Das galt jedenfalls für die Gänge im Erdgeschoss, wie es im Liefervertrag mit Josef Ottinger vom November 1721 zum Ausdruck kommt. Die Abtei bestellte *rauche Stein* für den *underen Gang von der Porten* [Pforte] *bis an die Stiegen*.[121] Im ersten Obergeschoss waren bruchraue Steinfußböden sehr selten, im zweiten Obergeschoss, dem »piano nobile« der barocken Kloster- und Profanbauten, gab es sie nicht.

Die Lieferbeziehungen von Johann Hänle mit Ottobeuren dauerten von Oktober 1714 bis Januar 1720. Am 31. Oktober 1718 rechnete die Großkellerei mit Hänle 4707 *geschliffene* und 1672 *rauche* Steine sowie 89 Fenstersimse ab und vermerkte sogleich, dass noch weitere 618 Platten und 24 Fenstersimse in Augsburg abzuholen seien.[122] Eine letzte Zahlung erfolgte im Januar 1720 als Rest für alte Lieferungen und eine für eine neue Lieferung von 1400 Steinen.[123] Dann verliert sich Johann Hänles Spur in Ottobeuren. Zwanzig Jahre später wird sie sein Sohn Johann Sebastian wieder aufnehmen. Nach den Aufzeichnungen der Großkellerei erhielt Hänle von 1715 bis 1720 insgesamt 4305 fl für Steinlieferungen. Nimmt man an, um eine ungefähre Vorstellung zu bekommen wie viele Steine damit bezahlt wurden, zwei Drittel seien geschliffene und ein Drittel bruchraue Steine gewesen, errechnet sich unter Zugrundelegung des in diesem Zeitraum vorherrschenden Preisgefüges (100 geschliffene Platten 18 fl, 100 bruchraue 17 fl) ein Liefervolumen von rund 24 500 Platten.

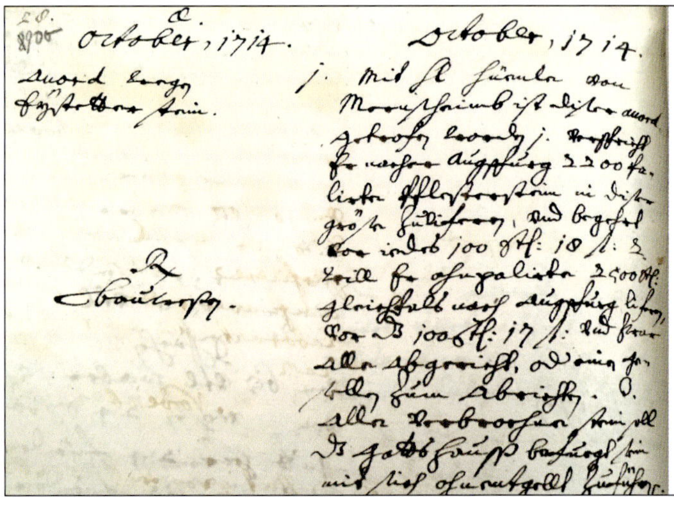

Liefervertrag der Abtei Ottobeuren mit Johann Georg Hänle vom 1. Oktober 1714. Klosterarchiv Ottobeuren.

Mit H[errn]. Hüenle von Mernsheimb ist diser Accord getrofen worden.
1. Verspricht er nacher Augspurg 2.200 palirte Pflasterstein in dieser Größe zu liferen und begehrt vor iedes 100 St [ück] 18 fl. 2. Will er ohnparlirte 2.500 St. gleichfals nach Augspurg liferen, vor das 100 St. 17 fl. und zwar alle abgericht, oder einen Gesellen zum Abrichten. 3. Alle verbrochne Stein soll das Gotteshaus befuegt sein mit sich ohnentgellt zu führen.

Als die Tätigkeit von Johann Hänle endete, setzte sein wichtigster Gehilfe, der Mörnsheimer Steinmetz Joseph Ottinger, die Solnhofer Steinverbundenheit Ottobeurens bis zu seinem Tod im Jahre 1748 fort. Ottinger wurde Steinlieferant und war ein hochgeschätzter Steinverleger. Seine erste volle unternehmerische Tätigkeit dokumentiert ein umfangreicher und differenzierter Vertrag, den die Abtei am 21. November 1721 mit ihm als *Steinmetzen von Mernsheimb* einging und mit dem sein Aufstieg begann.[124] Der Auftrag lautete auf *3600 palierte Pflesterstein* und *2200 rauche,* diese *etwas dickhers* in der Größe von 18 Zoll (44 × 44 cm) sowie *77 gantze Simsstein*, die er noch im Winter nach Augsburg zu liefern hatte. Der Vertrag regelte mit dem Hinweis, der Bedarf sei *von dem Steinmetzen abgezehlt* worden, wie viele Steine wo zu verlegen waren. Ottinger hatte also ein genaues Aufmaß vorgenommen. Von den geschliffenen Steinen kamen 1000 in den Gang im zweiten Obergeschoss vom Salettl bis zum *grossen Saal* (Kaisersaal) und 2600 in den Gang im ersten Obergeschoss von der Kanzlei bis über das Tafelzimmer hinaus. Die 2200 bruchrauen Platten waren für den Gang im Erdgeschoss von der Konventspforte bis zu dem in den Kaisersaal führenden Treppenhaus vorgesehen. Zahlengenau wurden die Simse auf die drei Geschosse verteilt: 17 für das zweite Obergeschoss, 25 für das erste und 35 für das Erdgeschoss. Ende August 1722 war ein großer Teil dieser Platten schon verlegt.

Seine Meisterwerke vollbrachte Joseph Ottinger in den architektonisch herausgehobenen Räumen der Abtei, im klösterlichen Teil in der Benediktuskapelle und im Vorplatz der Abtskapelle, im weltlichen Teil im Salettl und im Kaisersaal.[125] Dort liegen die schönsten und kunstvollsten Fußböden aus Solnhofer Stein mit dem Höhepunkt im Kaisersaal.

In der Benediktuskapelle, die vom Erdgeschoss bis in das erste Obergeschoss reicht, legte Joseph Ottinger 1731 von *Eystetter Steinen ein schönes Pflaster*, wie es Abt Rupert Ness in seinem Tagebuch würdigte.[126] Das schöne Pflaster liegt in einem quadratischen Geviert unter der Kuppel, das den Raum bis zu den Nischen ausfüllt. Das Geviert ist mit einem grauen Band gekennzeichnet, dessen Ecken in Palmetten aufgehen. Innerhalb dieser Umfassung entfaltet sich ein vielfach verschlungenes graues Bandwerk. Mittelpunkt ist ein großer achtzackiger Stern aus graublauem und blauem Stein. Umrahmt wird er von einem sechspassigen grauen Kreisring, der vier blaue, die Himmelsrichtungen andeutende Spitzen hat, die jeweils auf einen ebenfalls achtzackigen, aber kleineren graublauen und blauen Stern mit grauer Ovaleinfassung verweisen. Die zwischen dem Bandwerk liegenden Flächen sind mit hellen Platten belegt. In der Benediktuskapelle zeigt sich exemplarisch die Mehrfarbigkeit des Solnhofer Steins: gelblichweiß (hell) sowie grau, graublau und blau (dunkel).

Über der Benediktuskapelle befindet sich im zweiten Obergeschoss die Abtskapelle, die den Äbten für ihre persönlichen Gottesdienste und Andachten diente. In der Kirche hielten sie nur zu hohen Feiertagen das Pontifikalamt. Die Kapelle selbst hat nur einen einfachen Holzfußboden, der Vorplatz dafür aber einen besonderen Steinfußboden. Ursprünglich hatte der Abt die Absicht, auch seine Kapelle mit einem Steinfußboden ausstatten zu lassen. Der Winter sollte genutzt werden, das *Pflaster in Sacellum Abbatis* [Abtskapelle] *und Vorfletz zurichten*

Abtei Ottobeuren. Refektorium.

Benediktuskapelle. 1731 verlegt.

Vorplatz der Abtskapelle. 1730 verlegt.

und legen, ist seinem Tagebucheintrag vom 20. November 1728 zu entnehmen.[127] Davon kam er ab und zog einen fußwärmeren Holzboden vor. Im Juni 1730 verlegte Ottinger dann den Vorplatz *mit einem schönen Pflaster*.[128] So sei, resümierte der Abt, nun die *Capel sambt dem Vorfletz* [...] *was schönes, und zu aller devotion* [Andacht] *anständig* [passend].[129] Den deutlichen Mittelpunkt des Pflasters bildet ein großer kreisgefasster Solitärstern, der einem mehrspeichigen Rad gleicht, ähnlich den Radfenstern in romanischen Kirchen. Die mittige Kreisplatte entspricht der Radachse, von der acht Speichen ausgehen, die von einem Radkranz mit kleinen halbkreisförmigen hellen Einkerbungen eingefasst sind. Die Ecken des Vorplatzes betonen sechszackige, von vier Pässen gefasste graue Sterne und ein sternloser Vierpass markiert den Eintritt in die Kapelle. Die freien Flächen füllen diagonal verlegte helle Quadratplatten.

Nachdem 1736 der Klosterbau im Wesentlichen vollendet war, begann nach der Grundsteinlegung im September 1737 der Kirchenbau, der sich bis zur Weihe im Jahre 1766 hinzog. Das war die Zeit in der die Steinfamilie Hänle mit Johann Sebastian Hänle, ein Sohn von Johann Georg Hänle, meist nur Sebastian Hänle genannt, zu ihrer zweiten Lieferperiode kam. Die Innenausstattung der Kirche setzte jedoch erst nach 1750 ein. Schon zu einem recht frühen Ausstattungsstand erhielt Hänle 1752 einen Auftrag zur Lieferung von Solnhofer Platten, die zum Teil bereits Mitte 1753 eintrafen. Nach den in den Rechnungsbüchern vermerkten Zahlungen kam es bis 1764 jedes Jahr zu weiteren Steinlieferungen, deren Wert sich auf 4650 fl summierte.[130] Damit übertraf er seinen Vater, der 4305 fl umsetzte. Die Fuhrkosten für diese Lieferungen bezifferte die Großkellerei auf 991 fl, die Verlegekosten mit vier Steinmetzen auf 2824 fl, weit mehr als die Hälfte der Steinkosten. Grund ist das insgesamt anspruchsvolle Kirchenpflaster, insbesondere in der Vierung, im Chor und im Presbyterium. Mitgearbeitet hatte auch ein Sohn von Sebastian Hänle, der mehrmals Abschlagszahlungen für seinen Vater in Empfang nahm.[131] Unter der Kostenstelle *Um Aychstätter Stein zum Kirchenpflaster* erfolgte am 16. Mai 1764 eine letzte Zahlung von 200 fl an Sebastian Hänle.[132] Ende Oktober dieses Jahres ging noch eine Zahlung von 203 fl an die *Stainmezen beym Kirchenpflaster* Caspar und Adam Ruest [Ruff], Jacob Hiemer und Franz Ottinger.[133] Das sind die vier Steinverleger, für die die 2824 fl ausgegeben wurden.

Drei Jahre nach der Grundsteinlegung des gewaltigen Kirchenbaus verstarb 1740 der aufzeichnungs- und baufreudige Abt Rupert Ness. Sein ebenfalls kunstsinniger Nachfolger Abt Anselm Erb (reg. 1740–1767) führte sein Werk fort, aber ohne Tagebuch. Von da an gibt es keine Beschreibungen und Eindrücke mehr vom Baugeschehen, nur noch nüchterne Ausgabenvermerke in den Rechnungsbüchern, die nicht erkennen lassen, wer das Pflaster in der Kirche, im Chor und Presbyterium konzipiert und verlegt hat, vor allem das in der großen Vierung. Sebastian Hänle wird es nicht gewesen sein. Anders als

Entwürfe für das Pflaster in der Vierung der Klosterkirche. Klosterarchiv Ottobeuren.

von seinem Vater sind von ihm keine Zeichnungen mit Verlegevorschlägen bekannt, auch nicht von anderen Beteiligten. Zum Vierungspflaster existieren lediglich zwischen 1752 und 1756 entstandene Musterzeichnungen, die dem Baubüro des Architekten Johann Michael Fischer zugeschrieben werden, der 1748 das große Kirchenprojekt übernahm.[134] Ausgeführt wurden sie jedoch nicht.

Abgesehen von Ausbesserungen ist der heutige Pflasterzustand in der Kirche mit hoher Wahrscheinlichkeit bauzeitlich. In dem den Mönchen vorbehaltenen Psallierchor und im Presbyterium liegt ein Springrautenmuster aus hellen und grauen Solnhofer Steinen, das den Blick in Richtung zum Hochaltar lenkt. Ein sechzehnzackiger Stern, eingefasst von einem mehrpassigen Ring, gibt dem weiten, sich bis zum Chorgestühl erstreckenden Fußboden eine deutlich wahrnehmbare Mitte. Diese wird noch dadurch unterstrichen, dass im Zentrum des Sterns ein Pult steht, auf dem die endgültig in die Klostergemeinschaft eintretenden Novizen ihr feierliches Gelübde ablegen. Deswegen heißt dieser Stern auch Professstern.[135]

Ein in Ausmaß und Konfiguration außergewöhnliches Pflaster liegt in der Vierung der Klosterkirche, das sich aus hellen, grauen und graublauen Solnhofer Steinen zusammensetzt. Äußerlich bildet es ein Geviert, das von einem Band mit sechszackigen Rapportsternen gerahmt wird. Die Mitte des Gevierts markiert eine helle Kreisplatte, die acht trapezförmige graue Platten umgeben, von denen acht Zacken gemischt mit grauen und graublauen Platten ausgehen. In die Zwischenräume der Zacken sind acht Drachenvierecke eingelegt, deren heller Rahmen wiederum ein graublaues Drachenviereck umschließt. Die Spitzen der Drachenvierecke treffen auf einen hellen Kreisring, der den Durchmesser der Vierungskuppel wiedergibt (23 m) und seinerseits in das von gelblichen Streifen gebildete Geviert eingepasst ist. Die Ecken des Gevierts bilden kreisgefasste helle sechszackige Sterne. Erkennbar ist eine gewisse Ähnlichkeit mit dem Sterngebilde im Presbyterium der Klosterkirche in Dießen (Abb. S. 168) und dem ersten der drei Entwürfe aus dem Baubüro des Architekten Johann Michael Fischer. Die helle Kreisplatte im Zentrum des Vierungspflasters liegt genau unter dem Scheitelpunkt der Vierungskuppel, in der die Aussendung des Heiligen Geistes dargestellt ist.

Chor der Abteikirche Ottobeuren.

◄◄ Mittelstern mit Professpult.

▲ Chorpflaster im Springrautenmuster.

Vierungspflaster der Abteikirche.

Chorpflaster der Abteikirche Neresheim.

Baden-Württemberg

Mit der ausgeprägten Barockfassade der Kirche, dem hochaufragenden Kirchenturm und dem Klosterbau beherrscht die Benediktinerabtei Neresheim auf dem Ulrichsberg in solitärer Höhenlage eindrucksvoll das Härtsfeld im württembergisch-bayerischen Grenzgebiet.

Zur Feier des 600-jährigen Gründungsjubiläums (1095) leitete der Abt von 1692 bis 1695 den ersten Bauabschnitt zur Barockisierung der romanischen Kirche ein, die der Zeitgeist mittlerweile als zu altertümlich empfand. Bei der Erneuerung des Innenraums der Kirche wurde 1692/93 der Ziegelfußboden entfernt und durch einen Steinboden aus Solnhofer und Wittislinger Platten aus der Umgebung ersetzt. Lieferant der Solnhofer Steine war *Johann Hönle* aus Mörnsheim.[136] 1699 beschlossen Abt und Konvent den Neubau des Klosters, der sich bis 1714 hinzog, von 1702 bis 1711 durch den Spanischen Erbfolgekrieg unterbrochen. Am Ende stand eine geschlossene Barockanlage. Zwischen 1699 und 1702 waren der West- und der Südflügel sowie das Querhaus soweit hergestellt, dass die Gänge gepflastert werden konnten. Den Liefer- und Verlegeauftrag erteilte die Abtei Bartholomäus Schindten (Schindler) aus Solnhofen und Johann Hänle.[137]

Am östlichen Ende des Südflügels war das Refektorium um die Jahreswende 1699/17 bereits in einem baulichen Zustand, der die Abtei veranlasste, im Februar 1700 mit Schindten einen Vertrag über die Lieferung von 1500 Steinen im Maß des *Nürnberger Kreuzschuh* zu schließen.[138] Die ersten zwei Fuhren trafen bereits Ende Juli ein. Im Hinblick darauf, dass im Refektorium aus Wärmegründen der Teil in dem das Essen eingenommen wird, einen Holzfußboden hat, der freie Teil dagegen einen Steinfußboden, ist die Zahl der gelieferten Steine hoch. Der Grund liegt im außergewöhnlichen Muster des Pflasters. Es besteht aus einem achtzackigen Stern mit Kreisplatte in der Mitte sowie Quadraten und Dreiecken in den freien Räumen der Zacken, so dass es in der äußeren Form zu einem Quadrat kommt, das 17 Steine enthält. Verlegt werden konnten somit 88 solche Konfigurationen. Zwischen 1782 und 1785 ließ die Abtei den Konvent- und Gästebau erweitern. Die Gänge pflasterte 1791 Johann Adam Hetterich (Hertrich) aus Solnhofen.[139] Im Festsaal der Abtei liegt einer der eindrucksvollsten Fußböden aus Solnhofer Stein.[140]

▶▶ Pflaster im Refektorium der Abtei Neresheim.

Das Langhaus der Neresheimer Kirche, für deren Neubau die Abtei den renommierten Architekten Balthasar Neumann gewinnen konnte, hatte ursprünglich einschließlich der Vierung einen Fußboden aus den im nahen Wittislingen gebrochenen Kalksteinen. Durch Abnützung und Frost hatte das Pflaster im Langhaus so stark gelitten, dass es bei der Renovierung und Sanierung der Kirche in den Jahren 1966 bis 1975 durch Juramarmorplatten ersetzt wurde.[141] In der Vierung war der Schaden geringer. Die Platten konnten überarbeitet und wieder verwendet werden. Solnhofer Platten liegen an anderen Stellen der Kirche, in den Seitenkapellen und im Chor mit einem Zentralstern. Im Chor sind sie bauzeitlich, denn 1793 erhielt der Solnhofer »Steinhauermeister G. Friedrich Gullich« bei Gelegenheit des Umbaus der Chororgel den Auftrag, den Holzboden des Chors mit Solnhofer Platten zu ersetzen.[142]

Zwischen 1685 bis 1759 wickelten Mörnsheimer und Solnhofer Steinmetzen Aufträge auch von Neresheim aus ab, die nicht nur in der weiteren Umgebung auszuführen waren, in Dillingen, Friedberg, Mindelheim und Wettenhausen, sondern auch in die weit entfernte Benediktinerabtei Göttweig in Niederösterreich. Dass in Neresheim ein Zwischenlager bestand, ist nicht anzunehmen. In den Quellen und in der Literatur finden sich dazu keine Hinweise. Vielmehr ist anzunehmen, dass sie in Neresheim das Aquisitionsgeschäft betrieben, die administrativen Anforderungen erledigten und den Transport organisierten. Die Lieferungen werden von Mörnsheim oder Solnhofen direkt an die Kunden erfolgt sein. Es wäre umständlich und verteuernd gewesen, die Steine zuerst nach Neresheim und mit einer erneuten Verladung von dort an die jeweiligen Zielorte zu bringen, und Transportwege in Kauf zu nehmen, die vom Solnhofer Bruchgebiet aus kürzer gewesen wären.

Die Zisterzienser Reichsabtei Salem (Bodenseekreis), in den Quellen Salmannsweiler genannt, gehörte bis zur Säkularisierung 1802 zu den bedeutendsten und wohlhabendsten Klöstern des gesamten Bodenseeraums und darüber hinaus. Ein verheerender Brand zerstörte 1697 das Konvent- und Abteigebäude, nicht aber die Kirche.[143] Die Abtei beschloss, nicht wiederaufzubauen, sondern eine neue und repräsentative Barockanlage zu errichten. 1705 war der Rohbau so weit fertig, dass der Innenausbau beginnen konnte, der 1708 einen ersten Abschluss erreichte.

Obwohl Salem weitab vom Solnhofer Steinbruchgebiet liegt, nach damaligen Straßenverhältnissen etwa 280 km, kam ein Kontakt mit Mörnsheimer Steinmetzen zustande. Im Juli 1705 schloss der Salemer Pfleger in Ulm mit dem *Maister Johannes Hänle Stainmezen zue Mörnßheimb bey aichstett* einen Vertrag über die Lieferung einer *quantität weiß- und grauer besetz-blatten* für den Kaisersaal und das Audienzzimmer der Abtei.[144] Ein Teil kam auch in die *Hof Capel*, wie sich aus einer vom Ulmer Pfleger angewiesenen Zahlung des Rentamtes im Rechnungsjahr 1705/06 ergibt.[145] Die Sakristei erhielt 1722/23 mit *450 blattlin* einen neuen Bodenbelag im Springrautenmuster mit hellen und grauen Parallelogrammen.[146] 1742 ließ die Abtei das 1705 errichtete Sommerrefektorium neu ausstatten, insbesondere mit einer prächtigen Stuckdecke. Zur Erneuerung gehörte auch der Fußboden, dessen Ausführung mit Vertrag vom Juli 1742 an *Johann Sebastian Händle von Mehrensheim im Aichstettischen* ging, der damit wie später auch in Ottobeuren seinem Vater Johann Hänle nachfolgte. Für den Refektoriumsboden lieferte er *2000 grau und weise Platten*, die in Rautenmuster verlegt und mit 300 fl vergütet wurden.[147] Dieser Boden ist noch bauzeitlich vorhanden. Das Besondere an ihm ist der zentral in der Raummitte und unter dem zentralen Deckengemälde positionierte, von einem kreisförmigen Steinband gerahmte 16zackige Stern.[148] Bedeutendster Raum ist der Kaisersaal.[149]

Schöntal im Jagsttal (Hohenlohekreis), ebenfalls eine ehemalige Zisterzienser Reichsabtei, erlebte unter Abt Benedikt Knittel einen großen Aufschwung. 1701 legte er den Grundstein zu einem neuen Konventbau und 1708 zu einer neuen Kirche, die er erst 1727 einweihen konnte. Zwischen 1718 und 1727 wurde der Chor und das Querhaus der Kirche gebaut. In diese Zeit fällt ein Vertrag vom 26. Mai 1721 mit *Hans Georg Böhnlein, Brandenburg*[isch] *Onoltsbach*[Ansbachisch] *Unterthanen zu Sollnhofen*.[150] Böhnlein lieferte *hundert Stein von weißem Marmor sauber gehauen, und geschliffen* der Größe *1½ Schuh in der Vierung* (44 × 44 cm). Hinzu kamen *25 Zwickel, deren jeder halb so viel als ein gantzer ausmachet*. Das könnten Rauten gewesen sein, die halbiert zwei Zwickel ergeben. Wofür diese an sich unbedeutende Menge bestimmt war, lässt sich nicht mehr rekonstruieren, zumal in dieser Zeit der Klosterbau ruhte und erst 1737 wieder aufgenommen wurde. Man ging aber davon aus, dass der vereinbarte Lieferumfang nicht ausreichen werde. Deshalb war im Vertrag geregelt, *sollte sich nach der ersten Lieferung herausstellen, dass noch mehrere marmor Stein* erforderlich seien, könnten sie *weiter accordiert* [vereinbart] werden.

Über der Stadt Ravensburg erhebt sich auf dem Martinsberg Kirche und Kloster der ehemaligen Benediktinerabtei Weingarten. Die Gesamtanlage beindruckt so sehr, dass sie das Beiwort »Schwäbisches St. Peter« bekam und die Kirche, der längste barocke Kirchenbau Deutschlands, als »Juwel von europäischem Rang« bezeichnet wird.[151] Im Gegensatz zur sonst üblichen Neubauabfolge wurde ab 1717 zuerst die Kirche erbaut, deren Ausstattung sich bis 1724 hinzog und ab 1727 das nie vollendete, in seiner architektonischen Konzeption einzigartige Kloster. An beiden Bauten waren Mörnsheimer Steinmetze über eine lange Zeit beteiligt, von 1718 bis 1742, dokumentiert durch eine ausführliche Quellenlage.[152]

Ohnverfängliche Abrede zwischen dahiesigem Gotteshaus Schönthal, und Hans Georg Böhnlein, Brandenburg [isch] Onoltzbach [Ansbachischen] Unterthanen zu Sollnhofen geschehen den 26. May 1721

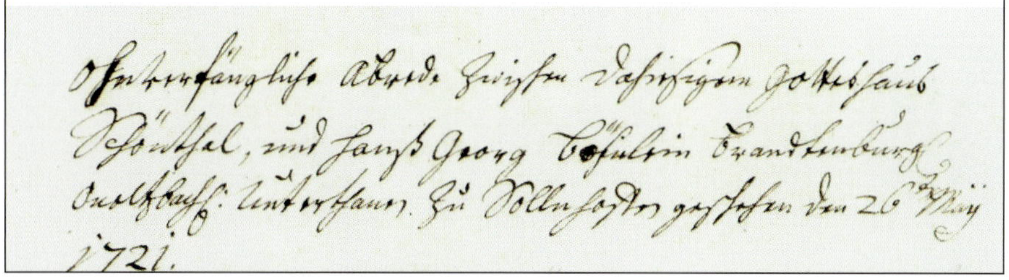

Einleitung eines Steinlieferungsvertrags zwischen Hans Georg Böhnlein und der Zisterzienserabtei Schöntal. Staatsarchiv Ludwigsburg B 503 II-Bü 52.

Refektorium der ehemaligen Zisterzienserabtei Salem.

Seitenschiff der ehemaligen Benediktinerabtei Weingarten.

Schon in einem sehr frühen Stadium des Kirchenbaus ist 1718 die Zahlung eines Handgeldes *an den Aichstätter wegen den Blattn* verzeichnet. Dieser *Aichstätter* war der Mörnsheimer *Johannes Kölz* [Kelz], der im Juni 1719 eine Zahlung von 400 fl wegen der *Aichstätter Besetzplatten* [...] *aus Ulm* erhielt.[153] Ein Rest von 65 fl ging 1720 an die *Kölzen von Mörenshaimb.*[154] Der Plural *Kölzen* zeigt an, dass in Weingarten mehrere Mitglieder der Steinfamilie Kelz tätig waren. Im November 1721 erhielt der *Meister Lorenz Keltz* vom *Herrn Pfleger in Salmenschweiler* [Salemer] *Hof in Ulm* eine Abschlagszahlung.[155] Weitere Zahlungen erfolgten 1722 an Lorenz Kelz, diesmal von *Merisheim*, an *Hans Jerg Kolz* [Kelz], *Mathaeus Kolz* und *Andreas Händler* [wahrscheinlich Hänle][156] als Abschlag für das Hauen von *Besetz Blathen*.[157] 1723 ging es so weiter. Lorenz *Kölh* [Kelz] *von Merezheimb* lieferte 723 Steine, die ihm mit 115 fl vergütet wurden und Matthäus Kelz und Andreas *Heinle* erhielten für 64 Tage *hauen* [herrichten] *und besetzten* [verlegen] je 24 kr.[158]

Nepomuk Kapelle in Meßkirch.

Das war aber nur ein kleiner Teil des gesamten Liefervolumens. Einer Notiz vom 19. Oktober 1723 ist zu entnehmen, dass *um 6100 Schuh Blathen zu hauen und zu legen* waren.[159] Nach 1723 trat die Steinfamilie Kelz in Weingarten nicht mehr in Erscheinung, dafür aber zur Zeit des Klosterbaus fast zwanzig Jahre später der Konkurrent *Johann Sebastian Händle.* Dieser *Steinmetz zu Mörnsheim bei Eichstätt* unterzeichnete im Juli 1742 einen Vertrag über die Lieferung von weißen und grauen Pflastersteinen für den oberen und mittleren Gang der Abtei.[160] Insgesamt gab die Abtei für den in der gesamten Kirche im Rosenspitzmuster mit grauen Zentralplatten und hellen Schiffchen verlegten Steinfußboden 3558 fl aus.[161] Für das Kirchenpflaster ist diese Summe zu hoch, weshalb davon auszugehen ist, dass zumindest darin auch die Transport- und Verlegekosten enthalten sind.

Fast gleichweit vom Solnhofer Steinbruchgebiet entfernt wie Weingarten liegt die ehemalige Fürstenbergische Residenzstadt Meßkirch (Lkr. Sigmaringen). An die dreischiffige spätgotische Pfarrkirche St. Martin wurde 1733/34 die Nepomuk Kapelle zur Aufbewahrung von Reliquien des Hl. Nepomuk angebaut. Die Ausmalung erfolgte nach einem Plan von Cosmas Damian Asam, sein Bruder Egid Quirin stuckierte und freskierte die Kapelle.[162] In der Konfiguration hat die Kapelle ein besonderes Pflastermuster. Anstatt wie üblich Rauten füllen sechs helle Solnhofer Sechsecke die Räume zwischen den sechs Zacken des grauen Sterns.

Wie es zu dieser Verbindung kam, erhellt ein Schreiben aus der Ballei Franken des Deutschen Ordens in Ellingen, das der Bedienstete C. J. Clasmann im Juli 1733 in schwerfälligem Kanzleistil an den fürstenbergischen Meßkircher Kammerrat Johann Georg Schorer richtete, der Auskunft für ein Pflaster in der Nepomuk Kapelle wollte.[163] Clasmann teilte ihm mit, er habe darüber ausführlich mit Johann Sebastian Hänle aus Mörnsheim gesprochen. Darauf basierend unterbreitete er den Vorschlag, von den *verlangenden* [begehrten] *Steinen* könnten Steine solche *sowohl in quadrat, als* [auch] *6.und 8.eckigt, auch weiß und grau durcheinander* geliefert werden.[164] Von achteckigen Platten riet er wahrscheinlich aufgrund des Gesprächs mit Hänle ab wegen der leicht sich lockernden Zwickel, die für die Füllung der freien Ecken erforderlich seien. Dem Schreiben sind noch weitere Aspekte des Steingeschäfts zu entnehmen. Clasmann wies darauf hin, dass *alle diese Sorten sowohl gantz weiß, als* [auch] *grau melirt* zu haben und *beede Farben von gleichem Preiß* seien. Um den genauen Lieferumfang feststellen zu können, bat er, die Kapelle nach Länge und Breite genau auszumessen, *um alles accurat auffeinander* [...] *fügen zu können*.

Anders als üblich errichtete die Prämonstratenser-Reichsabtei Schussenried zuerst eine neue Kirche und dann ab 1750 eine neue Abtei. Nach Aushebung der Baugrube erfolgte 1752 die Grundsteinlegung. Schon in diesem Jahr kam es mit dem Steinmetzmeister Joseph Moosbrugger aus Obermarchtal, Leiter der in Schussenried tätigen Steinhauer und Steinmetzen, zu einem Vertrag über die Lieferung von Solnhofer Steinen. Moosbrugger erhielt den Auftrag, *Eichstätter Plättlein* für je 10 x zu beschaffen, die aus unerklärlichen Gründen bei der Abrechnung als *Freisinger Platten* bezeichnet wurden.[165] Die Lieferung, die er in Ulm abholen und auf seine Kosten nach Schussenried transportieren ließ, erfolgte 1754. Aus

◄◄ Eingangshalle in den Konventbau der ehemaligen Abtei Schussenried.

▲ Klosterkirche der ehemaligen Abtei Wiblingen.

den dafür von der Abtei ausgegebenen 846 fl lassen sich rund 5000 Platten errechnen, die im Klosterneubau verlegt wurden. Aus den Quellen geht nicht hervor, wer der Steinlieferant war. Es wird Johann Kelz aus Mörnsheim gewesen sein, der zu dieser Zeit in Neresheim tätig war. Dafür spricht, dass er wohl ab 1754 in fortdauernder Verbindung mit der Abtei stand, denn 1759 lieferte er nicht nur Steine für den kostbaren Fußboden der Bibliothek,[166] sondern auch *raue Stein zu dem neuen Capitul* [Kapitelsaal].[167] Aus Geldmangel wurden zwischen 1752 und 1757 von der geplanten Vierflügelanlage nur Teile ausgeführt und 1763 der Bau wegen Überschuldung ganz eingestellt.

Der Boden der wuchtigen Kirche der ehemaligen Benediktinerabtei Wiblingen ist vom Langhaus bis in den Chor vollständig mit Solnhofer Platten im Schachbrettmuster belegt. Von den vielen Kirchen, die im heutigen Baden-Württemberg mit einem Solnhofer Fußboden ausgestattet wurden, seien einige genannt. Rosenspitzpflaster liegt in der Basilika St. Vitus der ehemaligen Fürstpropstei Ellwangen, in den ehemaligen Klosterkirchen Gutenzell und Rot an der Rot (Chor, im Langhaus diagonales Quadratpflaster), Ochsenhausen (im Hauptschiff monochrom erneuert, in Seitenkapellen noch altes Pflaster), Weisenau und Zwiefalten sowie in der Schlosskirche Friedrichshafen. In der ehemaligen Benediktiner Reichsabtei Ochsenhausen, die der Abt ab 1725 barock umbauen und in einem Umfang ausbauen ließ, der einem Neubau gleichkam, liegt im Langhaus der Kirche ein bei der Renovierung neu verlegter Rosenspitzboden,[168] der als altes Pflaster auch im Konvent und im Audienzsaal der Prälatur verlegt ist, in dem die prachtvolle Renaissance-Kassettendecke hervorsticht.

5 Österreich

Über Jahrhunderte erschloss die Donau den Solnhofer Platten einen weit in den österreichisch-ungarischen Raum hineinreichenden Absatzmarkt. Diese Entwicklung setzte in der zweiten Hälfte des 17. Jahrhunderts ein und dauerte bis Ende des 19. Jahrhunderts. Dazu trug entscheidend das Transportmittel Floß bei, das für die Steinfracht wegen des hohen Gewichts besonders geeignet ist.[169]

Das Benediktinerstift Melk legte 1702 unter dem zielstrebigen und lange amtierenden Abt Berthold Dietmayer den Grundstein für den Bau einer neuen Kirche und 1712 eines neuen Stifts. Daraus wurde die wahrscheinlich größte und großartigste barocke Klosteranlage im deutschen Sprachraum. Die Stiftskirche war 1711 im Rohbau fertiggestellt, im Ausbau 1726 vollendet, das Stift im Wesentlichen 1736. Schon in der Rohbauphase wurden 1714 *Pflaster Blatten aus Schwaben herbeygeschafft*.[170] Der Hinweis auf *Schwaben* bezieht sich auf den Floßunternehmer Hans Ott aus Lechbruck, der nicht nur ein Floßunternehmer war, sondern auch mit Solnhofer Platten handelte, die er in Stepperg bei Neuburg auf seine Donauflöße lud. Mit ihm schloss das Stift im Oktober 1714 einen Vertrag über die Lieferung von Pflastersteinen, mit denen die Sakristei, das Archiv und der Kreuzgang gepflastert wurden.[171] Noch heute liegen in den Gängen Solnhofer Platten, teils im Schachbrettmuster verlegt, teils ohne großen Anspruch nur fugenversetzt. Jahre später erreichten Melk weitere Steinlieferungen, 1720/21 für den *im ehrwürdigen Convent der Saal*, wahrscheinlich war es der Kapitelsaal, *mit Mallerey und Pflasterung fertig gemacht* und das Sommerrefektorium *bis zur Porthen* [Pforte].[172] Im Zuge der Erneuerung des Kircheninneren wurde 1715 ein neues Pflaster gelegt, das aus diagonal verlegten Rosenspitzen mit Zentralplatten aus Adneter Rotmarmor und hellen Solnhofer Schiffchen besteht. In der 1721 gepflasterten Sommersakristei liegt ein Boden im Schachbrettmuster mit hellen und grauen Solnhofer Platten. Denselben Fußboden hat auch die Wintersakristei. Die beiden bedeutendsten Säle des Stifts, der Marmorsaal und die Bibliothek, sind ebenfalls mit Solnhofer Steinen belegt.[173]

Wie Melk erhebt sich knapp 40 Flusskilometer donauabwärts in unübersehbarer Berglage das Benediktinerstift Göttweig (Niederösterreich), das in seiner Mächtigkeit vielleicht Melk noch übertrumpft hätte, wäre es planmäßig

Benediktinerabtei Melk.

vollendet worden. Nach einem verheerenden Großbrand begann 1719 der groß dimensionierte barocke Neubau nach Plänen des Architekten Lukas von Hildebrandt. In den ersten Jahren ging er zügig voran, zog sich dann aber durch Unterbrechungen hin und wurde schließlich 1783 eingestellt, so dass die Anlage unvollendet blieb. Schon 1722 erwarb das Stift »1505 Stück rauhe und 499 geschliffene Platten« vom Floßmeister Thomas Otto [Ott] Student aus Lechbruck für den Bodenbelag in den Gängen, im Kapitelsaal, in der Bibliothek und in den Turmstuben.[174] Die Solnhofer Steine erwarb er in Stepperg, wo die Solnhofer Steinbrecher ein Lager für den Floßtransport auf der Donau hatten.[175]

Die Flößerfamilie Ott blieb im Geschäft. Im November 1729 kam es zu einem neuen Vertragsschluss mit Göttweig, diesmal mit dem »Steinlieferant und Floßmeister Hans Georg Otto [Ott] Student zu Lechbruck«.[176] Als im Sommer 1731 Maurer den Fußboden im Sommerrefektorium mit »weiß, rot und gelb getönten Kehlheimer Marmorplatten« belegten, werden es die aufgrund dieses Vertrages gelieferten Steine gewesen sein.[177] Diese hatten mit »vier Schuh im Quadrat« eine erstaunliche Größe, die sich auch im Preis von 30 x pro Stück ausdrückte. Trotz der Bezeichnung »Kehlheimer Marmorplatten« waren es Solnhofer Platten,[178] denn Kelheimer Platten konnten in diesem großen Format nicht gebrochen werden.

Zur Reihe der großen österreichischen Klosteranlagen gehört das Augustiner-Chorherrenstift St. Florian bei Linz. Der barocke Neubau setzte 1686 mit der Stiftkirche ein, die 1715 geweiht wurde. Dagegen begann der Klosterneubau erst um 1705, der 1751 mit Fertigstellung der letzten Stiftsbauten endete.

In St. Florian bestanden Beziehungen zum Solnhofer Stein schon vor der großen barocken Umgestaltung der Klosteranlage. Im Ausgabenbuch des Jahres 1653 taucht ein Name auf, dem die Solnhofer Steinbrecher in der ersten Hälfte des 17. Jahrhunderts in mehreren Verträgen die gesamte Ausbeute überlassen hatten. Es ist der Regensburger Bildhauer und Steinhändler Heinrich Wilhelm.[179] Ihm zahlte das Stift 145 fl für die Lieferung von *500 weißen Marbelstein*, der Zahlungen für weitere Lieferungen folgten.[180] Mit einem Teil dieser Steine wurden die Sakristei und die Stiftsapotheke gepflastert. 1697 kamen »300 große und ebenso viel kleine weiß geschliffene Marmorplatten« aus Regensburg für das Kirchenpflaster an.[181] Etwa zur selben Zeit lieferte auch

Augustiner Chorherren Stift St. Florian.

▶ Langhaus

▶▶ Sakristei

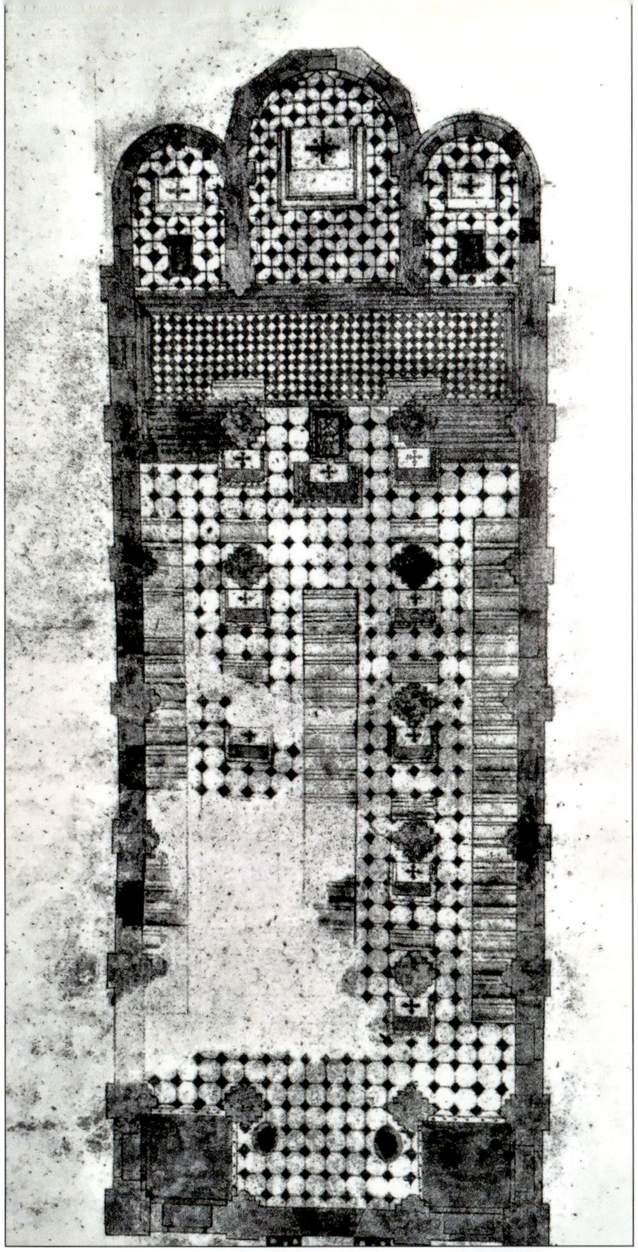

der Linzer Steinmetz und Steinhändler Johann Baptist Späz kleine Pflastersteine sowie »400 weiße Marmorplatten«. Auch Johann Baptist Späz schloss einst mit den Solnhofer Steinbrechern einen Vertrag, der ihm wie Wilhelm die gesamte Ausbeute sicherte. Daher waren die weißen Marmorplatten Solnhofer Platten.

Im heutigen Zustand hat das Langhaus der St. Florian Kirche einen einfachen, mit großen hellen Solnhofer Quadratplatten diagonal verlegten Fußboden, das Presbyterium einen mit diagonalem Schachbrettmuster aus Solnhofer und Adneter Steinen und die Sakristei ein farbwechselndes Solnhofer Schachbrettmuster. Im Stift liegen Solnhofer Steine in den Gängen, im Sommerrefektorium, im berühmten Treppenhaus, in der Sala terrena sowie insbesondere im Marmorsaal und in der Bibliothek.[182]

Das Benediktinerstift Kremsmünster, 777 vom bayerischen Herzog Tassilo III. als Eigenkloster gegründet, gehört zu den ältesten Klöstern im deutschen Sprachraum. Ab 1610 erlebte das Stift eine erste, ab 1690 eine zweite Barockisierung der Kirche und den barocken Umbau der Stiftsgebäude.

Schon an der ersten Barockisierungsphase der Klosterkirche waren Solnhofer Steine beteiligt, denn 1614 leistete das Stift eine Zahlung für *1000 Märblstainene Pflasterziegl* aus Regensburg für einen neuen Kirchenboden.[183] Die Steine lieferten Hans Wilhelm aus der Bildhauer- und Steinhändlerfamilie Wilhelm, die in Solnhofen die Steinausbeute übernahm und die Bildhauerin Kunigunde Carlin, beide aus Regensburg.[184] 1628 bezog das Stift von ihnen eine Steinlieferung *weißer achteckiger Märblstein*, mit denen 1633 die *Closterkürchen gepflastert* wurde, eine Arbeit, die fünf Monate dauerte.[185] Mit diesen achteckigen Solnhofer Steinen und Einlegern aus Adneter Rotmarmor ist noch heute das Langhaus der Stiftskirche einschließlich des Westeingangs und der Vorhalle belegt. Im Querschiff liegt ein Fußboden im Schachbrettmuster und in den Nebenchören ein Rosenspitzmuster mit grauen Quadratplatten und hellen Schiffchen. Der Chor ist mit großen Adneter Quadratplatten belegt, die streifenförmig von Solnhofer Platten eingefasst sind. Das in der Kirche vorherrschende Muster des Achtecks mit Einlegern findet sich auch in der Wintersakristei und in der Akademischen Kapelle, dort vor dem Altar mit Adneter Einlegern, im hinteren Teil mit grauen Solnhofer Einlegern und in der Mitte mit großen quadratischen Solnhofer Platten.[186] In der Marienkapelle, die den Konventstrakt mit der Kirche verbindet, ist ein Rosenspitzmuster verlegt.

In besonderer Weise sind die Steinmetze, Stuckateure und Steinhändler der bereits beim Stift St. Florian erwähnten Familie Spaz aus Linz mit Kremsmünster

Benediktinerabtei Kremsmünster.

◀◀ Pflasterplan. Aus ÖKT Kremsmünster.

▲ Langhaus.

Steinbestellung der Barmherzigen Brüder in Wien für ihr Krankenhaus. BayHStA GR Fasz. 479.

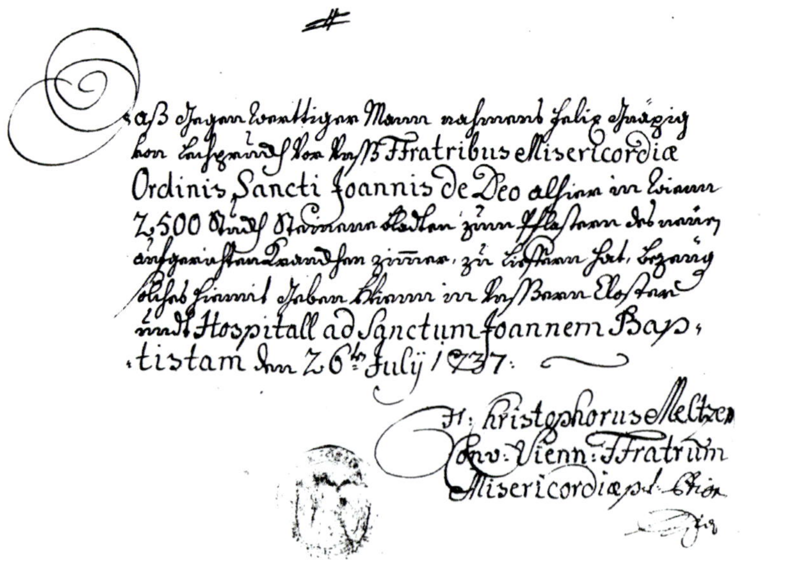

Daß gegenwertiger Mann
nahmens felix Gnäpig [Knappich]
von Lechbruck von? Ffratibus
misericordiae Ordinis Sancti Joannis
de Deo allhier in Wien 2,500 Stuck
steinernen Bladten zum Pflastern
der neuen aufgerichteten Krankehn
zimmer zu/ieferen hat, bezeug …
hiermidt und Hospital las Sanctum
Joannem Baptistam den 26.
July 1737
Christopheruas Meltzer
Conv. Vienn: Ffratrum Misericordiae
Prior

verbunden. Man kann davon ausgehen, dass sie mit dem Einstieg in das Kremsmünster Baugeschehen alle Bodenplatten lieferten, gleich ob aus Solnhofen, Adnet oder Untersberg. Solnhofer Steine kamen 1675 als Rosenspitze in die 1673 im Bau begonnene, meist als neue Sakristei bezeichnete Schatzkammer, in der der berühmte Tassilokelch ausgestellt ist. Lieferant war Johann Peter Spaz, dem das Stift für *1509 stuck Märbelstain* 271 fl zahlte.[187] 1712 erhielt Johann Baptist Spaz 400 fl *wegen der Rott- und weißen marmorsteinernen Pflaster, Stäffln und großen Blatten beym Hochaltar.* Dem Hinweis in der Zahlung auf *Stein und arbeith* kann entnommen werden, dass er diese Platten mit Gehilfen auch verlegt hatte.[188]

Um 1735 reichten im Krankenhaus der Barmherzigen Brüder in Wien die Betten nicht mehr aus. Daher beschlossen sie, den Hauptkrankensaal auszubauen, um weiteren Platz zu schaffen.[189] Im Juli 1737 unterzeichnete der Prior einen Auftrag, *daß gegenwertiger Mann nahmens Felix Gnäpig* [Knappich] *von Lechbruck 2500 Stuck steinernen Bladten zum Pflastern der neuen aufgerichteten Krankhen zimmer zu lieferen hat*.[190] Felix Knappich war ein Floßunternehmer und Händler mit Solnhofer Steinen, die er in Stepperg kaufte und mit Flößen in den Donauraum

Kaisergruft unter dem Wiener Kapuzinerkloster.

▶ Kaiserin Maria-Theresia Gruft.

▶▶ Kaiser Ferdinand I. Gruft.

transportierte.[191] Weitere Steintransporte nach Wien folgten. Der Schulorden der Piaristen errichtete in Wien ab 1716 eine sich im Bau lang hinziehende Kirche, die um 1755 im Wesentlichen abgeschlossen war, aber erst 1771 geweiht wurde. Lechbrucker Floßunternehmer lieferten 1754 dazu 3000 Steine für das Pflaster.[192]

Unter dem Kapuzinerkloster in Wien befindet sich die Kaisergruft, in der zahlreiche Mitglieder der Habsburger Kaiserfamilie in Sarkophagen begraben sind. In der weiträumigen Gruft ist der Boden größtenteils mit Solnhofer Platten belegt. Wann sie verlegt wurden, ist wegen der häufigen Um- und Ausbauten der Grufträume schwer zu ergründen. Das Pflaster in der 1753/54 erbauten Gruft mit dem prächtigen Riesensarkophag, in dem die Kaiserin Maria Theresia mit ihrem Gatten bestattet ist, könnte aus dieser Zeit stammen. In der Gruft mit dem Sarkophag Kaiser Ferdinands I. liegt ein Schachbrettmuster, das insofern selten ist, als es aus Achteckplatten mit Einlegern aus Adneter Rotmarmor besteht.

Neben den erwähnten Bauten gibt es vom Donautransport versorgt in Oberösterreich, Niederösterreich und dem Burgenland noch zahlreiche weitere Stifte und Kirchen mit Solnhofer Pflaster. Klösterliche Beispiele sind die Benediktinerstifte in Altenburg und Seitenstetten. Im Benediktinerstift Altenburg hat der Fußboden im Langhaus der Kirche ein (kaum noch wahrnehmbares) und im Chor ein neues Pflaster im Schachbrettmuster. Auch die einzigartige, im Gewölbe und an den Wänden von einem Netz mit ornamentaler Secco-Malerei überzogenen Krypta, ist mit Solnhofer Stein ausgestattet und in der Abtei die große Bibliothek sowie die Kaiserzimmer.[193] Seitenstetten weist drei Verlegemuster auf: Sechsecke in der Kirche, Rosenspitze in der Schatzkammer sowie Schachbrett in der Bibliothek und im Promulgationssaal. Besonders großformatige Solnhofer Platten weisen die Schachbrettfußböden der bedeutenden niederösterreichischen Wallfahrtskirchen Maria Taferl und Sonntagberg mit einem Format 60 × 60 cm auf.

Mittelgang der Wallfahrtskirche Sonntagberg.

Benediktinerstift Altenburg. Langhaus der Kirche und Treppenabsatz in der Krypta.

Anmerkungen

[1] Die an Klöstern höchste Dichte, vor allem an Reichsabteien, herrschte in Oberschwaben, ein Gebiet, das vom Lech bis an den Bodensee reicht. Eine ähnliche Dichte weist Österreich auf. Im Gebiet des heutigen Bayerns gab es vor der Säkularisation 52 Klöster der Benediktiner, 25 der Augustiner-Chorherren, 13 der Zisterzienser und 11 der Prämonstratenser, Braun 2005, 15 ff. Dazu kamen 18 weibliche Konvente dieser Orden.
[2] Dazu Braunfels 1976, insbesondere 230 ff.
[3] Die Ausstellung im Jahre 1988 über 725 Jahre Kloster Fürstenfeld, Die Zisterzienser im alten Bayern, fand den treffenden Titel: In Tal und Einsamkeit.
[4] Dazu Kapitel X-XII.
[5] Obwohl die Kirche St. Anna 1548 protestantisch wurde, blieb die Kapelle katholisch. Die Fugger kommen auch heute noch für diesen Teil der Kirche auf.
[6] Bushart 1994, 72.
[7] Lieb 1952, 199
[8] Bushart 1994, 73, vermutet, der Fußboden sei unabhängig vom Aufbau der Kapelle allein nach den Maßangaben der theoretisch zur Verfügung stehenden Gesamtfläche entworfen worden.
[9] Seitz 2005, 37 und 2017, 59 ff.
[10] BayHStA Jesuitica 2261, fol. 39 ff; Dischinger 1980, 155.
[11] BayHStA, Jesuitica 2239; Gmelin 1890, 36 mit 88, Fn. 103.
[12] Eder 1928, 7; StA Nürnberg, Rep. 224/25 Nr. 1534.
[13] BayHStA, Jesuitica 2253, Baurechnung 1589.; Dischinger 1983, 226.
[14] Die Quadratplatten haben ein Maß von 42 × 42 cm. Die Schiffchen sind 21 cm breit und 63 cm lang.
[15] Nach dem Wiederaufbau erhielt das Langhaus einen schlichten Fußboden aus großformatigen, orthogonal verlegten Solnhofer Quadratplatten (65 × 65 cm), S. 118.
[16] BayHStA Plansammlung Nr. 7860. Dazu Dischinger 1983, 226.
[17] Hübner 1803, 239.
[18] Unter Altbayern werden die aktuellen Regierungsbezirke Oberbayern, Oberpfalz und Niederbayern verstanden.
[19] Vonwerden 1919, 7. Im Oktober 1918 fiel die Kirche einem Brand zum Opfer. 1975 wurde der Westteil in eine Aula und der Chor zu einer Studienkirche des Gabrieli-Gymnasiums umgebaut.
[20] Schmid 2019, 206. Die Kostenangabe ist fragwürdig. Hundert Platten hätten danach nur 5 fl gekostet. Dieser Preis lag nicht nur weit unter dem zu dieser Zeit üblichen, sondern auch unter dem in den Bergordnungen von Solnhofen und Mörnsheim festgesetzten Festpreis. Vielleicht hat Engel die Kosten bewusst so niedrig angesetzt, um den Bauauftrag zu bekommen.
[21] Zur Mörnsheimer Steinbruchgeschichte Kapitel III 2.
[22] Eder 1928, 17; StA Nürnberg, Rep. 137.1852.
[23] StA Amberg, Fürstentum Oberer Pfalz, Regierung, Amtsbücher und Akten 1057.
[24] Die Lieferung von blauen Steinen ist die erste, die in einer Quelle erwähnt wird. Darin liegt der Hinweis, dass man in dem gerade erst 1668 eröffneten Mörnsheimer Steinbruch schon sehr bald auf blaue Schichten gestoßen war.
[25] Der Vorgang um diese Lieferung und die Befreiung des Transports von Fuhrlohn, Maut und Zoll schlug sich in 64 Seiten Schriftverkehr nieder.
[26] Schmidt 1980, 93.
[27] Stadtarchiv München, HEI-6 in der Quellenbearbeitung 1823 von Joseph Eberl. Hinweis von Frau Maria Hildebrandt, München.
[28] BayHStA KL Fasz. 357 Nr. 27.
[29] Im Dezember 1944 wurden Kirche und Kloster so weitgehend zerstört, dass sie Mitte 1955 durch einen Neubau ersetzt wurden.
[30] BayHStA KL Andechs 45/I; Dischinger 1993, 190.
[31] Dischinger ebd., 91.
[32] BayHStA KL Andechs 45/III.
[33] BayHStA KL Andechs 45/IV.
[34] Ebd.
[35] Hofmann 1976, 102.
[36] Ebd., 103
[37] Hofmann 1971, 42.
[38] Ebd., 43.
[39] Archiv des Bistums Passau, Ordinariatsarchiv, Generalakten 512
[40] So Drost 1995, 114.
[41] Auskunft von Jérôme Zahn, Leiter der staatlichen Dombauhütte Passau.
[42] Zum Churfürstensaal in Fürstenfeld S. 162.
[43] Altmann 2013, 122.
[44] Schmid 2019, 142.
[45] Müller-Burger 1926, 19. Diese Aussage übernehmen Eder 1928, 7, Schauer 2001/1, 22 und Lidl 1975, 33.
[46] KDB Würzburg 1911, 402.
[47] StA Würzburg A D8 4885.
[48] 1802 wurde die Abtei säkularisiert und 1851 in eine noch heute bestehende Haftanstalt umgewandelt.
[49] StA Würzburg A D8 488–5.
[50] Mit Bretter ist die »Brettung« gemeint, eine Musterzeichnung auf Holz.
[51] StA Würzburg D 8 488–2.
[52] Ebd., A 236 III 258.
[53] Korth 1977, 301 Fn. 111; Trepplin 1937, 23. Darauf weist der Titel der Quelle StA Wu D8 488–2 hin, der lautet: *Bezahlte Eichstätter Blatten zum neuen Baw in der Abtei Peristylio 1691.*
[54] Hans Trepp war ab 1691 für Johann Hänle tätig.
[55] Zur Konkurrenz und Kooperation der Solnhofer und Mörnsheimer Steinbrecher Kapitel III 5.
[56] StA Würzburg A 236 III 258.
[57] Ein noch früheres Zeugnis von Solnhofer Platten im heutigen Schwaben liefert die Stadtpfarrkirche St. Emmeram in Wemding. Nach einer Erhöhung und Einwölbung des Innenraums bekam die Kirche 1626 ein neues Pflaster aus Solnhofer Platten, Horn 1951, 540.
[58] KlA Ottobeuren, L. Reg. 16 fol. 10^r; Russ 2004, 409.
[59] StA Augsburg, Kl Ottobeuren 206, JB 1665-JB 1666; Russ 2004, 145 Fn. 651.
[60] KlA Ottobeuren, L. Chron. 29, p.2314; Russ 2004, 144 Fn. 646.
[61] KlA Ottobeuren, L. Chron. 106, fol.24^v; Russ 2004, 144 mit Fn. 650.
[62] Dischinger III 2011, 672.
[63] StA Augsburg, Damenstift Edelstetten B 69, fol. 3. Hinweis von Dr. Gabriele Dischinger, München.
[64] Damenstift Edelstetten Amtsbücher und Akten, Laden I, Faszikel I, Nummer 8a, fol. 3. Hinweise von Günter Steiner vom Staatsarchiv Augsburg.
[65] StA Augsburg, Damenstift Edelstetten B 69, fol. 24.
[66] Eder 1928, 51; StA Nürnberg, Eichstätter Archiv 1870, fol. 19 ff, 39ff.
[67] Mayer 1928, 215.
[68] Zu den »Eichstätter Steinen« Kapitel I 3.
[69] Zum Wettenhausener Kaisersaal Kapitel IX 3.
[70] Meyer/Schädler 1964, 479 Fn. 2.
[71] Ebd., 287 Fn. 1.
[72] Baumeister und Architekt war der bereits in Wettenhausen tätig gewordene Baumeister Michael Thumb, der hier zum ersten Mal das Vorarlberger Münsterschema baute, das Vorbild für viele Kirchen. Kennzeichen dieser Bauschule sind ein einschiffiges Langhaus, ein Tonnengewölbe und starke Wände mit Kapellennischen. Das Querhaus tritt kaum hervor.
[73] Vogelmann 1896, 133.
[74] Das Collegium Willibaldinum ist das Priesterseminar des Bistums Eichstätt. Der Platz davor ist nach ihm benannt.
[75] Vogelmann 1896, 133.
[76] StA Augsburg, Akten Seminar Neuburg, Nr. 2178. Gabor 2000, 121; Kaps 2018, 55 und 58.
[77] Dazu Kapitel VIII 3 Altbayern.
[78] Popp 1906, 12.
[79] Mitteilung von Dr. Gabriele Dischinger.
[80] BayHStA, HL 3 Rep. 53/I Fasz 79/10. Hinweis von Frau Maria Hildebrandt, München.
[81] So Götz 1992, 94 mit Fn. 47.
[82] Ebd., 252 und 291 Nr. 2.2.
[83] Bauer 1997, 172 mit Fn. 25; Dischinger I 2011, 264; ABA, Pf. Dießen 7, pag. 422.
[84] Hoffmann 1927,53.
[85] Ebd., 33.
[86] Mois 1953, 44/45 mit Fn. 141.
[87] Ebd., 105
[88] BSB, Clm 1485, pag. 304. Ries 1975, 227 mit Fn. 87. Hinweis von Gabriele Dischinger.
[89] BSB, Clm 1485, pag. 305.
[90] Ebd.
[91] Zum Ebracher Festsaal Kapitel IX 3.
[92] Helldorfer 1974, 229; Kettner 1993, 197.
[93] Kettner ebd., 187 und 197.

[94] Ebd., 187.
[95] Ebd., 221.
[96] Ebd., 214. Kettner bezieht den genannten Betrag fälschlicherweise auf die gesamten 6461 Platten. Dann hätten 100 Platten nur 2 fl 18 x gekostet, ein irrealer Preis. Bezieht man den Zahlungsbetrag dagegen auf die zugekauften 2461 Platten ergibt sich ein realistischer Preis von rund 15 fl pro 100 Stück.
[97] Helldorfer 1974, 229.
[98] Kettner 1993, 216.
[99] Layer 1974, 166 f.
[100] Zoepfl 1918, 51.
[101] Konvolut VI, Rep. 117, 3 und 7.
[102] Ebd., 947/48 Qu 5.7.
[103] Dischinger III 2011, 948.
[104] In Waldsee, Lkr. Ravensburg, bestand bis zur Säkularisation ein Augustiner Chorherrenstift.
[105] Paula 2011, 225 Fn. 250.
[106] Kühlenthal 1981,327 ff (330, 340).
[107] Kapitel VIII 3 Schwaben.
[108] Das Abteigebäude hat ein Ausmaß von 142 × 128 Meter, die Kirche von 89 × 58 m. Die Gesamtlänge beträgt 251 m und das gesamte Klosterareal hat ein Ausmaß von 480 × 430 m.
[109] Braunfels 1976, 256.
[110] Dischinger 2011. Eine erste Aufarbeitung der Quellen unternahm der Kunsthistoriker Norbert Lieb in seiner Dissertation »Ottobeuren und die Barockarchitektur Ostschwabens (München 1931) und in Lieb 1936. Eine weitere Aufarbeitung enthält Schwager 2017.
[111] Dischinger/Böhm/Bauer-Wild/Prusinovsky 2014.
[112] Dischinger III 2011, 844 (23.11., 23.9.1712). Nach einer Abrechnung der Großkellerei vom 30. 9. 1713 waren es 5100 Stein, Dischinger III 2011, 846. Zur Steinmetzfamilie Böhnlein Kapitel III 5 Solnhofer Steinfamilien.
[113] Ebd., Qu 5.3, 943/44.
[114] Dischinger III 2011, 846 (Fuhrlohn 30.9.1713).
[115] Ebd., 948.
[116] Ebd., 693 pag. 900.
[117] Ebd., 849 (20.5.1715).
[118] Dischinger I 2011, 63 und 67.
[119] Kapitel IX 2 Süddeutschland.
[120] Dischinger I 2011, 78.
[121] Dischinger III 2011, 720 pag. 705.
[122] Ebd., 853,
[123] Ebd., 856.
[124] Dischinger III 2011, 720/721 pag. 705.
[125] Zu diesen Sälen Kapitel IX 3.
[126] Dischinger III 2011, 758 pag. 1010.
[127] Ebd., 751, pag. 696.
[128] Ebd. 756, pag. 633.
[129] Ebd., 755 pag. 621.
[130] Ebd., 916.
[131] Ebd., 881.
[132] Ebd., 892.
[133] Da unter den zehn Kindern von Joseph Ottinger kein Sohn Franz hieß, war dieser Franz ein aus Mörnsheim kommender Ottinger.
[134] Dischinger II 2011, 480 f.
[135] Prusinovsky 2010, 18, deutet den Stern als gewaltige achtstrahlige Sonne, die sich anschickt, ihr Licht in alle vier Himmelsrichtungen der Erde zu senden.
[136] Weißenberger 1934, 44.
[137] Ebd., 70.
[138] Ebd., 76, 201.
[139] Weißenberger 1934, 67 Fn. 233.
[140] Zu diesem Saal Kapitel IX 3 Allgemeine Festsäle.
[141] Stoffels/von Moser 1975, 438.
[142] Weißenberger 1934, 145. Die Kirche wurde 1777 benediziert, aber erst 1792 geweiht.
[143] Der Fußboden der Abteikirche ist mit Rorschacher Sandsteinen aus dem Schweizer Ufer des Bodensees belegt.
[144] GLA Karlsruhe 98/647, Bl. 9–11. Schon diesen Vertrag unterzeichnete Hänle mit *Johannes Hänle Steinl:[eger] zu Mörnsheimb* und eigenem Siegel.
[145] GLA Karlsruhe 62/9183, S. 64.
[146] GLA Karlsruhe 62/8818, Bursamt, 1722/23; Knapp 2004, S. 356/57 mit Fn. 203.
[147] GLA Karlsruhe 62/8838, Bursamt, 1742/43, fol. 204; Knapp 2004, S. 413 mit Fn. 45.
[148] Das ehemalige Sommerrefektorium wird heute von der evangelischen Kirchengemeinde als Betsaal genutzt.
[149] Zum Salemer Kaisersaal Kapitel IX 3 Kaisersäle.
[150] StA Ludwigsburg, Findbuch B 503 II Bü 52.
[151] Spahr 1974, 9.
[152] HStA Stuttgart, B 522 Bü. Den Hinweis auf die Quellenlage verdanke ich Gabriele Dischinger, München.
[153] HStA Stuttgart B 522 Bü 461 c.
[154] Ebd.
[155] Ebd., B 522 Bü 68, fol. 277; Spahr 1974, 185.
[156] In den Quellen hat Andreas mal den Nachnamen Heinle, mal Händler.
[157] HStA Stuttgart B 522 Bü 68, fol. 263 und 269.
[158] Ebd., B 522 Bü 68, fol. 250; Spahr 1974, 183.
[159] Ebd., B 522 Bü 68, fol. 250; Spahr ebd, 197.
[160] Schmidt/Buchheit 1931, 164.
[161] Drißen 1928, 53.
[162] Sauer 1921, 31.
[163] Ebd., 32/33.
[164] Ebd., 10 und 32 Fn. 1.
[165] StA Ludwigsburg, Rep. 507 Schussenried B 91, 13 ff; Kasper 1954, 20; Beck 1895, 103 und 105.; Rueß1898, 55.
[166] Zur Schussenrieder Bibliothek Kapitel IX 2.
[167] Kasper 1960, 217 Fn. 250.
[168] Ab 1974 wurden die Klosterkirche und die Klostergebäude umfassend renoviert. Soweit es ging, beließ man in der Kirche den historischen Solnhofer Fußboden und besserte Fehlstellen und Brüche aus. Neu verlegt wurde der Fußboden im Hauptschiff und in den westlichen Seitenschiffen mit gebrochenen, nicht gesägten Kanten, Hauffe/Reiff/Spahr 1985, 200.
[169] Zum Floßtransport der Solnhofer Steine Kapitel V 4.
[170] ÖKT Melk 1909, 194/95.
[171] ÖKT Melk 1909, 195; Kieslinger 1964, 257.
[172] Ebd., 200.
[173] Zur Bibliothek und Marmorsaal Kapitel IX 2 und 3.
[174] Ritter 1970, 428.
[175] Zum Floßtransport Kapitel V 4.
[176] Ritter 1970, 449.
[177] Ebd., 434.
[178] In Österreich wurden die Solnhofer Platten meist als Kelheimer Platten bezeichnet. Dazu Kapitel I 4.
[179] Zu Heinrich Wilhelm Kapitel III 4.
[180] Czerny 1886, 93.
[181] Ebd., 136.
[182] Zur Bibliothek und zum Marmorsaal in St. Florian Kapitel IX 2 und 3 Österreich.
[183] ÖKT Kremsmünster 1977, 208.
[184] Dorn 1929, 109.
[185] ÖKT Kremsmünster 1977, 209.
[186] ÖKT Kremsmünster 1977, 319.
[187] ÖKT Kremsmünster 1977, 280; Dorn 1929, 210; Kühnel 1968, Nr. 98.
[188] Dorn 1929, 224.
[189] Festschrift »400 Jahre Nächstenliebe – Krankenhaus der Barmherzigen Brüder Wien, 1614–2014«, 44, Wien 2014.
[190] BayHStA GR Fasz 47; Filser 2011, 24.
[191] Zum Floßtransport in den Donauraum Kapitel V 4 Auf der Donau.
[192] Filser, ebd.
[193] Zur Altenburger Bibliothek und den Kaiserzimmern Kapitel IX 2 und 3 Österreich.

IX Solnhofer Stein in Residenzen und weltlichen Klosterräumen

Wie in sakralen Bauten hat der Solnhofer Stein im Barock und Rokoko auch in profanen Bauten Eingang gefunden, in Residenzen des Adels, der Fürstbischöfe, des bürgerlichen Patriziats und in weltliche Räume der großen Klöster, dort vor allem in Bibliotheken und Festsälen, in denen die Solnhofer Steinböden eine Vollendung fanden.[1]

1 Residenzen

Unter der baufreudigen Herrschaft des Pfalzgrafen Ottheinrich kam es bereits in der Mitte des 16. Jahrhunderts beim Umbau und der Erweiterung seines Schlosses in Neuburg/Donau zur Verlegung von Solnhofer Platten. Diese noch existierenden Böden sind die frühesten Beispiele für den Einsatz dieses Steins in repräsentativen profanen Gebäuden. Dass es dazu kam, kann mit der Nähe Neuburgs zum Solnhofer Steinbruchgebiet zusammenhängen.

Zwischen 1556 und 1558 erfolgte im Pfalzgrafenschloss Neuburg die Pflasterung der Großen Dürnitz.[2] Gewählt wurde ein diagonal verlegtes Schachbrettmuster mit hellem Solnhofer Stein und Adneter Rotmarmor. Diese Anordnung und Farbkombination verleihen der säulengestützten Halle eine vornehme Stimmung. Um 1555 bekam der Große Fletz im ersten Obergeschoss des nach Ottheinrich benannten Bauteils einen in vier Felder geteilten, von Adneter Rotmarmorstreifen gerahmten Fußboden mit hellen Solnhofer Platten. Dieser Fußboden ist ein Glücksfall, denn in seinen vier Feldern kommen übersichtlich wahrnehmbar die klassischen Verlegemuster zum Ausdruck: orthogonal fugenversetzte Quadratplatten, diagonal verlegte Quadratplatten, Rosenspitze und Achteckplatten mit Einlegern (Abb. S. 119).[3] Der Fletz erschließt vier Gemächer, von denen eines, das Schlafgemach, zur selben Zeit mit *wegken* (Rauten) aus hellem Solnhofer Stein und Adneter Rotmarmor gepflastert wurde (Abb. S. 127). Für den weiteren Ausbau des Schlosses wurden 1630 »zweierlei Steinarten« in Solnhofen bestellt und durch Scharwerksuntertanen noch Neuburg transportiert.[4] Vermutlich waren es Quadratplatten und die häufig als Sechsecke bezeichneten Schiffchen, die zusammen das Rosenspitzmuster ergeben. Nicht gemeint sein konnten der Farbunterschied hell und graublau, denn graublaue Platten wurden zu dieser Zeit noch nicht gebrochen.

Lange lagen bischöfliche Residenzen in erhöhter, beherrschender und sicherer Lage über der Residenzstadt, so in Bamberg, Dillingen und Freising. Einige waren wie in Würzburg und Eichstätt als Festungen ausgebaut. Erst nach dem Dreißigjährigen Krieg zogen die Fürstbischöfe in die Stadt. Durch diese Verlagerung entstand in Eichstätt eines der geschlossensten, dazu nicht kriegszerstörten Barockviertel in Deutschland, in Würzburg das Juwel eines einzigartigen spätbarocken Schlossbaus. In Eichstätt erhebt sich die ehemalige Bergresidenz der Fürstbischöfe, die Willibaldsburg, auf einem von der Altmühl umflossenen Bergsporn. Fürstbischof Martin von Schaumberg (reg. 1560–1590) ließ sie nach Osten um einen dritten Hof erweitern. Damit setzte er den ersten Schritt für den Ausbau zu einer repräsentativeren Residenz. Für den Fußboden eines großen Saals im nördlichen Teil der Willibaldsburg bestellte die fürstbischöfliche Hofkammer *Pflastersteine* beim Bergmeister Georg Lotter in Solnhofen.[5] Wahrscheinlich handelte es sich um den mit einer Holzkassettendecke und Tafeln mit Darstellungen aus dem Alten und dem Neuen Testament geschmückten Festsaal im ersten Obergeschoss der Schaumbergbauten. Die Lieferung ist um 1580 anzusetzen. Dieser Vorgang macht deutlich, dass es im 16. Jahrhundert im katholischen, zum Hochstift Eichstätt gehörenden Mörnsheim noch keine nennenswerte Steinbruchtätigkeit gab, sonst hätte der Fürstbischof die Steine wohl aus eigenem Gebiet kommen lassen. Die Brüche in und um Eichstätt, wenn es sie zu dieser Zeit überhaupt schon gab, hätten

Dürnitz des Pfalzgrafenschlosses Neuburg/Donau.

Johanneskapelle im Schloss Hirschberg bei Beilngries.

die Bodenplatten nicht liefern können, weil sie nicht über die damals erforderliche Plattenstärke um 4 cm verfügten.

In der nach dem Dreißigjährigen Krieg aufgebauten Stadtresidenz der Fürstbischöfe, heute das Landratsamt Eichstätt, liegen im Treppenhaus Rosenspitzböden und Sechseckböden aus Solnhofer Stein, die allerdings wahrscheinlich durch Ausbesserungen im Muster unsystematisch sind. Ein anderes Schloss der Fürstbischöfe, das berggelegene Schloss Hirschberg über dem Altmühltal bei Beilngries, weist in der Johanniskapelle ein einmaliges Rosenspitzmuster auf. Die quadratische Zentralplatte ist aus einem schwarzen Stein (Herkunft unbekannt), die von Solnhofer Steinen gerahmt wird, zuerst von grauen und dann von hellen Schiffchen.

Im 11. Jahrhundert entstand auf einer Bergkuppe oberhalb von Weißenburg das Benediktinerkloster St. Peter und Paul, das in der Reformation zu einer evangelisch-lutherischen Propstei wurde, die 1537 in ein weltliches Verwalteramt der Markgrafschaft Brandenburg-Ansbach überging. Ab 1588 ließ Markgraf Georg Friedrich der Ältere eine ausgedehnte Festung, die Wülzburg, nach modernsten Erkenntnissen der Zeit errichten, um die markgräfliche Herrschaft gegenüber der Reichstadt Weißenburg, dem Deutschen Orden in Ellingen, der Grafschaft Pappenheim und dem Fürstbistum Eichstätt zu demonstrieren und zu sichern. Nach den Zerstörungen im dreißigjährigen Krieg begann von 1659 bis 1675 der Wiederaufbau. 1662 lieferten Solnhofer Steinbrecher »rechteckig und quadratisch zugehauene Platten« für den Schlossbau und 1675 für die Kirche und die Hofstube.[6]

Die erste Lieferung auf die Wülzburg geht aus einer 1664 an den Ansbacher Markgraf gerichteten Bittschrift von Solnhofer Lieferanten um Zahlung hervor. Zu den Unterzeichnern gehörten Mitglieder der Steinfamilien Lotter und Böhnlein, darunter je ein Bergmeister sowie Matthias Renner, Peter Schmid und Matthias Kelz, 1668 Gründer der Steinbruchgeschichte im benachbarten Mörnsheim.[7] Hintergrund des Schreibens ist die ausgebliebene Zahlung für eine *quantitet* gelieferter *rauer Pflasterstein zum Hochfürstl. Schloßbau uff der Vestung* Wülzburg.[8] Obwohl schon zwei Jahre vergangen seien, stünden die versprochenen 56 fl und 1 rthl als Leikauf (eine Art Draufgeld) immer noch aus.

Auch beim Ausbau des Markgrafenschlosses in Ansbach zu einer repräsentativen fürstlichen Residenz kamen Solnhofer Platten zum Einsatz, nicht im ganz großen Umfang, aber an verschiedenen Stellen. Die erste Phase des Ausbaus (1705–17) plante und leitete der spätere Eichstätter Hofbaudirektor, der Graubündner Architekt Gabriel de Gabrieli. Im Burgturm ließ er die Wendeltreppe beseitigen und an ihrer Stelle in jedem Stockwerk drei gerade Treppenläufe aus »Solnhofer Marmor« einbauen.[9] Im Dezember 1716 vermerkten die Bauannalen, im Laufe des Winters würden 600 Solnhofer Pflastersteine erwartet, mit denen 1717 die Gänge im Südostflügel der Residenz gepflastert wurden.[10] Auch in der zweiten Umbauphase (1719–30), die der Architekt Karl Friedrich von

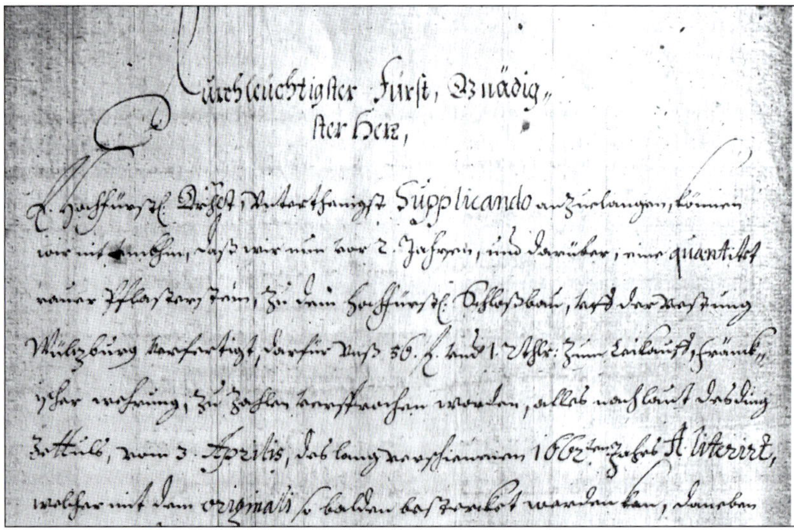

Solnhofer Steinbrecher erbitten vom Ansbacher Markgrafen die Bezahlung einer Steinlieferung für die Festung Wülzburg. StA Nürnberg, Fürstentum Ansbach, Archivakten 1852.

Durchlauchtigster Fürst, gnädster Herr,

E.[uer] Hochfürstl. Durchl[auch]t, Untertänigst Supplicando [demütig bittend] *anzuerlangen, können wir nit umbhin, daß wir nun vor 2 Jahren, und darüber, eine* quantitet *rauer Pflasterstein, zu dem Hochfürstl. Schloßbau, uff der Vestung Wülzburg verfertigt, darfür uns 56 fl un 1 rthlr* [Reichstaler] *zum Leikauf, fränkischer Wehrung, zu zahlen versprochen worden, alles nach lauf des Dingzettels, vom 3. Aprilis, des lang verschienenen 1662ten Jahres* A. Litterist [schriftlich vereinbart], *welcher mit dem* originalis *so balden besterket* [bestärkt] *werden kann, daneben …*

Markgrafenschloss Ansbach. Fliesensaal und Gardesaal.

Zocha leitete, kamen Solnhofer Steine nach Ansbach. 1726/27 ließ Zocha damit Teile des Fußbodens in den Gästeappartements und im Tafelzimmer neu belegen. Im Tafelzimmer, wegen der Wandverkleidung auch Fliesensaal genannt,[11] liegen Solnhofer Platten in den Fensternischen, wie auch im übernächsten Familienzimmer als Fries entlang der Wände. Die Garderobenräume und die Alte Hofstube (Tafelstube) hatten ursprünglich einen Solnhofer Fußboden, der bei späteren Umbauten durch einen Parkettfußboden ersetzt wurde.[12]

Auch in der dritten Umbauphase unter dem lombardischen Architekten Leopold Retty (1731–49), waren Solnhofer Platten noch gefragt. 1732 machte Retty sich an den Bau der Galerien, der bis 1737 dauerte. In einem Schreiben vom 11. Mai 1736 schlug er vor, *drey Gallerien im Hochf.*[ürstlichen] *Schloßhof zu verbuzzen und mit Solnhofer Marmor-Blatten zu belegen*.[13] Nach seinem 1733 vorgelegten Plan sollte der Fußboden des vor dem Festsaal im ersten Obergeschoss gelegenen Gardesaals aus Holz (Parkett) sein.[14] Damit war der Markgraf nicht einverstanden. Er verlangte einen Fußboden aus Solnhofer Platten, wohl aus der Überlegung, dass die schweren Stiefel beim Aufmarsch der Garde den Holzboden ruiniert hätten.[15] Bei der Ausstattung des vom Festsaal

1834 haben wir nach Ansbach zum Königl. Bau-Magazin Verwaltung, dem H. Mauriti (nach)stehende Steine gesendet

	f x
800 12zöllige à 6 x	80.–
100 18zollige geschl. à 15 xr	25.–
200 14zöllige à 9 xr	30.–
200 16zöllige à 12 xr	40.–
100 Mauletschen [Rosenspitze]zu 14zölligen 9 x	15.–
Summa	190.–

60 Simmst [Fenstersimse], 5'l. 12 b. mit Rundst[ab]. et Carnis[Profil] à 1 fl 40

1100 12zöllige nachmalen geliefert.

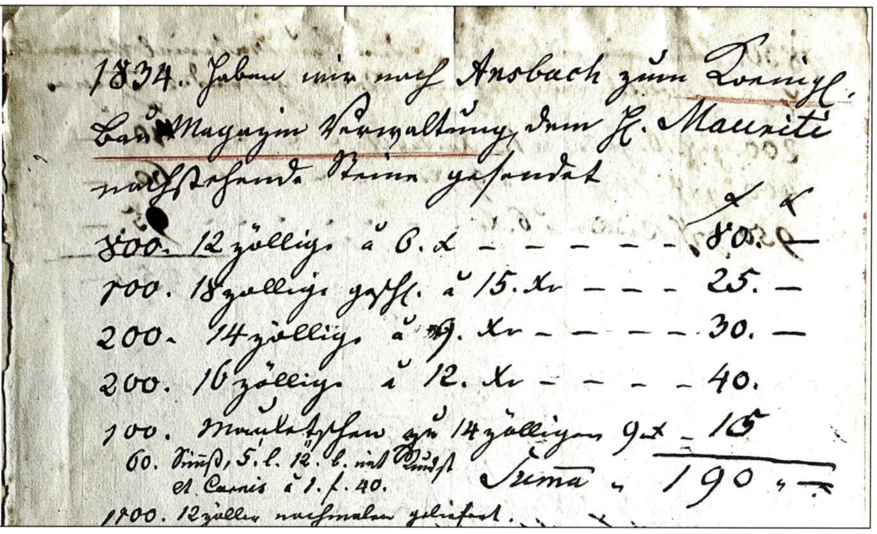

Steinlieferungen der Solnhofer Firma Friedrich & Wilhelm Arauner an das Ansbacher Schloss. Gemeindearchiv Solnhofen.

Weveldhaus in Neuburg/Donau. Besonders großformatige Rechteckplatten in einem Erker. Um 1715.

weggehenden Ersten Vorzimmers des Markgrafen verlief die Fußbodenfrage umgekehrt. Retty fragte den Markgrafen, ob er das Zimmer *mit Marmor, welches zwar sehr kostbar, und zum Gehen sehr glatt seyn wird, oder mit Sollenhofer steinen belegen laßen solle*.[16] Hier wurde erstmals richtig zwischen echtem Marmor und dem Solnhofer Stein als polierfähigem Kalkstein unterschieden. Der Anfrage ist zu entnehmen, dass Retty die geschliffenen Solnhofer Platten für weniger glatt und damit weniger rutschgefährdend hielt. Der Markgraf wollte in seinem Vorzimmer jedoch keinen Solnhofer Stein, vielmehr einen gemischten Belag aus schwarzem und rotgeädertem Marmor.[17] 1736 verlegte ein Maurer noch Fußböden mit Solnhofer Platten und in der Westecke der Residenz Solnhofer Treppen bis zum Dachgeschoss.[18]

Antiquarium der Münchner Residenz.

Auch im 19. Jahrhundert gab es für das Markgrafenschloss Bedarf an Solnhofer Steinen. Das belegen Lieferungen der Solnhofer Firma Friedrich & Wilhelm Arauner an das Königliche Bau-Magazin, die sie 1834 ausführte. Darunter waren 2000 12zöllige Steine, die wahrscheinlich zur Erneuerung des Fußbodens im Gardesaal vorgesehen waren, dessen Ausmaß ziemlich genau mit diesen Platten belegt werden konnten.

Das Weveldhaus in Neuburg/Donau ist ein Stadtpalais, das der schon genannte eichstättische Architekt Gabriel de Gabrieli 1714–16 barock umbaute und das heute das Stadtmuseum beherbergt. Der Mörnsheimer Steinmetz Simon Bittl lieferte dazu das Pflaster, Fensterbänke und Treppen.[19] Der Fletz im Erdgeschoss ist mit 18 Zoll-Platten belegt, der anschließende Raum mit 5 cm starken Überlängen in einer Breite von 40 cm und Längen von 54 bis 74 cm, die aber nicht mehr bauzeitlich sind.[20] Bauzeitlich sind dagegen die großformatigen 24 Zoll-Quadratplatten (58 × 58 cm) in der Diele des ersten und des zweiten Obergeschosses und die für diese Zeit außergewöhnlich großen rechteckigen Platten von 120 × 85 cm im Erker des ersten Obergeschosses.[21] Unweit von Neuburg liegt donauaufwärts das Schloss Bertoldsheim, auch ein Bau von Gabriel de Gabrieli, der von 1718–30 entstand und der ebenfalls mit Solnhofer Platten ausgestattet wurde, die 1727 der Mörnsheimer Johann Hänle lieferte.[22]

Als die Freie Reichsstadt Augsburg den lutherischen Glauben einführte, sich die Auseinandersetzungen zwischen dem Fürstbischof und der auf Unabhängigkeit bedachten Reichsstadt häuften und die Augsburger Patrizierfamilien immer einflussreicher wurden, verlegte der Fürstbischof seine Residenz nach Dillingen an der Donau. Um das Burgschloss den Erfordernissen einer barocken Hofhaltung anzupassen, ließ er es in den 1680er Jahren barock umbauen. 1690/91 kam es zur Erneuerung der Innenausstattung. *Johannes Händler* [Hänle], der zu dieser Zeit hauptsächlich in der Benediktinerabtei Neresheim tätig war, lieferte die Steine für den Fußboden im *Cabinet* (Besprechungs- und Arbeitsraum für Regierungsgeschäfte). Ein Jahr später kam es zu einer weiteren Lieferung, die Hänle, diesmal *Johan Henlin* genannt, zusammen mit einem anderen Steinmetz ausführte.[23]

Im Bistum Augsburg lag auch das schon erwähnte adelige Damenstift Edelstetten. Die Flurböden des Stiftgebäudes, das nach der Säkularisation die Fürstenfamilie Esterházy de Galantha als Residenz erhielt, sind mit Solnhofer Platten belegt. Im ersten Obergeschoss des Westflügels befindet sich der »Steinerne Saal«, so genannt, weil er einen Fußboden aus Solnhofer Platten im Rosenspitzformat hat.[24] Im Park stand ein *aus gehauenen Solnhofer Steinen* gebautes Sommerhaus.[25] Dieser Formulierung ist zu entnehmen, dass diese Steine nicht Bodenplatten, sondern Mauersteine waren, die für Hausbauten verwendet wurden.

In der Münchner Residenz bestanden viele Steinfußböden aus Platten aus dem Kelheimer Raum, aber auch aus dem Solnhofer Bruchgebiet.[26] Das trifft auch auf die weitgehend kriegsverschonten Schlösserbauten

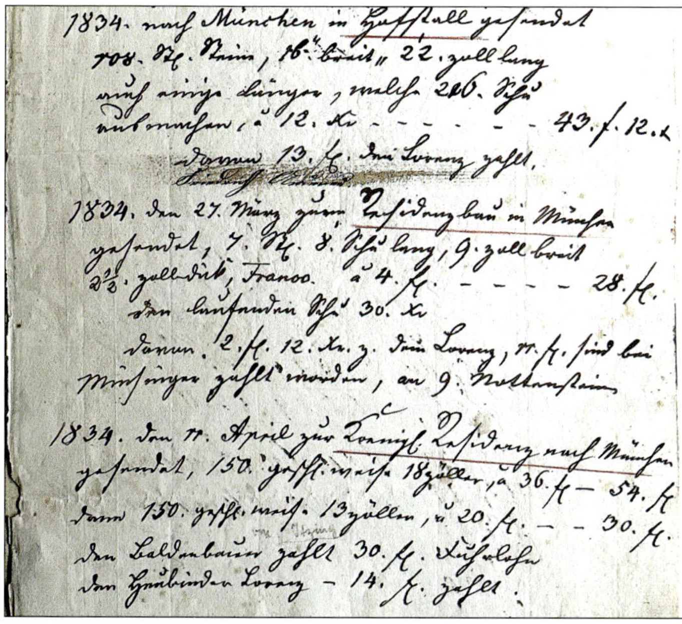

1834 nach München in Hofstall[Marstall] gesendet
108 Stl. Stein, 16" breit, 22 Zoll lang,
auch einige länger, welche 216 Schu
ausmachen à 12 xr — 43 f 12 x
Davon 13 fl den Lorenz zahlt
Friedrich (?)

1834, den 27. März zum Residenzbau in München
gesendet, 7 St. 8 Schu lang, 9 Zoll breit
2 ½ Zoll dick, Franco à 4 fl — 28 fl
Den laufenden Schu 30 xr
Daran 2 fl 12 xr z. de, Lorenz, 11 fl sind bei
Minsinger zahlt worden, an 9 Nottensteinen

1834, den 11. April zur Königl. Residenz nach München
gesendet, 150 geschl. weise 18zöller à 36 xr — 54 fl
Dann 150 geschl. weise 18zöllige, à 36 fl — 30 fl
Den Baldenauer zahlt 30 fl Fuhrlohn
Den Heubinder Lorenz 14 fl zahlt

Steinlieferungen der Solnhofer Firma Arauner an die Münchner Residenz. Gemeindearchiv Solnhofen.

Nymphenburg und Schleißheim zu. Im Einzelnen fällt die Herkunftsbestimmung des Fußbodenmaterials selbst Experten schwer. Ein Beispiel ist das von 1568–71 errichtete und danach zu einem Festsaal ausgebaute Antiquarium der Residenz. Wolf-Dieter Grimm beschreibt die Herkunft der Bodenplatten sehr unklar. Er weist auf Dokumente des Jahres 1579 hin, in denen die Steinbrüche bei Kelheim und Saal erwähnt werden.[27] Dann führt Grimm aus, die Steine des Antiquariums und der daneben liegenden Grottenhalle seien nicht nur aus dem Kelheimer Raum gekommen, sondern auch aus der Umgebung von Eichstätt, Solnhofen und Mörnsheim.[28] In einem anderen Zusammenhang erklärt er dagegen, der Bodenbelag des Antiquariums und der Grottenhalle bestünde neben Adneter und Tegernseer Marmor auch aus Steinen aus dem Fränkischen Jura des Typs »Solnhofer Plattenkalkstein«, mit Herkunft möglicherweise aus dem Revier Kelheim/Saal.[29]

Beim Wiederaufbau des Antiquariums wurde der kriegszerstörte mittlere Bereich des Fußbodens mit Solnhofer Platten und Adneter Platten erneuert. Dieser Teil hebt sich deutlich wahrnehmbar durch unterschiedliche Farbigkeit und Oberfläche von den unzerstörten Teilen mit seinen Abnutzungsspuren ab. Die breiten Streifen an den Längs- und Querwänden, im diagonalen Schachbrettmuster verlegt, sind im unzerstörten Teil jedenfalls erst nach 1668 verlegt worden, weil es vorher keine grauen Platten gegeben hat.[30] Im 19. Jahrhundert bestand für die Residenz ein Bedarf an Solnhofer Platten. 1834 lieferte die Solnhofer Firma Arauner (wahrscheinlich war es die Firma Friedrich & Wilhelm Arauner) Steine für die Residenz und den Marstall.

In der wiederaufgebauten, im Krieg weitgehend zerstörten Residenz, bestehen die Steinfußböden aus originalen Böden verschiedener Bauepochen, Rekonstruktionen und aus modernen Neuschöpfungen der Zwischen- und

Schloss Schleißheim bei München. Treppengang und Vestibül.

Nachkriegszeit, meist in Bereichen, die als neutrale Museums- und Ausstellungsräume wiederhergestellt wurden.[31] Dabei kamen auch Solnhofer Steine zum Einsatz.

Detailliert aufgearbeitet sind die Quellen zur Baugeschichte der Münchner Schlösser Nymphenburg und Fürstenried sowie Schleißheim im Münchner Umfeld.[32] Verlegt wurden *Kelhammer Bladten*, Solnhofer Platten werden nur einmal erwähnt. Lieferanten und wohl auch Verleger der Steine waren Mitglieder der Steinfamilie Hänle aus Zandt.[33] Nicht immer ist darauf Verlass, ob es tatsächlich auch Kelheimer Platten waren, weil diese Bezeichnung oft auf Solnhofer Platten angewandt wurde.[34] 1738 lieferte beispielsweise *Balthasar Händte* (Hänle) aus Zandt 638 Platten im 21 Zoll-Format (51 × 51 cm) für die Badenburg im Park des Schlosses Nymphenburg.[35] Die Größe dieses Formats drückt sich entgegen der sonst üblichen Abrechnung nach 100 Stück bereits in der Einzelabrechnung von 15 x pro Stück aus. Platten dieser Größe und der damit verbundenen Stärke wurden in den Brüchen des Kelheimer Raums nicht gebrochen. Daher ist davon auszugehen, dass sie aus dem Solnhofer Gebiet kamen. Viele Fußböden in Nymphenburg und Schleißheim tragen jedoch das Aussehen des weißlichen und weicheren Kelheimer Steins. Kommt dieser in den Quellen vor, dann meist mit der Bezeichnung *kellhamer weisse Blatten*.[36]

Auffallend ist, dass in Schleißheim das 1725 mit Kelheimer Platten verlegte Pflaster in der Eingangshalle (Vestibül) bereits 1735 reparaturbedürftig war und bis 1758 drei weitere Reparaturarbeiten erfolgten.[37] 1746 erledigte diese Arbeit Ambros Hänrel (Hänle),[38] Mitglied der Steinmetzfamilie aus Zandt. Hundert Jahre später war dieser Fußboden so ruinös, dass er ersetzt werden musste. Die Solnhofer Firma Ferdinand Arauner erhielt den Auftrag, dazu die Steine zu liefern. Es waren 3839 Platten. Dafür gab die Königliche Hofbauintendanz die beachtliche Summe von 2089 fl aus.[39] Für die *Herstellung des Pflasters im Vestibül des neuen Schlosses mit Solnhofer und Marmorplatten samt hierzu verwendetem Zement* entlohnte die Hofbauintendanz den Steinmetz mit 1613 fl.[40] Solnhofer Platten sind auch in der Sala terrena sowie im Treppenhaus verlegt.[41]

Auch im Münchner Schloss Nymphenburg waren Solnhofer Platten gefragt. 1760 lieferte *Thomas Zünsmeister Stainmez und Cronenwürth zu Mörnsheimb* insgesamt 722 geschliffene Platten unterschiedlicher Größe. Darunter waren 226 von besonderer Größe, denn hundert Stück kosteten 38 fl, eine Platte also 23 x. Dieser hohe Preis wird nicht nur auf die Größe, sondern auch auf eine besondere Bearbeitung zurückzuführen sein.

2 Bibliotheken

Die prächtigen Bibliotheken des Barocks und Rokokos, die wir heute noch bewundern, waren in erster Linie Klosterbibliotheken. Ursprünglich dienten sie der bloßen Aufbewahrung und dem Studium biblischer und theologischer Werke. Mit Beginn der Renaissance wurden sie zu Stätten der Gelehrsamkeit, der Förderung der Wissenschaften und der Repräsentation. Entstanden sind großartige Raumschöpfungen. Merkmale sind die geschwungenen Formen des Raums, die farbigen Büchergestelle, die säulengestützten Galerien, die programmatischen Malereien und die blickfangenden Deckenfreskos. In dieser barocken Üppigkeit und Festlichkeit sind sie Festsäle für Bücher. Einen Teil zum Gesamteindruck tragen auch die oft reich gestalteten Fußböden aus Solnhofer Stein bei.

Süddeutschland

Beim Neubau der Reichsabtei Ottobeuren war die Bibliothek selbstverständlicher Teil des Raumprogramms. Errichtet wurde sie von 1715–17 im zweiten Obergeschoss als eineinhalbgeschossiger Saal mit einer von 20 Doppelsäulen getragenen Galerie. Die Saalgestaltung übernahm der Ordensbaumeister Christoph Vogt, die Fußbodengestaltung der Mörnsheimer Steinmetz Johann Hänle, wobei sicherlich eine Mitwirkung Vogts anzunehmen ist. Wie das Pflaster aussehen sollte, dazu legte Hänle im Frühjahr 1715 eine detaillierte Entwurfszeichnung vor.[42] Ob er die kunstvolle und farbige Zeichnung selbst angefertigt hat oder sie anfertigen ließ, muss offen bleiben. Dass Hänle, der gerade erst wenige Monate zuvor seinen ersten Auftrag von Ottobeuren erhalten hatte, bereits an der Gestaltung eines so bedeutenden Raums beteiligt war, könnte damit zusammenhängen, dass ihm als Gestalter des Fußbodens im Salemer Kaisersaal ein guter Ruf vorauseilte.[43] Die Zeichnung gibt sehr genau die Raumdisposition wieder. Unter der Galerie sah Hänle ein Fischgrätmuster vor, im offenen Bereich ein sechszackiges Rapportsternmuster, das er bereits in Salem im Kaisersaal, im Sommerrefektorium und in der Sakristei ausgeführt hatte. In der mittigen Längsachse zwischen den für die Aufstellung von Lesepulten ausgesparten Stellplätzen (gelbe Flächen) waren schachbrettartig verlegte Rauten vorgesehen.

Hänles Entwurf kam nicht zur Ausführung. Im Frühjahr 1716 erhielt er die Aufforderung, eine neue, nicht mehr erhaltene *Visier* für die Pflasterung vorzulegen, diesmal unter Berücksichtigung der bereits aufgestellten Säulen für die Galerie und der auf die Galerie führenden Treppen.[44] Im Jahr darauf wurde auf dieser Grundlage der Steinfußboden gelegt. Das ist einer Tagebucheintragung von Abt Rupert Ness vom 20. Oktober 1717 zu entnehmen, wonach das *pavimentum* [Pflaster] in der Bibliothek nun *seine perfection* [Vollendung] *erraicht* habe.[45] Das Pflaster beeindruckte ihn so sehr, dass er fand, es könne *pro gloria Dej*, dem Ruhme Gottes dienen. Wie der Fußboden ausgesehen hat, ist nicht mehr zu ermitteln, denn schon bald wurde er entfernt und durch einen einfachen, noch bestehenden Holzboden ersetzt. Gründe sind nicht überliefert, vielleicht waren es statische Gründe. Die seit 1725 in der Mitte der Bibliothek aufgestellte Athena-Figur entspricht in der Position dem Zentralstern in den Fußböden der nachfolgend beschriebenen Klosterbibliotheken Schussenried und Wiblingen. Darin könnte ein Hinweis liegen, dass der Ottobeurer Bibliotheksboden ähnlich ausgesehen hat.

Von 1665 bis 1669 entstand in Amberg das baulich ausgedehnte Jesuitenkolleg, das Amberg zum

Klosterbibliothek Ottobeuren.

Aktueller Zustand.

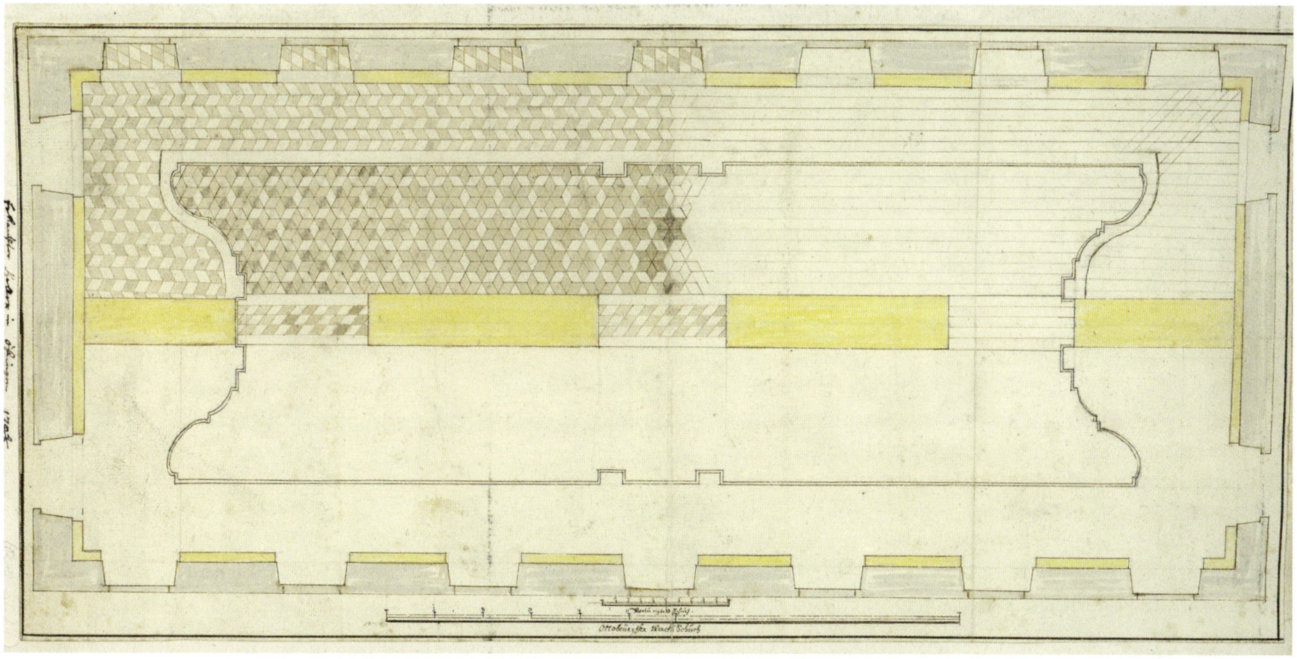

Plattierungsvorschlag Johann Hänle für die Bibliothek 1715. Klosterarchiv Ottobeuren.

jesuitischen Zentrum der Oberpfalz machte. In das zweite Obergeschoss des Ostflügels wurde von 1677–81 eine Bibliothek eingebaut, die 1726/27 eine Erweiterung erfuhr und bei dieser Gelegenheit einen neuen Fußboden aus Solnhofer Platten erhielt.[46] In den Jahresbriefen an den Provinzial in München teilte der Rektor 1727 (in Latein) mit: »Die solide Bibliothek, die mit poliertem Stein in verschiedenen Farben neu ausgelegt und durch ausgewählte Bücher erweitert wurde, fügte der ursprünglichen Schönheit eine neue Verzierung hinzu«.[47] Den Anspruch der Bibliothek verkörpert die Inschrift der Kartusche über dem Eingangsportal: »Sapientiae Sedes« (Sitz der Weisheit). Steinlieferant wird Johann Georg Hänle gewesen sein, dessen Vater Georg 1670 vom Rat der

Provinzialbibliothek Amberg. Zentrales Sterngebilde und Sterngebilde an den Schmalseiten.

▶▶ Klosterbibliothek Wiblingen.

Stadt Amberg einen seiner ersten Aufträge für das Pflaster der Stadtpfarrkirche St. Martin erhielt. Der Umfang der Lieferung lässt sich aus der in den Jahren 1984–86 durchgeführten Renovierung erschließen. Zur Verstärkung der Decke wurde der Fußboden nach einer genauen Planaufnahme herausgenommen und wieder verlegt. Die Planaufnahme ergab exakt 2077 Platten.[48]

Die Konfiguration des aus hellen und grauen Platten bestehenden Fußbodens ist von besonderer, sonst nicht anzutreffender Art. In der Mitte des längsrechteckigen Bibliothekssaals befindet sich ein Gebilde mit vier konzentrischen Kreisen. Im ersten gleicht das Pflaster einem sechsspeichigen Rad. Der zweite und der dritte Kreis sind derart miteinander verbunden, dass Drachenvierecke entstehen. Der äußere vierte Kreis umschließt das Gebilde mit breiten grauen Solnhofer Platten. Eingebettet ist das Gebilde in Rosenspitze mit Einlegern. An den Schmalseiten des Saals befindet sich jeweils auch ein außergewöhnliches Sterngebilde. Die zwölf Zacken des Sterns stoßen in einen zehneckigen grauen Streifen vor, der seinerseits von einem hellen zehneckigen Streifen umgeben ist. Deutlich zeigt sich, welche mühsame und penible Verlegearbeit erforderlich war, um diese Gebilde mit unterschiedlichsten Teilen und Teilchen in den umgebenden Rosenspitzfußboden zu integrieren.

Die oberschwäbischen Klosterbibliotheken von Wiblingen, Schussenried und Ochsenhausen verkörpern den Idealtypus einer Bibliothek des Barocks und Rokokos: längsrechteckig, zweigeschossig, säulengetragene Umlaufgalerie, Deckenfresko mit einem reichen Bildprogramm. Ein viertes Element kommt hinzu: der Steinfußboden aus Solnhofer Platten.

Von 1714 (Beginn des Klosterbaus) bis 1783 (Weihe der Klosterkirche) verwandelte sich die Benediktinerabtei Wiblingen bei Ulm (heute ein Stadtteil) in eine gewaltige barocke Anlage. Von 1737 bis 1740 wurde der Nordflügel des Abteigebäudes errichtet und darin von 1744 bis 1750 im zweiten Obergeschoss die Bibliothek eingebaut. Sie ist die farbenprächtigste und schmuckreichste Oberschwabens, schon dem Rokoko verbunden und in ihrer Ausstrahlung ein glanzvoller Höhepunkt dieses Bautyps.

Klosterbibliothek Schussenried. Mittiger 16zackiger Stern.

Klosterbibliothek Ochsenhausen.

Der Historiker Otto Feger hält diese Bibliothek für »ein seltenes Juwel in Gold gefaßt und in wertvoller Schatulle auf leuchtendem Samt verwahrt«, in der die Mönche von Wiblingen »den Schatz ihrer Bücher in die kostbarste Fassung eingebettet« haben.[49]

Was den Fußboden aus gelblichem und grauem Solnhofer Stein angeht, wird er widersprüchlich als »von geradezu gesuchter Einfachheit« beschrieben, um dann doch zu betonen, das Pflaster bringe »so recht die solide Unterlage für den reichen Aufbau zum Ausdruck«.[50] Mit seiner dreifachen Gliederung ist dieses Pflaster alles andere als einfach. In dem von den Galeriesäulen umsäumten offenen Innenraum besteht das Pflaster aus einem sechszackigen Rapportsternmuster mit hellen Zacken und grauen Füllrauten. Eingefasst wird er von einem Streifen aus rechteckigen hellen Platten, auf denen die Basen der Galeriesäulen stehen. Unter der Galerie hat der Fußboden ein diagonales Schachbrettmuster.

In der ehemaligen Prämonstratenser-Reichsabtei Schussenried befindet sich ein überaus festlicher, von 1755–61 ausgestatteter Bibliothekssaal, der einen Vergleich mit Wiblingen nicht zu scheuen braucht.[51] Im Gegenteil, zur Festlichkeit des Raums trägt ein Fußboden bei, der den in Wiblingen übertrifft. Er besteht aus diagonal verlegten Rosenspitzen mit Einlegern und einem großen sechzehnzackigen kreisgefassten Stern, der die Raummitte hervorhebt und zugleich die Verbindung in das Muldengewölbe der Decke schafft, in der das Wirken der göttlichen Weisheit dargestellt ist.

Geliefert wurden die *Eichstätter Besetzplättlein* 1759 von Johannes Kelz aus Mörnsheim, der zu dieser Zeit in der Benediktinerabtei Neresheim tätig war, wie das Rechnungsbuch vermerkt: *Die geschliffenen Stein in die Neue Bibliothek seind mit Joannes Kelz von Neremsheimb veraccordiert worden, der gepflasterte Schuhe per 7 x.*[52] Die Steine musste er auf seine Kosten bis Ulm liefern. Wie anspruchsvoll das gewählte Bodenmuster ist, ermisst sich zudem auch daraus, dass das Zurichten und Verlegen der Steine 167 Tage dauerte.[53] Im Rechnungsbuch ist weiter festgehalten, dass der Lieferumfang für den Bibliotheksboden *4014½ Schueh* betrug. Schaut man sich den Fußboden um die Bücherschränke und die Umkleidung der Säulenbasen genau an, liegt der Schluss nahe, dass das Pflaster schon vor diesen Einrichtungen gelegt war. Ansonsten hätte der Anschluss viele Kleinteile erfordert, die nicht zu sehen sind.

Keine der großen oberschwäbischen Abteien vermittelt mit seiner monumentalen Fassade in erhobener Lage einen so mächtigen und schlossartigen Eindruck wie die ehemalige Benediktiner Reichsabtei Ochsenhausen (Abb. S. 157). Der Abt ließ die Klosteranlage ab 1725 barock umbauen und ausbauen, nicht aber wie in anderen Fällen neu bauen. Zuerst kam die Kirche an die Reihe, in der Solnhofer Platten im Rosenspitzmuster verlegt sind,[54] danach folgten in mehreren Schritten der Konvent und die Prälatur. Letzter Bautrakt war der Nordflügel, in den von 1785 bis 1791 im Obergeschoss der zweigeschossige Bibliothekssaal mit umlaufender Galerie eingebaut wurde, der letzte in Oberschwaben. Passend zur späten Errichtungszeit strahlt der Saal nicht die barocke Pracht der Wiblinger und Schussenrieder Bibliothek aus. Er spiegelt vielmehr die sachliche Nüchternheit des frühen Klassizismus wider, die noch durch die Größe (435 qm) und das Entfernen der Bücherschränke unter der Galerie unterstrichen wird. Zur Festlichkeit des Raums trägt auch nicht der Solnhofer Fußboden bei, dessen Platten im Rahmen der Sanierung des Konventbaus in den Jahren 1974–84 in der Farbverteilung unsystematisch diagonal verlegt wurden. Unterbrochen wird die Nüchternheit des weiß getünchten und ohne Bestuhlung leer wirkenden Saals allein durch die Deckenfresken, die sich ebenfalls wie in Wiblingen und Schussenried dem Thema der göttlichen Weisheit widmen.

Österreich

Obwohl die Bibliotheken der österreichischen Stifte die deutschen Bibliotheken mitunter an äußerer und innerer Pracht und Raumgröße übertreffen, fällt auf, dass die Steinfußböden dagegen einfacher gestaltet sind. Meist haben sie nur ein lineares Muster, vornehmlich das Schachbrettmuster.

Die Bibliothek im baulich ausladendem Benediktinerstift Melk, die von 1731–35 ausgestattet wurde, gehört zu den prachtvollsten in Österreich. Aufgeteilt ist sie in einen großen und kleinen Saal, die beide mit einem Solnhofer Fußboden in Schachbrettmuster belegt sind. Dieses Muster wiederholt sich im Stift an vielen Stellen, in der Kirche, im Marmorsaal und in den Gängen. Aus der Literatur und den dort zitierten Quellen geht nicht hervor, wer das Pflaster geliefert hat.

Obwohl der prächtige barocke Neubau des Augustiner-Chorherrenstifts St. Florian bereits um 1700 einsetzte, entstand die Bibliothek erst in den Jahren 1745 bis 1750. Auch sie gehört zu den größten und schönsten Barockbibliotheken Österreichs. Für den Steinfußboden bezog das Stift, wie schon zuvor, Bodenplatten von der Floßunternehmer- und Steinhändlerfamilie Ott aus Lechbruck. 1747 lieferte Georg Ott 400 »geschliffene zweischuhige« Platten für 45 fl pro 100 Stück.[55] Der hohe Preis erklärt sich aus der Größe der Platten von 60 × 60 cm. Dazu kamen weitere 800 »ordinäre [gewöhnliche Größe] geschliffene« Platten, d. h. halbgeschliffene und 700 »ordinäre rauhe«. Im selben Jahr ergänzte Karl Ott diese Lieferung mit weiteren 400 Stück geschliffener zweischuhiger, 600 ordinär geschliffene und 400 ordinäre raue Platten. Diese Lieferungen werden der Bibliothek zugeordnet.[56] Das kann nicht auf die 1100 bruchrauen Platten zutreffen, die für den Fußboden einer barocken Bibliothek unvorstellbar sind. Für den Bibliotheksboden waren die 800 geschliffenen zweischuhigen Platten bestimmt. Diese Menge korreliert mit der Grundfläche des Bibliothekssaals von 275 qm, die ziemlich genau mit 800 Platten des Formats 60 × 60 zu belegen ist. Der Fußboden ist noch bauzeitlich. Die große Zahl der übrigen 1747 gelieferten Steine, etwa 2500, wurden in den Gängen und anderen Räumen des Stifts verlegt.

Ähnlicher Pracht und Größe kann sich die Bibliothek des Benediktinerstifts Altenburg rühmen, in der Solnhofer Steine im diagonalen Schachbrettmuster verlegt sind. Durch seine große Länge und den chorartigen Abschluss hat der Saal eine fast kirchliche Wirkung. Einen Solnhofer

Klosterbibliothek des Benediktinerstifts Melk.

Vorraum und Großer Saal.

Weitere österreichische Klosterbibliotheken mit Solnhofer Fußboden

Zisterzienserstift Heilig Kreuz.

Benediktinerstift Seitenstetten.

Zisterzienserstift Lilienfeld.

Benediktinerstift Altenburg.

Zisterzienserstift Schlierbach (mit Adneter Rotmarmor).

Klosterbibliothek St. Florian.

Fußboden haben auch die Bibliotheken der Zisterzienserabteien Heiligenkreuz (Rosenspitz) und Schlierbach (Solnhofer/Adneter Schachbrettmuster). Die Zisterzienser der Abtei Lilienfeld wählten zu der prachtvoll stuckierten Decke ihrer Bibliothek einen hellen mit leicht grauen Platten durchmischten Fußboden, ebenso die Benediktiner in der Abtei Seitenstetten.[57]

3 Festsäle

Festsäle in klösterlichen, fürstbischöflichen und weltlichen Residenzen waren im Barock und Rokoko Ausdruck eines herrscherlichen Bewusstseins. Sie dokumentierten Status und Bedeutung. Das zeigt sich insbesondere in den Kaisersälen, in denen die Reichsfürsten mit einem ikonologischen Programm malerisch und teils auch figürlich dem Kaiser huldigten.[58] Nachfolgend wird daher zwischen Allgemeinen Festsälen und Kaisersälen unterschieden. Zur Kategorie Kaisersaal werden unabhängig von ihrer Benennung nur die Säle gerechnet, die in Malerei, Plastik oder anderer Form einen erkennbaren Kaiserbezug aufweisen.

Allgemeine Festsäle

Im Gästebau der Benediktinerabtei Neresheim befindet sich ein von Dominikus Zimmermann, Schöpfer der Wieskirche, entworfener und stuckierter Festsaal,[59] in dem ein in Gestaltung und Wirkung vortrefflicher Solnhofer Steinfußboden liegt. Die Wertschätzung dieses Fußbodens hat in der Literatur Niederschlag gefunden. Ein Urteil lautet: »Den festlichen Glanz des Saals steigert beträchtlich der Fliesenboden aus verschiedenfarbigem Solnhofer Marmor zu kunstvollen Sternen zusammengesetzt«.[60] Hervorgehoben wird zudem die Proportion des Raums, die ihm »sein eigenes, individuelles und ihm erträgliches Maß« verleiht.[61] Die Geschichte des Fußbodens ist etwas rätselhaft.

Anfang Juli 1712 kam es mit Johann Hänle aus Mörnsheim zu einer Vereinbarung über die Lieferung von *600 sechseckigen* Rädelein und 2356 geschliffenen Steine*n in den Saal gehörig*.[62] Dieser »Saal« war der Festsaal, denn einen anderen Saal hat die Abtei nicht. Die Sechseckplatten sind einem Gang in der Abtei zuzuordnen, in dem sie noch heute liegen. Das Aussehen des Fußbodens glich dem im Refektorium (Abb. S. 178).[63] Dann ist die Rede von einer zweiten Ausstattung. Nach einigem Bemühen gelang es dem Abt Anfang 1719 dafür Dominikus Zimmermann zu gewinnen. Schon im Februar legte Zimmermann einen *Riss* (Entwurf) für den Stuck vor, den er zusammen mit seinen Gehilfen von April bis November umsetzte. Nach Paulus Weißenberger, Bibliothekar und Archivar der Abtei, wurde dann im Februar 1720 ein »neuer, kunstvoller Fließenboden an den Steinmetz Joh. Hönle von Mörnsheim vergeben«, der trotz der komplizierten Konfiguration und des häufigen Farbwechsels schon am 3. Oktober gelegt war.[64] Unmittelbar danach wurde der Festsaal am 15. Oktober mit einer musikalischen Aufführung feierlich eröffnet. Es ist nicht recht verständlich, dass der schon sehr aufwändige Fußboden des Jahres 1712 bereits acht Jahre danach mit einem noch aufwändigeren ersetzt wurde. Sollte der neue Fußboden ein gleichwertiges Gegengewicht zur kunstvollen neuen Deckenstruktur Zimmermanns sein?

In dem schmalen längsrechteckigen, mit 6 m nicht sehr hohen Raum (225 qm) fällt der Fußboden deutlich auf. Die Mitte markiert ein von einem Kreisring gefasster achtzackiger Stern, der über einen Längsstreifen in Richtung beider Stirnwände mit einem weiteren gefassten, etwas kleineren achtzackigen Stern verbunden ist. Der Längsstreifen und die drei Querstreifen enden an den Stirnwänden mit einem Halbkreisstern. Der Fußboden ist dadurch in acht Felder aufgeteilt, in denen jeweils von einem ungefassten hellen achtzackigen Stern Strahlen in

Festsaal der Benediktinerabtei Neresheim.

Benediktinerabtei Ottobeuren. Fußboden des Salettls.

alle Richtungen ausgehen (Abb. S. 131). In der ersten Hälfte des 20. Jahrhunderts wurde der bauzeitliche Boden in einem Zementbett in originaler Gestalt neu verlegt. Wegen der festen Verbindung mit dem Zementbett verzichtete man bei der Renovierung des Konventbaus in den Jahren 1987–95 auf eine Ertüchtigung der Fußbodendecke, weil man zu große Schäden für den Fußboden befürchtete. Lediglich im Bereich der Westfenster wurden einige Öffnungen vorgenommen.[65]

Das Salettl in Ottobeuren weist eine auffallende Ähnlichkeit mit dem Neresheimer Festsaal auf. Im Salettl speiste der Abt mit hochrangigen Gästen.[66] Abt Rupert Ness bedeutete das Salettl so viel, dass er selbst das anspruchsvolle Ausstattungsprogramm festlegte. Zu diesem Anspruch gehörte auch der Fußboden. Ein achtzackiger kreisgefasster Stern hebt die Raummitte hervor. Zugleich verweist er auf das darüber liegende Deckengemälde des Siebten Weltzeitalters mit Christus als Erlöser der Welt. Von diesem Zentralstern verlaufen vertikal

Salettl.

und horizontal helle Streifen bis zu den Wänden, die den Fußboden in vier gleich große Felder teilen. In jedem dieser Felder breiten sich von einem ebenfalls achtzackigen Stern Strahlen mit hellen, grauen und auch blauen Solnhofer Rauten bis an die Ränder aus. In dem nicht großen Salettl (90 qm) entfaltet dieser aufwändige Fußboden eine beeindruckende Wirkung. Die Steine kamen von Johann Hänle aus Mörnsheim, der im Januar 1720 das letzte Mal 1400 Steine nach Ottobeuren lieferte.[67] Sein Nachfolger Joseph Ottinger verlegte sie 1721. Wahrscheinlich stammt die Gestaltung des Fußbodens von Hänle, der seine Erfahrungen mit dem Neresheimer Fußboden einbringen und im Ottobeurer Salettl fortentwickeln konnte.

Nach der Unterbrechung des 1698 begonnenen »Neuen Baus« im Jahre 1702, in dem bereits Solnhofer Steine verlegt worden waren,[68] erlebte die Zisterzienserabtei Ebrach ab 1715 eine zweite Bauphase, in der unter Balthasar Neumann, renommierter Baumeister und Architekt, eine große barocke Klosteranlage entstand. Auch in dieser Phase bestellte die Abtei Solnhofer Bodenplatten. Nicht sicher, aber anzunehmen ist, dass damit 1722/23 auch der Festsaal im großen Mittelgebäude gepflastert wurde. Dieser Saal trägt zu Unrecht die Bezeichnung Kaisersaal, da er keinen einzigen Kaiserbezug aufweist, auch nicht in den noch vorhandenen Skulpturen. Im heutigen Zustand hat der Saal einen orthogonal im Rosenspitzmuster verlegten Solnhofer Fußboden, der vor einiger Zeit abgehoben, abgeschliffen und nach Einbringung von Elektroleitungen wieder eingebaut wurde.[69]

Die Zisterzienser Reichsabtei Kaisheim errichtete von 1716 bis 1721 eine neue barocke Anlage. Im zweiten Geschoss des Abtgebäudes kam der *große Saal* zu liegen, der später die Bezeichnung Kaisersaal erhielt, obwohl er keiner ist, weil in ihm keinerlei kaiserliche oder reichsbezogene Zeugnisse zu sehen sind, weder malerische noch plastische. Die Äbte legten jedoch Wert auf diese Bezeichnung, um den Status der Reichsunmittelbarkeit zu unterstreichen.[70] Den Fußboden dieses Saals legte Johann Hänle. Das ergibt sich aus seinem Schreiben vom 22. April 1722 an den Abt des Benediktinerklosters Hl. Kreuz in Donauwörth, in dem er für seine Gesellen eine Entlohnung von *20 x neben Cost und Liegerstatt* mit dem Hinweis verlangte, *wie auch in dem ReichsGottshaus Kaysersheimb ist gegeben worden*.[71] Dass Hänle diesen Auftrag bekam, könnte mit dem für den Kaisheimer Neubau verantwortlichen Vorarlberger Baumeister und Architekten Franz Beer zusammenhängen, der am Neubau der Zisterzienserabtei Salem beteiligt war und dabei mit dem Solnhofer Stein und vielleicht auch Hänle in Berührung kam, der 1705 die Steine für den Kaisersaal, das Sommerrefektorium und andere Räume geliefert hatte.[72] Den Kaisheimer Festsaal mit diesem Stein auszustatten lag aber auch schon deshalb nahe, als sich das Solnhofer Bruchgebiet gerade 25 km von Kaisheim entfernt befindet und daher nicht einmal Transportkosten anfielen, weil sie wie üblich bei dieser kurzen Distanz, der Lieferant zu tragen hatte.

Den Kaisheimer Saalboden hatte Johann Hänle in der Konfiguration weiter entwickelt. Obwohl der Saal kleiner ist als in Salem,[73] teilte er den Fußboden mit einem mittigen Längsstreifen und zwei Querstreifen auf, die an den Wänden mit Halbkreissternen enden und sechs Felder bilden. In den Feldern liegen sechszackige graue Rapportsterne mit mittiger gelblicher Kreisplatte. An den beiden Schnittpunkten des Längsstreifens mit den Querstreifen platzierte Hänle einen kreisgefassten achtzackigen Stern,

Festsaal der ehemaligen Zisterzienserabtei Ebrach.

Festsaal der ehemaligen Zisterzienserabtei Kaisheim.

◀◀ Festsaal Kaisheim. Unstimmigkeit zwischen Fußbodenstruktur und Wandstruktur.

◀ Apollosaal in der Orangerie der ehemaligen fürstäbtlichen Residenz in Fulda.

der von einem in den Ecken eingezogenen Quadrat umgeben ist. Allerdings nimmt der Kaisheimer Fußboden keine Rücksicht auf die Raumstruktur oder die Raumstruktur auf ihn. Während die Halbkreissterne an der äußeren Längswand genau der Fensterreihung entsprechen, stimmen sie an der inneren Längswand und an den Querwänden nicht mit den Türschwellen überein. Eine Erklärung für diese Diskrepanz kann darin liegen, dass Rohbau und Innenausstattung nicht in einer Hand lagen, so dass möglicherweise der Lieferauftrag für den Fußboden an der ursprünglichen baulichen Symmetrie des Saales ausgerichtet war, die Situierung der Portale danach aber verändert wurde. Eine weitere Diskrepanz äußerst sich darin, dass die sechs Fußbodenfelder nicht mit den fünf Deckenfeldern korrespondieren.[74]

Bei den Steintransporten wurde bereits erwähnt, dass 1733 über Marktbreit am Main eine Steinlieferung nach Fulda ging, die für den Fußboden der im Garten der Residenz der Fuldaer Fürstäbte gelegenen Orangerie bestimmt war.[75] Im Hauptsaal der Orangerie, dem Apollosaal (genannt nach dem Deckengemälde), liegt ein ebenso singuläres wie kunstvolles Muster, das als Schlingenmuster bezeichnet werden kann. Dem Aussehen nach hat es noch eine gewisse strukturelle Ähnlichkeit mit dem Rosenspitzmuster. Das Entscheidende an ihm ist die komplizierte fortlaufende Verschlingung der Mustereinheiten untereinander und mit Zwischenelementen, optisch verstärkt durch den Farbwechsel zwischen dem grauen Inneren des Musters, das helle Schlingen umgeben. Ein 16zackiger Kreisstern vermittelt die Mitte des Saals.[76]

Geliefert und wahrscheinlich auch verlegt haben die Steine *Peter Schindel und Caspar Thomas Bu[d]mann von Sulenhofen*.[77] Insgesamt wurden *2317½ Schuhe Platten von weißem Marmor gehauen und gelegt*. Jeder Schuh kostete 20 x und dazu kamen noch 19 fl 41 x für Zoll und Botenlohn, so dass die fürstäbtliche Rentenkammer 792 fl 11 x für die Steine ausgab. Für ein Fläche von 175 qm ist das viel, hat seinen Grund aber in den unterschiedlichen Formen der einzelnen Steine, aus denen dieses Muster sich zusammensetzt, deren Herstellungskosten die gängigen linearen Formate weit übertrifft. Anzunehmen ist, dass das komplizierte Schlingenmuster vom Baumeister Maximilian von Welsch entworfen wurde, der für die gesamte Planung der Orangerie verantwortlich war und sich um viele Einzelheiten des Baus kümmerte.

Kaisersäle

Kaisersäle sind eine besondere Ausprägung des Festsaals. In ihnen verkörpert sich bildlich und figürlich die Verbundenheit mit Kaiser und Reich. Zugleich dienten sie der Selbstdarstellung der reichsfürstlichen Bauherren und ihrer Herrschaft. Entsprechend prachtvoll ist die Ausstattung einschließlich der Steinfußböden. Um ihre Bedeutung auch äußerlich zu unterstreichen, treten sie in der Wandreihung als Risalit hervor und ihre Lage im zweiten, dem letzten Obergeschoss, ermöglicht das Saaldach über die umgebende Dachlandschaft hinausragen zu lassen.[78] In den Quellen wird der Saal nur selten als Kaisersaal bezeichnet,[79] meist nur als Großer Saal, Hauptsaal oder Marmorsaal wegen des Steinfußbodens. Zu einem Kaisersaal gehörten in den großen Klöstern und Residenzen auch Kaiserzimmer für die Unterbringung des Kaisers und seiner Familie.

Kaisersaalbau der Benediktinerabtei Ottobeuren mit dem Kaisersaal im zweiten Obergeschoss.

Genutzt wurden die Kaisersäle selten und nur in wenigen hielt sich je ein Kaiser auf. Vom großen und prächtigen Ottobeurer Kaisersaal sind nur wenige Nutzungen bekannt. 1766 fand dort das Festessen nach der Weihe der neuen Klosterkirche statt, zugleich auch die Feier zum tausendjährigen Bestehen der Abtei. Ein Jahr darauf kam es zu einem weiteren Festessen und 1801 zur Aufführung des Oratoriums »Die Schöpfung« von Joseph Haydn.[80] Die Kaisersäle waren nicht auf Nutzung angewiesen. Sie wirkten und wirken immer noch durch ihre bloße Existenz.

Süddeutschland

Der wohl erste Kaisersaal im Reichsgebiet, zugleich auch der größte (570 qm) und dazu noch in rein weltlicher Umgebung, entstand im frühen 17. Jahrhundert in Augsburg. Mit einem mächtigen neuen und repräsentativen Rathaus demonstrierte die reiche und freie Reichsstadt Augsburg ihre Bedeutung, die sich insbesondere im dreigeschossigen Goldenen Saal niederschlägt, der seinen Namen von der überragenden goldenen Decke hat. Der Goldene Saal war nicht nur ein festlicher Raum für Ratsversammlungen, er diente in erster Linie dem Reichsbezug, den in der Malerei an den Längswänden acht römische Kaiser und acht Kaiser des Heiligen Römischen Reichs verkörpern.[81] Im Februar 1945 wurde bei der schweren Bombardierung Augsburgs das Rathaus bis auf die Außenmauern und damit auch der Goldene Saal zerstört. In der letzten Phase der Wiederherstellung von 1980 bis 1984 entstand der Goldenen Saal wieder als Rekonstruktion.[82]

Um 1620 erhielt der Goldene Saal einen komplexen, sich über die ganze Grundfläche ausdehnenden kunstvollen Schmuckfußboden (570 qm) mit zahlreichen geometrischen und ornamentalen Mustern, gebildet aus Solnhofer Steinen sowie Adneter Rotscheck- und Grauschnöllmarmor. Er ist ein »mitbestimmendes Element der Saalarchitektur«.[83] Die Ausführung oblag dem Stadtsteinmetzmeister, der dazu im Oktober 1620 den Auftrag erhielt. Die Pflasterung zog sich bis in den Herbst 1622 hin. Der Goldene Saal ist vermutlich der erste dieser Art jenseits der Alpen.

Wie er aussah vermittelt eine wahrscheinlich vom Stadtmaler Matthias Kager entworfene Zeichnung.[84]. Auf dieser Grundlage rekonstruierte der Wiener Architekt und Denkmalpfleger Machatschek den Fußboden für die Wiederherstellung. Den Fußboden gliedern breite Bänder mit Parallelogrammen. Ein mittiges Band verläuft in Längsrichtung und drei Bänder verbinden in Querrichtung die Saaltüren der Längsseiten. In den Parallelogrammen des Längsbandes wechseln sich Adneter Grauschnöllmarmor, Solnhofer Stein und Quadrate aus Adneter Rotscheckmarmor ab, in den Querbändern

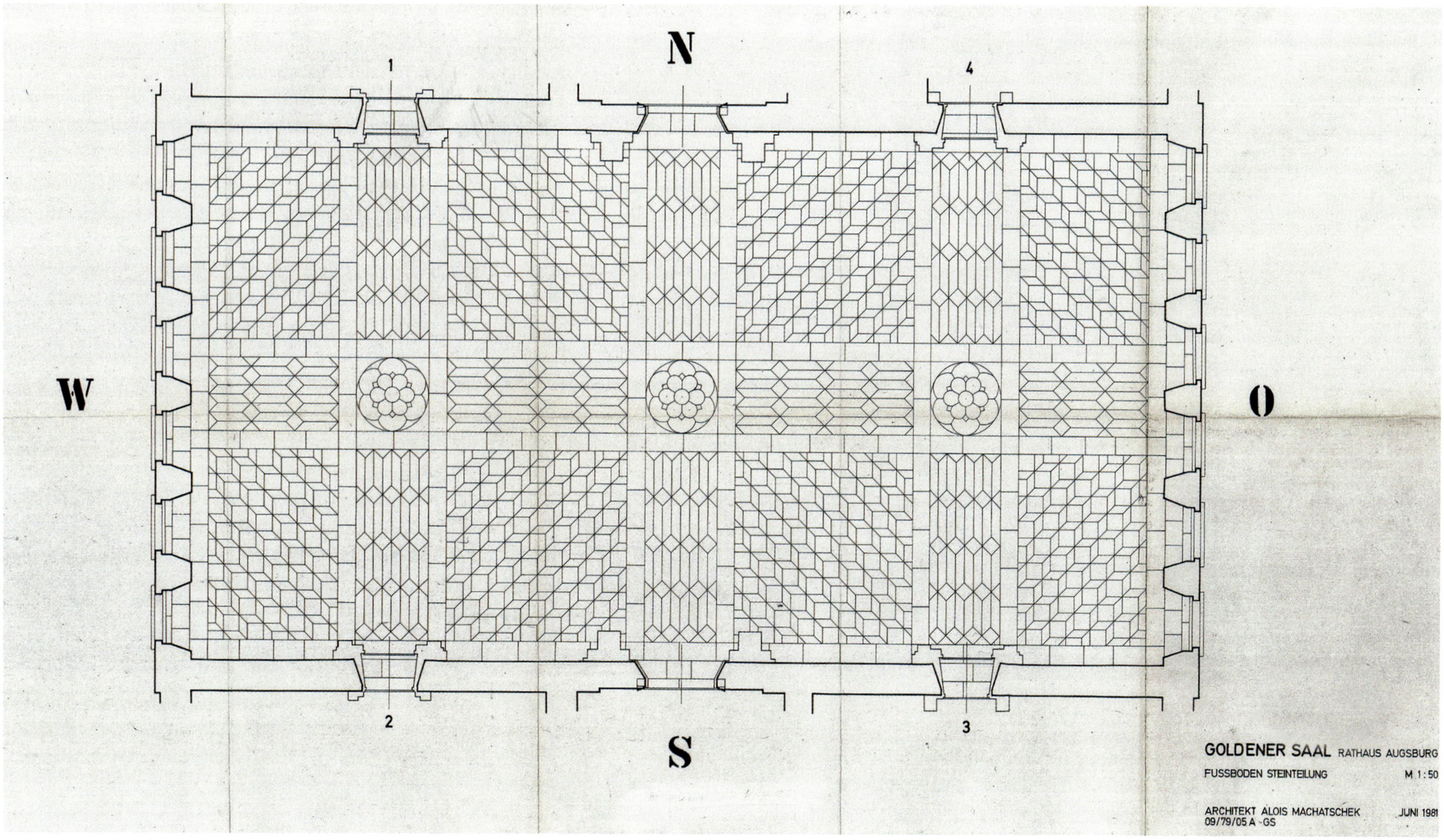

Rekonstruktion des Fußbodens im Goldenen Saal des Augsburger Rathauses für die Wiederherstellung. Aus Kießling 1997, 250.

Rotscheckmarmor, Solnhofer Stein und Quadrate aus Grauschnöllmarmor. Die Längs- und Querbänder, die beidseitig von Solnhofer Platten gerahmt werden, teilen den Fußboden in acht Felder mit einem Würfelmuster ein. In seiner Kippeigenschaft kann das Würfelmuster auch wie Parallelogramme aus abwechselnd Adneter Rotscheck- und Grauschnöllmarmor sowie Quadraten aus Solnhofer Stein gesehen werden. Bei einigen Teilen drängt sich der Eindruck eines Zick-Zack-Musters auf. An den drei Kreuzungspunkten der Bänder, die unter den drei großen Deckengemälden positioniert sind, befinden sich sechspassige Rosetten, die eine auffällige Ähnlichkeit mit den Rosetten in der Fuggerkapelle haben (Abb. S. 132). Der erste Rosettenring setzt sich aus Rotscheck- und Grauschnöllmarmor zusammen, in dem zwischen den einzelnen Blättern wie Dornenspitzen wirkende Zwickel eingefügt sind. Davon hebt sich der zweite Rosettenring aus hellem Solnhofer Stein kontrastierend ab. Eingefügt sind die Rosetten in das von den Kreuzungspunkten gebildete Viereck aus hellen Solnhofer Rechteckplatten mit Rotmarmorecken.

Das Augustiner Chorherren Reichsstift Wettenhausen, in dem heute Dominikanerinnen leben, erbaute ab 1670 die Kirche und danach 1690 das Stift in barocker Ausrichtung aus und um. Ende August 1694 schloss es mit Johann Hänle einen mit 215 fl vergüteten Liefervertrag. Den Ruf nach Wettenhausen hatte sich Hänle wohl durch seine Tätigkeit in der Benediktinerabtei Neresheim erworben, weshalb er als »Steinmetz von Neresheim« und nicht von Mörnsheim verortet wurde. Die Steine bestellte das Stift für die »Pflasterung des oberen Saales« und zwar »nach Größe und Art des vorgezeigten Modells«, das Hänle verfertigte.[85] Unter »Modell« ist eine Musterzeichnung zu verstehen, in der dem Bauherrn dargestellt und vorgeschlagen wird, wie der Fußboden aussehen könne. Der obere, über zwei Geschosse reichende Festsaal ist einer der ältesten Kaisersäle in Süddeutschland, vor Salem (1705), Kaisheim (1725) und Ottobeuren (1728) erbaut. Den Wettenhauser Kaisersaal zeichnet eine der prächtigsten Stuckdecken nördlich der Alpen aus. In

Rosetten im Goldenen Saal am Kreuzungspunkt des Längsstreifens mit den Querstreifen.

Kaisersaal des ehemaligen Augustiner Chorherrenstifts Wettenhausen.

ihm wird das kaiserlich-österreichische Herrscherhaus in elf Freskenmedaillons verherrlicht. Wie der Fußboden aussah, ist nicht mehr rekonstruierbar. Der Musterentwurf ist abhandengekommen und nach der Säkularisation des Stifts wurde der Fußboden herausgenommen und durch einen Parkettboden ersetzt.

1697 zerstörte ein verheerender Brand den Konvents- und Abteibau der Zisterzienser Reichsabtei Salem. Danach begann sogleich ein umfangreicher Neubau, in dem in verschiedenen Räumen Fußböden mit Solnhofer Platten belegt wurden. Dazu gehörte der bedeutendste Raum der Anlage, der im zweiten Obergeschoss des Abteigebäudes gelegene Kaisersaal. In diesem Saal vollzog sich der Schritt von der bildlichen Darstellung der Kaiser zur vollplastisch figürlichen. Auf hohen Konsolen stehen an den Wänden sechzehn überlebensgroße Kaiserfiguren. Dazu kommen zwei Gemälde von Kaisern, die erst nach Fertigstellung des Saals inthronisiert wurden. An den Fensterachsen sind sechzehn Papstbüsten angebracht. 1705 war der Saal im Rohbau so weit fertig, dass der Innenausbau beginnen konnte, der 1708 seinen ersten Abschluss fand.[86]

Im Juli 1705 unterzeichneten der Salemer Pfleger in Ulm[87] und der *Maister Johannes Hänle Stainmezen zue Mörnßheim bey aichstett* einen Vertrag über die Lieferung einer *quantitet weiß- und grauer Besetz-blatten*.[88] Dem Vertrag waren vier Präsentationszeichnungen (Visiere) für

Kaisersaal der ehemaligen Zisterzienserabtei Salem.

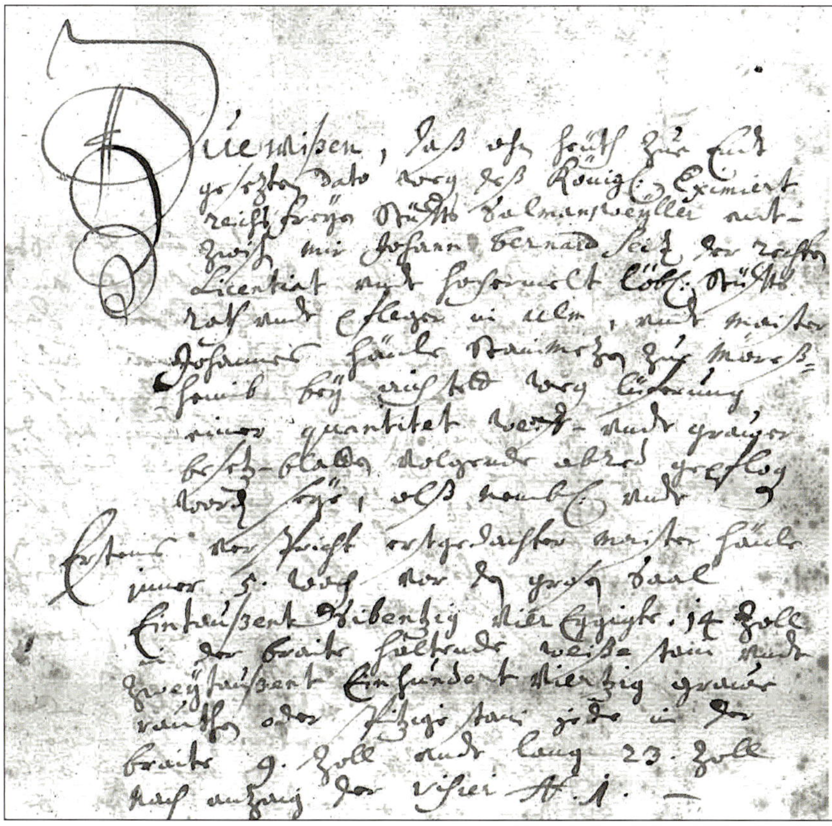

Zue wissen, daß dehm heuth zue Endt gesezten dato wegen des Königl. Eximiert Reichs Freyen Stüffts Salmansweyller entzwischen mir Johann Bernard Seiz der Rechte Licentiat und hochermelt löbl: Stüffts Rath und Pfleger in Ulm, und Maister Johannes Hänle Stainmezen zue Mörnßheimb bey aichstett wegen Lüferung einer quantitet weiß- und grauer besetz-blatten volgende Abred gepflogen worden seye, als nembl. und
Erstens verspricht erstgedachter Maister Hänle inner 5. Wochen vor den großen Saal Eintausent Sibentzig vier Eggigte 14 Zoll in der Braite haltende weiße Stain und Zweytausent Einhundert viertzig graue rauthen oder spitzige Stain jede in der Braite 9 Zoll und lang 23 Zoll nach anzaig der Visier N 1.-
andertens fünfhundert zwaintzig fünf sechs Eggigte grau- und weiße stern Pflaster vor das Audienz Zimmer nach N. 2 übergebener Visier, jedes Stückh in der Länge à 2 heche und braite einfache schön bolliert von weiß- und grauer Farb von 2 Zoll bis allerwenigst ein Zoll dickh, also, daß die jenige, die sich auf solche Arbeith verstehen, darob Satisfaction haben khönnen, und zwar jedes hundert per vierzehen gulden bis nacher …

Liefervertrag der Zisterzienserabtei Salem mit *Maister Johannes Hänle Stainmezen zue Mörnßheim* (13. Juli 1705). GLA Karlsruhe 98-647-3.

das zu liefernde Pflaster beigegeben, drei für das Pflaster im und eine für den Gang vor dem Kaisersaal (Abb. S. 121). In der ersten Zeichnung schlug Hänle einen diagonalen Rosenspitzboden vor.[89] Nach dem Vertrag musste er innerhalb von fünf Wochen für *den großen Saal Eintausent Sibentzig vier Eggigte 14 Zoll in der Braite haltende weiße Stain* und *Zweytausent Einhundert* viertzig *graue rauthen oder spitzige Stain jede in der Braite 9 Zoll und lang 23 Zoll nach anzaig der Visier N 1.* liefern.[90] Die zweite Präsentationszeichnung enthält einen Springrautenboden

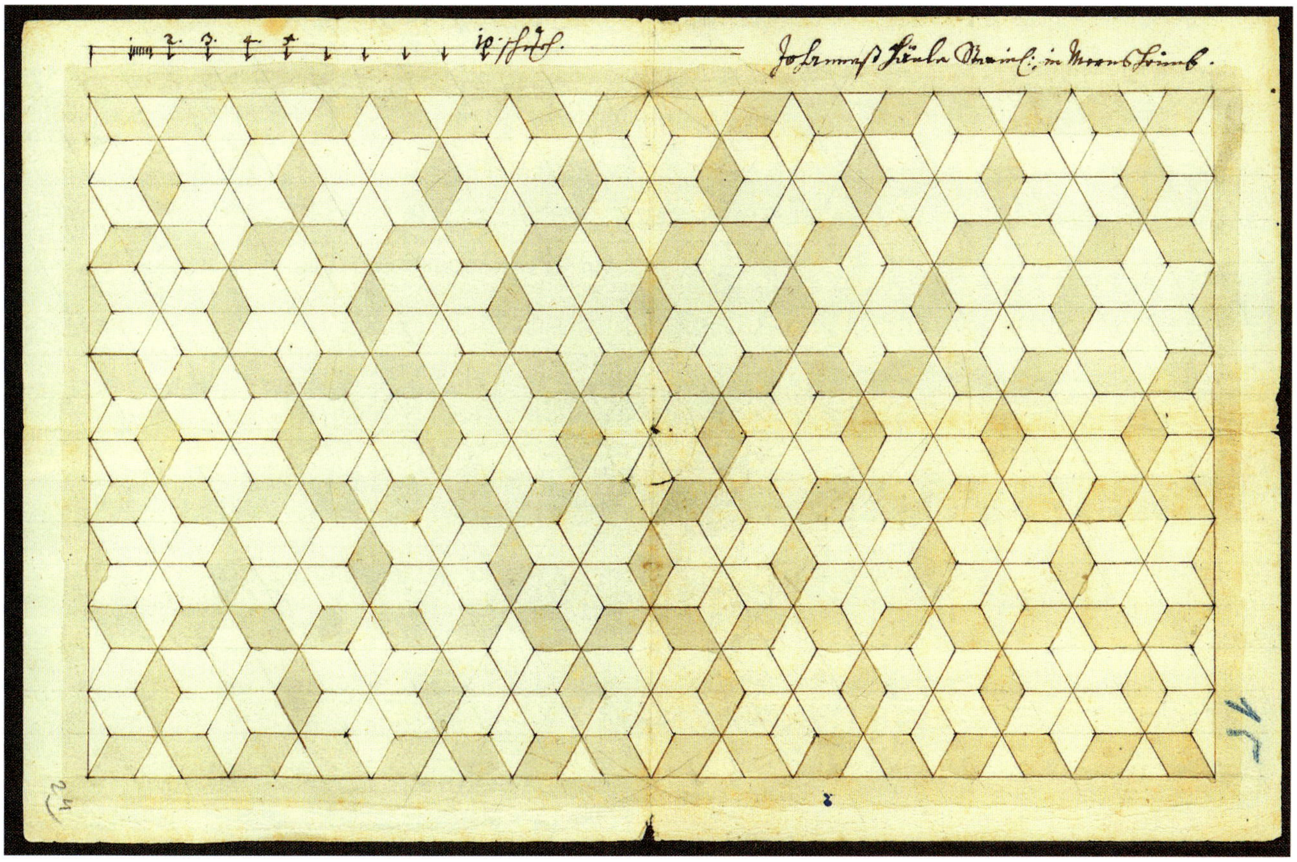

Plattierungsvorschlag Johannes Hänle für den Kaisersaal in Salem. GLA Karlsruhe 98-647-9.

(Abb. S. 127).[91] Seine Autorenschaft bekundet er mit *Johanneß* Hänle *Steinh*[auer] *in Mörnsheimb*. Auf der Rückseite wies er darauf hin: *diß ist eine formb, welher auch sich gebrauchen könnte vor den eintritt in Saal.* In der dritten Zeichnung hatte sich Hänle das anspruchsvollste Muster ausgedacht, ein Rapportsternmuster mit hellen Zacken und grauen Füllrauten. Auf der Rückseite der Zeichnung schrieb Hänle: *diß ist die formb zue dem Saal wie die Stain gegeneinander pfilen* [liegen] *sollen*.[92] Um das Aussehen dieses Musters zu steigern, gab er den Rat, *daß die grawen* [grauen] *Stain vorhero mit* öhl *bestrich*[en] *werden müessen*, *um die distinction* [Unterschied] *besser heraus zue bring*[en].

Die Entwürfe mit dem Rosenspitzmuster und dem Springrautenmuster kamen nicht zur Ausführung. Gelegt wurde das Rapportsternmuster, im Gegensatz zur Präsentationszeichnung in Farbumkehr: graue Sternzacken und helle Füllrauten.[93] Diese Steinlieferung ist nachgewiesen. Das Salemer Rechnungsbuch 1705/06 enthält eine vom Pfleger in Ulm an Hänle getätigte Zahlung des Rentamtes von 540 fl 24 x für *3600 besetz blaten in den Saal und Hof Capel* und *2 duplonen verehrung*.[94] Mit seiner Längsreihung ohne Gliederung durch Streifen oder Unterbrechung durch einen oder mehrere Solitärsterne trägt das Rapportsternmuster dazu bei, die starke bauliche Längsausrichtung des Saales noch zu unterstreichen, so dass keine Raummitte feststellbar ist. Diesen Nachteil beseitigte Hänle später im Festsaal der Zisterzienserabtei Kaisheim durch markierende Solitärsterne (Abb. S. 203).

Kaisersaal Bamberg.

Lothar Franz von Schönborn war nicht nur Erzbischof von Mainz, Kurfürst und Reichskanzler, sondern zugleich auch Bischof von Bamberg. Bekannt ist seine Bauleidenschaft, die im Schloss Weißenstein (Pommersfelden) und in Bamberg in der Neuen Residenz kulminierte. Dass beim Bau der Neuen Residenz schon 1704 Solnhofer Platten vorgesehen waren, kann einer Ausgabeaufzeichnung der Hofkammer entnommen werden. Im Juli dieses Jahres erhielt ein Bamberger Schiffer eine Zahlung *für die Marmolsteiner Platten und anderer in Neüen Hoffhaltungsbau gehörige wahren* [Waren], die von ihm vertragsgemäß *von Fürth uf dem Wasser anhere zuführen* waren.[95] Dieser Transporthinweis rechtfertigt die Annahme, dass die Platten aus dem Solnhofer Bruchgebiet kamen, in das nicht allzu weit entfernte Fürth gebracht und von dort auf der Regnitz bis Bamberg getreidelt wurden (Kapitel V 5). Aus der Fürther Umgebung konnten sie nicht kommen, da es dort keine Kalksteinbrüche gibt. Einige Jahre später erreichten Solnhofer Steine wieder Bamberg. Fürstbischof Lothar Franz von Schönborn ließ den Fußboden des bedeutendsten und größten Saals der Neuen Bamberger Residenz, den Kaisersaal, mit diesen Steinen ausstatten. Geliefert hatte sie der Solnhofer Wolff Kaiser. Am 4. Mai 1712 zahlte die fürstbischöflich-bambergische Hofkammer 532 fl 4 × 10 h an *Hanns Wolff Kayser, Steinhauer, zue Sollenhoven für die zum grossen KaysersSaal verschaffte blatten*, der sie nicht nur zu liefern, sondern auch *zu zurichten und zu legen* hatte.[96]

In seiner Konfiguration wird der Fußboden des Bamberger Kaisersaals von einem sehr elaborierten System von rötlichen Steinbändern mit unterschiedlichen lineargeometrischen Mustern gegliedert und bestimmt. Die Steinbänder sind aus geschliffenem rotem Mainsandstein,[97] die in hellen Solnhofer Steinen eingebunden sind. Den Raummittelpunkt veranschaulicht ein besonderes sternartiges Mischgebilde.[98] Ein Quadrat aus rotem Mainsandstein hat an jeder Seite ein Raute, die zur Hälfte aus dem Quadrat ragt, in das ein sechszackiger Stern aus hellem Solnhofer Stein eingelassen ist und nicht wie sonst eine Kreisplatte. Entstanden ist so eine achteckige Kontur.[99] Umrahmt ist dieses Mittelpunktsgebilde von roten, sich mehrfach gestaffelt in den ganzen Raum ausbreitenden Doppelbändern, die an den Ecken dreimal eingezogen sind. Der Kaiserbezug ist nicht figürlicher, jedoch bildlicher Art. An den Längs- und Querwänden sind überlebensgroße Freskobildnisse von 16 deutschen Kaisern und 18 römischen Kaisern in Rundmedaillons angebracht. Bei einer Grundfläche von 295 qm wirkt der eingeschossige, nur 7 m hohe Saal gedrückt. Dadurch kommt der Steinfußboden nicht so zur Geltung.

Der Fußboden im Kaisersaal der Benediktinerabtei Ottobeuren ist der kunstvollste, der für den Solnhofer Stein entworfen und realisiert wurde.[100] In Konzeption, Konfiguration und Formenvielfalt ist er ein Meisterwerk, ebenso im Herstellen und Verlegen der Steine. Er wurde sogar zwei Mal geschaffen, einmal 1727 und dann nochmals 1966.[101]

Die Ausstattung des Kaisersaals zog sich lange hin.[102] Sie begann 1723 und endete im Oktober 1727 mit dem Pflaster als letztem Gewerk. Auf mächtigen Postamenten aus Füssener Rotmarmor stehen jeweils zwischen zwei marmorierten Säulen sechzehn überlebensgroße bronzene Figuren von Habsburger Kaisern. Damit demonstrierte Ottobeuren den Reichsstatus der 746 gegründeten und 769 von Karl dem Großen mit Privilegien ausgestatteten Abtei. Im zentralen Deckengemälde über dem Mittelpunktstern des Pflasters wird der Gründungsmythos mit der Krönung Karls des Großen zum Kaiser und zugleich der Übergang des römischen Reichs auf das Hl. Römische Reich Deutscher Nation verherrlicht.

Geliefert und gelegt hat den Originalfußboden der Mörnsheimer Steinmetz Joseph Ottinger, der sich in Ottobeuren niedergelassen hatte. Bereits 1726 und in der ersten Hälfte des Jahres 1727 organisierte er die erforderlichen Steinlieferungen. Teile des Füssener Rotmarmors

Kaisersaal Ottobeuren.

Fußboden des Kaisersaals Ottobeuren.

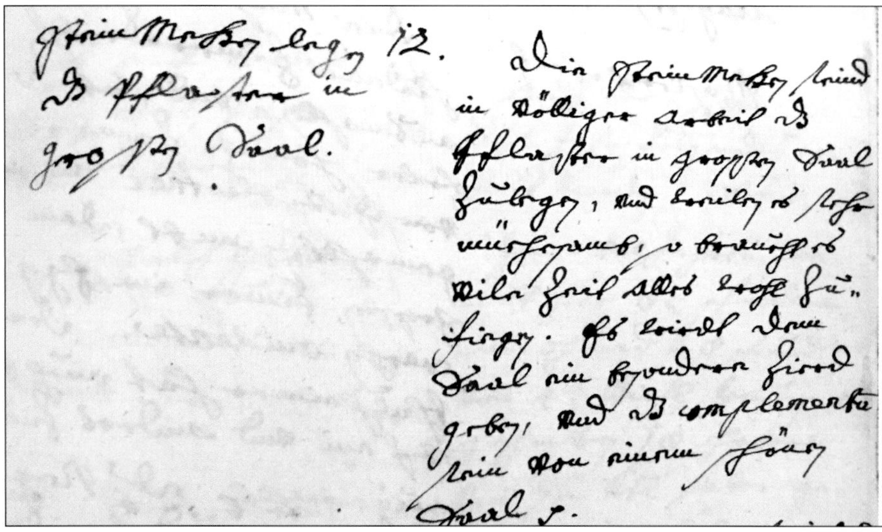

Steinmetzen legen
das Pflaster in grossen Saal.

Die Steinmetzen seind
in völliger Arbeit das
Pflaster in grossen Saal
zu legen, und weilen es sehr
müehesamb, so braucht es
vile Zeit, alles wohl zu
fiegen. Es wirdt dem Saal
ein besondere Zierd
geben, und das complementum [Vollendung]
sein von einem schönen
Saal.

Auszug aus dem Tagebuch des Ottobeurer Abtes Rupert Ness vom 8. Dezember 1727 zum Kaisersaal. Klosterarchiv Ottobeuren.

zu dem Pflaster, mit welchen es solle eingelegt werden, kamen Anfang Mai 1727 an. Anfang August 1727 begann die Pflasterung. Am 12. August vermerkte Abt Rupert Ness in seinem Tagebuch: Die *Steinmetzen legen das Pflaster in grossen Saal*.[103] Er hatte sich in den Saal begeben und gesehen, wie *die Steinmetzen in völliger Arbeit* begriffen sind, wie *sehr müehesamb* diese Arbeit ist und wie viele Zeit es braucht, *alles wohl zu fie*[ü]*gen*. Schon am 30. Oktober stellte er zufrieden fest: *Die Steinmetz haben in dem grossen Saal das Pflaster endtlichen gelegt, und zum Ende gebracht*.[104] In einer Zeitspanne von drei Monaten einen so komplexen, aus 6400 Einzelteilen bestehen Fußboden zu verlegen,[105] ist eine Meisterleistung, die vom großen Können Ottingers und seiner Gehilfen zeugt.

Die absolute Raummitte, zugleich Ausgangspunkt für die gesamte Steinkonfiguration, setzt ein kleiner achtzackiger Stern aus Füssener Rotmarmor. Seine acht Zwischenräume weiten sich zu einem achtzackigen Streifenstern aus, dessen Spitzen eingezogen sind. Dieser ist eingebettet in eine weit in den Saal ausgreifende doppelstreifige Rosette mit vier Pässen, in deren Scheitelpunkt ein achtzackiger Stern liegt. An die Pässe sind Halskreispalmetten angefügt. Die freien Flächen dieses akzentsetzenden Zentralgebildes füllen bogenförmig verlegte helle und graue Platten. Dieses Gebilde ist der Kern des Ottobeurer Kaisersaalbodens, um den sich weitere Figurationen ranken. Die Ecken des Saals heben vierpassige, mit reichem Innenwerk gefüllte Rosetten hervor, die ihrerseits eine achtpassige Rosette als Mittelpunkt haben. In Längs- und Querrichtung des Saals sind sie jeweils mit einer Halbrosette verbunden, die an Längswänden ein sechszackiges Sternrapportmuster, an den Stirnwänden ein differenziertes Schachbrettmuster umfassen.

Bei Abt Rupert Ness fand der Kaisersaalboden höchste Anerkennung. Schon zu Beginn der Verlegearbeit gewann er den Eindruck, das Pflaster werde *dem Saal eine besondere Zierd geben, und das complementum* [Vollendung] *sein von einem schönen Saal*.[106] Als es gelegt war, hielt er es für *etwas schönes*, das *den gantzen Saal besonders ausziehret.* Nun stünde der Saal erst *in seiner Vollkommenheit*, der sich *so wohl in der Architectur*, als auch mit den übrigen Ornamenten sehen lassen könne.[107] Diese Wertschätzung des Kaisersaals erhöhte Abt Rupert mit dem Hinweis, dass künftig eine noch schönere Kirche gebaut werde, wozu *diser Saal eine Anleithung* geben könne.

Schon im frühen Stadium des Abteibaus (1721) sorgte Abt Rupert Ness für einen Vorbau (Risalit) des Kaisersaals im Gebäudetrakt. Nicht nur um dessen Lage und Bedeutung schon im Außenbau sichtbar zu machen, sondern auch um einen Vorsaal errichten zu können, *daß man* den Kaisersaal, der die volle Trakt einnimmt, *umbgehn und den Saal allzeit geschlossen halten kann*, um seine wertvolle Ausstattung zu schonen, wozu auch der Fußboden gehört.[108] Abt Rupert Ness legte Wert darauf, dass dieser Vor- und Umgehungssaal dem Ausstattungsniveau des Kaisersaals entspricht. Im Oktober 1728 verlegte Joseph Ottinger in dem mit alttestamentarischen Bezügen ausgemalten Vorsaal einen Fußboden mit einer Rosette unter der Kuppel und zwei Sterngebilden in der Exedra. Mit dieser Gestaltung war der Abt sehr zufrieden. Er fand, dass das Pflaster *sehr wohl steht, und dem grossen Saal ganz anständig* [würdig] *ist*.[109]

Ungeklärt ist die Urheberschaft dieses kreativen Fußbodens. Trotz seiner Fähigkeiten im Umgang mit und dem Verlegen von Steinen wird Joseph Ottinger nicht in der Lage gewesen sein, sich eine so ingeniöse Konzeption auszudenken, die weit über die ihm vertrauten gängigen Verlegemuster hinausgeht. Naheliegend ist die Annahme, dass der Entwurf auf den Tessiner Baudirektor Andrea Maini zurückgeht, mit dem Ottinger viel und eng zusammengearbeitet hat. Diese Annahme kann sich darauf stützen, dass Maini 1722 den Auftrag für ein Ausstattungskonzept des Kaisersaals erhielt,[110] den er seinem guten Ruf als Ausstatter des Festsaals der Benediktinerabtei St. Mang in Füssen verdankte. Daraus kann eine Mitgestaltung Mainis auch am Fußboden des Kaisersaals abgeleitet werden. Gewisse Anregungen und Hinweise werden wohl auch von Abt Rupert Ness gekommen sein, dem der Kaisersaal eine Herzensangelegenheit war, die so weit ging, dass er sogar genaue Vorstellungen entwickelte, wie er ausgemalt werden solle.[111]

Dem Typus Kaisersaal sind die einem Landesherren gewidmeten Festsäle vergleichbar. An die Stelle des Kaisers tritt der Landesherr. Diesen Typus verkörpert der »Churfürstensaal«, der repräsentativste und größte Raum (330 qm) der Zisterzienserabtei Fürstenfeld. Er befand sich im Fürstentrakt des Nordflügels der Abtei direkt über dem Abteitrakt, womit auch die Hierarchie ausgedrückt war. Seine Ausstattung in Stuckatur und Malerei schuf Georg Asam, Vater von Cosmas Damian und Egid Quirin. Die Malerei bezog sich auf Repräsentanten des Hauses Wittelsbach, einen Stammbaum des Kurfürsten Max Emanuel und einen Zyklus von Herkules-Darstellungen zu dessen Ruhm. Anfang September 1697 erhielt *Johann Hienl* [Hänle] *von Mershaimb* den Auftrag *für die stain auf den firsten Saal* und diese auch *zu legen*.[112] Die Abtei honorierte seine Lieferung und Verlegearbeit mit 650 fl.

Über die Form der Steine geben die Quellen keine Auskunft, so dass nicht mehr sicher feststellbar ist, welches Muster verlegt wurde. Angesichts der hohen Summe und der Zahl der Steine könnte es ein Rosenspitzboden gewesen sein, wie er später auch in der Kirche gelegt wurde.[113] Nach der Säkularisation musste der Saal wechselnde Nutzungen (Militär, Polizei), Umbauten und das Einziehen einer Zwischendecke über sich ergehen lassen.[114] Durch die Initiative eines Fördervereins erfolgte von 2007 bis 2010 die Wiederherstellung des Saals, soweit sie noch möglich war. Mit dem Hinweis, dass über die Art der Verlegung nichts überliefert sei, stattete man den Fußboden mit hellen und graublauen Feinsteinzeugfliesen (Granitogres) im horizontalen Schachbrettmuster aus,[115] der die Atmosphäre des mit viel Aufwand instandgesetzten Saals eher stört als sie stärkt.

Österreich

Wie bei den Bibliotheken sind in Österreich auch die Steinfußböden in den Festsälen im Vergleich zur sonstigen prachtvollen Ausstattung einfacher als in Deutschland. Meist begnügten sich die geistlichen und weltlichen Bauherren mit einem diagonalen Schachbrettmuster. Was die Aufgabe der Kaisersäle angeht, besteht auch ein Unterschied. In Österreich dienten sie weniger der Verkörperung der Reichsidee als vielmehr der Huldigung des Kaisers als habsburgischer Landesherr.[116] Viele der bedeutenden und weithin bekannten Säle großer österreichischer Stifte haben einen Fußboden entweder nur mit Solnhofer Platten oder mit Adneter Rotmarmor gemischt.

Im Benediktinerstift Melk, der größten barocken Klosteranlage Österreichs, ist der Marmorsaal Höhepunkt und Abschluss des umfangreichen Kaisertrakts im über 250 m sich dahinziehenden Südflügel. Allerdings enthält die Ausstattung des meist nur Hauptsaal genannten Marmorsaals keine direkten kaiserlichen Bezüge. Diese befinden sich im Hinblick auf Kaiser Karl VI. nur im Treppenhaus, das zum Saal führt. Der Saal diente jedoch dem Kaiser und seinem Hof für festliche Empfänge und Speisen mit hohen Gästen.

Gebaut wurde der gemessen an der Größe des Stifts nicht sehr große Marmorsaal (225 qm) in den Jahren 1725–27. Vollendet war die Innenausstattung erst 1733. Der Saalboden ist mit Solnhofer Platten im farbwechselnden Schachbrettmuster belegt. In der Mitte wird er von einem 1732 eingebrachten kunstvollen Heizungsgitter unterbrochen. Gegenüber der Buntfarbigkeit der Decke und der Wände hält sich der so gestaltete Fußboden zurück und verleiht dem Raum eine ruhige und vornehme Atmosphäre. In der Abtei ist das Schachbrettmuster auch an vielen anderen Stellen anzutreffen, vor allem in der Kirche und in der Bibliothek.

Das Augustiner Chorherrenstift St. Florian beherbergt im Südflügel einen von 1718–32 errichteten großen und hohen Marmorsaal,[117] meist ebenfalls nur Hauptsaal oder großer Saal genannt. Er ist ein echter Kaisersaal. In lebensgroßen Kaminbildern und im Deckengemälde werden Kaiser Karl VI. und Prinz Eugen von Savoyen als Sieger über die Osmanen verherrlicht und die dadurch eingetretene lange Friedenszeit für das Heilige Römische Reich gepriesen. Kaiser Karl VI. eröffnete ihn im September 1732 mit einer feierlichen Zeremonie.

Marmorsaal des Benediktinerstifts Melk.

Marmorsaal des Augustiner Chorherrenstifts St. Florian.

Die Ausstattung begann 1723. Bevor sich das Stift für die Pflasterung entschied, scheint es Probestücke zur Ansicht bestellt zu haben. Darauf deuten zwei 1726 erfolgte Lieferungen hin. Der Floßmeister und Steinhändler Hans Ott aus Lechbruck lieferte »40 Stück geschliffene Pflasterplatten zu 2 Schuhen, das Stück zu 36 Krz« und aus Adnet kamen »rothe geschliffene Platten zum Pflastern, 36 Stück zu 2 Schuhen, das Stück um 1 Gld. 15 Krz«.[118] Die Stückabrechnung entsprach dem damaligen Handelsbrauch bei großen Formaten. Wo diese 40 Probestücke verlegt wurden, die nach dem Wiener Schuh gerade für 15 qm gereicht hätten, ist nicht mehr nachvollziehbar. Bemerkenswert ist zudem und kaum erklärlich, dass die Adneter Platten etwas mehr als das Doppelte der Solnhofer Platten gekostet haben.

1730 trafen von Hans Ott 750 geschliffene, wiederum zweischuhige Platten ein.[119] Diese Menge und die Formatgröße korrespondieren recht gut mit der Saalfläche von 450 qm, da mit dieser Lieferung etwa 250 qm belegt werden konnten, die andere Hälfte entsprechend mit Adneter Rotmarmor. Wegen Verschnitt und Bruch beim Transport und Verlegen wurden meist etwas mehr Platten bestellt als für die Bodenfläche erforderlich waren. Nach den Baurechnungen des Jahres 1738 wurden die Platten geschliffen und auf Hochglanz gebracht.[120] Zurückzuführen ist diese Maßnahme auf eine Sanierung des Marmorsaals ab 1736 wegen verfaulter Tragebalken in der Saaldecke. Die damit verbundenen Arbeiten haben das Pflaster beschädigt.[121] Nach der Infotafel des Marmorsaals sind die hellen Platten des Schachbrettmusters »weißer Untersberger Marmor«.[122] Nicht nur die Liefergeschichte, auch das Aussehen der Platten spricht dagegen für einen Solnhofer Stein. Der weiße Untersberger Marmor (»Untersberger Hell«) hat viele rötliche Einsprengsel, weshalb er auch Forellenmarmor genannt wird.[123]

1710 wurde im Abteikomplex das unter dem Marmorsaal gelegene Salettl gepflastert. Dazu bezog das Stift Steine von »Balthasar Hänle von Zandt«, den es in der »oberen Pfalz« verortete.[124] Auch die Sala terrena erhielt einen Fußboden aus Solnhofer Platten, die 1725 von dem Lechbrucker Floßmeister und Steinhändler Hans Ott kamen. Dieser Belag hatte nicht lange Bestand, er wurde schon 1732 herausgenommen. Grund war nicht die schlechte Qualität der Platten, vielmehr die Feuchtigkeit des Bodens.[125] 1749 erreichte St. Florian eine letzte Lieferung von Hans Ott, mit der 1750 der Fußboden der Bildergalerie belegt wurde.[126]

Kaisersaal des Benediktinerstifts Kremsmünster.

Der Kaisersaal im Benediktinerstift Kremsmünster hat wie in St. Florian ebenfalls einen Schachbrettfußboden aus hellem Solnhofer und rotem Adneter Stein. In der kaiserlichen Ausstattung überflügelt er jedoch St. Florian mit 17 Leinwandportraits von Kaisern und Königen aus dem Hause Habsburg, von Rudolf I. bis Karl VI. Die Äbte nutzten den Saal als sommerlichen Speisesaal mit hohen Gästen. Heute finden in ihm Konzerte, Tagungen, Konferenzen, Vorträge und Ausstellungen statt. 1720 wurde der Saal durch Stuckierung und Kaiserportraits zum Kaisersaal, ohne diese Bezeichnung bekommen zu haben. Lieferant des Pflasters war Johann Baptist Spaz aus Linz, der dafür 900 fl erhielt.[127] Bemerkenswert an dieser Lieferung ist die mit 27 Zoll (66 cm) außerordentliche Größe der Platten, die für die hellen Platten ein sicherer Hinweis auf Solnhofer, nicht auf Kelheimer Platten ist, die es in dieser Größe nicht gibt. Mit diesem Format waren für den 350 qm großen Saal insgesamt rund 800 Platten erforderlich. Im Steinsaal, dem Hauptsaal der Sommerabtei, liegt ein Boden mit achteckigen Solnhofer Platten und Adneter Einlegern, ein Muster, das in Kremsmünster häufig vorkommt, vor allem in der Stiftskirche (Abb. S. 183).

Abgesehen von der Stiftskirche weist Kremsmünster im Sternwartehochhaus einige weitere Bezüge zum Solnhofer Stein auf. Im Aufgang zum Zoologischen Kabinett liegt ein Fußboden, der nur aus Schiffchen besteht, die ansonsten nur in Verbindung mit einem Rosenspitzmuster vorkommen (Abb. S. 124). Das Geologische und Paläontologische Kabinett der bedeutenden naturwissenschaftlichen Sammlung ist im Besitz von zahlreichen Versteinerungen aus den Solnhofer Bruchgebieten, von denen viele ausgestellt sind. Im Astronomischen Kabinett der Kunstkammer wird der wertvolle, 1590 von Andreas Pleninger auf eine Solnhofer Platte geätzte Kalendertisch aufbewahrt (Abb. S. 232).[128]

Das Benediktinerstift Göttweig bestellte 1731 für das Salettl, heute der Altmanni-Saal,[129] »400 besonders geschliffene und verschieden getönte Pflasterplatten«,[130] die 1732 verlegt wurden. Dieser Beschreibung ist zu entnehmen, dass ein Schachbrettfußboden vorgesehen war,

Altmanni-Saal im Benediktinerstift Göttweig.

der mit 1728 gelieferten Steinen auch in der Bibliothek und in den Gängen liegt.[131] Als Lieferanten agierten die Mörnsheimer Steinmetze Hans Georg Ottinger und Johann Schiffer, die zu dieser Zeit in der Benediktinerabtei Neresheim arbeiteten. Aus dieser Lieferbeziehung kann abgeleitet werden, dass in der großen Klosterneubauphase des 18. Jahrhunderts unter den Benediktinerabteien ein reger Austausch über das Baugeschehen herrschte, so dass die Göttweiger von der Steinhandelstätigkeit in Neresheim wussten oder umgekehrt die Neresheimer von der Bautätigkeit in Göttweig.

Anmerkungen

1 Da viele profane Räume öffentlich nicht zugängig sind, kann die Verbreitung des Solnhofer Steins nicht so weitreichend erfasst werden wie bei Kirchen und Klöstern.
2 Seitz 2002, 122.
3 Dazu Henle 2021, 46.
4 Horn/Meyer 1958, 168.
5 Kraft 1926, 5; Eder 1928, 7.
6 Biller 1996, 225 und 273.
7 Zu den Steinfamilien Kapitel III 5.
8 StA Nürnberg, Rep. 139a-1852, Schauer 2001-2, 9 f.
9 Maier 2005, 114.
10 Maier 1988/89, 61, StA Ansbach Rep 271 II Nr. II 741, prod. 62; Maier 2005, 104, 113.
11 Die Wände dieses Saals bedecken rund 2800 quadratische Fliesen mit unterschiedlichsten farbigen Motiven.
12 Maier 1988/89, 302 und 364.
13 Braun 1959, 531; StA Ansbach, MBA 476, Teil I, Prod. 63
14 Im Gardesaal, den alle durchqueren mussten, um in den Festsaal zu kommen, paradierten die fürstlichen Gardesoldaten.
15 Maier 1988/89, 274.
16 Ebd., 297.
17 Maier 1988/89, 298.
18 Ebd., 195.
19 Unterkircher 1999, 156, 159. Simon Bittl wurde erst 1698 nach einer Beschwerde beim Eichstätter Fürstbischof und auf dessen Anordnung als Steinbrecher im Mörnsheimer Bruch zugelassen, Eder 1928, 53.
20 Ebd., 68, 76/77.
21 Ebd., 84, 105.
22 Horn/Meyer 1958, 414.
23 Meyer/Schädler 1964, 482 Fn. 1.
24 Hagen/Wegener-Hüssen 2004, 395; Brenner 2012, 47. Ein großer Teil der Steinfußböden wurde 1970 erneuert.
25 Mitteilung von Archivamtmann Günter Steiner vom Staatsarchiv Augsburg unter Hinweis auf die Quelle »Gutsverwaltung Edelstetten 310«.
26 Nach der Kriegszerstörung der Residenz wurden neue Böden mit neuen Mustern und neuen Steinen verlegt, zum Teil auch mit Solnhofer Platten.
27 Grimm 1987, 71.
28 Ebd., 67
29 Ebd., 70.
30 Zu den hellen und dunklen Solnhofer Steinen Kapitel I 1.
31 Mitteilung von Oberkonservator Dr. Christian Queitzsch von der Bayerischen Schlösserverwaltung. Dazu Kapitel VI Solnhofer Steinfußböden-Rekonstruieren.
32 Diese Aufarbeitung hat die Kunsthistorikerin und Quellenforscherin Cordula Böhm, München, vorgenommen. Die nachfolgenden Ausführungen beruhen darauf.
33 Zur Steinfamilie Hänle in Zandt Kapitel III 5-Zandter Steinmetze.
34 Dazu Kapitel I 4.
35 BHStA I, HR II/26, Bd. 262, Lustgebäuderechnung 1738
36 BSV, Bauamt, Akt 1757: Baufuhren 1757–68. 1763.
37 BHStA HR II Fasz. 28 Bd 270, Lustgebäuderechnung 1746; ebd. Bd 271, Lustgebäuderechnung 1747; ebd. Fasz. 29 Bd 283, Lustgebäuderechnungen 1758.
38 BHStA HR II Fasz. 28, Bd 270, Lustgebäuderechnung 1746, fol. 104.
39 BHStA Hofbauintendanz 1039 Hauptgeld- und Materialgeldrechnung der Königlichen Hofbauintendanz für das Verwaltungsjahr 1847/48.
40 Ebd.
41 Götz/Langer 2009, 89.
42 Dischinger II 2011, 352 f.
43 Zum Salemer Kaisersaal Kapitel IX 3 Kaisersäle Süddeutschland.
44 Dischinger I 2011, 71; Lieb 1964, 334 Anm. 167.
45 Dischinger III 2011, 704 pag. 1059.
46 Lipp/Gieß 1992, 62.
47 BHStA Jesuitica 124 Litt. ann. Collegii Ambergensis ad annum 1727, pag. 181; ebd., 90 Fn. 17.
48 Lipp 2005, 23.
49 Feger 1956, 24.
50 Weser 1925, 37; Schwenger 1930, 77, übernimmt dieses Urteil und spricht von »größter« Einfachheit.
51 1966 wurde der Fußboden mit Stahlträgern zwischen den Balken verstärkt. Dazu musste der Steinfußboden abgehoben und wieder eingebaut werden. Danach erhielt er einen neuen Schliff.
52 StA Ludwigsburg, Rep.507 Schussenried B 91 13 ff; Kasper 1954, 20 und Kasper 1960, 217 Fn. 250.
53 Kasper 1954, 20.
54 Ab 1974 wurden die Klosterkirche und die Klostergebäude umfassend renoviert. Soweit es ging, beließ man in der Kirche den historischen Solnhofer Fußboden und besserte Fehlstellen oder Brüche aus. Neu verlegt wurde er jedoch im Hauptschiff und in den westlichen Seitenschiffen mit gebrochenen, nicht gesägten Kanten. Hauffe/Reiff/Spahr 1985, 200.
55 Czerny 1886, 160
56 Ebd.
57 In beiden Fällen ist das Pflaster neu verlegt.
58 Mit den Kaisersälen sind Kaiserappartements für die Beherbergung des Reichsoberhaupts verbunden.
59 Obwohl Neresheim 1764 endlich die Reichsunmittelbarkeit erreichte, erhielt der Saal nie die Bezeichnung Kaisersaal.

[60] Weißenberger 1934, 87.
[61] Engelhart 1995, 125.
[62] Weißenberger 1934, 84. Mit »Rädelein« oder »Rädle« wurden früher sechseckige Platten bezeichnet, Arauner 1975, 67.
[63] Ebd., 85.
[64] Ebd., 85.
[65] Mitteilung von P. Gregor Hammes, Neresheim.
[66] Das Wort Salettl kommt aus dem italienischen »saletta« (kleiner Saal). In Bayern und Österreich wird auch ein Gartenhaus als Salettl bezeichnet.
[67] Dischinger I 2011, 90 Nr. 1.2 und III, 856 (16.1.1720).
[68] Kapitel VIII 3 Franken.
[69] Nach der 1851 erfolgten Umwandlung der säkularisierten Abtei in eine Strafanstalt wurde der Festsaal mit Einbau eines Altars und einer Kanzel als Kapelle genutzt. Heute steht der um diese Einrichtungen rückgebaute Saal der Öffentlichkeit für Veranstaltungen wie dem Ebracher Musiksommer zur Verfügung.
[70] Einmal hielt sich sogar ein Kaiser kurz in Kaisheim auf, nämlich Karl VI. am 10. Dezember 1711 auf dem Weg von Spanien zu seiner Krönung in Frankfurt. Zu dieser Zeit existierte der Kaisersaal genannte Festsaal jedoch noch nicht. Eine weitere berühmte Persönlichkeit weilte dagegen einige Tage in Kaisheim: Wolfgang Amadeus Mozart.
[71] Fürstl. Oettingen Wallerstein'sches Archiv, VI, 117.
[72] VIII 4 Baden-Württemberg.
[73] Kaisheim: 255 qm, Salem: 295 qm.
[74] Die gesamte (kaiserlose) Innenausstattung richtet sich an dem französischen Régence-Stil im Übergang vom Spätbarock zum Rokoko aus.
[75] Kapitel V 4 Auf dem Main.
[76] Zu diesem Saal Stasch 1989, 83 ff.
[77] Hessisches Staatsarchiv Marburg, Rechnungen II 240 Belege, 1733 Nr. 5.
[78] Beim Bau des Ottobeurer Kaisersaals klagte Abt Rupert Ness, der Dachstuhl auf dem Saal, habe *wegen grosser Höche und Braite* viel Arbeit gemacht und viel Geld gekostet; Dischinger 2022 III, 715 pag. 980.
[79] Obwohl sich Abt Rupert Ness in seinen Tagebuchaufzeichnungen sehr intensiv mit dem Kaisersaal befasst, kommt darin das Wort *Kayser Saal* nur dreimal vor.
[80] Dischinger I 2011, 124. Als Pater Konstantin Stampfer von der Benediktiner Erzabtei St. Peter in Salzburg 1784 Ottobeuren besuchte, erlebte er eine besondere Nutzung des Kaisersaals. Der für die Ottobeurer Großkellerei zuständige Pater machte im Kaisersaal einen aerostatischen Versuch mit einem Luftballon, der binnen weniger Minuten in die Höhe stieg und mit Seilen im Saal herumgeführt wurde; Dischinger III 2011, 974.
[81] Der Dreißigjährige Krieg und die Verlegung der Reichstage nach Regensburg (1663) brachte es mit sich, dass im Goldenen Saal, anders als im alten Rathaus, nur einmal 1713 ein Reichstag stattfand. Dennoch war der Saal Schauplatz bedeutender Reichsereignisse. 1653 waren es die Wahl des späteren Kaisers Ferdinand IV. zum römisch-deutschen König und 1690 das Krönungsbankett für Kaiser Joseph I. Zu kaiserlichen Aufenthalten im Saal kam es 1711 und 1743, wo Kaiser Karl VI. und Kaiser Karl VII die Huldigungen der schwäbischen Reichs- und Landesstände entgegennahmen.
[82] Kapitel VI 4-Rekonstruieren.
[83] Kießling 1997, 247.
[84] Abbildung bei Kießling ebd., 249.
[85] Mayer 1928, 215.
[86] Ausführlich zum Salemer Kaisersaal Knapp 2013.
[87] Die Zisterzienser Abteien hatten in vielen Orten Stadthöfe, in denen sie ein Pfleger vertrat. Ein bedeutender Stadthof war in Ulm, über den die Steinlieferungen für Salem, aber auch für andere Abteien abgewickelt wurden.
[88] GLA Karlsruhe 98/647
[89] GLA Karlsruhe 98/647 zu Bl. 9; Knapp 2004 Katalog, Nr. 39. Knapp transkribierte den Namen Hänle unzutreffend mit *Härle*.
[90] Die gegenüber den Quadratplatten doppelte Zahl von Schiffchen ergibt sich daraus, dass jeweils zwei Schiffchen zugleich die der benachbarten Quadratplatte sind. Die Maße der Rosenspitze sind ungewöhnlich. Die kleine Zentralplatte (34 × 34 cm) wird von den Schiffchen (22 × 56 cm) erdrückt.
[91] GLA Karlsruhe 98/103–23; Knapp 2004 Katalog Nr. 37 und 2013, 27.
[92] GLA Karlsruhe 98/647–9; Knapp 2004 Katalog Nr. 38 und 2013, 27.
[93] Nach Knapp 2004, 364 mit Fn.259 besteht der Fußboden noch aus den originalen Platten. Jedoch seien diese später neu verlegt worden, so dass das ursprüngliche Muster nicht mehr erhalten ist. Dieser Annahme steht entgegen, dass kein Muster, welches auch immer ursprünglich verlegt worden war, gleich ob Rosenspitz-, Springrauten- oder Rapportsternmuster, zu dem bestehenden hätte umgelegt werden können. Dazu steht auch im Widerspruch die unzutreffende Feststellung, im gegenwärtigen Zustand zeigten die Platten nur noch an wenigen Stellen die Sternfiguration, 2004 Katalog, Nr. 38 S. 30.
[94] GLA Karlsruhe 62/9183–64.
[95] StA Bamberg, Rep. A 231/I, Nr. 1930; Dümler 2001, 443.
[96] StA Bamberg, Rep. A 231/I, Nr. 1938; Dümmler 2001, 177 und 445.
[97] Die dunkle Färbung des Mainsandsteins ist auf die Behandlung mit farbiger Lasur zurückzuführen und die Auftragung von verschiedenen Wachsmischungen, die der Sandsteinoberfläche einen Glanz verleihen, den sie sonst nicht hat. Auskunft von Dr. Rupert Utz, Bamberg (ProDenkmal).
[98] Die zentrale Quadratplatte ist zugleich die Stelle, von der aus die illusionistische Deckenmalerei verzerrungsfrei betrachtet werden kann.
[99] Eine gewisse Ähnlichkeit weist eine Konfiguration mit Solnhofer Platten im um 1840 verlegten Pflaster der Münchner St. Ludwigskirche auf, Abb. S. 133.
[100] Teile sind auch aus Füssener Rotmarmor.
[101] Zur Erneuerung 1966 Kapitel VI 4.
[102] Der längsrechteckige Ottobeurer Kaisersaal (13 × 21 m) gehört mit einer Bodenfläche von rund 275 qm nicht zu den größten Kaisersälen, mit einer über zwei volle Stockwerke reichenden Innenhöhe aber zu den höchsten.
[103] Dischinger III 2011, 746 pag. 807.
[104] Ebd., 747 pag. 817.
[105] Mitteilung von Harry Lasch, Solnhofen, der an der Herstellung des 1966 original nachgebildeten und verlegten Fußbodens mitgewirkt hat. Dazu Kapitel VI 4-Erneuern.
[106] Ebd., 746 pag. 807.
[107] Ebd., 747 pag. 817.
[108] Ebd., 719 pag. 689.
[109] Ebd., 750 pag. 687.
[110] Dischinger I 2011, 101.
[111] Ebd., 729 pag. 747
[112] BHStA, KL Fürstenfeld 317 1/94, fol. 50
[113] Da Hänle für seine zahlreichen anderen Lieferungen nach Fürstenfeld (S. 162) 20 fl pro hundert Stück erhielt, lassen sich aus den 650 fl für den Churfürstensaal 3250 Steine errechnen.
[114] In den Klostergebäuden ist heute der Fachbereich Polizei der Bayerischen Hochschule für den öffentlichen Dienst untergebracht.
[115] Schiedermair 2012, 22 f und 2013, 143.
[116] Dazu Erichsen 2006, 237 f.
[117] Die Grundfläche beträgt 450 qm, die Wandhöhe 12 m. Mit der Deckenhohlkehle erreicht der Saal eine Höhe von 16 m.
[118] Czerny 1886, 160.
[119] Ebd.
[120] Korth 1975, 185 unter Hinweise auf Baurechnung 1738 Nr. 112–126 des Stifts.
[121] Ebd., 275 Fn. 1399.
[122] Der Untersberger Marmor, ein Kalkstein wie der Adneter Marmor, wird unweit von Salzburg nahe der bayerischen Grenze abgebaut.
[123] Ein anderer heller Untersberger Stein, der »Untersberger Matsch« (ohne Einsprengsel) und der »Untersberger Gelb« haben ein deutlich anderes Aussehen als der Solnhofer Stein.
[124] Cerny 1886, 141.
[125] Korth 1975, 186.
[126] Ebd., 216, 324 (56).
[127] ÖKT Kremsmünster 1977, 387; Dorn 1929, 229; Kühnel 1968, Nr. 96. In der langen Steinmetzgeschichte der Familie Spatz wird dieser Spaz wegen Gleichnamigkeit als Johann Baptist Spaz III geführt; Kühnel ebd.
[128] Dazu Kapitel IX 2.
[129] Der Passauer Bischof Altmann gründete 1083 Göttweig als Chorherrenstift (Göttweig gehörte damals zum Bistum Passau), das nach seinem Tod 1094 in ein von Mönchen aus St. Blasien (Schwarzwald) besiedeltes Benediktinerkloster umgewandelt wurde.
[130] Ritter 1970, 449.
[131] Dazu Kapitel VIII 5.

SOLNHOFER STEINE IN DER KUNST

Mariae Verkündigung
von Hans Daucher
(um 1518).

Euch wird aber der Stein, der durch die Kunst
zur schönen Gestalt gebracht worden,
alsobald schön erscheinen; doch nicht,
weil er Stein ist – denn sonst würde
die andere Masse gleichfalls für schön gelten –,
sondern daher, daß er eine Gestalt hat,
welche die Kunst ihm erteilte.

Johann Wolfgang von Goethe
Maximen und Reflexionen

X Plastische Werke

Loy Hering, Gnadenstuhl, (1551) Pfarrkirche St. Michael in Rupertsbuch, Ortsteil der Gemeinde Schernfeld.

Der Solnhofer Stein spielt auch in der Kunst, der bildenden Kunst eine Rolle. Schwerpunkt war das gesamte 16. Jahrhundert. In dieser Zeit bedienten sich künstlerische Steinmetze des Solnhofer Steins für Epitaphe und Steinschneider für kleinplastische Reliefs sowie Medaillen und Plaketten. Im 19. Jahrhundert entdeckten Zeichner und Maler den Solnhofer Lithographiestein zur Vervielfältigung ihrer Werke.
Schon im 15. Jahrhundert, dann nachhaltig im 16. Jahrhundert, entdeckten Künstler den Solnhofer Stein als Material für Epitaphe und Kleinreliefs. Ende des 16. Jahrhunderts ätzten und gravierten sie in diesen Stein großartige Musik-, Kalender- und Ratstische sowie Sonnenuhren. Diese Verwendung belegt nicht nur den Abbau dieses Steins in dieser Zeit, sondern auch einen Bekanntheitsgrad, der weit über die Region hinausging und einen vortrefflichen Ruf bei den Künstlern hatte, die damit ihre Werke schufen.

1 Epitaphe

Ein wichtiger und traditioneller Bestandteil der Grabsteinkultur sind die dem Totengedenken gewidmeten Epitaphe. Davon künden unzählige Gedenksteine an den Wänden und Pfeilern sowie im Fußboden von Kirchen und an deren Außenmauern. Sie überliefern historische Fakten, vor allem von Klerikern, Adeligen und Patriziern. Die steinbildhauerisch wertvollsten Gedenksteine entstanden im 16. bis 18. Jahrhundert.

Für die Steinbildhauerei hat der Solnhofer Stein zwei große Vorzüge. Er verfügt über eine natürlich equilibrierte Oberfläche auf beiden Seiten, so dass keine Rohbearbeitung der Rückseite erforderlich ist. Zum anderen kommt er in Größen und Stärken vor, die repräsentative Epitaphe ermöglichen. Weil im 16. Jahrhundert und auch noch im 17. Jahrhundert die Schichten mit den starken Flinzen noch kaum erschlossen waren, unterlag der Absatz einer Regulierung. Nach Ziff. 15 der Solnhofer Bergordnung des Jahres 1670 durften *Grabsteine und Tischplatten* nur mit Genehmigung der markgräflichen Regierung in Ansbach in *Verkauf und Ausgebung* gebracht werden. Als Grund wurde angeführt, dass *in jetziger Zeit gar selten was feines und ansehnliches gefunden wird*.[1] Dieser Genehmigungsvorbehalt diente dazu, der *Herrschaft selbsten oder deren Räthe und Diener* einen privilegierten Zugriff auf diese Steine zu sichern, weil nur wenige epitaphtaugliche Steine aus dem Solnhofer Bruch kamen.

Den Epitaphen haben sich bedeutende Steinbildhauer zugewandt. Dazu gehörte insbesondere der Eichstätter Loy Hering (um 1485–1555), der zahlreiche und unterschiedlichste Epitaphe an unterschiedlichsten Orten in Deutschland und Österreich schuf.[2] Viele befinden sich im Eichstätter Dom.[3] Die Inschriften und Darstellungen auf den Epitaphen wurden nicht nur in den Stein gemeißelt,

Andreas Pleninger, Geätztes, bemaltes und vergoldetes Epitaph für Agnes Hofer von Lobenstein (1606). Ehemalige Zisterzienserkirche Walderbach.

sondern auch geätzt, farbig gefasst und vergoldet. Vom Großmeister der Ätzkunst Andreas Pleninger[4] existiert in der ehemaligen Zisterzienserkirche in Walderbach ein 1606 geätztes, farbig und golden gefasstes Epitaph in Solnhofer Stein. Geätzte Epitaphe wurden bis weit in das 18. Jahrhundert hinein geschaffen. Davon zeugen im ehemaligen Damenstift Edelstetten zwei besonders fein geätzte Epitaphe, eines für die Stifterin des Hochaltars († 1782), das andere für die Äbtissin († 1791).[5] Auch von Hans Daucher, einem Großmeister der Kleinplastik, gibt es Epitaphe.[6] Eines ist in der Franziskanerkirche in Ingolstadt für den 1526 verstorbenen Mediziner und Universitätsprofessor Wolfgang Peiser angebracht.[7]

Die Fülle der Epitaphe in Solnhofer Stein ist in Häufigkeit, unterschiedlicher Darstellung und Dimension sowie in der Zahl der ausführenden Steinmetze so groß, dass darauf im Einzelnen nicht eingegangen werden kann. Jedem Kirchenbesucher sei angeraten, auch darauf das Augenmerk zu lenken.

2 Kleinplastische Reliefs

In der deutschen Frührenaissance erlebte die Kunst der kleinformatigen Reliefs einen Höhepunkt. Das dafür von den Künstlern bevorzugte Material war der Solnhofer Stein.

Auftraggeber waren weltliche und geistliche Herrscher sowie Patrizier in den Reichsstädten. In ihren Kunstkammern sammelten sie diese Werke, die zur Nahsicht des Betrachters auf kleinstem Raum biblische, antikmythologische und dynastische Szenen und Personen detailliert darstellen. Als Vorlage bedienten sich die Steinplastiker der Holzschnitte und Kupferstiche großer Künstler wie Albrecht Dürer, Lukas Cranach oder Raffael. Wie kunsthistorisch bedeutend diese Steinkleinplastiken sind, belegen zahlreiche Publikationen und die Skulpturensammlungen vieler Museen in Europa und Nordamerika. Allein die vom Bayerischen Nationalmuseum betreute ehemalige Münchner Kunstkammer enthält 28 solcher Reliefs in Solnhofer Stein.[8]

Hans Daucher, Epitaph für Universitätsprofessor Wolfgang Peiser (entstanden nach 1526). Franziskanerkirche Ingolstadt.

Für bis in kleinste Feinheiten gehende Darstellungen ist der feinkörnige Solnhofer Stein das ideale Material. Mit Schneideeisen, Grabstichel, Geißfuß und Graviernadel lässt er sich selbst in der schmalsten Linienführung noch präzise bearbeiten. Die Kleinplastiker nannten sich daher nicht Steinbildhauer, sondern Steinschneider. Der Kunsthistoriker Ernst Friedrich Bange, ein Experte der Kleinplastik, hob hervor, auf dem Solnhofer Stein folge das Schnittmesser leicht und mit polierter Oberfläche habe er eine satte, jede Form und Linie modellierende Tonigkeit.[9] Ähnlich sieht das Thomas Eser, ein weiterer Experte. Anders als Marmor sei der Solnhofer Stein frei von störenden Kristallen, sehr feinkörnig und verfüge über eine mittlere Härte bei ausreichender mechanischer Festigkeit, weshalb er sich für feinste plastische Bearbeitung eigne.[10] Zusätzlich habe dieser Stein die für Kleinplastiken günstige Farbe: hell, ruhig, unstrukturiert und warmtönig.[11] Als zusätzlicher Vorteil wurde angeführt, dass er genau in den für die Reliefs brauchbaren Stärken zur Verfügung steht, ohne dass er erst auf die gewünschte Stärke gebracht werden muss.[12]

Das früheste Zeugnis der Verwendung des Solnhofer Steins für Kleinplastiken stammt aus dem 15. Jahrhundert. Es steht im Zusammenhang mit Herzog Ludwig VII. von Bayern-Ingolstadt (reg. 1413–1443), der Gebartete genannt. Er war ein schillernder und umstrittener Herrscher dieses Teilherzogtums. Die Stadt Ingolstadt verdankt ihm die mächtige spätgotische Hallenkirche, das Liebfrauenmünster, das er zu seiner Grabstätte bestimmte. Schon 1425 befasste er sich mit der Frage, wie die Grabplatte aussehen solle. Das war ihm so wichtig, dass er 1429 in seinem Testament verfügte, die Platte solle von *dem besten werckman vund Visyerer* hergestellt werden, *den man vinden mag.*[13] Die Wahl fiel auf den Ulmer Klein- und Großplastiker Hans Multscher (um 1400–1467), der 1430 den Auftrag für die Visier (Modell) erhielt.[14] Ausgestellt ist das Modell, das als eines der kostbarsten Stücke der spätmittelalterlichen Kleinplastik gilt,[15] im Bayerischen Nationalmuseum in München. Das Modell schuf Multscher auf einem Solnhofer Stein der Größe 58 × 31 × 8 cm. Die stark bildhafte Komposition enthält eine staunenswerte Fülle von Details, die sich in der Hl. Dreifaltigkeit, in den Engeln, dem Herzog als knienden Ritter und in der Heraldik niederschlagen. Eine derartige Präzision und Plastizität auf einem so kleinen Raum kann nur mit einem so feinkörnigen Stein wie dem Solnhofer Stein erreicht werden.[16]

Die große Zeit der Kleinplastiker war die Frührenaissance des 16. Jahrhunderts, vor allem dessen erste Hälfte. In den Reichstädten hatten sie ihre Zentren, in Ulm, in Nürnberg, vor allem in Augsburg, das viele Künstler aus der weiteren Umgebung anzog, darunter große Namen wie Hans Daucher, Victor Kayser und Gregor Erhart. Auch die Bischofsstadt Eichstätt und die kurfürstliche Residenzstadt Amberg sind in diesem Zusammenhang erwähnenswert, jeweils geprägt von einem Künstler, in Eichstätt von dem schon erwähnten Loy Hering, der sein Handwerk in Augsburg erlernte, in Amberg von Georg Schweiger.

Obwohl Loy Hering eher ein Großplastiker war, sind von ihm einige Kleinplastiken erhalten. Das Relief »Der Liebesgarten« hat durch Nacktheit der dargestellten Personen einen erotischen Bezug. Noch deutlicher tritt dieser in der besonders kleinen Kleinplastik »Adam und Eva (Der Sündenfall)« von Ludwig Krug hervor, der sie in spannungsgeladener und sinnlicher Verbindung zeigt. Gemeinsam ist beiden Plastiken ein kleines Detail: Beide weisen sich mit einem sprechenden Monogramm als Urheber aus, Loy Hering mit einem Fisch und Ludwig Krug mit einem Krug.

Kleinplastiker auf Solnhofer Stein war auch Loy Herings Sohn Doman oder Thomas (um 1510–1549). Sein um 1530 geschaffenes Relief »Das Urteil des Paris« besticht durch Präzision, Detailreichtum und Tiefenwirkung.[17] Diesem in Kunst und Literatur seit Jahrhunderten beliebten Thema hatten sich auch Hans Daucher und der Münchner Hofbildhauer Hans Ässlinger (um 1500–1567) gewidmet. Doman Herings Version hebt sich jedoch von allen anderen Darstellungen durch eine Besonderheit ab. Paris ist nicht mehr der Königssohn, sondern ein vornehmer Ritter, dem im Traum die Göttinnen Aphrodite, Athene und Hera erscheinen. Entgegen der griechischen Mythologie wählt er nicht die verführerische Aphrodite zur schönsten Frau, vielmehr die weniger attraktive Hera, deren Kennzeichen als verheiratete Frau die Haube ist. Der Ritter weist Gesichtszüge des Neuburger Pfalzgrafen Ottheinrich auf, Hera die seiner Gemahlin Susanna, die sich 1529 vermählten. Diese Umdeutung findet seine Erklärung darin,

Hans Multscher, Modell für die Grabplatte des Herzogs Ludwig von Bayern-Ingolstadt (1430). Bayerisches Nationalmuseum München

◄◄ Ludwig Krug, »Der Sündenfall« (1514). Skulpturensammlung Bode Museum Berlin.

Loy Hering, »Der Liebesgarten« (1525). Skulpturensammlung Bode-Museum Berlin.

Urteil des Paris. Doman Hering (um 1539), Skulpturensammlung Bode Museum Berlin.

dass Ottheinrich der Auftraggeber war. Von Ässlinger stammt das Relief »Disputa«, gestaltet nach einem Fresko von Raffael in den päpstlichen Zimmern des Vatikans, das durch Kupferstiche weit verbreitet war. In der Beschreibung der Kunstkammer aus dem Jahre 1796 ist dazu ausgeführt: »Die ander Tafel ist von Aichstetter stain, darauf des Papst Capelln, mit versamblung Geist- und weltlicher Personen, daroben das jüngst Gericht, mit beisizenden Aposteln in ainem gewülch [Gewölke]«.[18]

Der wohl bedeutendste Kleinplastiker der Augsburger Schule und seiner Zeit war Hans Daucher (um 1500–1567).[19] Seine Meisterschaft erzielte er in der Raumgestaltung, der Zentralperspektive, der Tiefenwirkung und in der Darstellung feinster Einzelheiten auf kleinstem Raum. Von seinen zahlreichen Werken auf Solnhofer Steinen seien zur Illustration drei Plastiken herausgegriffen.

1520 schuf Daucher die Kleinplastik »Maria mit dem Jesuskind im Kreise von Engeln« (Abb. S. 221). Die Muttergottes sitzt mit dem Jesuskind in der tief gestaffelten Architektur eines Triumphbogens, der zwölf kleine Felder mit Szenen aus dem Alten Testament enthält, die thematisch so ausgewählt sind, dass sie die neutestamentarische Passion Christi vorwegnehmen. Der Feinheitsgrad ist so hoch, dass sogar noch die Verlegeart des Pflasters sichtbar ist. Eine zusätzliche besondere Note erhält das Werk durch gezielte Inkrustationen aus Rotmarmor und Schiefer in Teilen der Architekturkonstruktion, ein reizvoller Kontrast zur weichen Farbe des Solnhofer Steins.

Dieses Relief hat eine besondere Geschichte. Ein gleichartiges Relief in einfacherer Ausführung, unpoliert und ohne Inkrustation hatte Daucher bereits 1518 angefertigt, das sich heute in der Kunstkammer des Kunsthistorischen Museums Wien befindet. Der portugiesische Geschäftsmann und Diplomat Rui Fernandes de Almada, der sich 1520 geschäftlich für die portugiesische Krone in Augsburg aufhielt, sah es als Gipsabdruck bei einem Besuch in Dauchers Werkstatt. Er war so beeindruckt, dass er es in feinerer und kostbarerer Ausführung für die Palastkapelle des Königs in Auftrag gab. In eine ähnliche Architekturumgebung stellte Daucher um 1535 Herzog

Hans Ässlinger (1550), Urteil des Paris. Bayerisches Nationalmuseum München.

Hans Daucher (um 1518), »Kreuztragung Christi, Kreuzabnahme Christi, Christus in der Vorhölle«. Altarpredella in der Fuggerkapelle der St. Anna Kirche in Augsburg.

Wilhelm IV. von Bayern und die Pfalzgrafen Ottheinrich und Phillip im Relief »Der Freundschaftstempel«.[20] Anlass war das Wittelsbachische Familienbündnis 1534 zwischen den dargestellten Herrschern. Der Solnhofer Stein, aus dem die Renaissancehalle mit den drei Figuren und dem Bogenfeld besteht, ist in ein buntes Scaglioladekor eingebunden.

Im selben Jahr gelangen Daucher drei bedeutende Reliefs »aus warm und glänzend gelblichem Solnhofer Marmor gemeißlt«[21] für die Predella (Altarsockel) des Altars der Fuggerkapelle in der Augsburger St. Anna Kirche.[22] Dargestellt sind mit einem für diese Zeit stark erzählerischen Impuls die Kreuztragung Christi, die Kreuzabnahme Christi und Christus in der Vorhölle. Der Kunsthistoriker Herbert Schindler hält dieses Relief für »das beste, was die Augsburger Renaissance zu dieser Zeit zu bieten« vermochte.[23]

Weitere Augsburger Kleinplastiker, die in Solnhofer Stein schnitten, waren Victor Kayser (um 1515–1552), der sich vornehmlich biblischen Themen zuwandte und Erhart Gregor (um 1465–1540), der seinen Reliefs durch intensive Politur der Steinoberfläche einen besonderen Glanz verlieh. Es gibt auch weniger beachtete Kleinplastiker, deren Können ihren geringen Bekanntheitsgrad aber

Hans Daucher

◀◀ »Maria mit Jesuskind im Kreise von Engeln« (1520), Maximilian Museum Augsburg.

◀ »Der Freundschaftstempel« (um 1534), Hohenlohe Museum Schloss Neuenstein. Württembergisches Landesmuseum Stuttgart.

Hans von der Mul, Würzburger Fürstbischof Julius Echter von Mespelbrunn in weltlicher Tracht (1576). Martin von Wagner Museum Würzburg.

Georg Schweigger, Enthauptung Johannes des Täufers (1640–50). Skulpturensammlung Bode Museum Berlin.

durchaus übersteigt. Einer war der Augsburger Christoph Murmann (1564–1630), der mit seiner Darstellung der Erweckung des Lazarus die Kleinplastik in den Ausmaßen (96 × 135 cm) überschritten hat.[24] Der andere war der Niederländer Hans van der Mul (Lebensdaten unbekannt), von dem angenommen wird, ein Wanderkünstler gewesen zu sein. Eine gewisse Zeit hielt er sich in Würzburg und Umgebung auf. 1576 erarbeitete er auf kleinster Fläche ein Relief, in dem er außerordentlich differenziert den Würzburger Fürstbischof Julius Echter von Mespelbrunn (reg. 1573–1615) in weltlicher Kleidung portraitierte, wahrscheinlich in seiner Funktion als Rektor der Universität.[25]

Ein besonderer Steinschneider war der Amberger Georg Schweiger (1550–1614). Im Auftrag des pfälzischen Kurfürsten Friedrich IV. schnitt er in einen Solnhofer Stein eine grandiose Ansicht der Stadt Amberg und Umgebung mit einer verblüffenden Fülle an Details.[26] Dem Eindruck nach sind Teile auch geätzt. Die Silhouette der Stadt ist so präzise, dass die beiden großen Amberger Kirchen St. Martin und St. Georg in ihrer baulichen Struktur genau erkennbar sind. Ebenso detailreich und präzise ist die lange Reiterkolonne des Kurfürsten, der 1596 in die Stadt einzog. Der untere Teil des Reliefs besteht aus ausführlichen Jagdszenen, ein Hinweis auf die Jagdleidenschaft des Kurfürsten.

Bereits in das 17. Jahrhundert gehört der fast namensgleiche Nürnberger Georg Schweigger (1613–1690). Ab 1640 legte er den Schwerpunkt seines Schaffens, das er überwiegend auf Solnhofer Stein ausführte auf mythologische, vor allem aber auf neutestamentarische Szenen. Eine kürzlich erschienene Veröffentlichung nimmt sein Werk und seine Zeit umfassend in den Blick,[27] das sich deutlich von den rund hundert Jahre zurückliegenden Werken unterscheidet. Ein auffälliges Merkmal ist die Plastizität, die sich in vielen freiplastischen Darstellungen bis zu Rundplastiken zeigt und eine Dynamik in die Szene bringt. Nach Carolin Ott[28] sind von Schweigger 19 Kleinplastiken in Museen erhalten, wovon sie ihm vier zuschreibt. Besonders beeindruckend sind die sieben Reliefs mit Szenen aus dem Leben Johannes des Täufers, die sich im Kunsthistorischen Museum in Wien und in der Skulpturensammlung des Berliner Bode Museums befinden. Über weitere Schweigger-Werke aus Solnhofer Stein verfügen das Museum für Kunst und Gewerbe in Hamburg, das Herzog-Anton-Ulrich Museum in Braunschweig sowie das British Museum und das Victoria and Albert Museum in London.

Im Kunsthandel erzielten und erzielen Kleinreliefs in Solnhofer Stein hohe Preise. In den 1880er Jahren wurde in Köln ein von Hans Daucher 1527 gefertigtes Kleinrelief mit der Darstellung des Treffens von Kaiser Karl V. mit seinem Bruder Ferdinand I., König von Böhmen, mit einem Rekordpreis von 50.060 Reichsmark versteigert.[29] Ersteigerer war das Morgan Museum in New York, wo das Relief ausgestellt ist. Der hohe Marktwert von Kleinplastiken in Solnhofer Stein hielt sich. Im Dezember 2011 versteigerte das Auktionshaus Christie's in London die Kleinplastik »Die Versuchung des Heiligen Sebastian« von Ignaz Bendl (23,9 × 15,8 cm). Ein Bieter erwarb sie für 31.700 Euro. Bendl war ein aus Böhmen stammender, von 1682 bis 1730 in Brünn und Wien tätiger Bildhauer, der überwiegend in Elfenbein arbeitete, aber eben auch in Solnhofer Stein.

Georg Schweiger. Einzug des Kurfürsten Friedrich IV. in Amberg (um 1605). Stadtmuseum Amberg.

Georg Schweiger, Stadtansicht Amberg (Detail). Stadtmuseum Amberg.

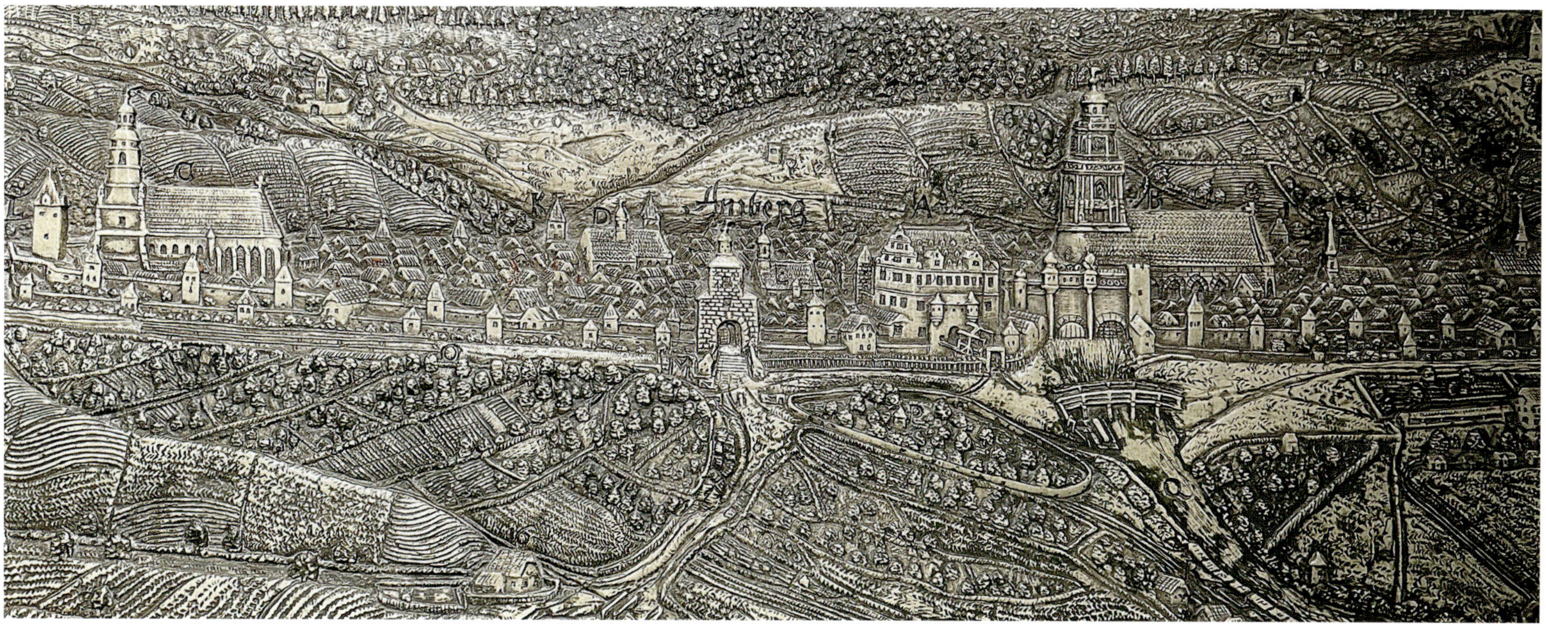

Kleinplastische Werke in Solnhofer Stein

			(H/B cm)	
Hans Ässlinger	Das Urteil des Paris	1550	30,4 × 44,7	Bayerisches Nationalmuseum München
	Schlacht Karl des Großen bei Regensburg	nach 1546	55 × 65,2	Schloßmuseum Gotha
Nachfolge	Disputa	um 1610	68,5 × 97	Bayerisches Nationalmuseum Landshut
Hans Daucher	Die Heilige Familie	1510–1515	28 × 22	Germanisches Nationalmuseum Nürnberg
	Bildnis eines Fürsten	1510–1515	25,1 × 16	Bayerisches Nationalmuseum Landshut
	Bildnis einer Fürstin	1510–1515	24,9 × 16,2	Bayerisches Nationalmuseum Landshut
	Kreuztragung Christi	um 1518	49,8 × 49,8	Altarpredella Fuggerkapelle Augsburg
	Kreuzabnahme Christi	um 1518	49,4 × 50,2	Altarpredella Fuggerkapelle Augsburg
	Christus in der Vorhölle	um 1518	49,8 × 50	Altarpredella Fuggerkapelle Augsburg
	Mariä Verkündigung	1518	18 × 15	Kunsthistorisches Museum Wien
	Die Heilige Familie von Engeln umgeben	1518	41 × 29,5	Kunsthistorisches Museum Wien
	Maria mit Jesuskind im Kreise von Engeln	1520	41,8 × 31	Maximilianmuseum Augsburg
	Allegorie auf Dürers Tugenden	1522	22,8 × 16,6	Bode-Museum Berlin
	Kardinal Matthäus Lang	1520–25	53 × 53 × 8	Museum Carlino Augusteum Salzburg
	Geißelung Christi	um 1520	14,8 × 11,3	Bayerisches Nationalmuseum München
	Tugenden und Laster am Hofe Karl V.	1522	28,3 × 46,8	Metropolitan Museum of Art New York
	Kaiser Maximilian I zu Pferde als hl. Georg	um 1522	22,9 × 15,6	Kunsthistorisches Museum Wien
	Das Urteil des Paris	1522	22,9 × 17,2	Kunsthistorisches Museum Wien
	Schlafender Löwe	1524	18,7 × 22	Bayerisches Nationalmuseum München
	Der Freundschaftstempel	um 1535		Hohenlohe Museum Schloss Neuenstein
Gregor Erhart	Maria mit Kind	um 1520	43,3 × 31,7	Victoria and Albert Museum London
	Stehende Muttergottes	1520–30	31,7 × 43,3	Victoria and Albert Museum London
Loy Hering	Maria mit dem Kind	1515–1520	28 × 20,4	Bayerisches Nationalmuseum München
	Adam und Eva (Sündenfall)	um 1535	38,7 × 25,4	Victoria and Albert Museum London
	Kaiser Karl V.	1520–30	15,1 × 12,2	Kunsthistorisches Museum Wien
	Liebesgarten/Jungbrunnen	um 1525	23,4 × 20,8	Bode Museum Berlin
	Romulus und Remus werden ausgesetzt	1532–35	22,8 × 16,9	Victoria and Albert Museum London
	Verkündigung	1545	60 × 39,8	Taft Museum of Art Cincinatti
	Adam und Eva im Paradies (Sündenfall)	1550	24 × 17,8	Bode Museum Berlin
Thomas (Doman) Hering	Das Urteil des Paris	um 1530	22,1 × 19,8	Bode-Museum Berlin
	Jacobäa, Herzogin von Bayern (6 Tafeln)	1535–40	21 × 21	Bayerisches Nationalmuseum München
	Taten des Herkules	Um 1555	Ø 60	Stadtresidenz Landshut
Victor Kayser	Gefangennahme Christi	um 1525	50,5 × 50,5	Victoria and Albert Museum London
	Christus im Garten Gethsemane	um 1525	28,7 × 37,2	Victoria and Albert Museum London
	Fußwaschung Petri durch Christus	nach 1530	36,8 × 28,5	Bayerisches Nationalmuseum München
	Susanne und die beiden Alten	um 1530	44,9 × 29.7	Bode-Museum Berlin
	Darstellungen aus der Apostelgeschichte	nach 1530	9,4 × 28,1	Museum für Kunst und Gewerbe Hamburg
	Feier des Passahfestes	um 1540	28 × 79 × 6	Museum der schönen Künste Budapest
Ludwig Krug	Der Sündenfall	1514	14,9 × 9	Bode-Museum Berlin
Hans von der Mul	Fürstbischof Julius Echter von Mespelbrunn	1576	23,5 × 16	Wagner Museum der Universität Würzburg
Christoph Murmann d. J.	Erwachen des Lazarus	um 1595	96 × 135	St. Anna Kirche Augsburg
Hans Multscher	Modell für die Grabplatte Herzog des Gebarteten von Bayern-Ingolstadt	1430	58 × 31 × 8	Bayerisches Nationalmuseum München
Georg Schweiger	Allegorie auf die christliche Gemeinde	1590–95	87,2 × 103,4	Germanisches Nationalmuseum Nürnberg
	Einzug des Kurfürsten Friedrich IV. in Amberg	um 1605	61 × 95 × 6	Stadtmuseum Amberg
Georg Schweigger	Enthauptung Johannes des Täufers	1640–50	19,9 × 13,9	Bode Museum Berlin
	Salome mit dem Haupt Johannes des Täufers	1640–50	19,8 × 14	Bode Museum Berlin
	Die drei Grazien	um 1650	28 × 19	Victoria and Albert Museum London
	Enthauptung Johannes des Täufers	um 1642	20 × 14,4	British Museum London
	Heimsuchung Mariens	1643	19,6 × 13,8	Bischöfliches Seminar Brügge
	Verkündigung an Zacharias	1645	20 × 13,8	Kunsthistorisches Museum Wien

3 Medaillen und Plaketten

Im 16. Jahrhundert wurden Medaillen und Plaketten zu begehrten Sammlerobjekten für fürstliche Kunstkammern, geistliche Würdenträger und begüterte Patrizier. Medaillen, in der Form rund, dienten und dienen noch heute dem Gedenken an bestimmte Personen und Ereignisse, um sie der Nachwelt in Erinnerung zu behalten. Plaketten, in der Form meist rechteckig, bilden mehr Dekoratives und Landschaftliches ab, aber auch antike, biblische, mythologische und allegorische Szenen. Von den Medaillen unterscheiden sie sich auch dadurch, dass sie keine Inschriften haben und nur einseitig reliefiert sind.

Medaillen und Plaketten entstehen nach einem Modell, das Medailleure und Plaketteure fertigen. Aus unterschiedlichen Materialien formen sie Kleinstreliefs nach zeitgenössischen Vorlagen in Holz, Ton und vor allem in Stein, ganz überwiegend in Solnhofer Stein. Das fertig geschnittene Relief dient dann als Vorlage für die Herstellung einer Negativform, die bei einfacheren Ansprüchen mit Bronze, Blei oder Messing ausgegossen wurde, bei höheren Ansprüchen mit Silber und Gold. So kommt es zu einer positiven Abformung.[30] Den Abguss und den Verkauf erledigten damals Gold- und Silberschmiede. Mit Hilfe dieses Verfahrens ließen sich viele Reproduktionen anfertigen und für einen breiteren als den herrschaftlichen Käuferkreis erschwinglich machen. So entstand mit diesen Kleinkunstwerken ein neuer Zweig des Kunsthandwerks und des Kunsthandels.

Im Vergleich zu den Kleinplastikern waren die Medailleure und Plaketteure Kleinstplastiker. Medaillen des 16. Jahrhunderts hatten meist nur einen Durchmesser von sieben bis acht Zentimeter und Darstellungen auf beiden Seiten. Die nur einseitig gestalteten Plaketten waren nicht viel größer. Steinmodelle für den Medaillen- und Plakettenguss herzustellen war auch auf einem Solnhofer Stein eine höchst ziselierte Arbeit. Grabstichel, Geißfuß und Graviernadel hatten eine noch größere Bedeutung als für Kleinplastiken, um auf weit kleinerem Raum differenzierte Portraits und detaillierte szenische Darstellungen zu schneiden.

Matthes Gebel, Martin III Geuder, Nürnberger Patrizier (Abguss). Cleveland Museum of Art.

Modelle in Solnhofer Stein zum Abguss von Medaillen und Plaketten

Peter Flötner (um 1485/90–1546)	Die aufgeführten Werke sind zwischen 1540 und 1550 entstanden.		
Acht sitzende Tugenden	Caritas	7,2 Ø cm	Victoria and Albert Museum London
	Prudentia	7,3 Ø	Victoria and Albert Museum London
	Fides	7,1 Ø	Kestner Museum Hannover
	Spes	7,3 Ø	Kestner Museum Hannover
	Fortitudo	7,1 Ø	Victoria and Albert Museum London
	Temperantia	6,8 Ø	Victoria and Albert Museum London
	Justitia	7,1 Ø	Victoria and Albert Museum London
Sieben sitzende Tugenden	Caritas	7,9 × 6,6	Kunsthistorisches Museum Wien
	Justitia	7,9 × 7,6	Kunsthistorisches Museum Wien
Berühmte Frauen des Altertums	Kleopatra	7,3 Ø	Bayerisches Nationalmuseum München
	Dido	7,4 Ø	KGM Köln (Sammlung Clemen)
Die Musenfolge	Euterpe	6,8 × 4,5	Bayerisches Nationalmuseum München
	Kalliope	6,8 × 4,3	Bayerisches Nationalmuseum München
Allegorie des »Habsüchtigen Regiments«		6,9 Ø	British Museum London
Matthes Gebel (um 1500–1574)			
Martin Pfinzing von Nürnberg	Um 1532	4,1 Ø	Victoria and Albert Museum London
Sohn von Martin III Geuder	1528	3,7 Ø	Cleveland Museum of Art
Georg Schweigger (1613–1690)			
Bildnis einer Frau	1641	6,8 Ø	Bode Museum Berlin
Kaiser Ferdinand III.	1643	8,1 Ø	Kunsthistorisches Museum Wien
Jakob II. Welser	unklar	6,5 Ø	Privatbesitz

Georg Schweigger, Bildnis einer Frau (1641). Skulpturensammlung Bode Museum Berlin.

Wie bei den kleinplastischen Reliefs waren Augsburg und Nürnberg, zwei wichtige Handels- und Kulturstädte, die Zentren der Medailleure. In Augsburg gehörte dazu auch der schon erwähnte Hans Daucher, eigentlich ein Kleinplastiker. 1522 porträtierte er in einer Medaille die Pfalzgrafen Ottheinrich und Philipp *vff Eichstettischen Marmel.*[31] Beide Stücke sind auf der Rückseite nicht bearbeitet, weil sie als Modelle für einen Medaillenguss vorgesehen waren. In Nürnberg wirkten Mathes Gebel (um 1500–1574) und Georg Schweigger (1613–1690). Gebel schnitt seine Werke ausschließlich in Solnhofer Stein und verfeinerte seine Kunst mit einer auffallend präzisen Bearbeitung der Oberfläche.[32] Schweigger, überwiegend Kleinplastiker, betätigte sich als porträtierender Medailleur.

Zum bedeutendsten Medailleur entwickelte sich der aus dem Schweizer Kanton Thurgau stammende Peter Flötner (um 1490–1546), der 1523 das Nürnberger Bürgerrecht erhielt. Flötner war ein außerordentlich begabter und vielseitiger Künstler, der in Holz, Metall und Stein arbeitete. Seine Werke umfassen Grafiken, Skulpturen, Plastiken, Plaketten und Medaillen, aber auch Entwürfe für Möbel und Bauten.[33]

Sein Plaketten- und Medaillenwerk beträgt einschließlich der sicher zugeschriebenen Werke 115 Objekte, von denen 25 Modelle erhalten sind.[34] Die Höhe der Auflagen war sehr unterschiedlich. Fast alle Modelle schnitt Flötner in Solnhofer Stein, der für ihn das eindeutig bevorzugte Werkmaterial war, um feinste sinnliche, anzügliche und satirische Details herauszuarbeiten. Er schuf ganze Serien von Plaketten mit unterschiedlichsten Themen: Bacchus und die Folgen der Trunkenheit (6 Plaketten), die Sieben Todsünden, Sieben sitzende Tugenden (jeweils in rundem und rechteckigem Format), Berühmte Frauen des Altertums (8 Plaketten) und die Musen (neun Plaketten). Der Nürnberger Schreib-, Schrift- und Rechenmeister Johann Neudörfer berichtete 1547, es sei Flötners »Lust [gewesen] in täglicher Arbeit [...] in weissem Stein zu schneiden«.[35] Seine Steinmodelle befinden sich im Bayerischen Nationalmuseum in München, im Victoria and Albert Museum in London und im Kunsthistorischen Museum in Wien. Diese Museen besitzen zugleich auch zahlreiche Abgüsse von Flötners Medaillen und Plaketten, über die auch viele andere deutsche und europäische Museen verfügen. Außerhalb Europas kann das auf die Kunst im deutschsprachigen Raum spezialisierte Busch Reisinger Museum der Harvard Universität in Boston, mit über 100 Abgüssen von Flötners Steinmodellen aufwarten.

Peter Flötner, Kleopatra (aus der Serie »Berühmte Frauen des Altertums«, (1540–50)

Steinmodell frontal und seitlich. Bleiabguss. Bayerisches Nationalmuseum München.

Anmerkungen

[1] Müller-Burger 1926, 48. Eine vergleichbare Regelung hatte die Mörnsheimer Bergordnung nicht.
[2] Ausführlich zu Loy Herings Werken Mader 1905, allerdings mit Zuweisungen von Werken an Loy Hering, die heute umstritten sind.
[3] Dazu Merkel 2021.
[4] Zu Pleninger Kapitel XI 2.
[5] Hagen/Wegener-Hüssen 2004, 392.
[6] Zu Hans Daucher Kapitel X 2.
[7] Während Halm (1920, 320) und Schindler (1985, 11) die Autorenschaft Dauchers als gesichert ansehen, wird sie neuerdings von Eser (1996, 277) bezweifelt.
[8] Sauerländer 2008, 553 ff (Bd. 2 Teil 2).
[9] Bange 1928, 5. In einem Punkt irrt Bange, wenn er den Solnhofer Stein als »Speckstein« bezeichnet. Ein Speckstein ist ein leicht zu bearbeitendes Mineral, das in Deutschland nur im Erz- und Fichtelgebirge vorkommt und wegen seiner Hitzebeständigkeit in der Industrie Verwendung fand. Bange verwechselt wohl Speckstein mit »Stechstein«, wie die Kleinplastiker ihr Werkmaterial auch nannten.
[10] Eser 1996, 50.
[11] Ebd., 105 Fn. 16, 234 und 277. Einige Werke waren, heute nicht mehr erhalten, farbig gefasst und stellenweise vergoldet.
[12] Die Stärken der Kleinplastiken schwanken im allgemeinen zwischen 2 und 5 cm. Einige haben auch Stärken bis 8 cm.
[13] Nach Müller 1974, 358 mit Fn. 7.
[14] Zu den Steinwerken Multschers Popp 1997.
[15] Kat. Ausst. Bayern 1972, 70. Ausführlich zum Multschermodell und dem geplanten Grabmals Herzog Ludwigs Müller 1974 und Kat. Ausst. Multscher 1997, 303 ff.
[16] Das Grabmal wurde nicht ausgeführt. Vorgesehen war ein großer bereits in das Münster gebrachter Rotmarmorblock (375 × 178 × 85 cm). Bei einer Restaurierung in den Jahren 1848 bis 1851 wurde er in den Fußboden eingesenkt, Müller 1974, 358.
[17] Paris, Sohn des Königs Priamos von Troia, wurde von Zeus bestimmt, den Streit zwischen den Göttinnen Athene, Aphrodite und Hera zu entscheiden, wer die schönste sei. Er entschied sich für Aphrodite und löste mit diesem Urteil den Troianischen Krieg aus.
[18] Münchner Kunstkammer 2008, Band 2, Nr. 1796, 563 f.
[19] Aufgeführt und beschrieben sind die sicheren und zugeschriebenen Werke bei Eser 1996, 80 ff.
[20] Schindler 1985, 61; Kat. Ausst. Bayern 1972, 375 Nr. 586. Eser 1996, 287 ff, schreibt dieses Werk Doman Hering zu.
[21] Halm 1921, 175.
[22] Bisher war die Zuordnung der Reliefs an Hans Daucher unbestritten. Eser 1996, 235 f, setzt sich davon ab und sieht die Autorenschaft dem Augsburger Jakob Murmann nahestehend.
[23] Schindler 1985, 54.
[24] Das Relief hängt in der St. Anna Kirche in Augsburg.
[25] Katalog Kilian 1989, 268. Das Relief wird im Martin von Wagner Museum der Universität Würzburg aufbewahrt, Inv. Nr. H 4675.
[26] Als Vorlage für die Stadtansicht diente ein 1583 gefertigter Holzschnitt.
[27] Ott 2023.
[28] Ebd., 340 ff.
[29] Bode 1887, 6.
[30] Zum technischen Verfahren der Abformung Eser 1996, 52 f.
[31] So das Inventar der Kunstkammer des Heidelberger Schlosses von 1670; Kat. Ausst. Pfalz-Neuburg 2005, 154. Die Medaillons, die sich im Besitz des Wittelsbacher Ausgleichsfond befinden, haben einen Durchmesser von 14,4 cm und 14 cm.
[32] Kat. Ausst. Peter Flötner 2015, 89.
[33] Umfassend zu Flötners Werk Dienst 2002.
[34] Dienst 2002, 49 und 351.
[35] Ebd., 30, Kat. Ausst. Peter Flötner 2015, 89.

XI Ätzwerke

Anfang des 16. Jahrhunderts fanden weltliche und geistliche Fürsten, Patrizier, Bürgermeister und Ratsherren Gefallen an aufwändigen, in Stein geätzten Darstellungen, oft farbig und auch golden gefasst.[1] Diese Ätzwerke, die hauptsächlich auf Solnhofer Stein entstanden, waren wichtige Status- und Repräsentationsobjekte, die in Kunstkammern gesammelt wurden, insbesondere die Medaillen und Plaketten. Sie schufen dem Auftraggeber, der gewidmeten Person, aber auch dem Schöpfer eine Präsenz über den Tod hinaus. Mit der Steinätzung für künstlerische Zwecke entstand eine »neue, haptisch erlebbare Zwischenform von Relief und Malerei«, die »Staunen über die unbegreiflich fein ausgearbeitete Oberflächenstruktur« auslöste.[2]

Ihren Ausgang nahm die Steinätzung im 16. Jahrhundert in den Reichsstädten Nürnberg und Augsburg[3] und breitete sich von dort nach Würzburg, Amberg, Regensburg und Österreich aus.[4] Wegen seiner einmaligen Feinkörnigkeit und Dichte war der Solnhofer Stein das ideale Werkmaterial, um kleinste Feinheiten zum Ausdruck zu bringen, wie sie sich beispielhaft bei den Kalendertischen im Netzsystem des Astrolabiums zeigen.[5] Ideal war zudem, dass mit diesem Stein Platten in großer Dimension zur Verfügung standen, die bei Musiktischen einen Durchmesser bis 165 cm erreichen. Dass den Ätzern der Solnhofer Stein bekannt war, könnte mit der nicht allzu weiten Entfernung der Städte vom Bruchgebiet zusammenhängen.

Ätzwerke des 16. und des 17. Jahrhunderts waren Liedertische, Kalendertische, sonstige Tische und Sonnenuhren. Gewisse Teile wurden auch graviert. Die Liedertische hatten ihren Schwerpunkt im letzten Jahrzehnt des 16. Jahrhunderts, die Kalendertische gleich danach. Liedertische sind meist rund (Rundtafel), Kalendertische meist rechteckig. In der Aufteilung des Dargestellten haben beide Tischkategorien das Grundkonzept der konzentrischen Kreise. Von einem Mittelkreis mit einem Wappen gehen zahlreiche Kreisringe aus, je nach Zählweise acht bis zwölf, in denen unterschiedliche Themen dargestellt werden. Eine einfache Art der Kalenderwerke sind die Steckkalender. Neben den Musik- und Kalendertischen wurden auch Gesellschaftstische, Jagdtische, Ratstische und Landkartentische geätzt.

1 Kalendertische

In den kalendarischen Ätzwerken bilden sich die gesamten kosmologischen, astronomischen und astrologischen Kenntnisse und Annahmen der Zeit ab. Obwohl die Steinätzer nicht ohne die Hilfe damaliger Experten auskommen konnten, mussten sie doch auch über ein durchaus achtbares Wissen und Verständnis auf diesen Gebieten verfügen. Auf gedrängtem Raum ätzten sie mit großer Präzision und Formenvielfalt eine Fülle von Details und Informationen in den Stein. Die Kalendertische hatten auch einen praktischen Wert. Sie lieferten den Gebildeten der Zeit alle kalendarischen Daten für das kirchliche und bürgerliche Leben. Mit Hilfe der Tische konnten sie für lange Zeiträume

Kalendertische von Andreas Pleninger

◀◀ Astrolabium im Kalendertisch der Sternwarte des Stifts Kremsmünster (1590).

◀ Astrolabium im Kalendertisch für Kaiser Rudolf II. Historisches Museum Regensburg (1602).

Ätztische in Solnhofer Stein von Andreas Pleninger

Kalendertische

Werke	Auftraggeber/Widmungsperson	Maße in cm	Jahr	Aufbewahrungsort
Kremsmünster Tisch	Ungeklärt	95 × 66,5	1590	Benediktinerstift Kremsmünster
Ebner Tisch	Ratsherr Leonhard Ebner	97,5 × 96,5	1600	Historisches Museum Regensburg
Regensburger Tisch	Ungeklärt	29,5 × 19	1600	Historisches Museum Regensburg
Tollet Tisch	Hans Jörg Mautner zu Aschach	32 × 31	1601	Museum für angewandte Kunst Wien
Kaiser Rudolf II Tisch	Reichsstadt Regensburg	123 × 105	1602	Historisches Museum Regensburg
Pariser Tisch	Ungeklärt	101 × 101	1603	Bibliothèque Nationale de France Paris
Reiner Tisch	Erzherzog Ferdinand II. von Innerösterreich	152 Ø	1607	Zisterzienserstift Rein

Sonstige Tische

Werke	Auftraggeber/Widmungsperson	Maße in cm	Jahr	Aufbewahrungsort
Vornbacher Weintisch	Benediktinerabtei Vornbach	111 × 103,5	1575	Historisches Museum Regensburg
Europakarte	Markgraf Georg Friedrich I. von Brandenburg-Ansbach	44 Ø	1575	Markgrafen Museum Ansbach
Chorographia Wirtenbergica	Herzog Friedrich I. von Württemberg	144 × 109	1603	Württembergische Landesbibliothek Stuttgart
Kartentisch mit Kalender	Landgraf Moritz von Hessen-Kassel	106 × 130	1605	Hessisches Landesmuseum Kassel

alle beweglichen kirchlichen Feste des Jahres und die jeweiligen Tagesheiligen feststellen. Den Auftraggebern und den Widmungspersonen sicherten sie eine Präsenz über den Tod hinaus, ebenso den Künstlern, wenn sie ihre Autorenschaft im Stein hinterließen. Der bedeutendste und vielseitigste Steinätzer seiner Zeit war der schon bei den Epitaphen erwähnte Regensburger Andreas Pleninger (1555–1607), der die Ätzkunst in Nürnberg erlernte und hauptsächlich in seiner Heimatstadt und in Oberösterreich tätig war.[6] Seine Hauptwerke sind Kalender- und Musiktische, mit denen er im höheren Alter den Höhepunkt seiner Meisterschaft erreichte. Daneben ätzte er auch Landkarten und Sonnenuhren.[7] Obwohl es bei der hohen Qualität seiner Werke schwerfällt einige hervorzuheben, seien dennoch zwei mit besonderen Merkmalen herausgegriffen.

1602 fertigte Pleninger einen Kaiser Rudolf II. gewidmeten Kalendertisch, der 1576 in Regensburg zum Kaiser gekrönt wurde. Auftraggeber war wohl sicher die Reichsstadt Regensburg. Das verdeutlichen das Wappen der Reichsstadt Regensburg in der linken und das des Kaisers in der rechten unteren Ecke der Platte. Pleninger scheint sich seiner bedeutenden Rolle bewusst gewesen zu sein. Nicht unbescheiden stellte er sich mit seinem Wappen (wohl ein Kranich) und in einem Kreisring mit seinem latinisierten Namen und Wohnort in das Zentrum des Immerwährenden Kalenders.[8] In 14 Kreisringen ist alles dargestellt, teils mit allegorischen Darstellungen, was astronomisch von Bedeutung ist: Winde, Tageslänge, Wochentage, Monatstage und Jahrestage, Tierkreiszeichen sowie der Zyklus des Mondes, der Sonne und der Sterne. Dazwischen sind für jeden Monat lateinische Distichen (Zweizeiler) eingestreut. Umgeben ist der Immerwährende Kalender von der Darstellung der vier Jahreszeiten, der vier Temperamente und der vier Elemente. Unter dem Kalender befindet sich das Astrolabium mit dem alten julianischen und dem damals neu eingeführten gregorianischen Kalender (1582), dessen Mitte ein für eine Steinätzung äußerst filigranes Netzwerk ausfüllt.

Einen sehr farbenprächtigen Kalendertisch mit vergoldeten Texten schuf Pleninger 1607 für Erzherzog Ferdinand II. von Innerösterreich, der im Zisterzienserstift Rein bei Graz ausgestellt ist.[9] In der Konzeption dieser Platte nahm Pleninger sich sehr zurück. Den Mittelpunkt bildet nicht mehr sein Wappen, sein Name und sein Wohnort, sondern ein Astrolabium. Diesen Mittelpunkt umgeben sieben konzentrische Kreise mit einer Fülle von feingeätzten Angaben und Darstellungen, neben den Tagesgöttern, drei Kreise mit Gradskalen sowie Monatsbilder mit Angabe der Bezeichnung und der Länge der Monate. Diese Kreise enthalten zahlreiche Informationen zu den Jahren 1600 bis 1800 sowohl nach dem gregorianischen als auch nach dem julianischen Kalender. Als Ablesehilfe ist in die Platte eine Reihe von Löchern gebohrt, in die ein Stift mit einem Faden gesteckt wird, der ihn mit dem Zentrum verbindet. Der Tisch enthält für 200 Jahre die kirchlichen Feiertage sowie zahlreiche andere kalendarische und astronomische Angaben. Entworfen hat ihn der berühmte Astronom Johannes Kepler.

Auch die weiteren Kalendertische Pleningers auf Solnhofer Stein zeugen von seinem großen Können. Dazu zählt der Tisch für den Regensburger Ratsherren, Steueramtsdirektor und Kämmerer Leonhard Ebner. Die Sternwarte im Benediktinerstift Kremsmünster[10] verfügt über eine sehr elaborierte Tischplatte mit Immerwährendem Kalender und Astrolabium.[11] Die dominierende große Scheibe grenzen 366 Löcher ein, so viele wie das Jahr Tage hat. In diese Löcher steckte man ein Stäbchen mit Faden für den jeweiligen Tag. Über einige Umwege kam ein 1603 gefertigter, rechteckiger Pleninger-Kalendertisch nach Frankreich, den die französische Staatsbibliothek 1839 in einer Versteigerung erwarb.[12] Besonders gut erhalten ist von Pleninger eine farbig und teils golden gefasste Kalenderplatte, geätzt mit vier Feldern auf kleinem Raum (31 × 31 cm) für Jörg Mautner zu Aschach und seine Frau, Erbauer des Schlosses Tollet in Oberösterreich. Im linken oberen Feld enthält sie eine Monduhr, daneben im rechten Feld eine Sonnenuhr mit Aspektenscheibe. Darunter befinden sich das Wappen des Auftraggebers und seiner Frau, getrennt durch einen Mittelstreifen mit Angaben über die Auf- und Untergänge der Sonne, die Tag- und Nachtlängen sowie die zwölf Tierkreiszeichen.

Kalendertisch für Kaiser Rudolf II. mit Signatur Andreas Pleninger in der Mitte. (1602).
Historisches Museum Regensburg.

Kalendertisch der Sternwarte des Benediktinerstifts Kremsmünster (1590) mit Erklärungsgrafik.

Rückseite des Kalendariums.

Darstellungsgrafik des
Kalendertisches Kremsmünster.

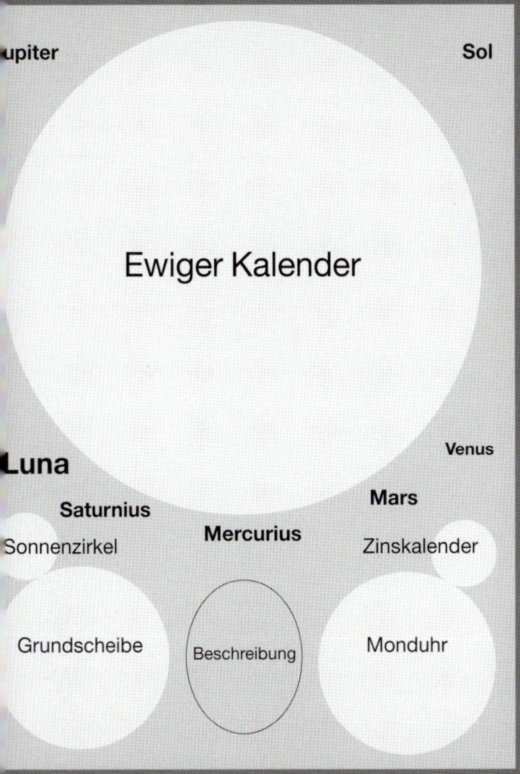

Kalendarium mit Ätzbild. Der Adler des Zeus trägt Ganymed zum Olymp (1600).
Historisches Museum Regensburg.

Tisch für den Regensburger Ratsherrn Leonhard Ebner (1600). Historisches Museum Regensburg.

Tisch für Erzherzog Ferdinand II. (1607) Zisterzienserstift Rein (Steiermark).

Tisch für H. J. Mautner zu Aschach (1601).
Obere Reihe: Sonnenuhr und Aspektenscheibe. Museum für angewandte Kunst Wien.

Pleninger ätzte auch Landkarten. Damit fing er schon 1575 als Zwanzigjähriger in Nürnberg an mit einer Europakarte auf Rundplatte für Markgraf Georg Friedrich I. von Brandenburg-Ansbach, zu dessen Herrschaftsgebiet Solnhofen gehörte. Diese Steinkarte wurde 1991 im Stadtarchiv Ansbach entdeckt.[13] Über ein Vierteljahrhundert später machte er sich wieder an die Ätzung von Landkarten. Für die Stuttgarter Kunstkammer ätzte er 1603 nach einem zeitgenössischen Kartenwerk die Karte »Chorographia Wirtenbergica«, die er Herzog Friedrich I. von Württemberg widmete. Von der ursprünglichen farbigen Fassung (rot für Orte, grün für Wälder) sind nur noch die golden belegten Buchstaben erhalten. 1605 machte Pleninger einen besonderen Tisch für den Landgrafen Moritz von Hessen. Die Besonderheit besteht darin, dass er ein Mischtisch ist, auf der linken Seite ein Landkartentisch, auf der rechten ein astronomisch-kalendarischer Tisch.

Ganz anders in Darstellung und Thematik ist ein aus dem Kloster Vornbach am Inn stammender Tisch, der als Weintisch oder Geselligkeitstisch bezeichnet werden kann. Zentrales Gebilde der rechteckigen Platte ist ein Kreis, der seinerseits 12 vom Mittelpunkt ausgehende, sich gegenseitig durchdringende Kreise einfasst. In der umlaufenden Randinschrift wird auf die guten und schlechten Wirkungen des Weintrinkens mit biblischen Lebensweisheiten hingewiesen: »Sey nicht ein Weinsäuffer, Dan [denn] der wein bringt viel Leut vmb/Der wein, erquickt den Menschen das Leben/Der Wein ist geschaffen, das er Menschen fröhlich sol machen/Der Wein Zur notturfft getrunken erfreuet Leib und Seel«.[14]

Auch Solnhofen kann sich eines kalendarischen Ätztisches rühmen, dessen Schöpfer einen berühmten, mit dem Solnhofer Stein verbundenen Namen trägt. Im Privatbesitz befindet sich eine ovale Tischplatte (112 × 86 × 4 cm) mit einem äußeren Eichenkranz, einem inneren Oval mit symbolischen Monatsbildern und einem Zentralbild, das eine Flusslandschaft mit einem Ort zeigt, dem keine Ähnlichkeit mit Solnhofen entnommen werden kann. Die Monatsbilder und das Zentralbild sind graviert. In einem Schild ist »Georg Paul Arauner Solnhofen 1801« geätzt, darunter steht als Urheber »Senefelder« ohne Vornamen. Georg Paul Arauner war ein Solnhofer Steinunternehmer. Wie es zu dieser Platte kam, ist nicht zu klären. Als Ätzer könnte Karl Senefelder in Frage kommen, ein Bruder des Lithografieerfinders Alois Senefelder. Das ließe sich daraus erschließen, dass Karl Senefelder für einen anderen Solnhofer Steinunternehmer, für Johann Matthias Strauß, 1833 ebenfalls eine Platte mit Solnhofer Motiven hergestellt hatte.[15]

Weniger aufwändig als Kalendertische sind Steckkalender zu ätzen. Sie sind in Darstellung und Größe einfacher, weil sie nur dem Markieren des Datums dienten. Exemplare dieses Typus befinden sich im Fossilien und Steindruck Museum in Gunzenhausen und im Universalmuseum Joanneum in Graz. Im Gunzenhauser Exemplar stehen die zwölf Monate mit der Zahl ihrer Tage in Lateinisch und Deutsch und daneben befindet sich eine Zahlenreihe von 1 bis 31. Über die Löcher neben den Monaten und der Zahlenreihe kann das Datum mit einem Stift gesteckt werden.

Chorographia Wirtenbergica (1603). Detail und Gesamtkarte. Württembergische Landesbibliothek Stuttgart.

Landkarte von Hessen (1605). Hessisches Landesmuseum Kassel.

Solnhofer Kalendertisch (1801).

◀◀ Widmungskartusche

◀ Grabinschrift des Widmungsträgers Georg Paul Arauner (Detail).

Steckkalender

◀◀ Fossilien- und Steindruck-Museum Gunzenhausen.

◀ Museum Joanneum Graz.

2 Liedertische

Liedertische oder Musiktische, zwei gleichbedeutende Begriffe, sind Zeugnisse hoher Ätzkunst und Dokumente von musikgeschichtlicher und kulturgeschichtlicher Bedeutung.[16]

Die wahrscheinlich ersten, auf einem Stein festgehaltenen Noten, ätzte der Augsburger Drucker Philipp Uhlhart 1550 auf eine Solnhofer Platte, die keine Tischplatte ist, sondern eine Tafel.[17] Dafür wählte er den 1547 herausgegebenen Kanon »Laudate dominum omnes gentes«. Technisch ist die Tafel eine Mischätzung, weil die Noten tiefgeätzt sind.

Viele Liedertische sind zugleich auch Kalendertische. Die inneren Kreise enthalten Astronomisches, Astrologisches, Mythologisches, Sinnsprüche und Wappen. Generell enthalten die beiden äußeren Kreisringe der Tische Noten für mehrstimmige Lieder und die dazu gehörenden Texte, die zum Teil von berühmten Komponisten stammen. Die äußere Platzierung der Texte und Noten erleichterte den Sängern die Lesbarkeit.

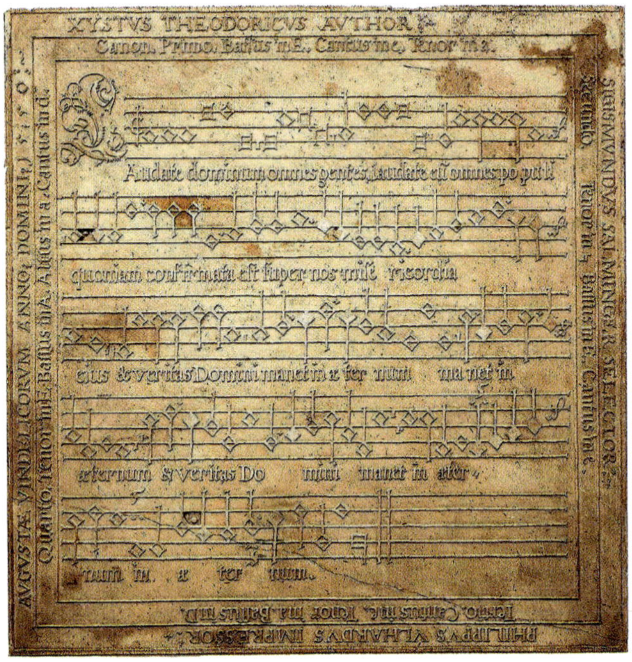

Notentafel von Philipp Ulhart (1550). Städtische Museen Augsburg.

Ein herausragender Ätzkünstler war der Amberger Caspar von der Sitt (genaue Lebensdaten sind unbekannt, Hauptschaffensperiode 1590–1600), der lange in Passau lebte. Daneben spielte der bei den Kalendertischen bereits hervorgehobene Hans Pleninger auch bei den Musiktischen eine Rolle.

Die runden Musiktische von der Sitts haben im Aufbau das aus mehreren konzentrischen Kreisen bestehende Grundmuster. Sein frühestes Ätzwerk, das farbig gefasst noch gut erhalten ist, schuf er 1590 für den Passauer Fürstbischof Urban von Trennbach (reg. 1561–1598).[18] Die Mitte bildet das üppige Wappen des Fürstbischofs. Dann folgen sechs Kreisringe: 1. Ewiger Kalender mit den Gottheiten der Wochentage auf Triumphwagen, 2. Widmungen, 3. Wappen von 23 Passauer Domherren und das Diözesanwappen, 4. Deutsche Sinnsprüche, 5. Ornamentale Muster, 6. Noten und Liedertexte von Trinkliedern in Deutsch, Lateinisch und Italienisch.

1590 oder 1591 ätzte Caspar von der Sitt unter Mitarbeit von Leonhard Deinfelder einen Musiktisch für den Rat der Stadt Amberg.[19] Im Unterschied zu dem ansonsten gleichgestalteten Passauer Tisch fügte er an Stelle deutscher Sinnsprüche 25 achtzeilige Strophen aus dem Leben und Leiden Christi ein. Die mit diesem Liedertisch zum Ausdruck gebrachte Haltung hat eine konfessionelle Botschaft. Der äußere Musikring enthält in zwölf Feldern Noten und Texte einer zweiteiligen Motette mit sechs Stimmen. In ihnen wird die Bitte ausgedrückt, Gott möge den Amberger Einwohnern beistehen, »damit gefördert wird dein ehr und erhalten die reine Lehr«. In diesen Worten liegt das Bekenntnis zum lutherischen Glauben im Gegensatz zur calvinistischen Lehre, die der Pfälzer Kurfürst Friedrich IV. in Amberg durchsetzen wollte.

In der äußerlichen Anlage gleichgestaltet, aber ebenso von hohem künstlerischem Wert sind auch der Berchtesgader und der Kaisheimer Musiktisch aus dem Jahre 1591. Beide zeichnen sich auch dadurch aus, dass auf ihnen Lieder von bedeutenden Komponisten geätzt sind, deren Werke noch heute gespielt werden. Im bunt gefasst erhaltenen Berchtesgadener Musiktisch stammen die Lieder vom großen Kirchenmusiker Giovanni Pierluigi da Palestrina. Der Kaisheimer Liedertisch, angefertigt im

Liedertische in Solnhofer Stein

Caspar von der Sitt	Passauer Tisch	Fürstbischof Urban von Trennbach	127,5 Ø	1590	Kunsthistorisches Museum Wien
	Amberger Tisch	Rat der Stadt Amberg	128 Ø	1590	Stadtmuseum Amberg
	Berchtesgadener Tisch	Herzog Wilhelm V. von Bayern	128 Ø	1591	Schlossmuseum Berchtesgaden
	Kaisheimer Tisch	Zisterzienserabt Dominikus Streichele	122 Ø	1591	Bayerisches Nationalmuseum Landshut
	Stuttgarter Tisch	Herzog Friedrich I. von Württemberg	165 × 3,7	1599	Württembergisches Landesmuseum Stuttgart
Andreas Pleninger	Starhemberger Tisch	Hans Adam Jörger zu Tollet	79,3 × 124	1580	Schloss Starhemberg Eferding
	Gothaer Tisch	Ungeklärt	113 × 103	1604	Schloss Friedenstein Gotha
	Kassler Tisch	Landgraf Moritz von Hessen-Kassel	154 Ø	1605	Löwenburg Kassel
Hans von der Sitt	Pfälzer Tisch	Friedrich IV. von der Pfalz mit Gattin Louise Juliane	137 Ø	1597	Bayerisches Nationalmuseum München
Philipp Ulhart	Augsburger Notentafel	Ungeklärt	28,5 × 28,5	1550	Städtische Museen Augsburg
Michael Holzpecher	Grazer Tisch	Erzherzogin Maria von Österreich	77 × 97,5	1589	Museum Joanneum Graz
Andreas Peschku	Wiener Tisch	Erzherzog Ferdinand, später Kaiser Ferdinand II.	92 × 103	1610	Kunsthistorisches Museum Wien

Liedertische in Solnhofer Stein

Berchtesgadener Tisch (1591). Schlossmuseum Berchtesgaden.

Passauer Tisch (1590). Kunsthistorisches Museum Wien.

Amberger Tisch(1590). Stadtmuseum Amberg.

Kaisheimer Liedertisch (1591). Bayerisches Nationalmuseum, Zweigmuseum Burg Trausnitz in Landshut.

Stuttgarter Liedertisch (1599). Landesmuseum Württemberg Stuttgart.

Pfälzer Tisch (1597). Bayerisches Nationalmuseum München.

Starhemberger Tisch (1580). Schloss Starhemberg Eferding (Oberösterreich).

Grazer Tisch (1589). Joanneum Museum Graz.

Auftrag des Kaisheimer Zisterzienserabtes Dominikus Steichele (reg. 1589–1594), enthält drei Gesänge zu vier Stimmen des hochgeschätzten Münchner Hofkapellmeisters Orlando di Lasso. Von der ursprünglich farbigen Fassung und der Vergoldung ist nichts mehr erhalten, so dass der blanke Stein hervortritt. Mit einem Durchmesser von 165 cm beherbergt das Württembergische Landesmuseum den größten Musiktisch. Caspar von der Sitt fertigte ihn 1599 im Auftrag von Herzog Friedrich I. von Württemberg, dessen Wappen im Zentrum positioniert ist. In einem sehr schmalen Kreis ist es ihm gelungen, 35 Wappen von württembergischen Adeligen unterzubringen. Ein Madrigal für zwei fünfstimmige Chöre preisen den Auftraggeber.

Steinätzer war auch der Neumarkter Hans von der Sitt. Ob und welche verwandtschaftlichen Beziehungen zu Caspar von der Sitt bestanden, ist ungeklärt. Von Hans von der Sitt stammt ein in Amberg nach dem Muster der konzentrischen Kreise geätzter Musiktisch für den pfälzischen Kurfürsten Friedrich IV., der zusammen mit seiner Gattin Louise Juliane im Doppelbildnis (abgeschliffen) und zugehörigen Wappen die Mitte einnimmt. Abweichend zu anderen Tischen enthalten zwei Kreisringe Darstellungen zur kurfürstlichen Geschichte und Daten zur kurfürstlichen Familie.[20]

Obwohl Andreas Pleninger mehr Kalendertische als Musiktische ätzte, hatte er für diese doch eine besondere Voraussetzung. Er war auch anerkannter Organist und Verfasser von Orgeltabulaturen. Für den Landgrafen Moritz von Hessen schuf er eine Rundtafel mit dem beachtlichen Durchmesser von 154 cm.[21] Die Darstellungen sind ganz überwiegend auf Musik ausgerichtet, nicht nur in den beiden äußeren Kreisringen wie in anderen Musiktischen. Dem Tisch fehlt, wie sonst üblich, auch das mittige Wappen des Auftraggebers. Stattdessen tragen die griechischen Götter Apoll und Pan einen musikalischen Wettbewerb aus. Zwei Schlossmuseen sind im Besitz von rechteckigen Pleninger-Musiktischen. Einer, stark farbig gefasst und teils vergoldet, befindet sich im Schloss Friedenstein in Gotha, der andere im Schloss Starhemberg im oberösterreichischen Eferding. Die vier um eine Rosette gruppierten Notenfelder sind so ausgerichtet, dass sie jeweils von zwei sich gegenübersitzenden Personen gelesen werden können.[22]

3 Sonstige Tische

Neben Musik- und Kalendertischen haben sich die Steinätzer auch anderen Themen zugewandt, Rathäusern, geselligen Runden und der Jagd.

Einem Tisch, dem »Eichstätter Tisch«, kommt im Hinblick auf den Schöpfer und den Stein eine besondere Bedeutung zu.[23] Gemacht hat ihn Tilman Riemenschneider, der als bedeutender Bildschnitzer und Bildhauer gilt, von dem aber kaum bekannt ist, dass er auch Steinätzer war. Zum anderen liegt es am Entstehungsjahr 1506. Der Tisch ist damit nicht nur der älteste der bekannten Ätztische. Neben dem Modell von Hans Multscher für die Grabplatte des bayerischen Herzogs Ludwig der Gebartete (Abb. S. 219) ist er nach der römischen Zeit zugleich eines der frühesten Zeugnisse der Verwendung des Solnhofer Steins.

Riemenschneiders »Eichstätter Tisch« könnte genauso gut »Würzburger Tisch« heißen. Der Eichstätter Fürstbischof Gabriel von Eyb (reg. 1496–1535) schenkte dem Rat der Stadt Würzburg 1506 eine große Solnhofer Platte als Gegengabe für eine Sendung Frankenwein, die er vom Stadtrat als ehemaliger Würzburger Domdechant erhielt. Der Stadtrat beauftragte Riemenschneider, der selbst Ratsherr und von 1520/21 auch Bürgermeister war, aus dem Stein eine runde Tischplatte zu machen und dazu

Geselligkeitstisch der ehemaligen Benediktinerabtei Vornbach am Inn. Historisches Museum Regensburg.

»Eichstätter Tisch« für den Würzburger Rat (1506). Museum für Franken Würzburg.

Jagdtisch für einen Erblandjägermeister. Jagdmuseum Schloss Stainz (Steiermark).

einen Tischfuß. Riemenschneider, dessen Honorar acht Gulden betrug, erklärte dazu, er werde *den merlbelstein disch* [Marmorsteintisch] *hienach rein abzuziehen, ein umbschrifft darumb unnd drew* [drei] *wappen darauff in die mitt, als nemlich unsers gnedigen herrn von Wurtzpurg, des bischoffs von Eydstats* [Eichstätt] *und der statt* [Stadt] *Wurtzpurg wappen machen*.[24] Der Stadtrat verlangte zudem, dass das Wappen des Stifters Gabriel von Eyb, des Würzburger Landesherrn Fürstbischof Lorenz von Bibra und der Stadt Würzburg so versetzt zu positionieren sind, dass *wie man den disch kere* [drehe]*, das iglichs* [jedes] *wappen oben steen solle*. Diese Aufgabe löste Riemenschneider so, dass er die Wappen in die Mitte der Platte anbrachte, mit dem Kopf gegeneinanderstellte, sie mit Maßwerk umrankte und die Platte drehbar machte. Die in drei konzentrische Kreise aufgeteilte Platte, die farbig und golden gefasst war, ist am Rand nach unten abgefast, damit deren Stärke (6 cm) nicht auffällt.[25]

In die Kategorie Ratstisch ließe sich auch der Amberger Liedertisch einordnen.[26] Das Wappen der Stadt Amberg steht im Zentrum der Rundtafel. Danach folgt ein Kreisring mit den Wappen und Namen der Bürgermeister und Ratsmitglieder nach der Ratswahl von 1590. Schließlich lautet die Widmung: *Dem* [...] *weisen Burgermeistern und Rathe der churfl. Statt* [kurfürstlichen Stadt] *Amberg, unsern gebiettenden Geherren haben wir hieunden benennte diese Rundtaffeln zu ehrn gemacht*.

Andreas Pleningers hohe Kunstfertigkeit äußerst sich schon in einem bereits 1575 für die Benediktinerabtei Vornbach am Inn geätzten Tisch, der weder Musiktisch noch Kalendertisch, vielmehr ein Geselligkeitstisch ist. Die rechteckige Platte füllt ein Kreisgebilde, von dem in der Mitte ein zwölfstrahliger Stern dünne bogenförmige Streifen aussendet, die sich paarweise zusammenfügen und sich gegenseitig durchdringen. Die vier Zwickel sind mit äußerst fein geätzten Arabesken gefüllt. Kalendarische Darstellungen enthält der Tisch nicht, dafür aber im Inneren ein Zitat von Vergil in Latein über den Frühling und Spruchweisheiten in den Randstreifen über die positive und negative Wirkung des Weins: »Der Wein ist geschaffen, das er den Menschen frölich sol machen«, aber »Sey nicht ein Weinsäuffer, Dan [denn] der Wein bringt viel Leut vmb«.

Wenn es einen Geselligkeitstisch gibt, liegt ein geätzter Jagdtisch nicht fern. Ein solcher hat sich im Jagdmuseum Schloss Stainz in der Steiermark erhalten. Sein Schöpfer ist der Grazer Michael Holzpecher, von dem mehrere Ätzarbeiten bekannt und erhalten sind. Die Steierischen Stände beauftragten ihn 1589 zu Ehren des Erblandjägermeisters Konrad Freiherr von Tannhausen. Holzpecher teilte die Solnhofer Platte um das mittig platzierte Wappen mit Widmungsinschrift in vier Felder. Darin stellte er detailliert Jagdszenen dar, die einen guten Einblick vermitteln, wie die Jagd damals ausgeübt wurde.

4 Sonnenuhren

Bis weit in das 19. Jahrhundert hinein konnten sich nur besonders begüterte Personen ein eigenes Uhrwerk leisten. Die breite Bevölkerung war auf die Uhren an den Kirchtürmen und Rathäusern angewiesen und auf Sonnenuhren an den Häusern.

Die einfachste Sonnenuhr besteht aus einem Schattenwerfer und einer horizontal oder vertikal angebrachten Fläche für die Markierung der Tageszeiten und oft auch der Jahreszeiten. Gut ausgestattete Sonnenuhren haben zusätzlich oft noch weitere astronomische Angaben, beispielsweise den Immerwährenden Kalender und das Wappen der Auftraggeber.

Viele und bedeutende Sonnenuhren in Solnhofer Stein sind Geistlichen zu verdanken. Einer war der Eichstätter Franz Xaver Ochs, latinisiert Bovius (1677–1725). In Museen soll es von ihm über hundert geätzte Sonnenuhren geben.[27] Nicht immer sind die Sonnenuhren auf eine flache Platte geätzt. Eine von diesem Schema abweichende Sonnenuhr schuf 1708 der aus einer Mathematikerfamilie stammende Regensburger Geistliche David Carl Kaukol (1635–1717). Das Besondere an dieser Uhr ist, dass sie eine Kugelform mit einem markierten Nord- und Südpol und einen Schattenzeiger hat.[28] Eine bemerkenswerte Sonnenuhr entstand um 1730 im Augustiner Chorherrenstift Wettenhausen. Auf sehr kleinem Raum ist auf einer Quadratplatte (33,5 × 33,5 cm) die gesamte Klosteranlage dargestellt, umgeben von feinem Rankenwerk.[29]

Ein gefragter Ätzer von Sonnenuhren war auch Isaak Kiening aus Isny im Allgäu. Das Kulturmuseum St. Gallen besitzt von ihm eine Horizontal-Sonnenuhr, die er 1576 ätzte. Im Maximilian Museum Augsburg ist eine von ihm 1569 geätzte Horizontalsonnenuhr ausgestellt.[30] Dort befindet sich eine weitere, 1786 von einem G. K. C. geätzte Horizontaluhr, der der Solnhofer Stein deutlich anzusehen ist, weil im unteren Teil die bearbeitete Oberfläche weggebrochen ist und dadurch der bruchraue Teil mit den pflanzenartigen Gebilden (Dentriten) aus eingedrungenem Eisen- und Manganoxyd zum Vorschein kommt.

Pleninger Sonnenuhr.
Bayerisches Nationalmuseum München.

Sonnenuhr signiert G.C.K. (1768). Kunstsammlungen und Museen Augsburg, Maximilian Museum.

Bovius Uhr (1721). Museum für Kunsthandwerk Frankfurt.

Kugeluhr von D. C. Kaukol (1708). Historisches Museum Regensburg.

Isaak Kiening, 1569, Kunstsammlungen und Museen Augsburg, Maximilian Museum.

Langenaltheim. Gut Altheimersberg.

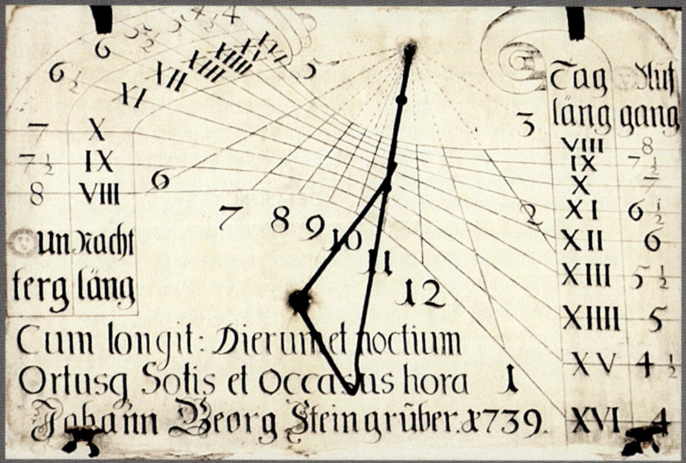

Anmerkungen

[1] Die Steinätzung besteht aus mehreren Arbeitsschritten. Zuerst wird eine säurebeständige Schicht auf den Stein aufgebracht und dann die Stellen weggekratzt, die vertieft sein sollen. In diesem Hochätzung genannten Verfahren (das umgekehrte Verfahren ist die Tiefätzung) sind alle in dieser Arbeit aufgeführten Ätzwerke hergestellt. Mit Hilfe einer kalklösenden Säure erhalten die nicht abgedeckten Teile eine Eintiefung von 0,5 bis 1 mm. Danach wird die Säure mit Wasser weggespült. Mit einem Stichel können danach letzte Korrekturen vorgenommen, Schraffuren und Schattierungen angebracht und Farbe oder Vergoldung aufgetragen werden. Zur Ätztechnik Baier 2014, 104 f, Lippitsch/Draxler 2012, 18 f, ausführlich Trautmann 1869 und Beck 2010, historisch Helmreich Andreas, *Ein schön Neues Und Wolprobirtes Kunstbüchlein, Wie man auf Marmel-Stein, Kupffer, Messing, Zihn, Stahl, Eisen, Harnisch und Waffen, [et]c. Etzen, und künstlich vergülden sol*, Guben 1667. In Deutschland können als erste Steinätzer zwei Radierer und Waffenätzer angesehen werden, der Nürnberger Daniel Engelhard († 1512) und der Augsburger Daniel Hopfer (1470–1536).

[2] Baier 2014, 56/57.

[3] Wallner 1912–1, 4

[4] Wallner 1912–1, 7.

[5] Mit dem Astrolabium kann der sich drehende Himmel nachgebildet und damit unter anderem Datum und Uhrzeit bestimmt werden.

[6] Erhalten sind rund 25 Werke, die von ihm signiert sind oder ihm zugeschrieben werden.

[7] Zu den Ätzwerken von Andreas Pleninger Folk 2012 und Folk/Pötsch 2013.

[8] Der Immerwährende Kalender ordnet die Bezeichnung der Wochentage einem Kalenderdatum oder einem Ereignis zu, z. B. die Gedenktage der Heiligen, die jedes Jahr auf dasselbe Datum fallen und ermöglicht, den zu einem Datum gehörenden Wochentag zu finden.

[9] Ausführlich zu diesem Tisch Lippitsch/Draxler 2012.

[10] In der Naturaliensammlung des Stifts befinden sich zahlreiche Versteinerungen aus dem Solnhofer Gebiet.

[11] Folk 2012, 3.

[12] Dazu Folk/Pötsch 2013, 6 f.

[13] Tiggesbäumker 1991.

[14] Die Verse sind aus dem Buch Jesus Sirach Kapitel 31, übernommen.

[15] Schauer 2001–1, 17.

[16] Zu den Musiktischen allgemein und den nachfolgend aufgeführten Künstlern und Werken Wallner 1912–1 und Baier 2014.

[17] Wallner ebd., 34; Kelber 2019, 62 f.

[18] Zum Passauer Musiktisch Wallner 1912–1, 113 ff.

[19] Ausführlich zum Amberger Liedertisch Wallner 1912–2; Baier 2014, 120.

[20] Wallner 1912–1, 339 ff, Baier 2014, 126.

[21] Baier 2014. Bei der Bombardierung Kassels im Zweiten Weltkrieg zerfiel die Platte in 30 Teile. Die Wiederherstellung ist ausführlich dokumentiert und beschrieben, ebd. 102 ff.

[22] Für Baier ist der Eferdinger Tisch eine Zuschreibung an Pleninger, ebd. 121 f und der Gothaer Tisch möglicherweise eine Arbeit der Pleninger-Werkstatt, ebd. 122 ff.

[23] Zu diesem Tisch Bier 1930, 148 ff und Lichte 1997, 106.

[24] Bier, ebd.; Engel 1950, 67 Nr. 201.

[25] Bei der Bombardierung der Stadt im März 1945 wurde der Tisch schwer beschädigt. Unbeschädigt blieb nur das Mittelstück, um das die Platte rekonstruiert wurde. Eine Kopie steht im Würzburger Rathaus.

[26] Kapitel XI 1.

[27] Ausführlich zu den Sonnenuhren von Bovius Eichholz 2005. In einer Tabelle führt er Museen in Augsburg, Chicago, Eisenach, Frankfurt, Graz, München, Nürnberg, Gunzenhausen (früher Museum des Solenhofer Aktienvereins in Solnhofen) und Wien auf, die Bovius-Sonnenuhren im Bestand haben.

[28] Holl 2017, 122. Der Schattenanzeiger ist an den Polen an einem halbkreisförmigen Metallbügel befestigt. Er wirft den Schatten auf eine äquatoriale Stundenskala und wird so lange bewegt, bis der Schatten am schmalsten ist.

[29] Museum für Kunst und Kulturgeschichte der Stadt Dortmund, Inv. Nr. C 7238.

[30] Bei einer Horizontal-Sonnenuhr ist der Schattenstab auf den Polarstern (Norden) ausgerichtet und bildet mit der Horizontalebene einen Winkel, der der geografischen Breite des Aufstellungsortes entspricht.

XII Lithografien

Im 19. Jahrhundert leistete der Solnhofer Stein als Druckstein für die Lithografie einen wesentlichen Beitrag für eine revolutionäre Drucktechnik, den chemischen Flachdruck, der den Kupferstich (Tiefdruck) und den Holzschnitt (Hochdruck) ablöste.[1] Die Lithografie eröffnete neue Möglichkeiten des künstlerischen Ausdrucks und eröffnete dem kommerziellen Druck eine günstige Massenherstellung. Mit dem Druck von Plakaten, Flugblättern und Periodika erhielt die Lithografie auch eine politische Dimension.[2]

1 Vorteile der Lithografie

Das Interesse, das hinter der Bemühung stand, die zur Erfindung der Lithografie führte, war rein kommerzieller Art. Der Erfinder Alois Senefelder suchte nach einer Methode, seine Theaterstücke und Noten möglichst preiswert vervielfältigen zu können, weil der Kupferstichdruck zu teuer und zu langsam war. Nach vielen Experimenten hatte er die Lithografie mit dem Solnhofer Stein so weit entwickelt, dass sie 1796 praxistauglich war. Der lithografische Notendruck konnte beginnen,[3] ebenso der Text- und Formulardruck, den es teils noch bis in die zweite Hälfte des 20. Jahrhunderts gab.[4] Für die Plakatdruckerei hatte die Lithografie vereinzelt noch Bedeutung in den frühen 1950er Jahren, wie ein großer Lithografiestein des Genter Museum (100 × 75 × 8 cm) für das Mineralwasser Appolinaris belegt.[5]

Nach einer etwas zögerlichen Haltung erkannten Zeichner und Maler jedoch, dass ihnen die Lithografie eine völlig neue grafische Technik mit vielen Möglichkeiten und Vorteilen bot. Der Steindruck eröffnete ihnen Freiheiten bei der Übertragung ihrer Werke auf den Druckstein, die sie bisher nicht hatten. Bild und Schrift konnten auf einem Stein vereint werden. Durch die fast identische Angleichung des Drucks an die Originalvorlage kam der persönliche Duktus des Künstlers im Strich oder Pinselführung weit besser als bisher zum Ausdruck. Die manuelle Übertragung auf den Lithografiestein war zudem einfacher, schneller und preiswerter als mit den herkömmlichen Druckverfahren. Senefelder ging davon aus, Vorlagen ließen sich »wenigst dreymal geschwinder verfertigen«.[6] Er hob hervor, dass die »Correction auf Stein viel leichter zu machen« sei, als auf Kupfer oder Zinn.[7] Die Korrektur kann mit dem Schabmesser erfolgen. Einfacher, schneller und preiswerter war auch der Druck selbst. Senefelder beurteilte die Geschwindigkeit des Steindrucks sei »wenigstens fünf=, oft zehnmal so groß« als die des Kupferdrucks, »besonders wenn große Platten zu drucken sind«.[8]
Von besonderem Vorteil war die Schnelligkeit für ereignisbezogenen Periodika, Plakate und Flugblätter. Die Illustratoren konnten tagesaktuell reagieren, die Drucker die Druckerzeugnisse fast tagesaktuell herstellen und der Vertrieb sie schnell unter die Abonnenten und Käufer bringen. Als in den 1830er Jahren die Farblithografie aufkam, zeigte sich, dass sie eine fast uneingeschränkte Nutzung der Farbe erlaubt. Farblithografien erreichten eine bislang nicht gekannte und nicht für möglich gehaltene Intensität.

Zeichensaal für Lithografien. Industriemuseum Gent.

Großer Lithografiestein mit Werbung für das Mineralwasser Appolinaris (100 × 75 × 8 cm). Industriemuseum Gent.

Violinschule. Lithografie verlegt 1800/12 bei Jean André in Offenbach.

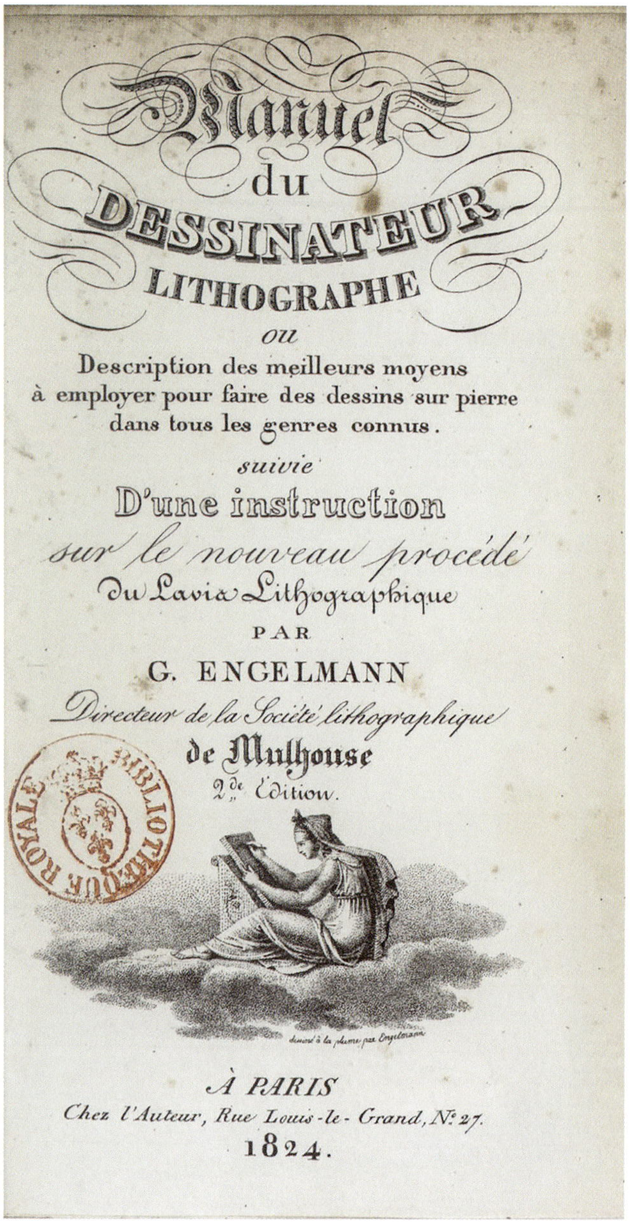

Veröffentlichung von G. Engelmann zur Lithografie (1824).

2 Ausbreitung und Künstlerlithografie

Von Anfang an hatte die Ausbreitung der Lithografie eine europäische Komponente, ausgehend von der Familie der Offenbacher Notendruckerei André und der Familie Alois Senefelder, dem Erfinder der Lithografie. Der Musikverleger Johann Anton André erkannte in der Lithografie die große Chance, Noten weit preiswerter als mit dem bisherigen Kupferstich, schneller und in größeren Auflagen drucken zu können.

André war auch ein Wegbereiter der künstlerischen Lithografie. Von Alois Senefelder ließ er sich eine Lithografiewerkstatt für Notendruck einrichten. Sein Bruder Philipp André gründete bereits 1800 zusammen mit Alois Senefelder eine Niederlassung in London. Zwei Jahre später folgte der Bruder Friedrich André mit einer Niederlassung in Paris, für die er zahlreiche Lithografiesteine importierte. Wegen technischer und finanzieller Schwierigkeiten gab er 1805 die Niederlassung auf, eröffnete sie aber wieder 1807.[9] Im selben Jahr eröffnete der Münchner, aus Trient stammende Kaufmann A. M. Dall'Armi Lithografiewerkstätten in Rom, Venedig und Mailand.[10]

Fest etablierte sich die Lithografie in Frankreich ab 1816 mit der Eröffnung von mehreren Werkstätten und Druckereien in Paris. Eine gründete der elsässische Zeichner und Drucker Godefroy Engelmann, die andere Graf Charles Philibert de Lasteyrie. Beide hatten zuvor Senefelder in München aufgesucht, um sich kundig zu machen, Lasteyrie zwei Mal und Engelmann verweilte sogar mehrere Monate in München. Schon 1816 veröffentlichte Engelmann seine Erfahrungen mit der Lithografie in einer »Sammlung lithografischer Versuche« und 1824 das erste Handbuch (Manuel) für Lithografen. Paris entwickelte sich zu einem so bedeutenden lithografischen Zentrum, dass Senefelder 1819 mit seiner Familie nach Paris zog. Dort gründete er zusammen mit seinem französischen Neffen Édouard Knecht, den er angelernt hatte, eine lithografische Werkstatt und Druckerei, die er 1822 an Knecht verkaufte.

Einen ersten Siegeszug trat die künstlerische Lithografie um 1820 an, nachdem die Anfangsschwierigkeiten wegen noch unausgereifter Technik, schlechter Kreiden und Tinten sowie Unerfahrenheit der Drucker behoben waren.[11] In Deutschland und Österreich gewann die Lithografie in dieser Zeit an Ansehen und Resonanz, fast zeitgleich auch in Frankreich und England, etwas später in den USA.

Als in Frankreich ab Mitte des 19. Jahrhunderts, insbesondere im letzten Viertel, das Interesse an der Lithografie abnahm, gründeten Künstler in Paris zwei Gesellschaften, um ihr wieder mehr Geltung zu verschaffen: die »Société des peintres-lithographes« und die »Société des artistes lithographes français«, die bis in die 1930er Jahre bestand.[12] Letztere war insofern die bedeutendere, als ihr als Präsident Alfred Lemercier vorstand, der selbst Lithograf war, vor allem aber Inhaber der größten französischen Lithografiedruckerei mit 80 Pressen und 180 Beschäftigten, die sein Onkel Joseph-Rose Lemercier 1831 gegründet hatte. Zum 100-jährigen Bestehen der Lithografie und der mit ihr verbundenen Künste veröffentlichte er ein umfangreiches Werk über die Lithographie.[13] Einen zweiten Siegeszug löste 1837 die Farblithografie

Lithografiedruckerei Lemercier in Paris (um 1875).

Lithografiestein für Farbdruck.

(Chromolithografie) aus, an deren Entwicklung Senefelders Neffe Édouard Knecht maßgeblich beteiligt war. Bei der Farblithografie wird jede Farbe auf einem eigenen Stein lithografiert.

Die ersten großen Maler, die sich in den 1820er Jahren der Lithografie zuwandten, waren die Franzosen Eugène Delacroix (1798–1863) und Théodore Géricault (1791–1824), deren lithografisches Werk großen Einfluss auf britische Maler ausübte und damit auf die Ausbreitung der Lithografie in Großbritannien. Schon bei Delacroix tat sich der Unterschied zwischen »originärer« und »reproduzierender« Lithografie auf. Erstere beschränkte sich auf den Druck von wenigen Exemplaren (100 bis 150), die nummeriert und vom Künstler signiert wurden. Um einen Nachdruck zu verhindern, wurde der Stein danach abgeschliffen. Diese Begrenzung machte die Drucke wertvoller und im Verkauf teurer. Die reproduzierende Lithografie erlangte die weit größere Bedeutung, namentlich für die Illustration von Büchern und Zeitschriften und später für Plakate. Der Schriftsteller Paul Valéry fand, dass von allen grafischen Verfahren, die Texte begleiten, die Lithografie vielleicht die beste ist. Delacroix lithografierte zahlreiche Illustrationen für Shakespeares Hamlet und Goethes Faust. Im Jahre seines Todes fertigte der spanische Maler Goya (1746–1828) im französischen Exil die aus vier Lithografien bestehende Serie »Die Stiere von Bordeaux«.

Der bekannteste Lithograf seiner Zeit war Honoré Daumier (1808–1879). Mit seinem fast überbordendem lithografischem Werk in Buchillustrationen und Zeitschriften entwickelten sich mit Hilfe der Lithografie erste Massenmedien. Seine scharfsichtigen und beißenden Karikaturen wurden auch einflussreiches Mittel einer ätzenden Auseinandersetzung mit den herrschenden politisch-gesellschaftlichen Verhältnissen. Die Lithografie lag Daumier nahe, denn schon als 17-jähriger trat er 1825 in Marseille eine Lehre in einer Lithografiewerkstatt an.[14] Das nach seinem Tod erarbeitete Werkverzeichnis führt 3958 lithografierte Karikaturen auf. Daumier ist der Lithograph mit dem größten Œuvre in der Geschichte dieses Genres.[15] In der 1830 gegründeten wöchentlich erscheinenden Satirezeitschrift »La Caricature« veröffentlichte er 1832 seine erste Karikatur. Der publizistische Erfolg war so groß, dass der Verleger 1832 die täglich erscheinende Satirezeitung »Le Charivari« herausbrachte,[16] die Daumier ein weiteres Tätigkeitsfeld eröffnete. Für satirische Publikationen war die Lithografie ein ideales Medium, mit dem man schnell auf politische und gesellschaftliche Ereignisse reagieren, in hohen Auflagen erscheinen und preiswert drucken konnte. So stiegen Absatz und Reichweite.

In der zweiten Hälfte des 19. Jahrhunderts verhalf die in Frankreich aufblühende Plakatkunst der Farblithographie zu einem großen Aufschwung. Begründer war der in Deutschland unbekannte Jules Chéret, der das lithografische Handwerk in einer dreijährigen Lehrzeit erlernte. Nach einigen Jahren in einer Londoner Lithografiewerkstatt eröffnete er 1866 in seiner Heimatstadt Paris eine eigene Werkstatt, die ein Mittelpunkt der lithografischen Plakate wurde.

Wenn Daumier der erste Höhepunkt der künstlerischen Lithografie war, verkörpert Henri Toulouse-Lautrec (1864–1901) mit seinen Farblithografien ab 1890 den zweiten, der 1895 zur Feier des 100. Geburtstags der Lithografie führte. Toulouse-Lautrec revolutionierte die Plakatgestaltung und die künstlerische Grafik. Zu seinen Lithografien schrieb der Kunstkritiker Gustave Coquiot, sie seien »das entschiedenste, das köstlichste Werk Lautrecs, das die malerische Leistung übertrifft«.[17] Der Katalog der Toulouse-Lautrec-Ausstellung 1961 in München führt 233 Lithografien auf, die neuere Forschung gibt 369 an. Bekannt sind 36 Plakate, auf denen er virtuos für Vorstellungen in den Varietétheatern im Pariser Montmartre-Viertel warb, wo er seinen Lebensmittelpunkt hatte. Toulouse-Lautrec präsentierte in seinen Lithografien die männlichen und weiblichen Akteure in einer Weise, dass sie wie die Tänzerin La Goulue oder der Chansonnier Aristide Bruant zu Stars wurden. Die Plakate waren groß dimensioniert, das bekannteste »Moulin-Rouge. La Goulue" maß 170 × 130 cm.[18] Das stellte den lithografischen Druck vor Probleme, denn Lithografiesteine dieser Größe gab es nicht. Das Problem löste die Druckerei, indem sie acht Lithografiesteine zusammensetzte, vier für die obere und vier für die untere Hälfte.[19] Der Druck erfolgte

Jules Chéret

▶ Bal-Abende im Pariser Varietétheater Moulin Rouge (1892).

▶▶ 100 Jahre Lithografie (1895).

mit vier Farben: gelb, blau, rot und schwarz. Zur olympischen Lithografiegröße brachte es 2017 der dänische Künstler Lars Nøregård in dem Pariser Atelier Clot. Seine Lithografie hat eine Dimension von 264 × 194 cm, für die 12 Steine erforderlich waren. Der Abdruck wurde auf eine Leinwand geklebt und dann gefirnisst.[20]

In Deutschland erreichte die Lithografie, allgemein die Druckgrafik nicht die Wertschätzung, die sie in Frankreich im 19. Jahrhundert und auch noch danach erlebte. Dennoch gab es zahlreiche künstlerisch tätige Lithografen, gerade in den Anfängen der Lithografie, namentlich in München. Alois Senefelder hat die Lithografie nicht nur erfunden, er war auch selbst Lithograf. Die Staatliche Grafische Sammlung in München verfügt über einige seiner Lithografien, darunter eine sehr frühe mit einem Landschaftsbild aus dem Jahre 1799. Lithografisch tätig war die gesamte Familie. Auch von seinen Brüdern Theobald, Clemens, Georg und Heinrich, die in München gewirkt haben, sind in der Grafischen Sammlung Drucke erhalten. Der Münchner Landschaftsmaler Johann Jakob Dorner der Jüngere übertrug 1803 zwei Landschaften (die an der Donau gelegenen Orte Abbach und Saal) auf Lithografiesteine, wahrscheinlich die ersten künstlerischen Lithografien. Ein wichtiger Impuls ging von dem Interesse aus, Gemälde und Zeichnungen Alter Meister zu faksimilieren.

1808 erhielt der Zeichner, Kupferstecher und angelernte Lithograf Johann Nepomuk Strixner von der Königlichen Bibliothek in München den Auftrag, das Gebetbuch von Kaiser Maximilian I. mit Federzeichnungen von Albrecht Dürer zu lithografieren. Das war der Auftakt zur Reproduktion von berühmten Kunstwerken mittels Lithografie. Nachdem J. W. von Goethe Lithografien der Dürerzeichnungen erhalten hatte, teile er dem Direktor der Bayerischen Akademie der Wissenschaften mit: »Man hätte mir soviel Dukaten schenken können, als nötig sind, die Steinplatten zuzudecken, und das Geld hätte mir nicht soviel Vergnügen gemacht als diese Werke«.[21] Zusammen mit dem Maler Ferdinand Piloty gab Strixner von 1811 bis 1816 in 72 Lieferungen zu je 6 Blatt Werke der königlich-bayerischen Gemäldesammlungen als Lithografien heraus (»Les oeuvres lithographiques. Contenant un choix des Musées de sa Majesté le Roi de Baviére«).[22] Die drei Münchner Brüder Quaglio hinterließen ebenfalls ein beachtliches lithografisches Werk. Franz Quaglio brachte schon 1812 eine erste Lithografieserie mit Landschaftsstudien heraus. Um 1820 veröffentlichte er 33 Lithografien mit oberbayerischen Trachten. Anonym wirkte er im großen Münchener »Galleriewerk« mit. Seine darin enthaltenen Lithografien nach Werken von Fra Bartolomeo, Velasquez und weiteren bekannten Malern gehören zu den besten Arbeiten des frühen Münchner Steindrucks.

Viele bedeutende deutsche Maler waren auch Lithografen, die mit diesen Werken einer breiten Öffentlichkeit allerdings kaum bekannt sind. Dazu zählen Lovis Corinth, Max Liebermann, Adolf Menzel, Otto Mueller, Max Slevogt und Hans Thoma. Bei dem in Berlin wirkenden Adolf Menzel (1815–1901) lag die Lithografie nahe, da sein Vater in Breslau eine Steindruckerei betrieb. Mit seinen Lithografien »Versuche auf Stein mit Pinsel und Schabeisen« trug er Mitte des 19. Jahrhunderts dazu bei, das nachlassende Interesse an der Lithografie wieder zu beleben. Nach München war Berlin ein wichtiger Standort für die

Toulouse-Lautrec

◀◀ La Goulue, Tänzerin im Moulin-Rouge (1891).

◀ Der Chansonnier Aristide Bruant (1892).

Größte je angefertigte Lithografie (2,64 × 1,94 m). Atelier Clot, Paris (2017).

Lithografie von Alois Senefelder (1799).

Entwicklung der künstlerischen Lithografie. Heute lebt sie in Kunsthochschulen und lithografischen Werkstätten fort, wie es sie beispielsweise in München und im zu Solnhofen nahen Eichstätt gibt. Wenn heute noch Lithografiesteine bestellt werden, dann von Künstlern.

Auch in der Wende zum 20. Jahrhundert und danach haben sich bekannte Künstler der Lithografie zugewandt. Seit der zweiten Hälfte des 20. Jahrhunderts ist die Lithografie nur noch Künstlerdruck. Einer der Wendekünstler war der Norweger Edvard Munch. Sein berühmtes Gemälde »Der Schrei« hatte er 1895 auch als handkolorierte Lithografie herausgebracht. Das Besondere am Lithografen Munch war, dass er seine Lithografien selbst druckte. Große Förderin der Lithografie war die 1852 gegründete Pariser Druckerei Mourlot. Zu den Künstlern der Moderne, die Mourlots Werkstatt für lithografische Arbeiten aufsuchten, gehörten Georges Braque, Alexander Calder, Marc Chagall, Jean Dubuffet, Giovanni Giacometti, Henri Matisse, Joan Miró und Pablo Picasso. Zur Lithografie kommt Picasso erst nach dem Ende des Zweiten Weltkriegs. 1946 veröffentlicht er die berühmte Stierserie, die aus elf Drucken auf einem einzigen Lithografiestein besteht. Sie beginnt mit einem realistisch abgebildeten Jungstier, der am Ende nur noch eine Linie ist. Von Chagall wird berichtet, der Umgang mit dem Lithografiestein wäre für ihn so gewesen, als habe er einen Talisman berührt.

Anmerkungen

1 Zum Lithografiestein und seiner wirtschaftlichen Bedeutung Kapitel IV 2 und 3.

2 Sehr informativ zur frühen Geschichte der Lithografie, vor allem der künstlerischen Lithografie und zum Erfinder Alois Senefelder Weber 1988.

3 Der erste lithografische Notendruck erfolgte 1796 für einen Militärmarsch, den der Münchner Hofmusiker Franz Gleißner gemeinsam mit Alois Senefelder herausgab.

4 Das Bayerische Landesvermessungsamt, das über eine noch existente, aber nicht mehr genutzte Steindruckerei verfügt, druckte noch bis 1965 Formblätter für den eigenen Bedarf und den anderer Behörden. Mitteilung von Wolfgang Blum, der lange in diesem Amt beschäftigt war.

5 Der Stein hat ein Gewicht von 150 kg.

6 Senefelder 1821, 143.

7 Ebd.

8 Ebd.

9 Gräff 1904, 39 f.

10 Engelmann 1824, 26.

11 Ebd., 42.

12 Diese Gesellschaft hatte strenge Regeln. Von den originären Lithografien durften nur 150 Exemplare gedruckt werden und das Format musste 90 × 70 cm sein.

13 La Lithographie française de 1796 à 1896 et les Arts qui s'y attachent, Paris 1900.

14 In der DDR war die Lithografie noch bis in die 1960er Jahre ein Ausbildungsberuf in den Berufs- und Fachschulen.

15 Zum lithografischen Werk Daumiers www.daumier.org, www.daumier-register.org und www.daumier-gesellschaft.de (abgerufen 12.12.2024). Das Register führt 4033 Lithografien auf.

16 Schulz-Hoffmann 1978, 24 ff.

17 Zitiert nach Kat. Ausst. Toulouse-Lautrec, 32.

18 La Goulue war eine berühmte Cancan-Tänzerin.

19 Mitteilung von Frau Bérangère Tachenne vom Musée Toulouse-Lautrec in Albi.

20 www.atelierclot.eu. Mit einer Auflage von 20 Stück wird jedes Einzelblatt für 11.700 Euro verkauft.

21 Winkler 1975, 14.

22 Menz 1955, 19 f.

AUSKLANG

XIII Ersatzmaterialien und Nachwort

Die Nachfrage nach dem Solnhofer Stein ist in den letzten Jahrzehnten stark zurückgegangen, entsprechend auch der Abbau. Gegenüber den in diesen Jahrzehnten um ein Vielfaches angewachsenen, weltweiten Konkurrenzprodukten ist er teuer, weil das Brechen des Steins und die Herstellung halbfertiger Produkte mit viel händischer Arbeit verbunden sind. Weitgehend ersetzt wird der Solnhofer Stein durch den im selben Verbreitungsgebiet abgebauten Juramarmor und neuerdings durch fast perfekte Imitate in Feinsteinzeug.

1 Kunststeine

Schon Alois Senefelder war trotz seiner Wertschätzung des Solnhofer Lithografiesteins auf der Suche nach einem Ersatz. Ihn störte das hohe Gewicht. 1816 experimentierte er mit einer Mischung aus Ton, Kreide, Leinöl und Metalloxyden, um daraus eine steinartige Masse zu machen. Das Ergebnis waren die »cartons lithografiques«, für die er 1819 in Paris ein Patent anmeldete und erhielt. Senefelder widmete sich auch der Herstellung einer Art Steinkarton aus künstlicher Papiermasse. Das Verfahren nannte er »Papyrographie«, das in einer französischen Veröffentlichung große Beachtung fand. Beide Produkte stießen bei den Druckereien auf keine Resonanz, sie waren nicht bruchfest und lieferten keinen sauberen Abdruck. Später experimentierte Senefelder noch mit Zinkplatten, ebenfalls erfolglos.[1] Ende des 19. Jahrhunderts brachte die Erfindung der Algraphie, Erfinder war Karl Scholz aus Mainz, eine geringfügige Konkurrenz. An die Stelle von Lithografiesteinen traten gekörnte Aluminiumplatten, die leichter, preiswerter und biegsamer waren.

Die Leipziger Firma Wezel & Naumann brachte 1903 ein Produkt unter dem Namen »Kalksinterplatten« in den Handel und ließ es patentrechtlich schützen. Es waren Zinkplatten, die mit einer chemisch hergestellten Steinschicht versehen waren, die sich sowohl für den Lithografen als auch den Steindrucker eigneten, aber nur mittelmäßige Druckqualität erbrachten, so dass auch diesen Platten wenig Erfolg beschieden war.

Im Fakturenausgangsbuch des Solenhofer Aktienvereins sind auch Verkäufe von »Connexsteinen« aufgeführt (Abb. S. 89), die preislich deutlich günstiger als die Lithografiesteine waren. Ein Connexstein setzte sich aus kleinen Lithografiesteinen zusammen, die durch ein besonderes Bindemittel zu einer Einheit zusammengefügt wurden. Die auf diese Weise hergestellte Verbundplatte kittete man dann auf eine Unterlage aus Stein oder Metall. Auf diese Weise konnten auch große Formate hergestellt werden. Entwickelt hat die Connexsteine eine Münchner Firma, die dieses Verfahren ebenfalls patentieren ließ. Die Herstellung wurde jedoch bald aufgegeben, da diese Steine dem Druck beim Druck nicht standhielten.[2]

Selbst die Steinunternehmer im Solnhofer Gebiet stellten Kunststeine her und brachten sie neben den Natursteinen in den Handel. Die Solnhofer Firma August Daeschler & Co. entwickelte in den 1950er Jahren einen aus Solnhofer Natursteinsplitt und Teerfüllern zusammengesetzten Kunststein, den sie »Solith Platte« nannte.

2 Juramarmor

Der Juramarmor, früher auch Treuchtlinger Marmor genannt, ist ein polierfähiger, überwiegend aus Schwammriffschutt entstandener Bankkalk. Mit der Entstehungszeit vor ungefähr 155 Millionen Jahren ist der Juramarmor älter als die Solnhofer Plattenkalke. Die Bänke haben eine Stärke von 30 bis 160 cm. Der Abbau erfolgt mit hohem maschinellem Aufwand in Blöcken, die zu Rohplatten gesägt und zu Bodenplatten, Fensterbänken, Tischplatten, Küchenplatten, Treppen und Fassadenplatten verarbeitet werden. In jüngster Zeit ermöglichen Spaltmaschinen aus den Blöcken Blockstufen, Mauer- und Böschungssteine, Gartensäulen und Kleinpflaster für die Gestaltung von Freiflächen und Gärten zu machen.

Die Farbvarietäten sind größer als beim Solnhofer Stein. Die häufigsten Varianten sind hellgelblich (Jura gelb) und dunkel (Jura grau, Jura graublau). Daneben gibt es Bänke die farblich gelb und grau gemischt sind (Jura bunt), aber auch weißliche (Jura-Rahmweiß), rotbraune und bräunliche (Jura Nussbraun). Eine Variante, der Jura-Travertin, ist nur eine Scheinvariante. Gegen

Juramarmorbruch.

Jura gelb,
Jura grau.

das Lager gesägt tritt eine Bänderung hervor, die dem naturgebänderten Travertin ähnlich sieht. Die Optik des Juramarmors hat nicht die farbliche und ruhig wirkende Homogenität des Solnhofer Steins. Die vielen fossilen Einschlüsse (Ammoniten, Belemniten, Schwämme) und weißen Flämmchen (inkrustierte Mikroorganismen) verleihen dem Juramarmor oft ein geschecktes, leicht unruhig wirkendes Aussehen. Gegenüber dem Solnhofer Stein weist er zudem eine geringere Feinkörnigkeit auf, ist weniger dicht und weniger geschlossen. Als Bankkalk hat er in große Rohplatten gesägt jedoch den Vorteil, problemlos in allen gewünschten, insbesondere in großen Formaten verfügbar zu sein.

Über die Abbaugeschichte des Juramarmors ist wenig bekannt. Für künstlerische Zwecke wurde er schon ab dem 16. Jahrhundert genutzt, für Altäre und vor allem für zahlreich großformatige Epitaphe in Kirchen.[3] Der industrielle Abbau setzte jedoch erst um die Wende zum 20. Jahrhundert ein, die in Treuchtlingen um 1900 mit der Eröffnung eines Jurasteinbruchs begann. Darin liegt die Erklärung, dass der Juramarmor lange die Handelsbezeichnung Treuchtlinger Marmor hatte. Der entscheidende Impuls, der systematische Abbau und die Verbreitung war mit der Gründung der Treuchtlinger Marmorwerke AG im Jahre 1911 verbunden, die allerdings bis zur Verlagerung 1977 nach Treuchtlingen ihren Sitz in

Humboldt Forum Berlin im wiederaufgebauten Berliner Schloss.

▶ Flur.

▶▶ Ethnologisches Museum.

Beispiele für den Ersatz des Solnhofer Steins durch Juramarmor:

◀◀ Wallfahrtskirche St. Salvator in Bettbrunn bei Ingolstadt.

◀ Kirche des ehemaligen Damenstifts Edelstetten.

München hatte. Heute gehört dieses Unternehmen zu der in Solnhofen ansässigen Solnhofer Holding AG.

Das Abbaugebiet erstreckt sich von Treuchtlingen bis nördlich von Eichstätt. Zentren sind heute das Hungertal in Dietfurt bei Treuchtlingen sowie die Brüche Kahldorf und Petersbuch nördlich von Eichstätt. Dieses Gebiet überschneidet sich mit dem der Plattenkalke des Solnhofer Steins. Das zeigt sich beispielhaft in Solnhofen, wo auch Juramarmor abgebaut wird. Heute ist der Juramarmor in Deutschland der bedeutendste Werkstein und der Stein mit dem größten Exportvolumen.

Nach dem Zweiten Weltkrieg setzte der große Aufschwung ein, der dazu führte, dass Juramarmorsteine in

Stiftskirche St. Niklaus in der Comburg bei Schwäbisch Hall.

◀◀ Residenz München.

Deutschland, Europa und weltweit Eingang in große und repräsentative Objekte fanden. Herausragende deutsche Beispiele finden sich in Berlin. Die Flure im für den Bundestag renovierten und umgebauten Berliner Reichstagsgebäude sind mit großformatigen Juramarmorplatten belegt,[4] ebenso der Fußboden des im wiederaufgebauten Berliner Stadtschloss untergebrachten Humboldt-Forums und im neuen Berliner Flughafen BER.[5] In den 1990er Jahren weitete sich der Anwendungsbereich auf Fassadenplatten und das Absatzgebiet weltweit aus. Juramarmor verkleidet die Südseite des spektakulären Al Hamra-Towers in Kuwait City (413 m hoch) außen und belegt die Fußböden innen. In keinem Gebäudekomplex der Welt steckt wahrscheinlich so viel Juramarmor wie im King-Fahd-Medical-Center im saudiarabischen Riad: 340 000 qm. Auch in den USA, China und Australien sind architektonisch bedeutsame Bauten mit Juramarmor ausgestattet.

Der Juramarmor ersetzt den Solnhofer Steinfußboden oft bei Renovierungen, auch in denkmalgeschützten Bauten, wo er eigentlich erneuert wieder liegen sollte. Ein Grund ist der Mangel an graublauen Platten, ein Farbspektrum, das der Juramarmor in vielen Varietäten bietet, der andere der günstigere Preis. Bei der Wiederherstellung der kriegszerstörten Münchener Residenz wurde der Vorplatz der Breiten Treppe mit Rosenspitzen belegt, deren Zentralplatten an Stelle des originären Kelheimer oder Solnhofer Steins aus gelblichem Juramarmor sind. Im Zuge der Sanierungs-, Umbau- und Restaurierungsarbeiten in den 1990er Jahren erhielten die Gänge in der Benediktinerabtei Ottobeuren ein Rosenspitzpflaster aus gelblichen und grauen Juramarmorplatten (Abb. S. 137). Das unruhige Aussehen des Juramarmors zeigt sich beispielhaft in zwei Kirchen. Die Wallfahrtskirche Bettbrunn bei Ingolstadt erhielt einen neuen Fußboden aus hellgescheckten Rosenspitzen, die Kirche des ehemaligen Damenstifts Edelstetten einen mit Rosenspitzen aus gelblichen Zentralplatten und graugescheckten Schiffchen. Einen besonders unruhigen und farblich zersplitterten Eindruck vermittelt das Pflaster im Presbyterium der Kirche des ehemaligen Benediktinerklosters Comburg (Schwäbisch Hall). Es ließen sich noch viele weitere Beispiele anführen.

3 Feinsteinzeug

In den letzten Jahren haben zahlreiche Anbieter, vor allem italienische, mit neuen technischen Verfahren Imitate von Natursteinplatten aus Feinsteinzeug entwickelt, die mit ungeübtem Auge nicht mehr von natürlichen Steinen zu unterscheiden sind.[6] Davon betroffen ist auch und vor allem der Solnhofer Stein, der in seiner bruchrauen Version in Aussehen und Oberflächenstruktur nahezu perfekt kopiert ist.

Der Markt bietet Feinsteinzeugfliesen im »Solnhofen Look« an. Damit sie im Aussehen der großen Unterschiedlichkeit der bruchrauen Oberfläche der Solnhofer Steine möglichst nahe kommen, werden viele natürliche Oberflächen gescannt und auf das Feinsteinzeug übertragen. Auf diese Weise entstehen zahlreiche Dekore mit natürlichem Aussehen, sogenannte »Stempel«. Je mehr Stempel ein Hersteller einsetzt, desto mehr gleicht ein Feinsteinzeugboden einem originalen Solnhofer Boden. Die nachgebildeten Feinsteinzeugfliesen haben gegenüber den Steinen, von denen sie in der Optik abstammen, zahlreiche marktrelevante Vorteile. Sie sind in quadratischen Formaten bis 90 x 90 cm und rechteckigen bis 120 x 60 cm erhältlich, resistent gegen Witterung, Frost und Säure (daher auch im gewerblichen Bereich einsetzbar), preisgünstiger und können wegen ihrer geringen Stärke (1 cm) wie Fliesen im Dünnbettverfahren verlegt werden. Solnhofer Platten haben es daher schwer, sich gegen diese ungleiche Konkurrenz zu behaupten, wenn sie überhaupt eine Chance haben.[7]

Diese Lage verdeutlicht die Überschrift eines Beitrages in der Süddeutschen Zeitung: »Solnhofer Platten waren über Jahrhunderte gefragte Baustoffe. Nun stecken die Firmen im Altmühltal in einer Krise – vor allem wegen der Billigkonkurrenz«.[8] Diese Billigkonkurrenz kommt nicht nur von den Feinsteinzeugfliesen, sie kommt schon seit längerer Zeit von den Steinimporten aus dem europäischen Ausland und seit einiger Zeit auch aus China, Indien, Südafrika und Südamerika.

Wie echte Steine. Bruchraue Solnhofer Steine als Feinsteinzeugfliesen.

XIV Nachwort

Die lange und bedeutungsvolle Geschichte des Solnhofer Steins nähert sich auch in seinem Kerngebiet allmählich einem Ende, nachdem der Abbau in der Kelheimer Region und in anderen Gebieten schon seit längerer Zeit eingestellt ist. Gebrochen wird er im Kerngebiet nur noch an wenigen Stellen und im Eichstätter Gebiet.

Über Jahrhunderte hatte diese Geschichte eine prägende Wirkung auf das persönliche, gesellschaftliche, kommunale und wirtschaftliche Leben in den Kerngebietsgemeinden Solnhofen, Mörnsheim und Langenaltheim.[9] Gegenwärtig sind in den Brüchen nur noch wenige Steinbrecher tätig. Die Gefahr ist groß, dass es noch weniger werden und wenn es noch welche gibt, stehen sie nicht mehr in der Erfahrung und langen Tradition ihrer Vorgänger. Die Nachfrage der steinverarbeitenden Betriebe nach dem Rohmaterial Solnhofer Stein sinkt, weil die Kundennachfrage sinkt. In den meisten dieser Unternehmen, deren Zahl sich durch Fusion, Aufgabe und Insolvenz stark verringert hat, entfällt der geringste Umsatzanteil auf den Solnhofer Stein. Umsatzträger sind Juramarmor und die vielen anderen, vor allem importierte Steine.

Ganz verschwinden wird der Solnhofer Stein nicht. Wenn der Denkmalschutz Solnhofer Böden nicht mehr durch Juramarmor ersetzt und Bauherren und Baufrauen die bruchraue, geschliffene oder polierte Schönheit und Ausstrahlung des Steins dem Imitat oder anderen Steinen vorziehen, wird er noch eine gewisse Rolle spielen, gemessen an seiner Vergangenheit eine unbedeutende.

Anmerkungen

1 Zu den Versuchen Senefelders und der Weiterentwicklung der Techniken nach seinem Tod Wolf 1950, 10 ff.

2 Breunig 1948, 43/44.

3 Dazu Kapitel I 2.

4 Dieser Auftrag war hart umkämpft, weil der britische Architekt Norman Foster einen Stein aus dem Burgund bevorzugte.

5 Auch im John Wayne Flughafen in Orange County (Kalifornien) sind die Fußböden aus Juramarmor.

6 Feinsteinzeug wird ähnlich wie Keramik aus einer Steinmasse hergestellt, die im Gegensatz zu Fliesen aber vollständig eingefärbt wird. Bei Fliesen hat nur die glasierte Oberfläche Farbe.

7 Unter Umweltaspekten können Feinsteinzeugfliesen nicht mit den Natursteinen konkurrieren, weil sie bei 1250 Grad gebrannt werden.

8 Süddeutsche Zeitung Nr. 264 vom 16.11.2018.

9 Wie sehr in Mörnsheim das Steinbruchwesen noch in der ersten Hälfte des 20. Jahrhundert dominierte, belegt das Einwohnerverzeichnis des Jahres 1937. Von den 222 Haushaltungen standen 116 damit in Verbindung, 84 als Steinbrecher und 32 als Besitzer von Steinbruchanteilen, die aber meist von den Haushaltsangehörigen selbst bearbeiteten wurden.

Literaturverzeichnis

Altmann, Lothar: Die Baugeschichte Kloster Fürstenfeld 1263 bis 1803, in: Werner Schiedermair (Hrsg.), Kloster Fürstenfeld, Lindenberg 2013

Amann, Joseph: Die bayerische Landesvermessung in ihrer geschichtlichen Entwicklung, München 1908

Arauner, Heinz: Wie es einst war – Solnhofen am Anfang des 20. Jahrhunderts, in: Heimatbuch Solnhofen, Solnhofen 1975

Baier, Irmtraud: »musica noster amor!«, der Musiktisch des Landgrafen Moritz von Hessen, Kassel 2014

Bange, Ernst-Friedrich: Die Kleinplastik der deutschen Renaissance in Holz und Stein, München 1928

Barthel, K. Werner: Solnhofen, Ein Blick in die Erdgeschichte, Thun (Schweiz) 1978

Bauer, Anna: Werkverzeichnis, Gesicherte Werke, in: Gabriele Dischinger (Hrsg.) Johann Michel Fischer 1692–1766, Band II 142–306, Tübingen/Berlin 1997

Bautz, Johann Baptist: Die Lithographie in ihrem ganzen Umfange, Augsburg 1831

Beck, Paul: Klosterneubau in Schussenried – ein Beitrag zu Schussenrieds Baugeschichte, in: Diözesanarchiv von Schwaben, 13. Jahrgang 1895

Beck, Helmut [Mitarb.]: Augsburg und sein Rathaus 1985, Die Sanierung des Rathauses und des Perlachturmes; Die Rekonstruktion des Goldenen Saales und eines Fürstenzimmers; Eine Dokumentation, Augsburg 1985

Beck, Johann:, Die Kunst in Stein zu ätzen, Blick in die 500-jährige Geschichte einer Technik der Steinbearbeitung, in: Das Jurahaus Nr. 15 (2009/2010), Eichstätt 2010

Bernhard, Magnus (OSB): Beschreibung des Klosters und der Kirche zu Ottobeuren, Ein Andenken an die elfhundertjährige Jubelfeier, Ottobeuren 1864

Bier, Justus: Der Eichstätter Tisch, in: Tilmann Riemenschneider, Die reifen Werke, Augsburg 1930

Biller, Thomas: Die Wülzburg. Architekturgeschichte einer Renaissancefestung, München/Berlin 1996

Bode, Wilhelm: Ein Altar in Kehlheimer Stein vom Augsburger Meister Hans Daucher in den königlichen Museen zu Berlin, in: 8. Jahrbuch der Königlich Preußischen Kunstsammlungen, Berlin 1887

Böhaimb, Karl August: Stepperg, in: Kollectaneen Blatt für die Geschichte Bayerns, insbesondere des ehemaligen Herzogtums Neuburg; insbesondere für die Geschichte der Stadt Neuburg, Neuburg 1856

Braun, Heinz: Leopold Retty und der Ansbacher Schloßbau, Ein Beitrag zur Baugeschichte des Markgrafenschlosses zu Ansbach im 18. Jahrhundert, in: Jahrbuch für fränkische Landesforschung, Bd. 19 (1959)

Braun, Peter: Werkbericht über die Sanierung und Nutzungsänderung der ehemaligen Klosterkirche Notre Dame zu einem Informationszentrum des Naturparks Altmühltal, in: Dokumentation zur Erneuerung der ehemaligen Klosterkirche Notre Dame in Eichstätt und zur Errichtung des Informationszentrums Naturpark Altmühltal, Sammelblatt des Historischen Vereins Eichstätt, 81./82. Jahrgang (1988/89), Eichstätt 1989.

Braun, Rainer: Klöster in Bayern um 1800 – eine Bestandsaufnahme, München 2005

Braunfels, Wolfgang: Abendländische Klosterbaukunst, Köln 1976.

Brenner, Bernhard: Edelstetten – Vom Damenstift zum Schloss der Fürsten Esterhàzy, Lindenberg 2012

Breunig von, Hans: Jura Gold, Geschichte des Solenhofer Aktienvereins in Solnhofen, München 1948 (Privatdruck)

Brugger, Franz/Weigl, Hartmut: Die Restaurierung des Kaisersaals, in: Festschrift zur Restaurierung des Kaisersaals Kaisheim 1979–1989, herausgegeben vom Land- und Universitätsamt Augsburg, Augsburg 1989

Bushardt, Bruno: Die Fuggerkapelle bei St. Anna in Augsburg, München 1994

Czerny, Albin (Augustiner Chorherr): Die Bibliothek des Chorherrenstiftes St. Florian, Geschichte und Beschreibung, Linz 1874

– Kunst und Kunstgewerbe im Stifte St. Florian von den ältesten Zeiten bis zur Gegenwart, Linz 1886

Czysz, Wolfgang: Solnhofener Schieferplatten im Kastellbad von Theilenhofen. Beobachtungen zu einer Baustofflandschaft im raetischen Limesgebiet, in: Bericht der Bayerischen Bodendenkmalpflege 62 (2021), München 2021.

Dienst, Barbara: Der Kosmos des Peter Flötner. Eine Bildwelt der Renaissance in Deutschland, München 2002

Dietz, Karlheinz: Der Rest einer römischen Kaiserinschrift aus Dambach, in: Das archäologische Jahr in Bayern 1988, Regensburg 1988

Dischinger, Gabriele: Zeichnungen zu kirchlichen Bauten bis 1803 im Bayerischen Hauptstaatsarchiv, Textband, Wiesbaden 1988

– Ottobeuren – Bau- und Ausstattungsgeschichte der Klosteranlage 1672–1802, Band I Kommentar (S. 1–312), Band II Planzeichnungen (S. 313–630), Band III Quellen (S. 631–1048), St. Ottilien 2011

Dischinger, Gabriele/Karnehm, Christl: Johann Michael Fischer 1692–1766, Bd. 2, Tübingen-Berlin 1997

Dischinger, Gabriele/Vollmer, Eva Christina: Das barocke Kloster-Architektur und Innenausstattung, in: Schiedermair (Hrsg.), Kaisheim – Markt und Kloster, Lindenberg 2001

Dischinger, Gabriele/Böhm, Cordula/Bauer-Wild, Anna/Prusinovsky, Rupert: Ottobeuren – Barocke Bildwelt des Klostergebäudes in Malerei und Plastik, Teil 1 Konventsgebäude mit Benediktus- und Abtskapelle, Teil 2 Abtei und Hofgebäude, St. Ottilien 2014

Ohne Autorenangabe, Reise auf der Donau von Ulm bis Wien mit genauer Angabe sowohl aller Städte, Flecken, Dörfer und Schlösser die an beiden Ufern liegen, als auch aller Flüsse, die sich mit der Donau vereinigen, nebst den vorzüglichsten Merkwürdigkeiten der einzelnen Orte und Gegenden, 2. Auflage, Ulm 1818

Dorn, Theophil (OSB): Abriß der Baugeschichte Kremsmünsters, in: Heimatgaue, Zeitschrift für oberösterreichische Geschichte, Landes- und Volkskunde, Linz 1929

Drißen, Johann Heinrich: Die Barockarchitektur der Abtei Weingarten, Borna-Leipzig 1928

Drost, Ludger: Die Architektur, in: Karl Möseneder (Hrsg.), Der Dom in Passau – Vom Barock zur Gegenwart, Passau 1995

Dümler, Christian: Die Neue Residenz in Bamberg, Bau- und Ausstattungsgeschichte der fürstbischöflichen Hofhaltung im Zeitalter der Renaissance und des Barocks, Neustadt/Aisch 2001

– Der Bamberger Kaiserdom – 1000 Jahre Kunst und Geschichte, Kulmbach 2011

Dussler, Hildebrand (OSB): Zur Geschichte des Dorfes Lechbruck: die wirtschaftlichen und soziologischen Verhältnisse bis zum Erlöschen der Lechflößerei, Lechbruck 1970

Eder, Bernhard: Die Kalkschieferbrüche bei Mörnsheim, Mühlheim und Altendorf nach ihrer geschichtlichen Entwicklung, Eichstätt 1928 (Sonderdruck für die Marktgemeinde Mörnsheim). Von 1927/28 in Fortsetzungen in der Beilage

»Heimgarten« der »Eichstätter Volkszeitung – Eichstätter Kurier« erschienen
Eichholz, Klaus: Die barocken Sonnenuhren des Eichstätter Priesters Bovius für Adlige, Domherren und Freunde, in: Sammelblatt 98 (2005) des Historischen Vereins Eichstätt
Engel, Wilhelm: Rats-Chronik der Stadt Würzburg (XV. und XVI. Jahrhundert), Würzburg 1950
Engelhart, Ottmar: 900 Jahre Abtei Neresheim, Aalen 1995
Engelmann, Godefroy: Manuel du Dessinateur Lithographe, Paris 1824
Erichsen, Johannes: Kaisersäle, Kaiserzimmer: Eine kritische Nahsicht, in: Heiliges Römisches Reich Deutscher Nation, Band 2 Essays Altes Reich und Neue Staaten 1495 bis 1806, Dresden 2006
Eser, Thomas: Hans Daucher – Augsburger Kleinplastik der Renaissance, München-Berlin 1996
Ettelt, Rudibert: Geschichte der Stadt Kelheim – Von der Stadtgründung bis zum Ende des 18. Jahrhunderts, Kelheim 1983
Exner, Matthias et al.: Stadt Bamberg, Domberg, 1. Das Domstift, Teil 2: Ausstattung, Kapitelsbauten, Domschatz, Bamberg/Berlin/München 2015
Feger, Otto: Geist und Glanz oberschwäbischer Bibliotheken, Biberach 1956
Filser, Karl: Lechflößerei, in: Kahlert Ingrid, Führer durch das Flößermuseum Lechbruck, Thalhofen 2011
– »Ich war mehr als 150 mal in Wien«, Die Aufzeichnungen des Apfeldorfer Floßmeisters Josef Schwaller (1844 bis 1909), in: Der Welf, Jahrbuch des Historischen Vereins Schongau – Stadt und Land, Schongau 2019
– Von Stepperg bis Budapest – Solnhofer Platten auf Floß und Fluß, in: Henle 2018, Mörnsheim 2018
Fischer, Robert: Studien zur Kunstgeschichte, Leipzig 1868
Flurl, von Mathias: Beschreibung der Gebirge von Baiern und der oberen Pfalz, 1792; Reprints Heidelberg 1972 und München 1992
Folk, Reinhard: Der steinerne Kosmos des Andreas Pleninger, Linz 2012
Folk, Reinhard/Pötsch, Altmann: Der astronomische Tisch des Andreas Pleninger aus dem Jahr 1603, Linz 2013
Freely, John/Sumner-Boyd, Hilary: Istanbul. Ein Führer, Hagia Sophia, München 1986
Gabor, Ingo Franz: Der Vorarlberger Barockbaumeister Valerian Brenner (1652–1715) – Leben und Werk, Augsburg 2000
Gmelin, Leopold: Die St. Michaelskirche in München und ihr Kirchenschatz, Bamberg 1890
Gnade, Benjamin: Das römische Kastell Böhming am Raetischen Limes, in: Bericht der Bayerischen Bodendenkmalpflege, Bd. 51, Regensburg 2010
Götz, Ulrich: Kunst in Freising unter Fürstbischof Johann Franz Eckher: 1696–1727; Ausdrucksformen geistlicher Herrschaft, München/Zürich 1992
Götz, Ernst/Langer, Brigitte: Schlossanlage Schleißheim, Amtlicher Führer, München 2009
Gräff, Walter: Die Anfänge der Lithographie in Frankreich (1000–1810); in: Mitteilungen der Gesellschaft für vervielfältigende Kunst, Wien 1904
Grimm, Wolf-Dieter: Verwendung von Naturstein in den Renaissanceräumen der Münchner Residenz, insbesondere für die Büsten-Gewandungen und -Sockel des Antiquariums, in: Weski, Ellen/Frosien-Leinz, Heike: Das Antiquarium der Münchner Residenz – Katalog der Skulpturen, Textband und Tafelband, München 1987
– Bildatlas wichtiger Denkmalsteine der Bundesrepublik Deutschland, Teil I: Textband, Teil II: Bildband; Ulm 2018
Groß-Hoffinger, Anton Johann: Reisetaschenbuch für Donaufahrer, oder geographisch-historische Schilderung alles Merkwürdigen an den Ufern des Donaustromes, von seinem Ursprunge bis Preßburg, Wien 1830
Hafner, Erich: Forst-, Wirtschafts- und Industriegeschichte, in: Painten in Geschichte und Gegenwart, Painten 2005
Häfner, Klaus: Restaurieren im Zentrum einer Baumaßnahme, in: Schloss Neuburg an der Donau, Renaissance einer Residenz – Instandsetzung und Ausbau; Baudokumentation der Bayerischen Schlösserverwaltung, München 2005
Hagen von, Bernt/Wegener-Hüssen, Angelika: Landkreis Günzburg, Denkmäler in Bayern, Band VII.91.1, München 2004
Halm, Phillip-Maria: Studien zur Augsburger Bildnerei der Frührenaissance, II Hans Daucher, in: Jahrbuch der Preußischen Kunstsammlungen Bd. 41 (1920
– Adolf Daucher und die Fuggerkapelle bei St. Anna in Augsburg, München/Leipzig 1921
Hanson, Harald: Konstantinopels Kirchen und die Moscheen Istanbuls, Antlitz und Schicksal der Stadt am Goldenen Horn im Spiegel der Baukunst, Ludwigsburg 1970
Hauffe, Dieter/Reiff, Hans-Jörg/Spahr, Gebhard: Kloster Ochsenhausen -Geschichte Kunst Gegenwart, Biberach 1985
Helldorfer, Ludwig: Gößweinstein: Burg, Amt, Kirche, Gemeinde, Gößweinstein 1974
Henle, Victor: 1100 Jahre Mörnsheim, Chronik der Marktgemeinde Mörnsheim, Mörnsheim 2018
– Neuburger Bezüge zum Solnhofer Stein und Adneter Marmor. Eine Steinerkundung, in: Neuburger Kollektaneenblatt Jahrg. 169/2021, Neuburg 2021
– Der Druckstein ging in die ganze Welt, in: Neß, Harry/Portenlänger, Li: Auf Senefelders Spuren zum Welterbe, Wege und Stationen der Lithographie im Altmühltal, Regensburg 2024
Hoffmann, Richard: Das Marienmünster zu Ettal im Wandel der Jahrhunderte, Augsburg 1927
– Kloster Weltenburg und seine Asamkirche, München 1931
Hofmann, Siegfried: Notizen zur Geschichte der Ausstattung der Ingolstädter Spitalkirche, 1605–1760, in: Sammelblatt des Historischen Vereins Ingolstadt, Bd. 80 (1971)
– Maria de Victoria , Nachruf auf die einstige Kirche der Kongregation Maria vom Sieg, Teil 1 Von den Anfängen bis etwa 1700, in: Sammelblatt des Historischen Vereins Ingolstadt Bd. 85 (1976)
– Die Ausstattung der Kirche in Bettbrunn bis 1700 im Spiegel der Kirchenrechnungen. Mit einem Exkurs über den Pfarrhofbau von 1712, in: Sammelblatt des Historischen Vereins Ingolstadt, Bd. 88 (1979)
Högner, Karl: Die Verwaltung des Dorfes, in: Heimatbuch Solnhofen, Solnhofen 1975
Holl, Alfred: Die Regensburger Mathematiker-Familie Kaukol und ihre Werke im 17. Jahrhundert, in: Verhandlungen des Historischen Vereins für Oberpfalz und Regensburg, Bd. 157 (2017)
Horn, Adam: Kunstdenkmäler von Bayern, Regierungsbezirk Schwaben, Landkreis Donauwörth, München 1951
Horn, Adam/Meyer, Werner: Kunstdenkmäler von Bayern, Stadt- und Landkreis Neuburg an der Donau, München 1958
Hübner, Lorenz: Beschreibung der kurbaierischen Haupt- und Residenzstadt München und ihrer Umgebungen, verbunden mit ihrer Geschichte, München 1803
Huth, Rüdiger: Der Berliner Dom Geschichte und Gegenwart, Berlin 2001
Ohne Autorenangabe, Ueber das ehemalige Kloster Solnhofen und die unweit gelegenen Steinbrüche, in Journal für Bayern und die angränzenden Länder, I. Band, 2. Heft, Pappenheim 1800
Kaps, Wolfgang: Neuburg an der Donau: Vom Ursulinenkloster zum Studienseminar und Gymnasium, Neuburg 2018
Kasper, Alfons: Der Schussenrieder Bibliothekssaal und seine Schätze, Erolzheim 1954
– Das alte und neue Kloster, der Klosterort Schussenried mit Filialkapellen, Schussenried 1960

Katalog/Ausstellung
Heinrich II. 1002–1024, Bamberg 2002
Bayern Kunst und Kultur, München 1972
Von Kaisers Gnaden, 500 Jahre Pfalz-Neuburg, Haus der Bayerischen Geschichte, Neuburg 2005
Peter Flötner – Renaissance in Nürnberg, Schriftenreihe der Museen der Stadt Nürnberg, Bd. 7, Petersberg 2015
Wolfram Baer (Hrsg.), Elias Holl und das Augsburger Rathaus, Regensburg 1985
Linzer Stukkateure, Linz 1973
Kilian, Mönch aus Irland – aller Franken Patron 689–1989, Würzburg 1989
Dannheimer; Hermann (Hrsg.), Der römische Limes in Bayern – 100 Jahre Limesforschung, Bd. 22 der Ausstellungskataloge der Prähistorischen Staatssammlung, München 1992
Henri de Toulouse-Lautrec, Haus der Kunst, München 1961
Wittelsbach und Bayern, Um Glauben und Reich Kurfürst Maximililan I, Bd. II/2, München 1980
Tilmann Riemenschneider – Frühe Werke-, Ausstellung im Mainfränkischen Museum Würzburg, Regensburg 1981
KDB Landsberg, Die Kunstdenkmäler von Bayern, Neue Folge, Landsberg am Lech, Sakralbauten der Altstadt, Bd. 2, München-Berlin 1997
Kelber, Moritz: Musikalische Denkmäler der Steinätzkunst oder die Säulen des Jubal, in: Musik in Bayern 84 (2019)
Kettner, Johann: Balthasar Neumann in Gößweinstein, Das Baugeschehen nach den Schriftquellen, Münster/Hamburg 1993
Kier Hiltrud: Schmuckfußböden in Renaissance und Barock Kunstwissenschaftliche Studien 49, Berlin-München 1976
Kieslinger, Alois: Zur Geschichte der Steinverfrachtung auf der Donau, in: Österreichische Ingenieur-Zeitschrift 7 (109), 1964
Kießling, Hermann (Hrsg.): Augsburg und sein Rathaus, Die Sanierung des Rathauses und des Perlachturms, Die Rekonstruktion des Goldenen Saales und eines Fürstenzimmers, Eine Dokumentation, Augsburg 1985
– Der Goldene Saal und die Fürstenzimmer im Augsburger Rathaus – Eine Dokumentation der Wiederherstellung, München 1997
Knapp, Ulrich: Die Wallfahrtskirche Birnau, Planungs- und Baugeschichte: Katalog der Planzeichnungen und Überblick über die Baugeschichte, Friedrichshafen 1989.
– Salem. Die Gebäude der ehemaligen Zisterzienserabtei und ihre Ausstattung, Forschungen und Berichte der Bau- und Kunstdenkmalpfleger in Baden-Württemberg, Band 11, Stuttgart 2004
– Salem. Katalog der Pläne und Entwürfe, Stuttgart 2004 (gehört zu Knapp 2004)
– Der Kaisersaal der ehemaligen Freien Reichsabtei Salem, Petersberg 2013
Kögerl, Hugo: Die Epitaphien der Garnisonskirche (ehemals Minoritenkirche) in Ingolstadt, in: Sammelblatt des Historischen Vereins Ingolstadt, 36 (1916), Ingolstadt 1917
König, Vinzenz: Der kunstvolle runde Tisch im Rathause zu Amberg, Amberg 1888
Korth, Thomas: Stift St. Florian – Die Entstehungsgeschichte der barocken Klosteranlage, Nürnberg 1975
– Leonhard Dientzenhofers Ebracher Architektur, in: Gerd Zimmermann (Hrsg.), Festschrift Ebrach 1127–1977, Volkach 1977
Kraft, Wilhelm: Zur Geschichte der Solnhofer Steinbrüche, in: Jahrbuch des Vereins für Heimatkunde von Weißenburg i.B. und Umgebung, Weißenburg 1926
Kretschmer, Franz: Marmor aus Adnet, Adnet 2002
Kugler, Karl: Das Altmühlthal, Ingolstadt 1868
Kühlenthal, Michael: Restaurierungs- und Renovierungsmaßnahmen in Kirche und Kloster Irsee, in: Ludwig Dinger, Das Reichsstift Irsee: vom Benediktinerkloster zum Bildungszentrum; Beiträge zu Geschichte, Kunst und Kultur, Weißenhorn 1981
Kühnel, Harry: Beiträge zur Geschichte der Künstlerfamilie Spazio in Österreich, in: Arte Lombarda, Bd. 13 (2) 1968
Later, Christian: Die Propstei Solnhofen im Altmühltal, Untersuchungen zur Baugeschichte der Kirche, zur Inszenierung eines früh- und hochmittelalterlichen Heiligenkultes und zur Sachkultur, Kallmünz 2011
Layer, Adolf: Der Neubau der Wallfahrtskirche St. Afra (bei Friedberg) durch das Reichsstift St. Ulrich und Afra in Augsburg, Zeitschrift des Historischen Vereins für Schwaben 68 (1974)
Lichte, Claudia: Würzburger Ratstisch, in: Hans-Peter Trenschel (Hrsg.) 150 Meisterwerke aus dem Mainfränkischen Museum Würzburg, Würzburg 1997
Lidl, Josef: Geschichte und Entwicklung Solnhofens bis 1918, in: Heimatbuch Solnhofen, Solnhofen 1975
Lieb, Norbert: Baugeschichte der barocken Klosteranlage Ottobeuren, Sonderdruck aus den Memminger Geschichtsblättern, 1936, Nr. 2 und 3
– Die Fugger und die Kunst im Zeitalter der Spätgotik und frühen Renaissance, München 1952
– Die barocke Architektur- und Bilderwelt des Stifts Ottobeuren, in: Aegidius Kolb (OSB), Hermann Tuchle, Ottobeuren: Festschrift zur 1200-Jahrfeier der Abtei, Augsburg 1964
Lipp, Walter: Sitz der Weisheit, 200 Jahre Provinzialbibliothek Amberg, in: Geschichte der Staatlichen Bibliothek (Provinzialbibliothek) Amberg, Kallmünz 2005
Lipp, Walter/Gieß, Harald: Die Staatliche (Provinzialbibliothek) Amberg und ihr Erbe aus den oberpfälzischen Klosterbibliotheken, Amberg 1992
Lippitsch, Max E./Draxler, Sonja: Der Kalendertisch im Stift Rein, Graz 2012 (Eigenverlag)
Mader, Felix: Loy Hering, Ein Beitrag zur Geschichte der deutschen Plastik des XVI. Jahrhunderts, München 1905
– Stadt Amberg, Die Kunstdenkmäler von Bayern, München 1909
Mager, Edwart: Eichstätter Marmor, Historische Blätter für Stadt und Landkreis Eichstätt, Nr.5/1977
Meier, Josef: Anmerkungen und Quellen zur Baugeschichte des Ansbacher Schlosses, in: Jahrbuch des Historischen Vereins für Mittelfranken, 94 (1988/89), Ansbach
– Residenzschloss Ansbach, Gestalt und Ausstattung im Wandel der Zeit, Historischer Verein für Mittelfranken, Ansbach 2005
May, Johannes: Die Bibliothek des Benediktinerklosters Wiblingen, Ulm 2002
Mayer, Franz: Geschichtsbilder vom ehemaligen Reichsgotteshaus Wettenhausen, Illertissen 1928
Meier, Emil: Die alten Mörnsheimer Steinbrüche, Mörnsheim 2014 (Eigenverlag)
Menz, Henner: Die Frühzeit der Lithographie in Deutschland, Dresden 1955
Merkel, Kerstin: Grabmäler im Eichstätter Dom, in: Ludwig Brandl/Claudia Grund/Peter Stockmann (Hrsg.), Der Dom zu Eichstätt, Regensburg 2021
Meyer, Werner: Landkreis Dillingen an der Donau, Die Kunstdenkmäler von Schwaben, Bd. VII., München 1972
Meyer, Werner/Schädler, Alfred: Stadt Dillingen an der Donau, Die Kunstdenkmäler von Schwaben, Bd. VI., München 1964
Meyer, Rolf/Schmidt-Kaler, Hermann: Erdgeschichte sichtbar gemacht. Ein geologischer Führer durch die Altmühlalb, München 1983
Wanderungen in die Erdgeschichte, Treuchtlingen – Solnhofen – Mörnsheim – Dollnstein, München 1994
Mois, Jakob: Die Stiftkirche zu Rottenburg, München 1953

Müller, Herbert Maximilian: Die Solnhofer Plattenkalk-Industrie, Eine wirtschaftsgeografische und betriebswirtschaftliche Untersuchung, Diss. München 1951
Müller, Theodor: Die Wittelsbachische Grablege, in: Ingolstadt Die Herzogstadt Die Universitätsstadt Die Festung, Ingolstadt 1972
Müller-Burger, Maria L.: Die Solnhofer Plattenkalk-Industrie in Vergangenheit und Gegenwart, Leipzig-Erlangen, 1926
Neweklowsky, Ernst: Donauschiffe, Zeitschrift für oberösterreichische Geschichte, Landes- und Volkskunde, Linz 1929 (2. Und 3. Heft)
Nieberle, Siegfried: Chronik der Mörnsheimer Steinbruch-Genossenschaft anlässlich der 100-Jahrfeier, Mörnsheim 1999 (Privatdruck)
Die Kunstdenkmäler des Benediktinerstiftes Kremsmünster, I. Teil Das Stift – Der Bau und seine Einrichtung, Bearbeiterin Leonore Pühringer-Zwanowetz, in: Österreichische Kunsttopographie, Bd. XLIII, Wien 1977
Die Denkmale des politischen Bezirkes Melk, Bearbeiter Hans Tietze, Österreichische Kunsttopographie Band III, Wien 1909
Ott, Carolin: Georg Schweigger (1613–1690) Das Werk des Nürnberger Bildhauers im Spiegel der Dürer-Rezeption des 16.–20. Jahrhunderts, Heidelberg 2023, www.arthistoricum.net.
Paula, Georg: Die Kloster- und Pfarrkirche Altomünster, in: Wilhelm Liebhart, Altomünster, Altomünster 1999
– Kloster Oberschönenfeld und seine Baugeschichte, in: Werner Schiedermair (Hrsg.), Kloster Oberschönenfeld, Lindenberg 2011
Pest, Matthäus: Die Finanzierung des süddeutschen Kirchen- und Klosterbaues in der Barockzeit – Bauwirtschaftliche und finanzielle Probleme des kirchlichen Barocks im deutschen Süden von ca. 1650 bis ca. 1780, München 1937
Popp, Joseph: Geschichte der hl. Dreifaltigkeitskirche nebst einer Übersicht von Viscardis bayerischer Bautätigkeit, München 1906
Popp, Evamaria: Technologische Beobachtungen an den Steinbildwerken Hans Multschers, in Hans Multscher – Bildhauer der Spätgotik in Ulm, Ausstellung des Ulmer Museums und des Württembergischen Landesmuseums im Ulmer Museum, Ulm 1997
Prusinovsky, Rupert (OSB): Benediktinerabtei Ottobeuren – Basilika St. Alexander und Theodor, Ottobeuren 2010
Rabold, Britta/Schallmayer, Egon/Thiel, Andreas: Der Limes, Stuttgart 2000
Reinhard, Otto F.: Solnhofen und seine Steinindustrie, Hrsg. Solenhofer Aktien Verein, Solnhofen 1933
Rieger, Georg: Geschichte der Stadt Kelheim, Erstes Buch Allgemeines, Stadt und Bezirk Kelheim, Kelheim 1929
Riess, Ottmar: Die Abtei Weltenburg zwischen Dreißigjährigem Krieg und Säkularisation (1626–1803), Regensburg 1975
Ritter, Emmeram (OSB): Neue Forschungsergebnisse zur Bau- und Kunstgeschichte des Stiftes Göttweig (1714–1749), in: Studien und Mitteilungen zur Geschichte des Benediktiner-Ordens und seiner Zweige, Bd. 81, Jahrgang 1970, 407–464, Heft III-IV, Ottobeuren 1970
Röper, Martin: Die klassischen Mörnsheim Schichten, in: Henle 2018
Röper, Martin/Rothgaenger, Monika: Die Plattenkalke von Solnhofen – Mörnsheim, Langenaltheim, Treuchtlingen, Berlin 2009
– Altmühltal. Im Reich des Archaeopteryx. Streifzüge durch die Erdgeschichte, Wiebelsheim 2013
Rott, Hans: Zu den Kunstbestrebungen des Pfalzgrafen Ott Heinrichs, in: Mitteilungen zur Geschichte des Heidelberger Schlosses, Band 6 (1912)
Ruderich, Peter: Die Wallfahrtskirche Mariä Himmelfahrt zu Vierzehnheiligen: eine Baumonographie, Bamberg 2000
Rueß, Bernhard: Das neue Kloster von Schussenried, in: Archiv für christliche Kunst, Nr. 16/1898
Russ, Sabine: Gabriel Dreer (um 1580–1631) und die Kunsttätigkeit der Klöster Admont und Ottobeuren, München-Berlin 2004
Rutte, Erwin: Erläuterungen zur Geologischen Karte von Bayern, 1: 25 000, Blatt Nr. 7037 Kelheim, Bayerisches Geologisches Landesamt, München 1962
Sauer, Joseph: Die Johann Nepomukkapelle der Stadtkirche zu Messkirch, Ein Beitrag zur Geschichte der Gebrüder Asam, in: Zeitschrift für die Geschichte des Oberrheins, Neue Folge, Bd. 36 (1921)
Sauerländer, Wilhelm: Die Münchner Kunstkammer, München 2008
Schauer, Leonhard: Die Solnhofer Plattenkalkindustrie Zur Geschichte des Altmühltals, in: Bayerland 1/1988
– Entwicklung der Solnhofener Steinindustrie, Legendäre und althergebrachte Meinungen und Darstellung über die Solnhofer Steinindustrie in vergangener Zeit, Solnhofer Geschichtsblätter, Ausgabe 11/IV, Solnhofen 2001 (Eigenverlag)
– Entwicklung der Solnhofener Steinindustrie, Die Steinbrecherfamilie Kelz in Solnhofen, Mörnsheim und Übermatzhofen, Solnhofer Geschichtsblätter, Ausgabe 11/VI, Solnhofen 2001 (Eigenverlag)
– Musik im Solnhofer Steinbruchgebiet, Die Wohnsiedelungen im Steinbruchgebiet von Solnhofen, Solnhofer Geschichtsblätter Ausgabe 9, Solnhofer 2001 (Eigenverlag)
– Herrschafts- und Rechtsentwicklung in Solnhofen, Solnhofener Geschichtsblätter, Solnhofen 2004, (Eigenverlag)
– Die Wohnsiedlungen im Steinbruchgebiet von Solnhofen, Solnhofener Geschichtsblätter, Ausgabe 8, Solnhofen 2006 (Eigenverlag)
Schiedermair, Werner, Der Churfürstensaal im ehemaligen Zisterzienserkloster Fürstenfeld, Lindenberg 2012
– Die Wiederherstellungen des ›Churfürstensaals‹ im Besonderen, in: Schiedermair (Hrsg.), Kloster Fürstenfeld, Lindenberg 2013
Schiedt, Hans-Ulrich: Kapazitäten des Fuhrwerkverkehrs im 18. und 19. Jahrhundert: Grundlagen der Schätzung von Transportkapazitäten des vormodernen Landverkehrs, in: Schweizerische Gesellschaft für Wirtschafts- und Sozialgeschichte, Bd. 25 (2010), Teil2, Zürich 2010
Schindler, Herbert: Augsburger Renaissance, Hans Daucher und die Bildhauer der Fuggerkapelle bei St. Anna, München 1985
Schlosser, Max: Die Fauna des Kelheimer Diceras-Kalk, in: Paläontographica Bd. 28, Kassel 1882
Schmid, Gabriele: Jakob Engel (1632–1714), Ein Beitrag zur süddeutschen Baugeschichte nach dem Dreißigjährigen Krieg, in: Jacomo Angelini – Jakob Engel. Ein Graubündner als Hofbaumeister in Eichstätt, St. Ottilien, 2019
Schmidt, Otto: Die Amberger Schiffahrt, Amberg 1980
Schmidt, Richard/Buchheit, Hans: Die Kunst- und Altertums-Denkmale in Württemberg, Oberamt Ravensburg, Stuttgart/Berlin 1931
Schmuz, Michael Raphael: Kurtz, Neu und niemahl Beschribenes Wilt, oder Walt-Bad, Zu Mœrresheim, im Bistumb Eychstatt gelegen, Neuburg/Donau 1674
Schultes, Joseph August: Donau Fahrten. Ein Handbuch für Reisenden auf der Donau, Wien 1819
Schulz-Hoffmann, Carla: Zur Geschichte der illustrierten satirischen Zeitschrift, in: Simplicissimus – Eine satirische Zeitschrift München 1896–1944 (Aust. Kat.), München 1978
Schwager, Klaus: Die benediktinische Reichsabtei Ottobeuren 1672–1803, Materialien zur Vorgeschichte, Planung, Bau und Ausstattung der neuen Klosteranlage sowie anderer Bauten des Ottobeurer Einflußbereichs, Münster 2017
Schwenger, Alois (OSB): Abtei Wiblingen, München 1930

Schwertschlager, Josef: Über Materialien welche die Römer in ihren Ansiedelungen bei Eichstätt verwendeten, Eichstätt 1908
Seitz, Reinhart H.: Die Repräsentationsbauten von Pfalzgraf Ottheinrich für das Schloss zu Neuburg an der Donau und ihre Vollendung durch Pfalzgraf Wolfgang, in: Ammerich, Hans/Harthausen, Hartmut (Hrsg.), Kurfürst Ottheinrich und die humanistische Kultur in der Pfalz, Speyer 2002
– Gebaute Herrschaften, Das Residenzschloss zu Neuburg a. d. Donau in Vergangenheit, Gegenwart und Zukunft, Neuburg 2005
Senefelder, Alois: L'art de la lithographie ou instruction pratique, Paris 1819
– Vollständiges Lehrbuch der Steindruckerey, enthaltend eine richtige und deutliche Anweisung zu den verschiedenen Manipulations-Arten derselben in allen ihren Zweigen und Manieren belegt mit den nöthigen Musterblättern nebst einer vorangehenden ausführlichen Geschichte dieser Kunst von ihrem Entstehen bis auf gegenwärtige Zeit, 2. Auflage, München 1821
Sieferle, Rolf Peter: Transportgeschichte, Berlin 2008
Spahr, Gebhard: Die Basilika Weingarten – ein Barockjuwel in Oberschwaben, Sigmaringen 1974
Stasch, Gregor: Die Residenz der Fuldaer Fürstäbte, Studien zur barocken Gartenanlage, 1989 Fulda
Stoffels, Norbert (OSB)/von Moser, Herbert: Die Wiederherstellung der Abteikirche zu Neresheim von 1966 bis 1975, in: Studien und Mitteilungen zur Geschichte des Benediktiner-Ordens und seiner Zweige, Bd. 86/1975, Ottobeuren 1975
Thiele, Roland: Fischerei und Schiffahrt auf der Donau zwischen Donauwörth und Manching, in: Neuburger Kollektaneenblatt Bd. 132k (1979), Neuburg 1979
Tiggesbäumker, Günter: Stein geätzte Karte von Andreas Pleninger. Eine unbekannte Ätzkarte von Europa aus dem späten 16. Jahrhundert im Stadtarchiv Ansbach, in: Cartographica Helvetica 4 (1991), Zürich 1991
Tischlinger, Helmut: Georg Wolfgang Knorr (1705–1761) und die älteste Darstellung eines Solnhofener Steinbruchs, in: Globulus 18 (2014), Eichstätt 2014
– Die Erdgeschichte des Zandter Raumes, in: Konrad Schießl, Zandt Beiträge, Schilderungen und Entwicklung eines Juradorfes, Zandt, 2023
Trepplin, Dorothee: Bau und Ausstattung des Klosters Ebrach im 17. und 18. Jahrhundert, Berlin 1937
Trinkl, Stefan: Das Zisterzienserkloster Fürstenfeld und Abt Balduin Helm 1690–1705, München 2015
Tröger, Ottokarl: Ein Reisetagebuch aus dem Jahre 1759 – Ansbacher Räte erkunden das südöstliche Franken, in: Historische Blätter für Stadt und Landkreis Eichstätt, 36. Jahrgang, Nr. 1/1987, Beilage zum Eichstätter Kurier
Uhlir, F. Christian: Adneter Marmor, Norderstedt 2011
Unterkircher, Paul: Weveldhaus – Bürger- und Edelsitz in glanzvoller Zeit, in: Neuburger Kollektaneenblatt 146/147 (1998/1999), Neuburg
Viol, Günther: Drucksteine aus unterschiedlichen Milieus, in: Neß, Harry/Portenlänger,Li: Auf Senefelders Spuren zum Welterbe, Wege und Stationen der Lithographie im Altmühltal, Regensburg 2024
Vogelmann, Albert: Baugeschichte der großen Kirche auf dem Schönenberg bei Ellwangen, Diözesanarchiv für Schwaben 14 (1896)
Volz, Pia Daniela: Die Klosterbibliothek Wiblingen, in: Kloster Wiblingen, Beiträge zur Geschichte und Kunstgeschichte des ehemaligen Benediktinerstiftes, Ulm 1983
Waagen, Gustaf Friedrich: Kunstwerke und Künstler in Deutschland, Leipzig 1845
Wagner, Johann Andreas: Geognostische Beschreibung einiger merkwürdiger Gegenden des bayerischen Juragebirges, Bayerische Annalen Nr. 34 vom 25. September 1832, München 1832
Wagner, Hans: Von der Frühmess zur Pfarrei. Heimatgeschichte Kelheimwinzer und Herrnsaal 1482–1982, Kelheimwinzer 1982.
Wallner, Bertha Antonia: Musikalische Denkmäler der Steinätzkunst im 16. und 17. Jahrhundert nebst Beiträgen zur Musikpflege dieser Zeit, München 1912
– Der kunstvolle Liedertisch im Rathause zu Amberg, Amberg 1912
– Ein geätzter Notentisch aus den Zisterzienser Reichsstift Kaisheim, in: Münchener Jahrbuch für Bildende Künste 9 (1932)
Weber, Wilhelm: Aloys Senefelder: Erfinder der Lithografie, in: Von Senefelder zu Daumier, Die Anfänge der lithografischen Kunst, München 1988
Weißenberger, Paulus (OSB): Baugeschichte der Abtei Neresheim,
Stuttgart 1934
Weser, Rudolf: Der Bibliotheksaal von Wiblingen, Archiv für christliche Kunst des Rottenburger Diözesan-Kunstvereins Stuttgart, 40 (1925)
Wild, Konrad: Die Werks- und Wohnsiedlungen der Langenaltheimer Haardt, in: Chronik der Gemeinde Langenaltheim, Langenaltheim 2019
Winkler, Rolf Armin: Die Frühzeit der deutschen Lithographie, Katalog der Bilddrucke von 1796–1821, München 1075
Wolf, Herbert: Fachkunde für Lithographen, Berlin/Leipzig 1950
Zoepfl, Friedrich: Zur Baugeschichte der St. Stefans-Pfarrkirche in Mindelheim, Jahrbuch des Historischen Vereins Dillingen, 31 (1918)

Personen- und Firmenregister

Wegen der Häufigkeit der Nennungen sind die Steinbruchgemeinden Solnhofen und Mörnsheim (mit den früher selbständigen Steinbruchgemeinden Altendorf und Mühlheim) nicht gesondert aufgeführt.

Ortsregister

Wegen der häufigen Nennung der Steinbruchorte Solnhofen und Mörnsheim (mit den früher selbständigen Ortsteilen Altendorf und Mühlheim) wird darauf verzichtet, sie aufzuführen.

Abbildungsnachweis

Hinweis: Befinden sich im Satzspiegel mehrere Abbildungen, verweisen die römischen Ziffern auf die Spalten (I – II) und die arabischen auf die horizontale Position (1–3).

Augsburg, Kunstsammlungen und Museen Augsburg, Maximilian Museum: 221 (I2), 240, 245 (II1, II3);
Augsburg, Städtische Museen: 240
Berchtesgaden, Schlossmuseum: 214 (II1)
Berlin, Bode Museum, Online Sammlungen, Antje Voigt: 219 (I2, II), 220 (I1), 226 (I1),
Dießen, Burkard Mücke: 168 (I 2, I3)
Eichstätt, Jurahaus Verein: 40 (2)
Eichstätt, Diözesanarchiv: 59
Eferding, Schloss Starhemberg: 242 (II1)
Ensdorf, Carola Setz: 139 (II2),
Frankfurt, Museum für Kunsthandwerk: 245 (I2)
Fulda, Vonderau Museum: 203 (II2)
Graz, Universalmuseum Joanneum: 242 (2)
Gent, Industriemuseum: 247
Harburg, Fürstlich Oettingen-Wallersteinsches Archiv: 57,
Kaisheim, Richard Luff: 203 (1)
Kassel, Hessisches Landesmuseum: 238
Linz, Oberösterreichische Landesregierung: 147
Meßkirch, Karl Hermann: 182 (I2)
Mörnsheim, Joachim Stößl: 17 (2), 29 (II2)
Mörnsheim, Sammlung Emil Meier: 27, 28 (2), 29 (1), 30 (I3), 31 (2), 33 (1), 34 (1), 38 (1,2), 39, 40 (1), 48 (I), 49(1), 73, 74, 75 (II), 82 (2), 88, 95, 96 (1 u. II2), 97, 98 (2), 112 (1), 209 (1)
Mörnsheim, Gemeindearchiv: 53, 86 (1), 87
Mörnsheim, Katholischer Arbeiterverein Mühlheim: 69
Mörnsheim, August Haller (Zeichnung): 255
München, Bayerisches Landesamt für Denkmalpflege: 149 (I2),
München, Bayerisches Landesamt für Digitalisierung, Breitband und Vermessung: 36 (1), 49 (2); Bayernatlas 13, 35 (II), 36 (2), 45 (I), 99 (II), 202
München, Bayerisches Nationalmuseum: 219 (I1)
Matthias Weniger: 20
Walter Haberland: 245 (I1)
München, Staatliche Grafische Sammlung: 252 (2)
Neresheim, Abtei Neresheim: 201 (1)
Neuburg/Donau, Winfried Dier: 128 (I2), 189
Ochsenhausen, Landesmedienzentrum Baden-Württemberg, Steffen Hauswirth: 197 (II1)
Ottobeuren: Kai-Uwe Nielsen: 176 (1), Sammlung Emil Meier: 209 (1), Quirin Bachmeier: 209 (2)
Passau, Archiv des Bistums: 64
Paris, Atelier Clot: 252 (1)
Salem, Ulrich Knapp: 136
Schillingsfürst, Schloss Schillingsfürst: 133 (1)
Solnhofen, Gemeindearchiv: 37, 62, 79, 96 (I2), 98 (1), 191 (2), 193 (1), 274 (II2)
Solnhofen, Grabungsdokumentation Universität Heidelberg, BLfD Archiv-Nr. M-2007–61813–1: 152 (II), 153 (2)
Solnhofen, Bürgermeister Müller Museum: 10
Stainz, Jagdmuseum: 244
Stuttgart, Württembergische Landesbibliothek, Hans Christian Pust: 327
Stuttgart, Landesmuseum: 214 (II3)
Theilenhofen, F. R. Hermann: 150 (I2), Wolfgang Czysz (II)
Weltenburg, Hanna Dornieden: 170 (I)
Wien, Kunsthistorisches Museum, Kunstkammer: 215
Wikipedia Commons, Gerhard Willhalm: 81 (II1) CC-BY-SA-3.0, Tilmann Harte: 82 (1) CC-BY-SA-3.0, Dörfler: 99 (I) CC BY 3.0, F. Hilger: 120 (II1) CC BY 3.0, Valerius Tygart: 154 BY-SA-3.0, Hajotthu: 167 (1) CC-BY-SA-3.0, Zairon: 171 CC-BY-SA-3.0, Andreas Praefke: 181 (I) CC-BY-SA-3.0, Holger Uwe Schmitt 181 (II), Hans. A. Rosbach: 197 (I) CC-BY-SA-3.0, Karl Gruber: 199 (I1) CC-BY-SA-3.0, Henry Keller: 199 (II1) CC-BY-SA-3.0, C. Stadlter/Bwag: 199 (II2) CC-BY-SA-4.0, Hhafner: 206 (1) CC-BY-SA-4.0, Holger Uwe Schmitt: 206 (2) CC-BY-SA-4.0, Andreas Praefke: 241 (I1, I2), 259 (II2) CC-BY-SA, Lithografien: 250, 251
Würzburg, Martin von Wagner Museum: 222 (I1)
Würzburg, Museum für Franken: 243 (II)
Würzburg, Katrin Müller, Planungsbüro Hartleitner, Hofheim: 141
Würzburg, Andreas Grindl, Schwarzach-Gerlachhausen:140

Abb. 119 (I1), 120 (II3), 125 (I1), 127 (II2), 128 (I2), 137 (II1), 144 (II1), 163 (II), 191, 192 (I2), 193 (2) mit freundlicher Genehmigung der Bayerischen Schlösserverwaltung

Alle übrigen Abbildungen vom Autor.

Abkürzungen

a. E.	am Ende
ABA	Archiv des Bistums Augsburg
Abb.	Abbildung
Anm.	Anmerkung
AO	Archiv der Abtei Ottobeuren
Art.	Artikel
BayHStA	Bayerisches Hauptstaatsarchiv
Bd.	Band
Bl.	Blatt
BNM	Bayerisches Nationalmuseum
Bode Museum	Staatliche Museen zu Berlin, Skulpturensammlung und Museum für Byzantinische Kunst
BSB	Bayerische Staatsbibliothek
BSV	Bayerische Schlösserverwaltung (Bayerische Verwaltung der staatlichen Schlösser, Gärten und Seen)
DiB	Denkmäler in Bayern, Hrsg. Bayerisches Landesamt für Denkmalpflege
Dm	Durchmesser
ebd.	ebenda
ehem.	ehemalig
et.al.	und Andere
f, ff	Folgende (f eine Seite, ff mehrere Seiten)
Fa.	Firma
Fasz.	Faszikel (Aktenbündel)
fl, auch nur f	Gulden (Florin)
Fn.	Fußnote
fol.	Folio (Blatt)
Gde.	Gemeinde
GLA	Generallandesarchiv
h	Heller
Hl.	Heilig
Hrsg.	Herausgeber
Inv. Nr.	Inventarnummer
Jahrg.	Jahrgang
Jb.	Jahrbuch
Jh.	Jahrhundert
KDB	Kunstdenkmäler von Bayern
KHM	Kunsthistorisches Museum Wien
KL	Klosterliteralien
KlA	Klosterarchiv
kr	Kreuzer (auch x)
lat.	Lateinisch
Lkr.	Landkreis
ÖKT	Österreichische Kunsttopographie
OSB	Benediktinermönch (Ordinis Sancti Benedicti)
P.	Pater
pag.	Blatt (Abkürzung des lateinischen Wortes pagina)
Pf.	Pfarrei
PlS.	Plansammlung
reg.	regiert
Rep.	Repertorium (Findbuch)
rthl(r)	Reichstaler (1½ fl)
St.	Stück
StA	Staatsarchiv
x	Kreuzer (auch kr)